未来产业（碳中和）新兴领域
"十四五"高等教育教材

碳中和社会

- 主　编　何雪松
- 副主编　黄　锐

中国教育出版传媒集团
高等教育出版社·北京

内容提要

　　本书对碳中和社会的概念、理论、系统和行动进行了全面的分析与介绍，理论和实践相结合，融合了社会学、环境科学、经济学等多学科视角，旨在为学生提供一个较为系统、全面理解碳中和社会的切口，引领大家共同探索碳中和社会建构的知识体系和实践路径，激发参与热情，为碳中和社会的可持续发展贡献力量。

　　本书可用作高等学校社会学、社会工作、环境科学、能源、经济、管理等相关专业本科生及研究生的教材，也可为政策制定者、社会组织及更广大的社会公众提供参考。

图书在版编目（CIP）数据

　　碳中和社会 / 何雪松主编 ； 黄锐副主编. -- 北京 ：高等教育出版社，2025.8. -- ISBN 978-7-04-065298-7

　　Ⅰ．X511

　　中国国家版本馆CIP数据核字第2025SD9523号

Tanzhonghe Shehui

| 策划编辑 | 宋明玥　陈正雄 | 责任编辑 | 宋明玥 | 封面设计 | 赵　阳 | 版式设计 | 明　艳 |
| 责任绘图 | 黄云燕 | 责任校对 | 高　歌 | 责任印制 | 存　怡 | | |

出版发行	高等教育出版社	网　　址	http://www.hep.edu.cn
社　　址	北京市西城区德外大街 4 号		http://www.hep.com.cn
邮政编码	100120	网上订购	http://www.hepmall.com.cn
印　　刷	保定市中画美凯印刷有限公司		http://www.hepmall.com
开　　本	787mm×1092mm　1/16		http://www.hepmall.cn
印　　张	23.5		
字　　数	410 千字	版　　次	2025 年 8 月第 1 版
购书热线	010-58581118	印　　次	2025 年 8 月第 1 次印刷
咨询电话	400-810-0598	定　　价	50.00 元

本书如有缺页、倒页、脱页等质量问题，请到所购图书销售部门联系调换
版权所有　侵权必究
物 料 号　65298-00

前言

　　20世纪中叶，环境问题作为一个被广泛关注的议题在真正意义上进入公众视野。20世纪60年代末，英国大气学家詹姆斯·洛夫洛克提出盖娅假说（Gaia hypothesis），这一假说将生命与环境的相互作用视为维持地球生命生存与发展的必要条件。环境问题涉及生态系统的整体性议题，对环境无限制的开发和利用不仅影响动植物的生存和生态系统的稳定，也影响人类社会的可持续发展。因此，需要人类的共同行动来推进生态系统的整体性发展。1972年，罗马俱乐部在其发表的第一份全球问题研究报告《增长的极限》中指出，按照当时世界人口、工业化、污染、粮食生产和资源等方面的发展趋势，地球的增长极限将在今后100年内发生。在此背景下，可持续发展观兴起，成为全社会的发展共识。

　　我国自古以来就有天人合一的生态思想。《吕氏春秋》中禁止"竭泽而渔、焚薮而田"的观念明确地反对了在利益面前不留余地的短视行为，提示要兼顾长远影响和可持续性。汉代的《四时月令诏条》涵盖了保护林木、动物、水、土等各方面内容，浓缩了春种、夏长、秋收、冬藏的四时节律。其中，"以时禁发""用养结合"等生态环境保护思想延续至今。这些古人的智慧均警示生态环境保护对人类社会发展的不可或缺性。

　　随着人类社会工业化、城市化进程的不断推进，气候变化，特别是气候变暖成为共同关注的可持续发展议题。我国承诺"二氧化碳排放力争于2030年前达到峰值，努力争取2060年前实现碳中和"。2024年中共中央、国务院《关于加快经济社会发展全面绿色转型的意见》进一步明确了推动经济社会发展绿色化、低碳化，是新时代治国理政新理念新实践的重要标志、实现高质量发展的关键环节，更是解决我国资源环境生态问题的基础之策。"双碳"目标的实现，既需要科技创新和生产方式的转变，又需要生活方式的绿色化，因此实现碳中和需要多学科的参与，建设碳中和社会更需要社会各界的参与。本教材聚焦碳中和社会，对其概念、理论基础进行全视角的呈现，以引导学生建立系统的可持续发展观念，并在实践中引导推动绿色生活方式。

2024 年初，《碳中和社会》编写组正式成立，明确了编写目标和任务。教材将碳中和的理论、系统和行动分为三个篇章进行编写，以保证碳中和知识的系统性与关联性。其中理论篇主要从创新概念、基本的理论和政策脉络进行分析；系统篇介绍系统的融合，主要包括人口、城乡、经济和技术等四个角度；行动篇则涉及社会建设、消费转型、社会设计、社会工作与碳中和的关系。本教材编写组由来自多所高校、研究院的十余位专家学者共同组成。章节分工如下：

第一章　何雪松、胡怡（华东理工大学）

第二章　黄锐（华东理工大学）

第三章　卢春天（西安交通大学）

第四章　陈涛、周益（河海大学）

第五章　胡开（华东理工大学）

第六章　肖莉娜（华东理工大学）

第七章　邵帅（华东理工大学）、李国祥（南京师范大学）

第八章　张桐（华东理工大学）

第九章　卫小将（中国人民大学）

第十章　朱迪（中国社会科学院）

第十一章　汪军、赵树望、郭昱涵（华东理工大学）

第十二章　罗桥（贵州财经大学）

2024 年 2—6 月，编写组根据大纲分工撰写各章节内容，定期召开编写会议讨论各章节进度和编写中的问题。4 月上旬，编写组邀请华东理工大学汪华林院士、高等教育出版社陈正雄编审、四川大学江霞教授进行第一轮审稿工作，专家就教材的标准化、系统性、适用性、前沿性等提出了针对性的建议。5月中旬，编写组邀请南开大学关信平教授、高等教育出版社陈正雄编审、华东师范大学文军教授、清华大学王天夫教授、中共上海市委党校马西恒教授进行第二轮审稿工作，专家就教材各章节的细节内容、逻辑性、系统性等方面进行了重要指导。经过两轮审稿工作，本教材在内容和形式上均得到了极大的提升。

在此，我们对所有参与教材编写、审稿和出版工作的同仁表示最诚挚的感谢，大家严谨的专业精神是教材得以顺利完成的重要保障。同时，感谢各位专家学者对教材的悉心指导和宝贵建议，这为教材的编写和完善提供了重要的方向和参考。最后，我们要向广大读者致以最诚挚的谢意，你们的期待和使用是教材不断完善的动力。我们衷心期望这本教材能够成为广大读者了解碳中和社会有关知识、积极参与环境保护的实用性工具，以共同推动建构绿色可持续的碳中和社会。

编者

2024 年 10 月

目录

第一篇

理论篇

第一章
碳中和社会的概念、特征与指标

碳中和社会指通过减少碳排放、增加碳汇，实现碳收支平衡的社会状态，是有利于实现碳中和目标、推动形成绿色生产方式和生活方式、构建人与自然和谐共生的现代化建设新格局的重要内容。本章首先界定碳中和社会的概念与内涵。其次，从碳中和社会建设入手，针对因气候、物候产生的变化，社会应如何回应进行分析。最后，基于人类发展指数的指标体系建设和IPAT模型等考察经济水平、社会生活与碳中和社会的关系并尝试构建碳中和社会的指标体系。

第一节
碳中和社会的概念与内涵

扎实推进碳达峰、碳中和，不仅是推动我国高质量发展的内在要求，更彰显了我国推动全球可持续发展的大国担当。全社会的积极行动对这一目标的实现至关重要。为进一步强化对碳中和社会概念的理解，本节将就碳中和社会这一概念和内涵进行重点介绍。

一、碳中和社会的概念

（一）碳中和与碳中和社会

碳中和，即碳中性，指某个地区在一定时间内，人类活动直接和间接排放的碳总量与通过植树造林、工业固碳等方式吸收的碳总量相互抵销，实现碳"排放—吸收"的平衡。碳中和这一概念源于全球气候变化问题的出现和减少人为碳排放需求的产生。20世纪中叶，科学家开始关注人类活动排放的温室气体可能对地球气候系统产生的影响。1988年，世界气象组织和联合国环境规划署成立了联合国政府间气候变化专门委员会（IPCC），开始系统评估气候变化的科学信息。在这一认识阶段，人们从开始关注碳排放对环境的影响，到逐渐认识到减少碳排放、实现碳中和是有效应对环境污染、气候变化的有效手段。

如图1-1所示，碳中和这一概念经历了认知和实践两个发展阶段。1992年，联合国环境与发展会议通过了《联合国气候变化框架公约》（UNFCCC），这是第一个应对气候变化的国际公约。1997年通过的《京都议定书》首次设定了发达国家温室气体减排的目标。2015年，具有里程碑意义的《巴黎协定》达成，它要求各国采取更加积极的减排措施以推动碳中和的实现。在这一过程中，碳中和技术不断成熟，碳中和政策不断完善。碳中和作为一种新的环境保护形式，体现了正负相抵的原理，强调通过植树造林、节能减排等抵销经济、社会活动所产生的碳排放，实现二氧化碳的净零排放。目前，越来越多的国家和企业加入碳中和的行列中，碳中和正在从概念走向实际，成为推动全球绿色发展的重要战略选择。

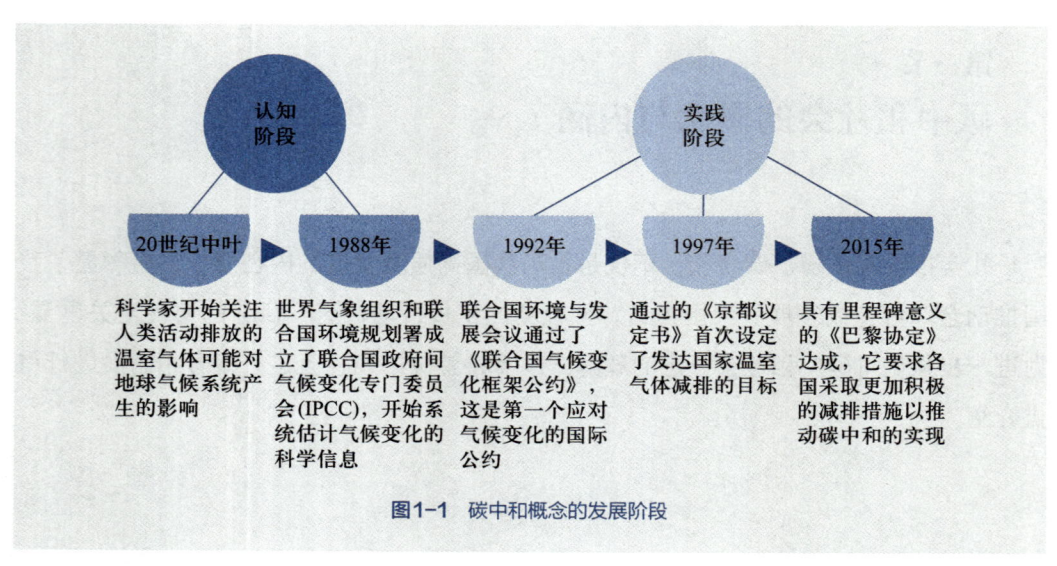

图1-1 碳中和概念的发展阶段

碳中和社会（carbon-neutral society）这一概念由碳中和发展而来，可将其定义为：以系统性社会变革为基础，以生产和生活的低碳、降碳和碳收支平衡为路径，而形成的人与自然和谐、经济社会发展平衡、活力与秩序兼具的新型社会形态。其核心不仅在于实现"净零碳排放"，而是更加关注在这一目标下人类采取的实践行动及由此形成的结构特征。因此，碳中和社会强调的是全社会成员的共同参与，构建碳中和社会也是一个需要政府、社会组织、企业、公众等在经济金融、能源资源、工业生产、生活服务等方面实现降碳甚至"零碳"的综合性、系统性工程。

为实现全球可持续发展目标，中国积极响应国际社会呼吁。作为全球最大的发展中国家，碳中和这一概念在中国得到了广泛关注。在2020年，中国宣布"双碳"目标，即二氧化碳排放力争于2030年前达到峰值，努力争取2060年前实现碳中和。这一承诺体现了我国推动绿色、循环、低碳发展的坚定决心。随着产业结构的升级和清洁能源等方式的出现，碳中和社会这一概念也在实践中不断得到深化和完善。未来，碳中和社会将更加注重科技创新和产业升级，推动绿色低碳发展，实现人与环境的可持续发展。

（二）技术变革下的碳中和

在中国宣布"双碳"目标后，中国科学院就"我国实现碳中和需要形成一个什么样的技术体系"这一问题组织了百余位来自多个学部的院士和专家做了"清单式"的研究。研究认为，对碳中和的理解需要关注碳源（carbon source）和碳汇（carbon sink）两个层面（丁仲礼，2023）。

1. 碳源

自然界中存在各种不同形态的碳元素，碳源指的是碳储库向大气释放碳的过程、活动或机制，是二氧化碳和其他温室气体排放的主要因素。碳源分为自然碳源和人为碳源两种类型。来自自然界的主要碳源是海洋、土壤、岩石和生物体释放的温室气体。例如，动植物呼吸作用和腐解过程产生的二氧化碳释放到大气中、岩浆活动或板块运动导致的火山喷发释放的二氧化碳、森林火灾将植被中的有机碳释放成二氧化碳等。人为碳源指的是人类在生产活动过程中所产生的碳排放。例如，煤、石油等化石燃料在燃烧过程产生的二氧化碳，日常出行、交通运输等生活和工农业活动等产生的二氧化碳等。

碳源不仅与生物体的生命活动息息相关，也与人类的生产生活、地球的气候环境紧密相连。对碳源的进一步关注和管理有利于维护地球的生态平衡和人类的可持续发展。

2. 碳汇

为缓解全球气候变暖趋势，1997年，149个国家和地区的代表通过了《京都议定书》，旨在减少全球温室气体排放。《京都议定书》将碳汇定义为通过植树造林、植被恢复等措施，吸收大气中的二氧化碳并从大气中清除二氧化碳的过程、活动或机制。

碳汇可以分为自然碳汇和人为碳汇两种类型。自然碳汇指自然界中能够吸收和储存大量二氧化碳的过程，主要包括森林碳汇、草地碳汇、耕地碳汇、土壤碳汇、海洋碳汇等。例如，森林是陆地生态系统中最大的碳库，森林碳汇是森林植物通过光合作用将大气中的二氧化碳吸收并固定在植被与土壤中，从而减少大气中二氧化碳浓度的过程。海洋碳汇是利用海洋活动及海洋生物吸收大气中的二氧化碳，并将其固定在海洋中的过程。海洋是地球上最大的碳库，储存了地球上约93%的二氧化碳。人为碳汇指通过人为手段来增加二氧化碳的吸收和储存，主要包括植树造林、植被恢复及碳捕集和封存等技术手段。例如，通过植树造林增加森林面积以吸收更多的二氧化碳，通过恢复湿地吸收二氧化碳，过滤水源、碳捕集和封存等技术可以直接从大气中捕集二氧化碳并加以封存或再利用。

总体而言，碳汇和碳源之间存在密切联系。碳循环是一个复杂的过程，自然与人类活动共同影响生态系统的平衡。在一定程度上，人类的生产生活打破了这种平衡的运行状态。为了应对全球气候变化，加强对自然碳源和碳汇的管理，采取积极的人为措施减少碳排放、增加碳封存和再利用有利于实现碳中和目标。

3. 构建碳中和技术体系

构建碳中和技术体系是实现碳中和目标的关键要素。这一体系涵盖了多个领域的技术创新与应用，包括能源转型、产业转型和交通转型等。各领域形成合力，才能实现碳中和目标。

能源是人类赖以生存和发展的重要物质基础，经过长期发展，中国建立了煤、油、气、核、水、风、光等全面发展的能源供给体系，为经济社会持续快速发展提供澎湃动力。能源的低碳转型关乎人类长远生存发展，《中国的能源转型》白皮书（2024）指出，在能源安全新战略指引下，中国走出了一条符合国情、顺应全球发展大势、适应时代要求的能源转型之路。其中，加快能源技术、产业、商业模式创新，推动新能源技术发展，培育壮大新质生产力是实现中国能源转型的基本理念。清洁能源的发展，如太阳能、水能、地热能等可再生能源和生物能源等低碳能源技术可以替代传统的化石燃料，减少碳排放。在工业领域，清洁能源的广泛运用，利用碳捕集、利用与封存（CCUS）技术实现能源的可持续利用能有效提升资源利用效率。在交通领域，电动汽车等低碳工具的普及实现了原有燃料的转型和升级，促进绿色出行。

为有效实现碳中和目标，政策的支持和引导、人才的创新和培养也至关重要。政府制定碳减排政策和标准，引导、推动各领域企业、社会组织等采取实际行动，各相关单位、人民团体、社会组织要在党中央集中统一领导下，积极推进不同领域、不同行业的绿色转型工作。企业通过技术创新和产业转型升级提升能源利用效率，促进碳减排和碳封存。社会组织和公众通过积极参与环保行动，倡导绿色低碳生活方式，形成全社会共同推动碳中和的良好氛围。除此之外，专业人才队伍的建设是发展绿色低碳技术的必经之路。只有通过全社会的共同努力，才能构建一个美丽、和谐、宜居的碳中和社会。

二、碳中和社会的内涵

（一）理解碳中和社会的三个维度

通过对碳中和社会概念的进一步分析，可以发现关于碳中和社会的讨论始终都需要注意以下三个维度。

第一，碳中和是一个气候问题。为达成碳中和的目标，需要减少全球的二氧化碳排放量，减缓甚至控制全球变暖的趋势。《巴黎协定》的碳中和目标是到21世纪末把全球温升控制在2 ℃以内，并努力控制在1.5 ℃以内。在此过程中，需要注意的是环境的可持续性。即碳中和社会追求的是人与自然和谐共生，通过减少温室气体特别是二氧化碳的排放，来减缓全球变暖和气候变化，保护地球生态系统，确保人类社会的长期可持续发展。

第二，碳中和是一个政治问题。各国政府和国际组织通过签署协议、制定政策等方式推动碳中和目标的实现。中国作为《巴黎协定》的积极推动者和率先推动其生效的国家之一，在碳中和方面扮演着重要角色。碳中和不仅涉及国家间的合作与竞争，也体现了一个国家对全球气候治理的态度和决心。碳中和是全球性的挑战，需要国际社会共同合作，各国应根据自身国情和发展阶段，承担相应的责任和义务，并通过国际合作机制，共同应对气候变化。

第三，碳中和是一个社会问题。人为引起的二氧化碳排放是导致全球变暖的直接因素。根据联合国环境规划署2023年排放差距报告，2022年全球温室气体排放量达到了574亿吨二氧化碳当量，创下新高。气温纪录不断刷新，全球温室气体排放量和大气中二氧化碳浓度在2022年创造了新纪录，1990—2022年温室气体排放总量如图1-2所示。根据联合国政府间气候变化专门委员会（IPCC）第六次评估报告，人类活动已导致全球平均气温上升1.1 ℃，气温上升带来了前所未有的气候系统变化，如海平面上升、极端天气事件频发和海冰迅速融化等，严重影响人类社会的生产和生活，引发诸多的社会问题。

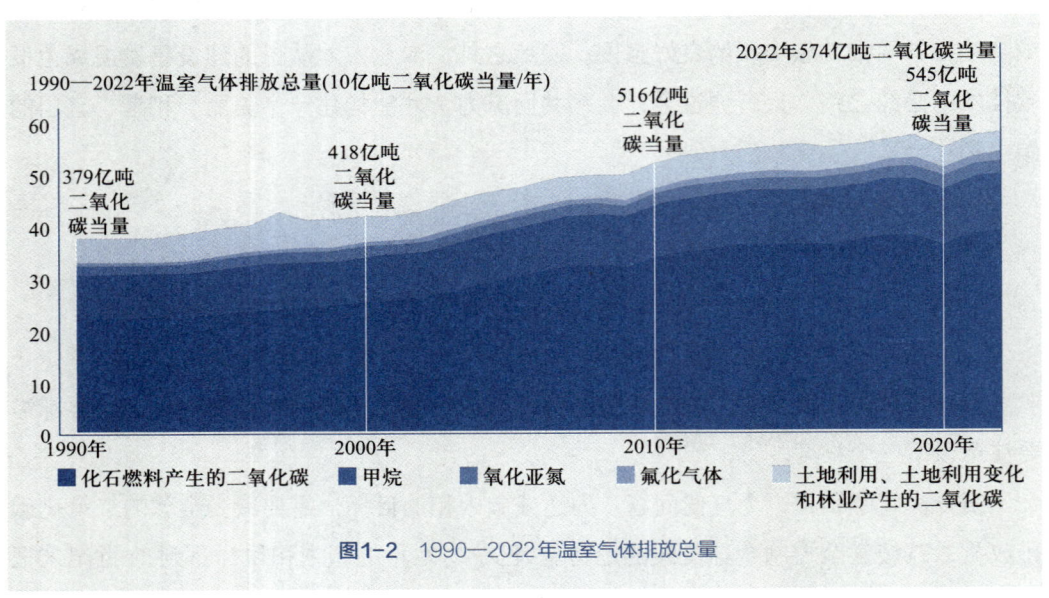

图1-2　1990—2022年温室气体排放总量

因此，在全社会范围内实现碳减排是必不可少的一项应然举措。构建碳中和社会，推动绿色生活、生产，实现全社会绿色、低碳可持续发展，对应对全球环境危机具有重要意义。

（二）碳中和社会的基本特征

对碳中和社会三个维度的理解有助于把握其存在的三个特征。

第一，碳中和社会最显著的特征是低碳排放甚至零排放。"零排放"是减少污染物和能源的排放直至为零的活动。在理论上，"零排放"的实现是一种理想状态，虽然低碳能源的碳排放水平相较之前已经大大降低，但在能源生产过程中一定量的碳排放依旧会产生。因此，需要实现"低碳排放"来减缓气候变化，如使用节能灯、鼓励使用公共交通工具等，共同营造低碳环保的社会氛围。除此之外，实施清洁生产、遵守3R原则（reduce、reuse、recycle），以及发展碳捕集和封存等技术有利于推动对自然资源进行循环利用。

第二，碳中和社会致力于实现经济社会的可持续发展和环境保护的平衡。这意味着社会在发展经济的同时，也会充分考虑环境保护和资源节约的需求，避免过度消耗自然资源，实现人与自然和谐共生。市场机制通过碳排放权交易等方式，将碳减排转化为一种可量化的经济价值，激励企业积极采取减排措施。此外，碳中和社会鼓励技术创新和研发，通过加大对绿色技术的投入，推动技术升级和改造，提高能源利用效率，降低生产过程中的碳排放，这既有助于降低企业的运营成本，提高其市场竞争力，又能够改善环境质量，实现经济和环境的双赢。

第三，实现碳中和需要全社会的共同参与。在碳中和社会中，政府、企业、社会组织和个人等的积极作用都必不可少。政府需要发挥引导作用，制定和实施碳中和相关的法律法规，如排放标准、可再生能源法规等，提供政策激励，如税收优惠、补贴、碳交易市场等。企业则通过改进生产工艺、优化供应链管理、开展碳足迹核算等措施减少碳排放，展现其社会责任。社区作为社会的基本单元，也需要积极参与碳中和行动。通过开展社区活动，如植树造林、废物回收等活动提升社区居民参与度。社会组织通过宣传、教育和倡导活动提高公众对碳中和社会的认识。个人通过节约能源、公共交通等日常生活中的节能低碳行为共同推动社会向碳中和转型。

（三）中国的碳中和战略

2020年，习近平在第七十五届联合国大会上宣布中国的"双碳"目标。2021年10月，中共中央、国务院《关于完整准确全面贯彻新发展理念做好碳达峰碳中和工作的意见》和《2030年前碳达峰行动方案》相继发布，对"双碳"目标进行了系统谋划，共同构建了中国碳达峰、碳中和"1＋N"政策体系的顶层设计。其中"1"包括中共中央、国务院《关于完整准确全面贯彻新发展理念做好碳达峰碳中和工作的意见》和《2030年前碳达峰行动方案》，而"N"则涉及重点领域、重点行业实施方案及相关支撑保障方案。中国的碳中和战略是一个全面且深远的规划，旨在实现经济的可持续发展和环境保护的平衡，这一战略体现了我国推动绿色、循环、低碳发展的坚定决心，为全球应对气候变化提供了中国方案，也是我国以创新为驱动，关注经济的绿色转型和产业升级转型推动高质量发展的积极应对。

在国际层面，中国积极参与全球气候治理，展现大国担当。2024年《关于加快经济社会发展全面绿色转型的意见》指出，在未来，我国将秉持人类命运共同体理念，积极参与引领全球绿色转型的进程。通过积极参与应对气候变化、海洋污染治理、生物多样性保护等领域的国际规则制定，推动构建公平合理、合作共赢的全球环境气候治理体系。国际能源署（IEA）发布的《2023年可再生能源》报告指出，中国是全球可再生能源领域的领跑者，也是全球可再生能源快速大规模增长的主要驱动力。中国积极参与、践行绿色发展理念，为全球低碳发展注入动力，坚持"共同但有区别的责任"原则，根据自身国情和能力，采取自主行动为全球应对气候变化作出贡献（车诗睿，2024）。

同时，中国积极倡导各国加强合作，拓展多双边对话合作渠道，加强绿色发展领域的多边合作平台建设，通过加强国际社会的对话与交流，积极分享在碳中和、绿色经济转型等方面的策略，共同推动全球绿色低碳转型。此外，中国致力于推动构建绿色"一带一路"，推进"绿色丝绸之路"建设，加强绿色投资和贸易合作，促进共建国家的绿色低碳发展。根据《中国的能源转型》白皮书（2024），为共同打造高水平能源合作平台，中国还积极倡导建立"一带一路"能源合作伙伴关系，目前成员国已达到33个，覆盖亚洲、非洲等六大洲，共同实现能源的可持续发展，为全球治理提供源源动力。

总之，中国的碳中和国际战略是一个全面、系统的体系，是在全球范围内的合作、交流与共享。未来，中国将继续加强与国际社会的合作，提高国家自主贡献力度，采取更有力的政策和措施为应对全球环境危机作出更大的贡献。

三、碳中和社会的意义与价值

（一）碳中和社会的目标

理解碳中和社会需要从气候、政治和社会三个维度进行分析，碳中和社会的目标亦需要从三个维度进行界定。从气候的角度，碳中和社会需要借助现代科技手段和能源转型等方面的发展实现净零排放的目标，即大气中的二氧化碳排放和吸收需要达到平衡状态。这意味着人类活动产生的二氧化碳排放量需要与自然界和人工手段吸收的二氧化碳量相平衡，从而达到气候系统的稳定。从政治的角度，碳中和社会需要全球各国共同发力，达成二氧化碳浓度稳定的目标已成为全球政治议程中的重要议题。碳中和是一个全球性问题，碳中和社会的建设需要全球治理体系的支撑，包括国际法律框架、气候融资机制、技术合作平台等。各国产业结构的调整导致的低碳技术和产业的发展也将成为新的经济增长点。相较而言，发达国家由于历史上的高碳排放，对当前的全球变暖负有更大的责任，因此，在碳中和进程中，发达国家应承担更多的责任，如在其本国落实低碳行动、对发展中国家提供资金支持和技术援助等。从社会的角度，构建碳中和社会，实现社会范围内的共同参与，积极发挥社会成员的积极作用是降低碳排放的最直接的手段。

全球正面临共同的生态环境和气候变化挑战，需要共同经历史上最大规模的绿色低碳转型。这需要通过多边机制、双边和多边协作减排新模式，多圈层、多主体系统治理机制等手段来实现。联合国秘书长古特雷斯呼吁各国领导人宣布进入"气候紧急状态"，并呼吁富裕国家在2040年实现碳中和目标，以"拆除气候定时炸弹"，敦促新兴经济体尽可能在2050年前达到这一目标。2018年，欧盟委员会发布了"2050年净零排放"政策性文件，并在2019年发布了"2050欧盟绿色新政"，这些政策文件涵盖了能源、产业、建筑等多个领域的具体行动，并明确了能效、可再生能源、循环经济等领域的立法计划及资金保障机制；德国在公共交通和绿色氢开发等领域投入大量资金，这一系列行动都代表碳中和目标的实现需要国际社会的共同参与。

（二）碳中和社会的意义

党的二十大报告中强调，"统筹产业结构调整、污染治理、生态保护、应对气候变化，协同推进降碳、减污、扩绿、增长，推进生态优先、节约集约、绿色低碳发展"。2022年8月，科学技术部、国家发展和改革委员会、工业和信息化部等9部门印发《科技支撑碳达峰碳中和实施方案（2022—2030年）》，统筹提出支撑2030年前实现碳达峰目标的科技创新行动和保障举措，并为2060年前实现碳中和目标做好技术研发储备。其中，碳达峰的十大行动包括能源绿色低碳转型、节能降碳增效、工业领域碳达峰、城乡建设碳达峰、交通运输绿色低碳等。这一行动规划和战略体现了我国的统筹安排和系统考虑，不仅关注短期的减排目标，更注重长期的可持续发展，将减排与经济社会发展紧密结合，推动形成绿色、低碳、循环的发展模式。

近年来，我国碳减排成效显著。《中国应对气候变化的政策与行动2023年度报告》显示，2022年我国碳排放强度比2005年下降超过51%，非化石能源消费占能源消费总量达到17.5%。据新华网报道，2021年我国可再生能源利用总量达到7.5亿吨标准煤，占一次能源消费总量的14.2%，减少二氧化碳排放约19.5亿吨，为实现"双碳"目标奠定了基础。

碳中和社会鼓励使用可再生能源，有利于减少对有限资源的依赖，提高资源利用效率。人与自然的关系是人类社会最基本的关系，我国围绕"三区四带"国家生态安全屏障，实施全国重要生态系统保护和修复重大工程总体规划。根据自然资源部公布数据，我国累计植树造林10.85亿亩[①]、种草改良6.6亿亩、防沙治沙3亿亩、修复和新增湿地1 200多万亩，森林覆盖率提高到24.02%，荒漠化、沙化土地实现持续"双缩减"，为全球贡献了1/4的新增绿化面积。

从国家安全的角度，在碳中和背景下减少对化石燃料的依赖，促进清洁能源包括风能、太阳能等的发展和应用，不仅能够为经济发展注入新的动力，对于优化能源结构、确保国家能源安全也具有重要意义。碳中和社会通过推动我国能源结构的优化，减少对外部能源的依赖，实现国家能源独立。这不仅能够确保国家能源安全，还能够拉动新的投资，带来技术进步，促使传统产业提质增效，促进经济社会的协调发展。除此之外，减少温室气体排放有助于改善空气质量，减少与空气污染相关的健康问题，如呼吸系统疾病和心血管疾病，从而提高公众健康水平。

碳中和社会建设为人类社会提供了一种减少环境风险、实现经济转型、促进社会公平和保障长期生存的综合性解决方案，构建碳中和社会有利于人类文明的有序和繁荣发展。

（三）碳中和社会的价值

碳中和社会建设和可持续发展需要依靠人的认知和行为选择。基于环境保护、绿色发展的意识和要求，个体通过积极参与社会活动、遵循社会规范和政策规定等创造社会价值来推动碳中和社会建设和发展。同时，人的行为和价值观又受环境、政策的深刻影响，因此，构建碳中和社会的价值需要将环境保护、经济发展和政策创新与社会参与结合起来进行讨论。

1. 环境保护和社会参与

环境保护与社会参与紧密相连，环境问题对社会成员的身体、生活等各个方面造成直接影响，社会成员的行为和选择直接影响环境变化。因而达成环境保护这一目标

---

① 1亩≈666.67平方米。

需要社会的广泛参与。

从个体的角度，社会教育和宣传活动有利于提升社会公众对环境问题的关注和认知。这一观念的改变有利于在社会范围内推动个人采取更加环保的生活方式。对于社区、社会组织或企业来说，他们的行为可以直接推动组织成员的参与。例如，社区通过组织垃圾分类、旧物回收等行动推动居民参与；社会组织通过咨询、倡导等方式可以影响相关政策的制定，并对执行过程进行监督和评估；企业通过创新和推广绿色技术减少其行为对环境产生的负面影响。作为一个全球性的议题，碳中和社会的建构还需要国际社会和国际公民的共同应对，社会成员通过积极参与国际环境保护项目，推动全球环境保护和合作，推动可持续发展。

2. 经济发展和社会参与

碳中和社会的一个重要特征是实现经济的绿色和可持续发展，经济发展在衡量国家能力的同时还深刻影响社会公平和社会发展。

从宏观层面来看，碳中和政策的实施将促进清洁能源、节能环保等绿色产业的发展，从而创造新的经济增长点；在这一背景下，企业通过实施碳中和战略提高市场竞争能力和占有率，从而创造更多的就业机会，促进社会稳定和经济发展。而在其中获得积极收益的社会成员也会更加坚定贯彻绿色和可持续发展理念，从而实现经济发展与社会参与的良性互动。除此之外，在"双碳"目标要求下，可再生能源、绿色农业、绿色建筑等相关领域快速发展，有利于实现经济和产业结构转型，促进可持续发展。从社会消费的角度，倡导可持续的消费模式，鼓励消费者选择环保产品和服务可以在实现经济可持续的同时，推动相关企业完善从生产到消费的流程和供应链管理。

3. 政策创新和社会参与

为实现可持续发展，应对气候变化，碳中和政策的制定和实施过程至关重要。全社会的积极参与能为政策创新和完善提供积极效应。

从政策制定和创新的角度，社会各界的共同参与有利于达成政策的综合考虑，例如，公众、社会组织积极参与碳中和政策的制定过程，有利于形成全社会范围内的行动合力。随着碳中和政策的逐步推进，新的思维方式和降碳措施通过社会成员的参与进行反馈从而达到对政策的完善目的。从政策执行的角度，社会参与可以帮助政府监督和评估碳中和政策的执行情况，确保政策目标的实现；社会层面通过调查、评估等方式还可以及时了解政策在执行过程中的成效和不足之处，为政府提供反馈机制，使其能够根据社会反馈进行调整和改进。因此，社会参与不仅能够增强碳中和政策的民主性和透明度，还能够提高政策的实效性，从而更有效地推动碳中和目标的实现。

第二节
碳中和社会建设

社会系统是由各种要素组成的，如个体、组织、家庭、社群等，这些要素之间相互依存、相互影响，形成了一个复杂的整体。系统中的耦合关系指的是不同要素之间的联系和互动，它决定了社会系统的稳定性和变化性。在这个系统中，人类社会和自然环境紧密相连且相互作用，成为社会耦合系统。对社会耦合系统的探索有助于理解社会系统的运行规律和变化过程。

在实际应用中，社会耦合系统的理念被广泛应用于地球生态与环境科学（EEES）中。EEES 社会耦合系统由人口、环境、科技、信息、制度等要素组成。人口是耦合的主体，环境是耦合的基础，科技与信息是耦合的重要中介和桥梁，制度是耦合的催化剂（杨玉珍，2012）。各要素的协同有利于实现生态、经济和社会的协调发展。

一、气候变化 - 社会耦合系统

（一）气候变化

气候指的是一个地区大气的多年平均状况，主要包括光照、气温和降水等。气候是人类生存和发展的基础条件，气候变化影响生态系统的平衡。因此，它的变化和稳定性直接关系到人类社会的生存和发展，其带来的一系列不利影响也都将成为全人类的共同挑战。

美国国家海洋和大气管理局的数据显示，2024 年 1 月全球地表温度较工业化前平均水平（1850—1900 年）高 1.66 ℃。2024 年 1 月全球海洋表面温度也创下了连续 10 个月的纪录高位。在降水方面，2024 年 1 月全球降水量几乎创下了纪录高位，北半球

3月的降水覆盖范围低于1991—2020年的平均水平，全球海冰范围约比1991—2020年的平均水平低106万km²。全球范围内温度的显著上升、降水和海冰覆盖的变化都反映了全球气候变暖的趋势。

与气候相关的极端事件也越来越频繁。2024年2月，美洲出现了全球有记录以来最温暖的2月，但同时亚洲和欧洲的部分地区却经历了创纪录的寒冷温度。这种全球温度升高与极端寒冷事件并存的现象称为"温暖北极－寒冷大陆"（warm arctic-cold continent）（Jin-Ho Yoon等，2024）。如图1-3所示，仅在2023年，全球范围内多次出现极端热浪、极端降水、野火、飓风等极端气候事件。

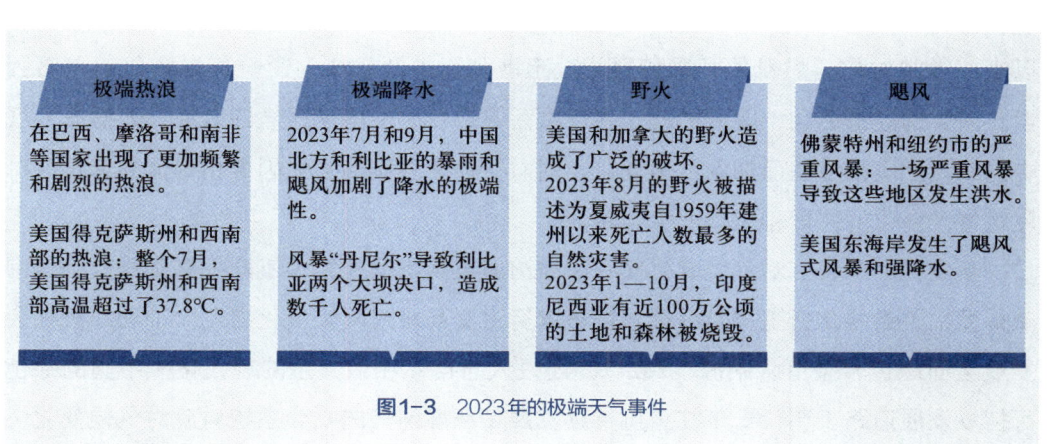

图1-3 2023年的极端天气事件

这些极端天气事件不仅对生态系统和基础设施造成了巨大冲击和影响，还严重威胁人类的生活和健康。根据2024年发布的《量化气候变化对人类健康的影响》报告，到2050年，气候变化可能会导致额外的1.45亿人死亡，并造成12.5万亿美元的经济损失。燃烧化石燃料和其他人类活动产生的空气污染预计到2060年可能会导致每年600万~900万人的过早死亡。

因而，应对气候变化的迫切性产生了对加强气候变化的适应措施和完善预警系统的需求，减少全球范围内的碳排放，构建碳中和社会成为全球的必然选择。

（二）气候变化与社会耦合系统

气候变化与人类活动和自然因素密切相关，社会耦合系统指的是人类社会与自然环境和人造环境之间相互作用的系统。因此，理解气候变化与社会耦合系统之间的关系对应对气候变化、推动可持续发展至关重要。

气候通过影响全球温度和降水模式，进而影响极端环境事件的强度和频率，当气候变化发生时，随之产生的一系列后果对社会系统造成不利影响。例如，化石能源燃烧增加大气热量，导致更频繁和更强烈的降水，加重洪水和山体滑坡；极端飓风、暴雨会产生规模性的损害问题，对农业、渔业造成巨大冲击；冰川融化导致海平面上升，对沿海地区居民的生产生活构成严重威胁，直接影响人类的生活和财产安全；极端高温导致更频繁的热浪和干旱，增加野火风险，使森林火灾更加严重。极端天气日益频繁和其持续性的上升对人类社会和自然环境造成了持续冲击，气候变化也影响了农牧民族的生活方式、生产力和社会结构，从而影响了人类文明的发展。

社会耦合系统中各要素的相互作用通过人类活动对气候变化产生影响。工业革命以来，人类对化石燃料的开采和燃烧、土地利用等活动成为影响气候变化的显著因素。人类的经济活动、能源消耗、生产生活等都会改变地球大气的组成，如提高大气中的二氧化碳浓度从而加剧气候变化。同时，社会系统的文化因素和价值观念也会对应对气候变化的态度和策略产生影响。

新发展理念将应对气候变化摆在国家治理更突出的位置，不断提高碳排放强度削减幅度，不断强化自主贡献目标，以最大努力提高应对气候变化力度，推动经济社会发展全面绿色转型（张乘源，2021），建设人与自然和谐共生的现代化。中国的绿色可持续发展道路表明：一个注重可持续发展和环境保护的社会系统对应对气候变化挑战具有更积极的作用。相反，如果社会系统缺乏对环境保护的重视，就可能会导致过度开发和污染，加剧气候变化的负面影响。

（三）面向碳中和的气候－社会耦合系统技术

2022年，国家自然科学基金委员会启动了名为"面向碳中和实现路径的自然－社会系统多尺度模式耦合关键理论和技术预研究"的专项项目。这一项目通过发展自然－社会系统多尺度模式耦合的关键理论和技术以应对碳中和问题的复杂性。针对气候变化的决策和预警措施，项目通过实现"人为及自然碳源碳汇变化""能源结构—非化石能源替代—储能布局""政策管理"和"经济社会"等在全球与区域上的双向耦合运行，为国家碳中和实现路径提供更大的决策支撑平台。研究方向涵盖自然－社会系统多尺度相互作用模式耦合和决策支撑研究的顶层设计、中国能源结构变化建模及预测、储能布局预测、碳中和实现路径的预测研究等，以增强我国在技术层面对碳中和路径选择的重要性认识，并为国家"双碳"目标提供定量化、动态化的科学支撑。

碳中和目标的实现需要科技进步和经济发展方式的转型。由世界气候研究计划（WCRP）发起的第六次国际耦合模式比较计划（CMIP6）关注点涵盖了地球气候的物理建模、量化变化并可靠预测全球变暖等多个方面的气候变化和检测（周天军等，2019）。地球系统模式（ESMs）和综合评估模型（IAMs）的双向耦合旨在更好地理解地球系统，特别是与气候变化相关的变化，并评估这些变化对社会经济系统的影响（杨世莉等，2019）。通过地球系统模式与综合评估模型的双向耦合可以更全面地评估不同政策和措施对气候系统的潜在影响，以及这些变化对社会经济系统的反馈。这种双向互动有助于提高对未来气候变化预测的准确性，并为制定有效的气候变化应对策略提供科学依据。

对气候变化进行预测和检测的这些相关研究结果显示，气候变化与社会耦合系统涉及自然科学、社会科学和人文学科等多个领域，需要综合考虑不同学科的影响，以更好地理解气候变化对人类社会的影响，以及加强气候预警措施，并制定有效的应对策略。

二、物候变化－社会耦合系统

（一）物候变化

"物"主要指包括动物和植物在内的生物，"候"就是气和候，描述一个地区长期的天气和季节变化模式。物候变化指生物在长期适应气候条件下的周期性变化，并形成与此相适应的生长发育规律，具体表现为植物生育期的提前、推迟和生育阶段的延长、缩短产生的阶段性变化，以及动物的迁徙、冬眠等推移和变迁的过程。物候现象能够客观反映生物在生长和活动过程中对外界气候、生态环境条件的响应及适应性，外在环境的变化必然也会对物候变化产生影响。这些变化不仅与纬度、经度等地理因素有关，还与全球气候变化密切相关。例如，全球气候变暖可能会对植物的生长、开花、结果的时间规律造成影响，甚至种群分布范围也发生变化。因而，物候变化是研究气候变化的重要标志，通过对物候现象的观察和研究，可以更深入地了解气候变化对生态系统的影响，从而采取相应的应对措施来减缓气候变化带来的不利影响。

联合国的《世界迁徙物种状况报告》指出，全球迁徙物种中近一半的物种数量正在减少，超过1/5的物种面临灭绝的威胁。由中国社会科学院生态文明研究所和中国气象局国家气候中心联合编写的《应对气候变化报告（2023)》也指出全球气候变暖的现状，在未来全球平均气温将再创新高。这些气候变化不仅影响了人类的生产生活、经济发展，而且对自然生态系统，包括动植物的生长周期和迁移规律等都产生不利影响。例如，气温每上升 1 ℃，水稻生育期可能平均缩短 7~8 天，冬小麦生育期可能平均缩短 17 天；积温带北移有利于高纬度地区作物的生长发育，但造成水稻、小麦等作物产量下降；气候变化还导致病虫害发生范围扩大，进一步加重对作物生长过程的危害程度。相关研究称，到 2030 年中国种植业生产潜力可能会下降 5%~10%，其中灌溉和雨养春小麦的产量将分别减少 17.7% 和 31.4%（郑国光，2009）。

与此同时，气温上升和生态系统的转变导致许多物种的栖息地逐渐丧失。例如，根据央广网报道数据，北极的海冰覆盖范围正在以每 10 年 12.9% 的速度减少，极地冰融化和海岸侵蚀威胁北极熊和海豹等依赖海冰的物种，自然栖息地的缩小和恶化使得许多物种面临生存威胁。《中国气象报》在 2014 年就提出，随着平均温度的升高，许多鸟类种群数量下降，气温每上升 3.5 ℃ 可能会导致 600~900 种鸟类濒临灭绝，一些动物体形会产生变化，全球物种灭绝率急剧上升。

（二）物候变化与社会耦合系统

物候变化与社会耦合系统指自然界的物候现象与人类社会活动之间的互动关系。生物的周期性和规律性的变化现象受气候和环境变化的影响，特别是气温、光照和降水的变化。从农业活动来看，农作物的生长周期与季节性气候条件紧密相关，因而物候变化直接影响农业生产，例如，如果植物的开花期提前或推迟，就可能会影响作物的授粉和产量，从而影响食品供应和价格。从经济活动来看，沿海地区的渔业、草原高原地区的游牧业及旅游业等都与特定的物候事件相关。例如，热浪的发生超过海洋生物的耐受极限导致暖水珊瑚的大规模白化和死亡，进而影响海洋生态，鱼类因此更改迁徙或繁殖时间，直接影响渔业的可持续性；我国北方的草地沙化现象和天山、青藏高原等地的牧草物候变化直接影响畜牧业产量；气候变化导致的森林退化、土地荒漠化及极端天气等直接影响旅游的季节性变化。除此之外，物候变化也可能影响人类的文化活动和生活方式，如自然遗产的破坏、某些节日和传统活动因与特定的物候事件相关联而被动改变。

社会系统作为一个整体，会对物候变化作出相应的反应。物候变化被视为一个气候变化的指标，通过监测物候变化，可以帮我们以更直接的方式评估和预测未来的环境变化，从而制定相应的适应策略。随着对物候变化认识的深入，社会系统也在不断地适应这种变化，并采取相应的策略进行调整。例如，农业生产者会根据动植物的生长发育规律调整种植和养殖策略，以适应物候变化带来的挑战；政策制定者也会考虑物候变化对社会经济的影响，制定相应的政策和措施进行宏观调控；通过科技手段改善农业生产条件和提高生产效率亦能增强农作物对物候变化的适应能力；在人类的日常生活中，通过改变生活方式和消费习惯减少对环境的负面影响也能在一定程度上减缓物候变化的速度。

物候变化与社会耦合系统关注的是自然生态系统与人类社会系统之间的相互作用和影响。社会–生态系统是人类与环境相互作用形成的耦合系统。在全球变化和人类活动的驱动下，社会系统与生态系统都处于不断加剧的动态变化中。理解这两个系统之间的相互作用机制是实现可持续发展的基础。例如，科技利用率的提升使植被生长季显著延长，从而增加了陆地生态系统的生产力，并增强了中国的碳汇能力。同时，植被物候变化改变了植被的蒸散量从而影响流域尺度的河流径流。此外，植被物候变化对气候系统产生的负反馈作用甚至对大气环流过程造成影响（付永硕等，2022）。

物候变化与社会耦合系统的研究强调了气候变化对生态系统的影响及由此导致的物候变化问题，并将这些变化反馈到人类社会中，对社会系统各要素进行了更为系统和充分的研究。对这种密切联系又相互作用的关系进行分析有利于制定有效、有针对性的应对策略，以高水平地促进高质量环境发展，共同建设人与自然和谐共生的美丽家园。

三、文明新形态与碳中和社会

气候与物候之间关系密切，两者对生态系统和生物多样性都产生直接影响，也对人类的可持续发展提出挑战。党的二十大报告指出：我们要推进美丽中国建设，坚持山水林田湖草沙一体化保护和系统治理，统筹产业结构调整、污染治理、生态保护、应对气候变化，协同推进降碳、减污、扩绿、增长，推进生态优先、节约集约、绿色低碳发展。在此背景之下，积极稳妥推进"双碳"目标是促进人与自然和谐共生的积极应对。

（一）生态文明建设与社会文明建设
生态文明建设和社会文明建设属于中国特色社会主义事业"五位一体"总体布

局，都是实现中华民族伟大复兴、建设美丽中国的重要内容。

"十四五"时期，我国生态文明建设进入以降碳为重点战略方向、推动减污降碳协同增效、促进经济社会发展全面绿色转型、实现生态环境质量改善由量变到质变的关键时期。生态文明建设也更加强调和注重人、环境和社会三者之间的全面发展与和谐共生，"双碳"目标被纳入生态文明建设整体布局。社会文明建设通过提升社会成员的文明素质和道德水平，促进社会和谐、进步和可持续发展。

生态文明的价值理念强调可持续发展，在这一要求下，生态文明建设需要立足于行动主体，通过增强公众参与和生活方式的绿色转型，增强内生动力（卢春天，2024），这实际上也是社会文明程度的提升，因此生态文明和社会文明是协同并进的。从行动策略上来说，生态文明建设注重生态环境的稳定和平衡，关注绿色生产和消费等人类活动。实现碳达峰、碳中和是一场广泛而深刻的经济社会系统性变革，在社会文明建设的框架下推动"双碳"目标，意味着需要在促进社会物质文明和精神文明发展的过程中，培养公民的环保意识和低碳生活习惯、倡导低碳环保理念，推动社会的可持续发展。而这也成为生态文明建设与社会文明建设在推进美丽中国建设中相互促进、共生发展的有力印证。

（二）"双碳"目标下的生态与社会文明建设

"万物各得其和以生，各得其养以成"，自然界的多样性和复杂性构成了万物生长的基础和条件，人类只有真正做到尊重自然、顺应自然、保护自然，才能实现人与自然和谐共生。

我国的生态环境治理在40余年的探索中取得了显著成效，有关的低碳、绿色实践在这一过程中不断发展（卢春天和朱震，2021）。但是目前的环境政策依旧无法有效率地解决生态问题（罗三保等，2019）。生态问题的本质是社会问题，生态环境治理是环境社会治理体系的重要组成部分。在这一体系中，政府、市场和社会的联动有利于形成科学合理的环境社会治理合力，从而推动社会治理现代化（卢春天和朱震，2021）。生态环境实质上强调的是环境和社会、经济、消费、治理体系等方面之间的关系，人与自然和谐共生是从个人到社会，从制度到文化，涵盖经济、政治、文化、社会、生态的全方位、多层次的整体性过程（苗大鹏，2022）。

实现"双碳"目标，公众教育和意识提升是前提。2022年，教育部发布的《绿色低碳发展国民教育体系建设实施方案》认为国民教育体系的各个领域和层次都应融入绿色低碳发展理念。在2022年全国两会（中华人民共和国全国人民代表大会和中国人民政治协商会议）上，王焰新援引了中国地质大学（武汉）经济管理学院"双碳"课题组测算的2017年中国教育领域的碳排放高达2.46亿吨，占全国总量的2.5%这一数据，认为高校是教育领域碳排放的重要来源，推动高校建设碳中和校园、培养创新型碳中和人才任重道远（杨旭等，2023）。此外，在全社会范围内借助新闻媒体等传播媒介，推广绿色低碳生活方式则是强化公众参与的直接途径。低碳行动应反映在人的日常行为中，以人的日常行为实践为导向，通过环保教育和宣传增强全社会的环保意识，从而推动日常生活的低碳转型。

全社会参与是碳中和社会建设的基础。这就要求政府、企业、个人、社区、社会组织承担各自的社会责任，共同建设碳中和社会。政府制定相关政策法规，鼓励和引导企业和个人采取碳中和行动；企业积极研发和应用新技术，提高能源利用效率，减少碳排放；个人基于日常生活积极参与低碳行动，鼓励公共交通出行、节约用电、垃圾分类等方式为碳中和贡献自己的力量；社区作为居民日常生活的基本场域，在社区层面对碳中和社会的重视能直接提升居民的生活质量并对其产生积极影响，如城市绿化、垃圾分类、社区节能项目等，可以直接减少碳排放；社会组织可以提供环保教育、社会动员、社会监督等重要功能，助力碳中和社会建设。

第三节
碳中和社会的指标体系

根据《中国碳达峰碳中和进展报告（2023）》，我国生态文明建设进入以降碳为重点战略方向的关键时期。在这一阶段把握坚定"双碳"目标，积极稳妥地推进碳达峰、碳中和是一个复杂而综合的过程，需要从多个方面进行综合考量评估。因此，通过构建一个以碳中和评估为基础的，涉及因碳排放和碳吸收影响气候和环境变化为主要内容的碳中和社会指标体系，不仅能够在确保数据准确性和可靠性的基础上进行动态监测与评估，还能为实现碳中和社会制定有效的策略提供数据支持。并且，随着碳中和领域的不断发展和完善，相应的指标也需要持续地进行调整以保证其有效性。

一、从人类发展指数到碳中和社会指标建设

（一）人类发展指数

人类发展指数（human development index，HDI）是一个用于衡量国家或地区经济社会发展水平的综合指标。人类发展指数在1990年由联合国开发计划署（UNDP）首次提出，旨在提供一个超越国内生产总值（GDP）衡量标准的更加全面反映人民生活质量的指标体系。

人类发展指数的衡量指标包括出生时的预期寿命、平均和预期受教育年限及人均国民总收入（GNI），这三个维度分别反映了一个国家或地区在健康、教育和经济方面的表现。其中，健康水平通常以出生时的预期寿命来衡量，教育水平结合了成人识字率和平均受教育年限，经济水平则通过人均国民总收入来衡量，并根据购买力进行调整。人类发展指数的提出和应用，强调了社会发展不仅仅是经济增长，还包括人民生活质量的提升，特别是健康和教育方面的进步。因此，这个指数在评估国家发展成就、制定政策和监测进展方面被广泛使用。

随着对可持续发展的重视，人类发展指数也被用作衡量国家在促进全面、均衡发展方面努力的指标之一。人类发展指数为0~1，数值越高表示人类发展水平越高，通常0.8以上被认为是高人类发展水平，0.5~0.799是中等发展水平，而0.5以下则被归类为低人类发展水平。作为一个动态性指标，人类发展指数随各国在健康、教育、经济等方面的发展水平而不断更新，从而成为一个国家和地区发展变化动态过程的有力衡量工具，并有利于指导其制定相应的发展战略。

联合国开发计划署在《2023/24年人类发展报告——打破僵局：在两极分化的世界中重塑合作》报告中指出：尽管全球人类发展指数在2023年恢复上升趋势，但这一回升是不完全、不彻底且不平等的。政治极化与信任危机日益加剧，全球应对挑战的进程陷入僵局。因而需要重塑全球的相互依存关系，打造新一代的全球公共产品，其中针对气候稳定和应对气候变化危机需要在地球公共产品领域立即采取行动。面对相互交织的问题，以相互关联的方案，强调能源转型推动人类发展也彰显了实现全球碳中和目标的重要性。

（二）基于人类发展指数的碳中和社会指标体系构建

联合国开发计划署在《2020年人类发展报告》中，除了继续使用衡量一个国家

健康、教育和经济水平的人类发展指数外，还引入了国家二氧化碳排放量及其材料足迹指标作为一个新的指数。在人类发展指数的基础上构建碳中和社会的指标体系，融入"双碳"目标，更能强调全球对环境保护和可持续发展的关注度持续提升。这种指标体系能够更加全面地反映一个国家或地区在促进可持续发展方面的进步。必须认识到不平等和碳密集型的增长驱动已难以为继，解决不平等、创新和与自然合作是实现人类发展转型、促进人与自然和谐共处的必然选择。这一变化强调了人类活动，特别是人类的碳排放对环境造成的不利影响，并鼓励各国通过关注碳中和社会指标重新设计发展道路，以减轻自然环境所承受的压力。

中国国务院印发《2030年前碳达峰行动方案》，明确要求在"十五五"期间，实现产业结构调整取得重大进展、清洁低碳安全高效的能源体系初步建立、绿色低碳循环发展政策体系基本健全等目标，确保到2030年顺利实现碳达峰。2023年7月，社会科学文献出版社出版的《中国碳中和发展报告（2023)》提出了中国"双碳"综合评价指标体系，对中国碳中和的发展水平和各地区的碳中和发展情况进行了综合性与系统性的评估（沙涛等，2023)。其中基于能源绿色低碳转型行动、节能降碳增效行动等建立衡量"双碳"地区目标达成情况的指标体系，以及对CCUS技术、区块链技术的综合考虑都有助于评估和比较不同地区在碳中和方面的进展和成效。从人类发展指数到碳中和社会指标的建设，体现了中国对可持续发展和环境保护的承诺和付出的努力。这一转变涉及多个方面，包括经济、健康、技术等，是中国在可持续发展道路上迈出的重要步伐，这不仅是中国自身可持续发展的需要，更是对全球气候变化挑战的积极回应。

将碳排放指标纳入人类发展指数这一措施体现了在应对全球变化与气候危机背景下各国对发展模式可持续性的关注和审慎思考，建立的可测量化和可监测性的新指标体系不仅为政策制定者提供了更有力的工具，也促进了全社会对环境保护和气候变化的关注。

二、碳中和社会的IPAT模型

（一）IPAT模型

IPAT模型由美国生态学家、人口学家埃里希和康默纳于20世纪70年代提出，用来表示人类活动对环境影响的定量关系。其基本形式为

$$I = P \times A \times T \qquad (1-1)$$

式中，I代表环境影响（environmental impact），包括资源、能源消耗及污染排放等；P代表人口数量（population）；A代表人均财富（afluence）；T代表技术（technology），通常用单位产值的资源、能源消耗量或污染排放量表示。

该模型认为环境影响和冲击由人口数量、人均财富水平（通常以人均GDP或消费水平来衡量）和技术效率三个因素共同影响，因此人口数量的增长、物质生活水平的提高和资源开发利用是造成环境压力的根源。

在碳中和目标下，IPAT模型可以用来分析如何通过改变人口结构、提高资源利用效率和技术创新来减少碳排放，实现碳中和目标。例如，通过提高能源利用效率，即降低T值，以及通过改变消费模式和经济结构影响A值都可以对降低I值产生影响。具体来说，人口数量的增加会导致能源消耗和碳排放的增加；人均收入的增加在一定程度上会提高消费水平，从而导致更多的能源消耗、资源浪费和碳排放，技术进步则可以提高能源利用效率，减少单位产值的能源消耗和碳排放。因此，通过计划生育政策控制人口数量、提高公众认识控制人口增长、推广低碳消费模式、鼓励节能减排等手段引导低碳发展，大力推广清洁能源技术、节能技术及碳捕集和封存技术等则能够降低整体的碳强度。

（二）碳中和背景下的IPAT扩展模型

IPAT模型提供了一种理解和评估人类活动对环境影响的重要工具，但是主要基于线性关系进行预测，可能无法完全衡量现实中的环境变动影响因素。在此基础上，STIRPAT模型（stochastic impacts by regression on population, affluence and technology）以其灵活性，即允许通过实证数据来确定参数的具体值从而更好地反映环境与人口、财富和技术之间的现实关系。其基本形式为

$$I = a \times P^b \times A^c \times T^d \qquad (1-2)$$

式中，a为模型系数；b、c、d分别是人口数量、富裕程度、技术变量的指数，用来表示各自因素对环境影响的弹性。

STIRPAT模型不仅反映了人类活动对环境的影响，还能对未来碳排放进行预测。在实际应用中，对STIRPAT模型进行扩展，包括加入其他可能对环境造成影响的因素，如社会结构、社会文化等以全面地分析人类活动对环境，特别是对碳排放的影响，进而为制定可持续发展的政策提供依据。例如，2023年发表在《环境工程技术

学报》上的《基于LMDI方法和STIRPAT模型的天津市碳排放量对比分析》一文，就通过选取能源结构、经济增长、城镇人口数与第三产业总值的比等因素构建拓展的LMDI恒等式和STIRPAT模型，分析各影响因素对天津市碳排放量的影响，并预测基准情境、低碳情境和超低碳情境下天津市碳达峰和碳中和情况（刘茂辉等，2023）。

现有的研究还在IPAT的基础上构建了IPATD模型。IPATD模型在其中加入了D（distance），即加入距离因素考虑商品和服务在生产和消费之间的运输距离对环境的影响。全球化进程导致全球商品和服务的生产和消费需要进行长时间的运输，这一过程会造成能源消耗和温室气体排放从而对环境产生不利影响。通过引入距离因素，IPATD模型可以为减少碳排放提供策略。

除此之外，对基础的IPAT进行变形构建的ImPACT模型则是一个用于评估和预测环境、社会和经济影响的工具，它通常与特定的项目、政策或活动相关。其中I（identification）常用于衡量某个项目、政策或活动可能产生的影响，m（measurement）表示对已识别的影响进行量化以便进行进一步分析和评估。ImPACT模型可以应用于环境影响评估，即评估计划中的项目对环境的潜在影响。在实际应用中，ImPACT模型由于通常涉及数据收集、利益相关者参与和持续的动态监测和评估，从而能够在项目或政策实施的过程中尽可能考虑更多的影响因素。例如，高丹婷等人在2014年发表的《基于ImPACT模型的虚拟水消费影响驱动分析》就是基于应用ImPACT模型，通过层次分析法确定人口、富裕程度、使用强度和效率各指标对水资源环境的影响权重并进行验证。

通过这些模型的运用和解释，人类活动与环境之间的关系能够以更加直接的方式呈现出来。结合碳中和的具体目标和各国的现实情境，在构建碳中和指标体系时围绕IPAT模型的三个核心要素设计其他的相关指标，包括城市化率、可再生能源应用等，可以进一步监测和评估各因素在推动碳中和社会建设过程中的有效性，从而为政策制定和调整提供依据。

三、碳中和社会的指标体系建设

无论是以人类发展指数为基础构建的碳中和社会指标体系，还是IPAT模型及由其扩展的STIRPAT模型、IPATD模型和ImPACT模型，在"双碳"目标和可持续发展的背景下，对影响人类生活质量因素的测量与在气候危机下对环境变动影响因素的测量和监测，都有利于通过标准和计量体系的构建从而实现碳中和目标。其中，碳源和碳汇是衡量碳中和的直接指标，经济和社会的系统性变革涉及的多方面、多领域变革则构成关键的指标。如下从碳源和碳汇、能源和产业、经济和金融、社会和生活等四个方面指标进行阐述。

（一）碳源和碳汇指标

碳源和碳汇指标是衡量和监测碳排放量和碳吸收量的关键工具，这不仅有利于理解碳循环和气候变化，也是制定和实施气候政策的基础。作为碳循环的两个关键方面，减少碳源排放、增加碳汇吸收对减缓二氧化碳及其他有害气体向大气排放和推动碳中和社会建设至关重要。

碳排放统计核算是一项基础性工作，为了更好地管理和控制碳排放，中国正在加快建立统一规范的碳排放统计核算体系，以高质量数据支撑"双碳"目标的实现（生态环境部，2022）。2024年，中共中央、国务院《关于加快经济社会发展全面绿色转型的意见》强调要实施全面节约战略，通过构建碳排放统计核算体系，严把新上项目能耗和碳排放关、推动企业建立健全节能降碳管理机制，推广节能降碳"诊断＋改造"模式，强化节能监察，有利于高水平、高质量抓好节能工作，推动重点行业节能降碳改造，推进全社会节能降碳增效。这包括加强碳排放基础通用标准体系、重点领域碳减排标准体系的建设，以及推动实现国家温室气体清单常态化编制和定期更新等措施。2022年国家发展和改革委员会、国家统计局、生态环境部公布的《关于加快建立统一规范的碳排放统计核算体系实施方案》提出，到2023年，基本建立职责清晰、分工明确、衔接顺畅的部门协作机制，初步建成统一规范的碳排放统计核算体系。到2025年，统一规范的碳排放统计核算体系进一步完善，为碳达峰碳中和工作提供全面、科学、可靠的数据支持。

其中，碳足迹（carbon footprint）和碳排放总量是基本的指标，用于衡量在一定时间内（通常为一年）的二氧化碳排放总量，包括直接排放和间接排放，如燃烧化石燃料、交通运输、废物处理等产生的二氧化碳、甲烷等温室气体的直接排放，以及在生产生活中依赖其他产业如电力、热力、产业链等产生的间接排放。碳强度（carbon intensity）作为衡量GDP和二氧化碳排放量的指标，反映了国家、地区经济发展和碳排放之间的关系，其计算公式为：碳强度＝二氧化碳总排放量/GDP。以中国为例，2017年中国碳强度比2005年下降约46%，超额完成设定的到2020年碳强度下降40%的目标。这表明，在一般情况下，经济增长带来的产业结构优化、消费结构变化，以及技术进步带来的能源转型和能源利用率的提升，会导致碳强度指标呈现下降趋势。

碳汇的计量与监测包括对生态系统、森林、土地及海洋的碳存量、碳循环和碳动态的监测。这些监测涉及生态系统中的碳循环过程，包括植被调查、土壤采样与分析、碳同位素分析、遥感技术等多种方法。其中，碳汇容量和碳汇增长量是衡量碳汇的基本指标。碳汇容量指生态系统或某个特定区域在一段时间内能够吸收并储存二氧化碳的能力，通常是森林、海洋、土壤和其他生物体吸收大气中的碳并将其转化为生物质或土壤有机质的过程。碳汇增长量则指人类通过植树造林、恢复湿地等活动，以及通过碳捕集和封存等技术手段增加的碳汇量，增加碳汇可以减少大气中的温室气体浓度。

（二）能源和产业指标

随着新一轮科技革命和产业变革，新能源产业蓬勃发展、产业结构进一步优化，为应对气候变化实现绿色低碳发展带来了新机遇。因而，实现碳中和目标，需要关注能源和产业指标的构建和优化。

其中，在能源绿色低碳转型指标上提高可再生能源比例是实现碳中和的重要途径。提高非化石能源（如风能、水能、太阳能）的消费比重、降低能源消费碳排放系数能够评估能源领域碳减排的进展，并推动能源系统向绿色低碳方向发展。表1-1由《中国能源统计年鉴》相关数据整理而来，表明2020—2023年能源生产增长速度持续攀升，能源消费增长速度基本保持平稳。

表1-1　GDP与能源生产、消费增长速度

年份	GDP增长速度/%	能源生产增长速度/%	能源消费增长速度/%	能源生产弹性系数
2020	2.2	2.5	2.2	1.14
2021	8.4	4.9	5.5	0.58
2022	3	8.6	2.9	2.87
2023	5.2	9.2	5.7	1.77

注：GDP增长速度按可比价格计算，能源生产和消费增长速度采用等价值总量计算。

能源消费种类包括煤炭、汽油、柴油、天然气、煤油、燃料油、原油、电力和焦炭等9大类，碳排放量核算主要计算公式为：$E = AD \times EF$。AD为核算期内生产过程中化石燃料的消耗量、原材料的使用量及购入或输出的电量，气体燃料单位为万立方米（$10^4 \ m^3$），固体或液体燃料单位为吨（t）。EF为碳排放因子，即碳排放系数。表1-2是根据《中国能源统计年鉴》整理的不同类型能源的碳排放量和碳排放系数。

表1-2　不同类型能源的碳排放量和碳排放系数

能源类型	碳排放量	碳排放系数
煤炭	0.714 3 kg（标准煤）/kg	0.747 6 t（碳）/t（标准煤）
焦炭	0.971 4 kg（标准煤）/kg	0.112 8 t（碳）/t（标准煤）
原油和燃料油	1.428 6 kg（标准煤）/kg	0.585 4 t（碳）/t（标准煤）和0.617 6 t（碳）/t（标准煤）
汽油和煤油	1.471 4 kg（标准煤）/kg	0.553 2 t（碳）/t（标准煤）
柴油	1.457 1 kg（标准煤）/kg	0.591 3 t（碳）/t（标准煤）和0.341 6 t（碳）/t（标准煤）
天然气	1.330 0 t（标准煤）/（$10^4 \ m^3$）	0.447 9 t（碳）/t（标准煤）
电力	1.229 t（标准煤）/（$10^4 \ kW \cdot h$）	2.213 2 t（碳）/t（标准煤）

根据2021年国务院新闻办公室发表的《中国应对气候变化的政策与行动》白皮书（以下简称白皮书），截至2021年6月，国内新能源汽车保有量已达603万辆，中国风电、光伏发电设备制造形成了全球最完整的产业链，技术水平和制造规模居世界前列，为全球能源清洁低碳转型提供了重要保障。绿色节能建筑跨越式增长，截至2020年年底，城镇新建绿色建筑占当年新建建筑比例高达77%，节能建筑占城镇民用建筑面积比例超过63%。可再生能源替代民用建筑常规能源消耗比重达到6%。

在产业结构优化升级指标上，通过关注单位GDP能耗，产业结构和服务业比重的调整，推动传统制造业向低碳方向发展能够减少整体碳排放。白皮书指出，在2020年中国第三产业增加值占GDP比重达到54.5%，节能环保等战略性新兴产业快速壮大并逐步成为支柱产业，高技术制造业增加值占规模以上工业增加值比重为15.1%。截至2020年，中国单位工业增加值二氧化碳排放量比2015年下降约22%。这些指标涵盖了从能源消费到产业结构调整的各个方面。构建科学、系统的指标体系并用以监测势必推动碳中和社会建设。

（三）经济和金融指标

我国致力于将绿色发展理念融汇到经济建设的各方面和全过程。2020年，我国在消除绝对贫困的同时，生态环境保护工作也取得历史性成就。中央纪委国家监委网站显示，2020年中国碳排放强度比2015年下降18.8%，超额完成了中国向国际社会承诺的目标，累计少排放二氧化碳约58亿吨。零碳金融被视为金融业的一种"范式转变"，目标在于通过金融工具和政策创新，确保金融活动与全球减排目标的一致性（刘锋和李雨珊，2024）。零碳金融包括传统的绿色金融、环境金融，以及可持续金融、气候金融、转型金融和碳金融等，不仅关注最小化气候风险，还围绕净零排放的核心目标，构建一种结合成本效益和社会福祉的新型风险管理模式。

在碳中和的背景下，经济和金融指标的构建对推动经济－环境协调发展至关重要，其中主要包括以下几个核心领域。

第一，绿色金融在实现实体经济绿色、低碳和高质量发展中扮演重要角色，成为推动碳中和社会建设的关键指标。绿色金融产品近年来不断创新，包括远期交易、期权期货产品、资产证券化等，在支持绿色低碳转型的同时也具有一定风险。2024年党的二十届三中全会将碳减排支持工具实施年限延长至2027年年末。研究制定转型金融标准，为传统行业领域绿色低碳转型提供合理必要的金融支持。政府鼓励银行在合理评估风险基础上引导信贷资源绿色化配置，有条件的地方可通过政府性融资担保机构支持绿色信贷发展。人民银行等部门不断完善绿色金融顶层设计，支持绿色金融跨越式发展。这包括提升对绿色金融标准体系、信息披露、激励约束、市场体系和国际合作等方面的关注度。碳中和债是在碳中和的大背景下应运而生的新品种，是绿色债券的一种，专注于低碳减排领域，通过拓宽企业低碳项目的融资渠道和丰富市场投标的种类成为投入绿色低碳项目的重要金融工具。《中国环境报》于2021年2月发布报告称，首批6只碳中和债成功发行，总规模达到64亿元，这些债券的募集资金全部用于风电、光伏、水电等清洁能源和绿色建筑项目。预计这些项目的建设和运营将每年减少4 164.7万吨二氧化碳排放量。

第二，碳定价作为一种经济手段，旨在通过为温室气体排放设定价格来推动碳减排。这一机制包括碳税、碳排放权交易体系等。其中，碳税指以税收的方式对碳排放进行定价，一般表现为以石油、天然气的碳排放量或碳含量的比例为基准征收的税种。碳排放权交易体系（ETS）则通过设计碳排放配额激励社会减少碳排放。

第三，碳交易市场。中国的碳交易市场在政策支持、市场活跃度和行业覆盖等方面均显示出积极的发展趋势。根据生态环境部发布的《全国碳市场发展报告(2024)》，截至2023年底，全国碳排放权交易市场的累计成交量达到4.4亿吨，成交额约为249亿元，全国碳市场覆盖的年二氧化碳排放量约为51亿吨。碳市场整体活跃度增加，挂牌协议交易成交量占比显著增加，2024年一季度挂牌协议交易成交量占比高达36.5%。

第四，碳投资回报率（CROI）是用于衡量在碳减排措施上的投资回报率的指标。通过比较在碳减排措施上的投资和由此产生的经济效益来评估投资的效率。其基本形式为：碳投资回报率＝（减排的经济效益－投资成本）/投资成本×100%。投资回报率越高代表投资在碳减排项目上可以获得越高的经济回报。

第五，碳减排成本。碳减排成本主要包括征税、补税带来的经济成本、碳交易市场的维护和管理成本、新能源和碳捕等技术的研发成本及应用成本等。一般而言，工业产值比重与碳减排成本呈负向关系，在企业工业的生产和管理过程及个人的消费中，经济效益和碳排放之间的关系可以表现为碳绩效指标，这一指标用于衡量个人或企业在经济绿色低碳发展中的贡献程度。

这些经济和金融指标体系对推动碳中和社会的建设至关重要，涵盖了从绿色金融产品到碳交易市场，以及政策框架的各个方面。通过这些指标，可以监测和评估金融业在支持碳中和社会建设方面的进展和成效。

（四）社会和生活指标

在碳中和的背景下，公众的生活方式和日常习惯是影响碳排放的直接因素。通过"全国低碳日""世界环境日"等活动，向社会公众普及气候、物候变化知识，积极开展生态文明和社会文明教育有利于在全社会范围内践行绿色生活方式，推广低碳理念。此外，在宏观层面，城乡居民收入和消费结构继续改善，城乡收入差距进一步缩小，公共服务均等化稳步推进，生态文明制度不断完善，在全社会范围内营造绿色低碳的良好生活方式，是实现碳中和目标必不可少的途径。

其中，随着新能源汽车的普及和技术的进步，中国新能源汽车的市场占有率在不断提升，2022年，新能源汽车的市场占有率达到了27.6%。新能源汽车的普及能够显著减少日常交通出行的碳排放。垃圾分类指将垃圾按照不同的性质和特点进行分类，以实现资源的最大化利用和减少环境污染。据统计，截至2022年年底，中国297个地级及以上城市居民小区垃圾分类平均覆盖率达到82.5%，通过有效的垃圾分类可以减少垃圾的填埋和焚烧，从而减少温室气体排放，有助于实现碳中和目标。植树造林作为增加碳汇的有效举措，推动全民参与有助于提升自然生态系统的固碳能力。2023年，我国持续推进"互联网＋全民义务植树"，在全国范围内共开展了2.4万多个义务植树活动，包括造林绿化、抚育管护、自然保护等多种形式，网络平台访问量接近4.4亿次。根据全国绿化委员会办公室发布的《2023年中国国土绿化状况公报》，2023年我国完成国土绿化任务超800万 hm^2，国土绿化工作取得新成果。

这些指标反映了碳中和目标对普通民众生活的深远影响，涵盖了能源、交通、环保意识等多个方面。通过这些指标，可以监测和评估社会和公众在推动碳中和社会建设过程中的进展和成效。根据以上分类标准，构建了表1-3所示的碳中和社会指标体系，包括碳源和碳汇指标、能源和产业指标、经济和金融指标及社会和生活指标四个一级指标，并根据环境的不断变化对上述测量指标进行适当的调整和完善。

表1-3　碳中和社会指标体系

一级指标名称	二级指标
碳源和碳汇指标	① 碳足迹；② 碳强度；③ 碳汇容量；④ 碳汇增长量；⑤ 植被覆盖率
能源和产业指标	① 可再生能源利用率；② 能源生产增长速度；③ 能源消费增长速度；④ 能源生产弹性系数；⑤ 能源类型；⑥ 可再生能源（建筑、道路、公共设施等）替代率；⑦ 第三产业增加值占GDP比重；⑧ 单位工业碳排放量
经济和金融指标	① 碳定价；② 碳投资回报率；③ 碳减排成本；④ 绿色金融（债券、信贷等）的发行规模；⑤ 碳交易市场（配额交易量、交易额等）；⑥ 碳绩效
社会和生活指标	① 新能源汽车占有率；② 智慧交通利用率；③ 垃圾分类覆盖率；④ 绿色能源消费占比和使用率；⑤ 绿化覆盖率

本章总结

碳中和社会的构建指通过减少二氧化碳排放实现经济、社会和环境的协调发展，实现人与自然和谐共生。国际社会通过在生产、消费、技术创新等环节减少温室气体排放做出实践，越来越多的国家和地区开始制定碳中和目标，并采取相应的措施来推动建设碳中和社会。碳中和社会从一个理念正逐步变成社会发展的目标和战略选择。

思考题

1. 如何理解碳中和社会？
2. 碳中和社会的经济特征是什么？如何平衡经济增长和碳减排目标？
3. 碳中和目标将如何影响人们的生活方式、消费方式和社会结构？
4. 构建一套科学合理的碳中和社会指标体系需要包含哪些关键要素？
5. 社会各界在碳中和社会中扮演什么角色？如何形成合力推动实现碳中和目标？

参考文献

［1］沙涛，李群，于法稳. 中国碳中和发展报告（2023）[M]. 北京：社会科学文献出版社，2023.

［2］付永硕，张晶，吴兆飞，等. 中国植被物候研究进展及展望 [J]. 北京师范大学学报（自然科学版），2022，58（3）：424-433.

［3］高丹婷，徐丹，姜丽. 基于 ImPACT 模型的虚拟水消费影响驱动分析 [J]. 水利发展研究，2014，14（5）：61-63.

［4］洪大用. 迈进中国环境社会学的新时代 [J]. 环境社会学，2022（1）：1-12+248.

［5］刘锋，李雨珊. 碳中和目标与零碳金融机制构建 [J]. 清华金融评论，2024（1）：37-40.

［6］刘茂辉，翟华欣，刘胜楠，等. 基于 LMDI 方法和 STIRPAT 模型的天津市碳排放量对比分析 [J]. 环境工程技术学报，2023，13（1）：63-70.

［7］卢春天，朱震. 我国环境社会治理的现代内涵与体系构建 [J]. 干旱区资源与环境，2021，35（9）：1-8.

［8］罗三保，杜斌，孙鹏程. 中央生态环境保护督察制度回顾与展望 [J]. 中国环境管理，2019，11（5）：16-19.

［9］Hong Y, Wang S Y, Son S W, et al. From peak to plummet: impending decline of the warm Arctic-cold continents phenomenon [J]. Climate and Atmospheric Science, Climate Change Earth Science, 2024, 7(1): 1.

［10］杨世莉，董文杰，丑洁明，等. 对地球系统模式与综合评估模型双向耦合问题的

探讨［J］．气候变化研究进展，2019，15（4）：335−342．

［11］ 杨旭，于嘉怡，钟晨，等．北京物资学院碳排放量核算及减排对策分析［J］．可持续发展，2023，13（5）：1520−1527．

［12］ 周天军，邹立维，陈晓龙．第六次国际耦合模式比较计划（CMIP6）评述［J］．气候变化研究进展，2019，15（5）：445−456．

［13］ 张乘源．"双碳"政策加码，光伏产业升温［J］．环境经济，2021（21）：50−53．

［14］ Yoon J H, Hong Y. The paradox of February 2024: Warmest global temperatures meet record-breaking cold [J]. Climate Change Earth Science, 2024.

［15］ 杨玉珍．区域EEES耦合系统演化机理与协同发展研究［D］．天津：天津大学，2011．

［16］ 郑国光．科学应对全球气候变暖提高粮食安全保障能力［N］．求是，2009（23）．

［17］ 人民日报海外版．截至去年底，全国累计成交量达4.4亿吨——碳排放权交易活跃度逐步提升［N/OL］．2024−07−30．

［18］ 人民日报．我国完成造林399.8万公顷［N/OL］．2024−03−13．

［19］ 新京报．《中国应对气候变化的政策与行动》白皮书［N/OL］．2021−10−27．

［20］ UNDP. Human Development Report 2023−24, Breaking the gridlock: Reimagining cooperation in a polarized world [R/OL]. 2024−03−13.

［21］ 环球时报．《应对气候变化报告（2023）》［R/OL］．2024−01−03．

［22］ 环球网．联合国环境规划署发布《2023年排放差距报告》［R/OL］．2023−11−21．

［23］ 新华社．联合国机构报告：迁徙动物物种灭绝风险增加［R/OL］．2024−02−13．

［24］ 中国环境报．首批6只"碳中和"债券落地总投资64亿元，资金用于具有碳减排效益的绿色产业项目［N/OL］．2021−02−20．

［25］ 中国气象报社．全球气候变暖与动物保护［N/OL］．2014−10−04．

［26］ 中华人民共和国商务部．联合国开发计划署发布《2020年人类发展报告》［N/OL］．2020−12−07．

［27］ IPCC. AR6 Synthesis report: Climate change [EB/OL]. 2023−03−20.

［28］ WORLD ECONOMIC FORUM. Quantifying the impact of climate change on human health [EB/OL]. 2024−01−16.

［29］ 车诗睿．共同但有区别的责任原则的内涵和实施机制［EB/OL］．人大未来法治研究院．2024−01−29．

［30］ 苗大鹏．绿色发展的时代意涵［EB/OL］．中国社会科学网．2022−01−27．

［31］ 卢春天．构建生态文明的绿色社会基础［EB/OL］．中国社会科学网．2024−01−23．

［32］ 丁仲礼．一文理清中国"双碳"赛道［EB/OL］．2023−03−14．

［33］ 光明网．中共中央　国务院关于完整准确全面贯彻新发展理念做好碳达峰碳中和工作的意见［EB/OL］．2021−10−25．

［34］ 国家自然科学基金委员会．2022年度国家自然科学基金专项项目，《面向碳中和实现路径的自然−社会系统多尺度模式耦合关键理论和技术预研究》项目指南［EB/OL］．2022−10−24．

［35］ 环资司．构建绿色低碳循环发展经济体系是实现碳达峰碳中和的关键举措［EB/OL］．2021−02−25．

［36］ 前瞻产业研究院．预见2024：《2024年中国新能源汽车行业全景图谱》［EB/OL］．2024−01−09．

[37] 人民网. 自然资源部："山水工程"累计完成生态修复治理面积8000万亩 [EB/OL]. 2023-12-05.

[38] 生态环境部. 积极稳妥推进碳达峰碳中和 [EB/OL]. 2022-11-09.

[39] 生态环境部. 加快建立统一规范的碳排放统计核算体系，以高质量数据支撑"双碳"目标实现 [EB/OL]. 2022-08-20.

[40] 新华社. 中国的能源转型 [EB/OL]. 2024-08-29.

[41] 新华网. 2021年我国可再生能源利用总量达7.5亿吨标准煤 [EB/OL]. 2022-06-24.

[42] 央广网. 我国2017年碳强度比2005年下降46%，已超2020年所设目标 [EB/OL]. 2018-11-26.

[43] 央广网. 北极海冰减少影响的不仅仅是北极熊的家 [EB/OL]. 2020-09-08.

[44] 中国网. 联合国秘书长呼吁各国宣布"气候紧急状态"[EB/OL]. 2020-12-13.

[45] 中国新闻网.《2023全球碳中和年度进展报告》发布：加速碳中和进展需要"行胜于言"[EB/OL]. 2023-09-25.

[46] 中央纪委国家监委网站. 锚定碳达峰碳中和目标，从能耗双控逐步转向碳排放双控 [EB/OL]. 2023-07-30.

第二章
生态文明思想下的碳中和

本章主要梳理生态文明的思想脉络，建构生态文明理论，基于生态文明建设对碳中和予以探讨。生态文明的思想脉络涉及中国传统生态文化思想、西方生态伦理思想和新时代生态文明思想，生态文明理论包括人与自然和谐共生的现代化、以人民为中心的发展观与绿色发展观、人类文明新形态等。在生态文明建设的现实背景下，碳中和聚焦经济社会发展的绿色转型、系统治理与协同治理、构建生态环境治理体系等诸多方面。

第一节
生态文明的思想脉络

人类的生态文明思想从古至今不曾匮乏。比如，中国传统生态文化思想推崇的天人合一理念，西方生态伦理思想中对自然环境的重视，新时代生态文明思想强调的人与自然和谐共生。

一、中国传统生态文化思想

中国传统生态文化思想源远流长。最早在《周易》之中便有阐述，随后在儒、释、道三家思想中亦有体现，又经过互相借鉴融合发展，确立了天人合一、遵守自然规律爱护自然的价值观。

（一）《周易》：中国传统生态文化思想的起点

《周易》，也称作《易》，包括《易经》和《易传》。根据相关研究，它诞生于周朝，是中华民族智慧和文化的集合体，被尊称为众多经典之首、大道的起源。易有三重解释：简易、变易和不易，对应规律公式、变化之道和不变定理。将宇宙的本质总结为天、地、人三才，为简易；三才各从其变，为变易；而三才统于一体，为不易。

在《周易》中，可以观察到中国传统生态文化思想的"天人合一"的萌芽。"天"可以从五个方面进行阐述。一是自然之天，即天代表的宇宙空间。在《序卦传·上篇》中，"有天地，然后万物生焉。盈天地之间者唯万物，故受之以《屯》。"二是自然规律，《周易》提出天、地、人的"三才之道"，《周易大传今注》将其解释为"乾道、天道，即天象之自然规律"。三是道德义理，"天"具有先验之道德规定。四是宗教崇拜的对象，天演化成天帝，受到敬仰。五是阴阳之气，《周易》认为精气是构成万物的本源。可见，"天"的含义十分繁复，但是又统一地成为人之外的一个自然总和（蒙培元，2003）。

"三才之道"反映出人与自然界的天地是一体的、统一的，而人又是其中具有主观性的一部分。人与"天地""日月""四时""鬼神"相"合"，即"天人合一"，达到这一境界需要"弗违"和"奉天时"。这是一种人顺应天时的朴素生态思想，这一思想也影响了其他传统生态文化思想的发展。

（二）道家：道法自然

道家注重探讨人类与大自然的关系，以寻求应对社会崩坏与个体困扰的答案。老子作为道家的开创者，提出"道"这一概念。在《道德经》中，"道"被视为万物起源与发展的法则。比如，《道德经》第二十五章，"人法地，地法天，天法道，道法自然"。"自然"是"道"的一种最佳状态和圆满境界。人效法天地，因为天地效法的是宇宙间最高的范畴——自然之道。这是对《周易》的继承，并且进一步发展出人与自然和谐一体，也就是"无为"的思想。人遵循自然的道，而不妄为，不违反自然的规律则"是以圣人无为故无败"。

庄子作为道家思想的继承者，将无为思想发扬光大。在《齐物论》中，庄子阐述了"天地与我并生，而万物与我为一"。人作为自然的一部分，若人为刻意地去修改自然，凌驾于自然中的其他万物之上，不遵守自然规律，也就无法达到天人合一的境界。若和谐为一，则需要"齐物逍遥"，承认自然界万物具有平等生存的权利，任何生物不能凌驾于他物之上。这主要指人类不能随意掠夺自然，将万物天地与人合为一体，是为"真人"。

（三）儒家：以"仁"为根本

以孔子为开创者的儒家同样也承继了《周易》中的观念。在《中庸》中，"唯天下至诚，为能尽其性；能尽其性，则能尽人之性；能尽人之性，则能尽物之性；能尽物之性，则可以赞天地之化育；可以赞天地之化育，则可以与天地参矣。"可见，《中庸》中的"仁"不仅体现在人类社会之中，也深入自然界，所谓"仁者视天地万物为一体"。

此外，节制、顺天时和对自然的祭祀也进一步拉近天与人的关系。《礼记·祭义》中指出，"代一木，杀一兽，不以其时，非孝也"。《孟子·梁惠王上》中提出，"不违农时，谷不可胜食也；数罟不入洿池，鱼鳖不可胜食也；斧斤以时入山林，材木不可胜用也。谷与鱼鳖不可胜食，材木不可胜用，是使民养生丧死无憾也"。

汉代"天人感应"、宋代理学和明代心学等进一步推动儒家在生态文化思想方面的发展。汉代董仲舒提出"天人感应"观，人不顺天会受惩罚。宋代张载提出"为天地立心"，强调"天地之塞，吾其体；天地之帅，吾其性。民，吾同胞，物，吾与也"。明代王阳明心学将人的心灵与自然万物一体化，则天人合一为一物。

可见，儒家虽与道家皆对《周易》中的"天人合一"观念有所继承，但两者之间存在差别。儒家是入世的哲学思想，强调人应当顺应自然规律对自然进行开发和利用，而道家则有敦促人完全自然化的趋势。不过，两者在发展过程中相互借鉴、融合，皆关注对自然规律的顺应。

（四）佛教：爱护生命

佛教虽是舶来品，但传入我国以后，逐渐与传统文化思想实现深度融合。缘起论是佛教的重要观点，也是佛教生态哲学的理论基础。如天台宗的"一念三千""一心具十法界，一法界又具十法界，百法界；一界具三十种世间，百法界即具三千种世间，此三千在一念心，若无心而已，介尔有心，即具三千"。由此认为，人与自然之间是一种相互交融的关系，人并非身在自然之外。

佛教致力于倡导爱护生命、避免伤害生命的理念，并将其付诸行动。佛教教义主张人应当对所有生命充满慈悲。"大慈与一切众生乐，大悲拔一切众生苦。""不杀生"这一戒律被佛教列为戒律之首。原因在于，佛教认为，杀生意味着给人和其他生命造成痛苦（洪修平，2021）。

二、西方生态伦理思想

西方生态伦理思想同样也具有悠久的历史和丰富的内容。它最早可追溯至古希腊时期。工业革命后，主要表现为人类中心主义和非人类中心主义的对立。后来，可持续发展的理念凸显。

（一）西方早期生态思想

古希腊作为西方文明思想的起源之一，对自然的认识主要包括两方面。首先，关于自然起源，即宇宙起源。不同于中国传统文化中的"天"的笼统性，古希腊哲学家将现实存在的事物视为宇宙的起源（李世雁，2010）。比如，泰勒斯认为世界是由水构成的，赫拉克利特认为万物由火转化而来，德谟克利特提出世间万物的本源是不可切割的"原子"和"虚空"。这些朴素起源论和机械思想影响了后来的自然思想。其次，关于自然的具体认识。比如，泰勒斯提出泛灵论，倡导万物有灵有神。亚里士多德在《形而上学》中对自然提出六种定义，分别是生长物的生长、生长物的种子、自然物的运动根源、质料、自然物的本质、任何事物的本质。这些关于自然的观点，为西方日后在人与自然的关系中将自然进行物质化剖析奠定了基础。

特别是工业革命之后，人类中心主义一直占据主要地位。所谓人类中心主义，即世界上只有人类才拥有权利，是唯一的道德主体，而自然只是人类的工具（王波和禹湘，2019）。与此同时，西方主要工业城市开始出现严重的空气和水污染事件，生态环境问题日益凸显。一些学者开始对人类中心主义进行反思。比如，英国学者吉尔伯特·怀特（Gilbert White）在1789年出版《塞耳彭自然史》。

（二）非人类中心主义思想的发展

受《塞耳彭自然史》影响，许多学者根据自己的感受创作出许多著名的自然文学作品，这些作品影响广泛并逐渐形成非人类中心主义思想。1854年，美国作家亨利·梭罗（Henry David Thoreau）发表的《瓦尔登湖》代表自然文学的进步与反思，开启非人类中心主义思想的篇章。它由18篇散文组成，详细记录梭罗在瓦尔登湖畔独居期间，对自然、人生及社会的深刻感悟和思考。该书充分体现出梭罗对简朴、亲近的自然生活的热爱，以及对自然环境的奢侈开发与过度破坏的批判。

1923年，德国学者阿尔贝特·施韦泽（Albert Schweitzer，曾译为"史怀泽"）提出生命伦理，倡导敬畏一切生命，开创"生物中心主义"思想。这一思想的诞生背景与施韦泽对战争和环境破坏的严重影响的反思有关。"敬畏生命"的核心理念是将道德从"人"中突破出来，强调道德适用于一切生物，为此其他生命也值得人类敬畏。

1949年，奥尔多·利奥波德（Aldo Leopold）发表《沙乡年鉴》，首次提出"大地伦理学"。利奥波德基于美国威斯康星州的一个农场沙乡，按照四季描述沙乡及周边地区的自然生态和动植物的生活。利奥波德认为，土地是一个自然集合体，承载着人类与自然万物，人与自然平等相连，人们应当"热爱"和"尊敬"土地，而不是将其作为征服的对象。

1962年，蕾切尔·卡逊（Rachel Carson）推出《寂静的春天》，书中详细阐述滴滴涕（DDT）等化学农药如何对自然环境造成损害。她强调，如果人类依靠化学农药推进农业进步，那就是饮鸩止渴，为此需要寻找一条"不同的路"。这一作品产生巨大影响，直接引发全球范围内围绕自然破坏的反思浪潮和相关运动。

（三）面向未来的可持续发展理念

在对人类中心主义的反思中，除了非人类中心主义外，也产生了弱人类中心主义。弱人类中心主义提倡保护自然的最终目的是保护人类，具体体现为可持续发展（叶平，1991）。可持续发展是一种具备长远眼光的、以造福人类和保护自然并重的理念，它最早可追溯到国际知名智库罗马俱乐部。1972年，智库成员德内拉·梅多斯（Donella Meadows）等发表的《增长的极限》轰动一时，引发公众对自然环境问题的关注。

可持续发展具有三个基本原则，分别是公平性、持续性、共同性（徐雅芬，2009）。公平性就是给予平等的发展权，人类各代、同一代的各个国家和地区享有同一个自然资源的生态空间。持续性是意识到自然环境资源和承载能力的有限性，为此人类应当具有长远的眼光。共同性强调全球共同行动，共同应对和解决人与自然的关系问题是可持续发展所希望的前景。

可见，可持续发展涉及生态可持续发展、经济可持续发展和社会可持续发展等诸多方面。其中，生态可持续发展是基础，意味着人类有节制地合理长远规划开发利用自然；经济可持续发展是条件，强调经济发展和生态保护的平衡，不损害自然环境；社会可持续发展是目的，强调社会的公平、进步和人民生活水平的提高。在此意义上，可持续发展围绕人与自然关系，关注人类社会各方面的可持续未来。

三、新时代生态文明思想

（一）人与自然和谐发展

新时代生态文明思想既从中国传统生态文化思想中的"天人合一"的朴素概念中领会到人与自然和谐共生的重要性，又从西方生态伦理思想的发展中认识到过去人类中心主义的局限性，提出人与自然是可以和谐共生的，自然环境值得我们珍惜爱护。"绿水青山既是自然财富、生态财富，又是社会财富、经济财富"，绿水青山就是金山银山，良好的自然生态环境就是人类发展的重要依仗。为此，我们的生产生活方式需要转向绿色模式，珍惜自然、理性发展。

新时代生态文明思想强调，人类文明的命运和自然是休戚与共的关系。回顾过去，乱砍滥伐、无序排放等行为造成了严重的水土流失、土地沙化、水源污染、物种灭绝等问题；展望未来，地球作为一个时期内人类生存的唯一星球，目前有限的发展资源和环境弥足珍贵，若当代人不加以珍惜和合理规划利用，未来的子孙后代则会面临发展的窘境。人类需要对既有的环境破坏加以修复，对资源和环境开发进行合理的规划，并用长远的眼光来设计围绕现在和未来的自然环境代际补偿和维护机制。

（二）人与人全面发展

新时代生态文明思想也考虑到在社会中人与人之间围绕生态文明的全面发展。新时代生态文明思想关注在保护生态环境面前人与人之间的全面公平的发展条件和义务，同时发展绿色生产力，利用经济高度发达消除贫困所带来的环境破坏和开发短视。只有让全体人民拥有满足民生需求的生活，才能共同应对生态环境问题。

过去人们发现，生态环境的破坏有时只是小团体或少部分群体的短视性的发展和破坏导致的，但是人类社会的全体成员却要承担环境破坏的苦果。在当今社会，不能简单地将自然环境视为提供物质的工具，随着人民群众对美好生态环境的需求日益增加，人民群众需要更多的优质环境，提高生态环境质量可给人民群众带来切实的幸福感。

在新时代生态文明思想的理念中，生态环境的保护和发展是全体人民的义务和共享的成果。打赢生态保卫战需要发动群众、依靠群众、为了群众。在此意义上，建设美丽中国，是一项人民群众的自觉行动。

（三）人与社会可持续发展

新时代生态文明思想同样要求"社会持续繁荣"。综观全球社会现况，一方面需要高水平的发展来促进社会进步，另一方面生态环境问题迫在眉睫，需要高水平的保护和修复。如何平衡好高质量发展和高水平保护之间的关系，关系到未来人类社会可持续发展的重要方向。

新时代生态文明思想当中的社会可持续发展理念，其涵盖的范围不仅仅是人与自然，也包括人类社会的未来发展。正如前文提到的，人类需要为子孙后代考虑，视生态自然为宝贵的财富与和谐共生的伙伴。为此，必须建立起围绕最严格的法律制度的外部约束和激发人民群众保护环境的内部自觉来推动环境治理的可持续发展。法律法规不健全，人民环境保护意识淡薄，就不能让未来可持续的代际补偿和环境修复得以进行，最终是空中楼阁。

除了对内的法制约束和自觉，面对全球环境下的社会可持续发展，还应共谋全球生态文明建设。作为负责任的大国，中国深度参与全球环境治理，提供世界环境保护和可持续发展的解决方案，引导应对气候变化的国际合作。地球是全人类的家园，生态文明是人类文明发展的趋势，生态危机是全球各国共同面临的问题。环境改善需要共建共治，生态文明建设同样需要加强各国之间的合作，从而更好地维护各国人民的健康和福祉。

新时代生态文明思想主张全球生态文明共同发力，一同建设。如前所述，广大发展中国家仍需要发展生产力促进社会共同富裕才能可持续地面对未来进行发展，而发达国家因其过去发展中的排放问题及其技术优势则需要发挥更大的作用。中国作为生态治理的重要参与者和经历者，和他国一道希望促进更广泛的国际合作，围绕气候变化、生物多样性保护、有害物回收等问题进行共商共治。中国郑重承诺二氧化碳排放力争于2030年前达到峰值，努力争取2060年前实现碳中和，并将"双碳"目标纳入生态文明总体布局，将目标与自主行动相结合，身体力行为全球环境治理体系的构建作出中国贡献。

第二节
生态文明理论的建构

生态文明理论的建构强调人与自然和谐共生的现代化，构建人与自然生命共同体，实现生态普惠民生。秉持以人民为中心的发展观与绿色发展观，坚持发展为了人民、发展依靠人民、发展成果由人民共享。迈向人类文明新形态，坚信生态兴则文明兴，推动新时代生态文明建设的统一，促进全球生态文明建设与合作。

一、人与自然和谐共生的现代化

人与自然和谐共生是中国式现代化的显著特征，强调物质文明与生态文明建设的同步发展。这一理念深刻体现生命共同体的理念，同时彰显对自然的尊重、顺应与保护的传统文化智慧。正如"绿水青山就是金山银山"所强调的，可持续发展之路在于实现经济社会发展与环境保护的双赢。因此，必须加强生态文明建设，确保生态普惠民生的实现，从而走出一条人与自然和谐共生的现代化新道路。

（一）人与自然生命共同体

马克思主义的"共同体"理念体现人与自然和解的思想，包括自然对人的制约、自然的限度性及人类社会的和解。首先，自然界是人类生存发展的先决条件，无自然则无人类活动。其次，自然有自身限度，超越其承受范围将导致自然的报复。最后，人与人之间的和解是实现人与自然有机统一的前提，人们为了生产生活而发生一定的联系，这一过程对自然产生影响。

马克思主义"共同体"理念启发我国"生命共同体"理念。习近平提出人与自然是一种共生关系[①]，此后，人们对人与自然关系的认识由"和解"向"共生"转变。首先，"生命共同体"强调尊重自然规律与发挥人的能动性的统一，实现人与自然的良性互动。其次，它体现环境保护与绿色发展的统一，要求创造和谐的自然环境，推动绿色生产和生活方式。最后，"生命共同体"体现生态正义与人类道德的统一，强调生态公平和人类道德责任，反对资本主义、自我中心主义，实现人与自然和谐共生的现代化。

　　"生命共同体"的发展历程从最初的"山水林田湖是生命共同体"逐步演变为"山水林田湖草沙冰生命共同体"及"人与自然生命共同体"。人与自然生命共同体概念强调在生态文明建设过程中，必须全面考虑不同生态体系的关联性，采取整体性策略，多管齐下，确保全方位、全地域、全过程地推动。可见，人与自然生命共同体概念包括物种共生、人与自然和谐、可持续发展、绿色宜居、生物多样性、系统治理及国际责任分担等。这展现出中国智慧，将为实现人与自然和谐共生的现代化、世界生态文明建设，以及共建全球生命共同体作出贡献。

（二）绿水青山就是金山银山

　　自然环境始终是人类生存的基础。"我们既要绿水青山，也要金山银山。宁要绿水青山，不要金山银山，而且绿水青山就是金山银山。"这句话便是新时代生态文明思想中著名的"两山"理念，也是创新发展的生态发展观。对"两山"理念的认识源自对发展三阶段的理解和反思，分别为：初时，以绿水青山换取经济利益，却遭自然报复；后来，意识到在追求经济利益的同时也须保护绿水青山，避免生态代价；而今，"绿水青山就是金山银山"。可见，"两山"理念跳出了经济优先还是生态优先的思维怪圈。

　　党中央深刻认识到生态文明建设、经济社会发展与国家发展的内在联系，强调绿水青山与金山银山能实现相互转化、相得益彰。在推动发展的同时注重保护，在保护中寻求发展，确保经济社会发展与人口、资源、环境相协调，以实现绿水青山向生态效益、经济效益和社会效益的显著转化。人不负青山，青山定不负人。绿水青山兼具自然、生态、社会和经济价值。美化绿水青山，壮大金山银山，同步提升生态、经济、社会效益，让自然与生态财富转化为社会与经济财富，让人民共享自然、生命、生活之美。

---

① 习近平. 论坚持人与自然和谐共生［M］. 中共中央党史和文献研究院，编. 北京：中央文献出版社，2022.

（三）生态普惠民生

良好的生态环境是最公平的公共物品，是最普惠的民生福祉，生态文明与人民幸福息息相关，不仅关系到当下人民群众的美好生态需求和幸福指数，而且事关子孙后代的生存环境和长远发展（黄承梁等，2021）。建设生态文明并非易事，需要全体参与和协力，需要有效整合，从而使所有人享受其益处。人民群众是生态文明建设的主体，生态文明建设必须依靠人民群众的力量，发挥人民群众的聪明才智和首创精神。

生态环境无替代，用之不觉，失之难存。统筹经济、社会、环境发展，需要创造物质与精神财富满足人民需求，提供优质生态产品满足生态环境需求。强调全民节约，鼓励人们积极投身环境保护，号召社会大众用实际行动减少能源、资源的消耗和污染物的排放，每个人都应扮演生态文明的建设者、保护者的角色，同时也是见证者、受惠者。坚守以人民为中心的发展理念，坚持生态惠民、生态利民、生态为民的原则，着重解决影响人民群众健康的重大环境问题，加快提升生态环境质量，确保人民群众切实感受到经济发展带来的环境改善，共同缔造一个天更蓝、山更绿、水更清、环境更优美的美丽中国。

二、以人民为中心的发展观与绿色发展观

绿色发展是生态文明建设的必然要求，是解决污染问题的根本之策。习近平在2019年中国北京世界园艺博览会开幕式上指出，"杀鸡取卵、竭泽而渔的发展方式走到了尽头，顺应自然、保护生态的绿色发展昭示着未来。"绿色发展不仅是为了顺应自然、保护生态，更是为了人民的美好生活。绿色发展依靠人民的智慧和力量，广泛动员社会各界积极参与，是形成推动绿色发展强大合力的关键。同时，绿色发展的成果也应该由人民共享，使人人都能够享受到生态文明建设的福祉。

（一）发展为了人民

以人民为中心的发展观深刻体现"为了人民"的核心价值追求。它将"人民"作为探讨人与自然关系的核心出发点和归宿，始终站在最广大人民的根本利益的立场上，致力于寻求人与自然的和谐共生之道，努力实现生态环境的改善与提升，以满足人民群众对美好生活的向往和需求。绿色发展观旨在解决人与自然和谐共生问题，以绿色为生命象征，满足人民美好生活需求。它与创新发展、协调发展、开放发展、共

享发展相互促进，是构建高质量现代化经济体系的必要途径。它致力于改变传统的生产消费模式，实现经济社会与生态保护的协调统一，人与自然和谐共生。

首先，从人与自然的关系出发，强调人的主体性。这意味着以人为本，充分考虑人的需求和利益，同时尊重并保护自然的规律和价值。人源于自然，与自然是生命共同体。人区别于动物在于人能利用和改造自然，但仍受自然规律制约。人与自然休戚与共，人的活动仍然受自然规律支配（吴海龙和韩璞庚，2018）。

其次，从自然与人的关系视角来看，其核心在于把握"共性"与"特殊性"的辩证统一。既要认识到人与自然之间存在相互依存、相互影响的普遍联系，又要充分意识到在具体的历史、文化和社会背景下，人与自然的互动具有独特的表现形式和内涵。共性在于任何时期人类都通过劳动实现物质变换。特殊性在于不同历史阶段下的物质变换过程受特定生产方式影响，如工业文明下的异化劳动导致生态危机。以人民为中心的发展观与绿色发展观追求更高级的物质变换形式，即实现人与自然的良性物质交换。

最后，从人与人的关系出发，关键在于认识到人与自然的关系本质上是人与人的关系。从实践看，治理人与自然的关系须深入人与人的关系。历史性超越的关键在于以人民为中心，走"发展与保护"并重的现代化道路，坚持人类命运共同体的生态观，解决生态利益矛盾，实现人与人、人与自然关系的和解。

（二）发展依靠人民

以人民为中心的发展观体现"依靠人民"的实践旨归，而绿色决定发展的成色。推动绿色发展，其核心在于坚守并践行新发展理念，确保经济发展与生态环境保护之间的和谐共生。深刻领会"绿水青山就是金山银山"的理念，确保经济活动与人类行为不超过自然资源与生态环境的承载力，避免重蹈覆辙，实现可持续发展目标。人是第一个生产元素，并且在所有的生产元素中，其行为最为积极，充满主观的驱动力及创新精神。因此，为了取得以人民为中心的生态文明发展的最大成效，必须紧密地团结和依靠人民群众的力量（李世峰，2021）。

一方面，从协调"自然生产"和"社会生产"之间的关系出发，关键点在于人民。实现以人民为中心的生态治理成效最大化，核心在于激活人民群众的主动性、积极性和创造力，他们才是解决"自然生产"与"社会生产"失衡问题的关键所在。从生产和消费视角出发，实现生产内部比例关系的优化，尤其是解决资本与劳动之间的紧张关系，关键在于依靠、组织和动员人民群众的力量，而非仅仅依赖资本驱动的改革，因为后者难以触及并根治深层次的矛盾。

另一方面，从依靠和发挥人民群众的历史主体地位出发，关键点在于发挥群众主体作用。通过对人类历史上各种生态治理观念与实践的细致审视，不难得出一个结论：期望生态系统能够自我恢复与治理，不仅缺乏对自然系统复杂性的深刻认识，更未能承担起对自然和人类社会未来发展的责任。

（三）发展成果由人民共享

以人民为中心的发展观体现"发展成果由人民共享"。而坚持绿色发展是全方位变革，突破旧有发展模式，深刻把握自然与经济社会规律。环境保护与经济社会发展相辅相成，推动绿色低碳循环发展满足人民生态需求，实现更高质量、更公平、更可持续的发展，走文明发展道路。人类社会的历史发展进步，本质上源于人民在创造历史过程中的实践活动，这也奠定了人民在评价生态文明理论构建中的根本性地位，具备历史与科学的双重价值。

一方面，从根本性出发，关键点在于坚持人民立场。历史证明，人民需求满足程度是社会文明发展的根本标准，成效则由人民生产生活状态检验。生态文明思想倡导以人民为中心的生态价值论和生态公平论，以满足人民幸福感、获得感为出发点，秉持为人民生产、消费、分配的原则，与资本驱动的绿色资本主义和生态帝国主义相区别。

另一方面，从历史科学性出发，关键点在于科学地把握和评判生态文明建设成效。在不同时代和制度背景下，评判标准是不同的。在社会主义新时代，人民更关注生态和谐，将其作为评价生活质量的重要标准。因此，国家治理的重心转向解决生态环境问题。而资本主义社会的金钱逻辑导致价值观异化，人与自然关系扭曲，引发危机。

三、人类文明新形态

人类文明新形态基于马克思主义经典作家的文明观，通过中国式现代化而进一步得以彰显。这表现为共同富裕与生态文明的双向耦合、以人为本与生态文明的交融互促，共同推动人与自然和谐共生的现代化进程。

（一）生态兴则文明兴

生态兴则文明兴，生态衰则文明衰。生态环境是人类生存发展的基石，其变化影响文明兴衰。从原始文明、农业文明到工业文明，人类历史演进至今迎来生态文明新阶段，这是工业文明高度发展的自然延伸，体现了人与自然和谐共生的新愿景。深刻认识生态环境对人类生存的重要性，平衡人与自然的关系，确保人类活动不超出生态环境的承载能力，从而有效应对工业文明带来的挑战。习近平强调，"要像保护眼睛一样保护生态环境，像对待生命一样对待生态环境"。清醒认识保护生态环境、治理污染的紧迫与艰巨，下定决心，坚决治理环境污染，精心建设生态环境，以开创美丽中国建设的新篇章。在人类文明新形态的引领下，具体体现在以下方面。

第一，共同富裕与生态发展的和谐共生与相互促进。绿色经济蓬勃发展、产业实现绿色转型、生态公共产品丰富多样且共享成果成为显著特征。绿色理念深度融入经济发展脉络，驱动产业绿色转型与可持续发展，进而激发社会生产力的增长，为实现共同富裕奠定坚实基础。第二，以人为本的理念与生态可持续发展的紧密结合、相互呼应。生态理念已深度融入民主决策、管理和监督的各个环节。在摒弃"唯GDP论"的同时，政府政绩的评估标准须相应调整，加强环境保护、生态营造、碳排放控制，以及碳达峰、碳中和目标实现等领域的考核，以促进绿色、可持续的社会发展。第三，马克思主义科学理论与中华优秀传统文化的有机结合。通过生态视角下的文化传承与创新，丰富生态内涵以提升文化产品质量与服务水平，融入生态理念推动文化产业繁荣发展，以及构建传播体系以扩大文化影响力。第四，社会治理与生态发展的和谐统一和相互促进。加强生态基础设施建设，提升治理能力，完善保护机制，并致力于实现碳达峰、碳中和目标。

（二）生态文明建设的全球合作

生态文明建设关乎人类未来命运。国际社会应携手合作，共同探寻全球生态文明建设之路，坚定树立尊重、顺应和保护自然的理念，坚定走绿色、低碳、循环、可持续发展的道路。在全球化的浪潮下，生态环境问题已不再是单一国家或地区的挑战，而是全人类共同面临的全球性问题。这不仅是应对当前环境挑战的迫切需要，也是推动全球可持续发展的关键所在。

一方面，生态文明作为一种全新的文明形态，强调环境保护与资源合理利用的重要性，倡导各国在环境保护领域加强交流与合作。这不仅有助于提升全球生态环境治理水平，更是维护全球生态安全、促进人类社会可持续发展的必由之路。各国应充分认识到生态环境问题的全球性和紧迫性，积极参与国际环境保护合作，共同应对气候变化、生物多样性保护等全球性挑战。通过加强政策对话、技术交流和经验分享，推动全球环境治理体系的完善与创新。另一方面，各国还应加强跨国界生态环境治理合作，共同保护全球生态环境。这包括加强跨境污染防治、推动生态保护与修复、促进绿色发展和低碳转型等方面的合作。总之，在全球化背景下，各国应秉持全球视野和国际合作精神，共同推动生态文明的建设与发展，促进全球可持续发展和人类社会进步。

第三节
碳中和与生态文明建设

近年来，生态文明建设的地位和作用日益凸显，如何回应经济社会发展与生态建设协同等问题逐渐成为焦点。基于碳中和促进生态文明建设，需要推动经济社会发展的绿色转型、聚焦系统治理与协同治理和构建生态文明建设的体制机制。

一、推动经济社会发展的绿色转型

以生态文明建设为引领，将发展模式可持续化，生活方式绿色低碳化，进一步践行"改善生态环境就是发展生产力"的理念是经济社会发展绿色转型中的重要方面。具体如下：

（一）绿色产业发展
经济发展不能以破坏环境为代价，实践这一指示的重要一环是大力发展绿色产业，围绕无污染、低能耗、生态友好的发展理念开展产业布局，对产业战略规划路线进行优化升级，形成有利于生态环境治理和建设的经济产业格局。与传统高污染产业区隔离的绿色产业依靠先进的绿色技术创新和应用成果，这些产业注重资源的节约和环境的保护，通过使用先进的技术和管理模式，推动产业向绿色、低碳、循环方向发展。绿色产业作为一个新兴产业，具有巨大的发展潜力，它可以创造大量的就业机会。因此，推动绿色产业的发展，可以实现经济、社会和环境的协调发展，为未来的可持续发展奠定坚实基础。

产业转型并不仅仅是简单粗暴地向绿色产能靠拢，而是基于对新发展理念、新发展阶段和新发展格局的深刻理解和把握，坚定地迈向新质生产力和绿色生产的方向，这一转型过程虽缓慢但坚定。发展绿色产业，逐步减少对传统高能耗、高污染产业的依赖，将减污降碳协同增效作为产业转型的总抓手，使产业迈向更为环保且高效的新模式。这一转变不仅有助于提升经济的整体质量和效益，还能实现传统产业结构的优化与升级。推广清洁能源和绿色技术，减少对传统生态破坏能源的依赖，进一步推动绿色革命，促进传统产业的绿色转化、改造和升级，提升产业整体绿色水平。优化经济产业布局，促进绿色产业在区域内的集聚发展，形成绿色产业集群，进而提升整个区域的绿色发展水平。

当然，绿色产业发展尤其需要加快绿色科技革命，而绿色科技革命的关键在人才。为此，我们需要创新人才培养方式，打造一支有实力、有责任心和有素质的绿色科技人才队伍。此外，资金短缺等问题也亟待重视，需要以实际行动，综合各方力量。

(二) 绿色技术的创新应用

以环境保护和可持续发展为导向，通过研发新技术、新工艺、新材料等，提高资源利用效率，减少环境污染，实现经济社会发展的绿色化，是绿色技术创新的核心内容。在经济社会产业产能转型中，绿色技术作为经济发展和环境保护的"平衡木"，其发展态势一直深受各界重视。绿色技术为经济发展和产业转型提供了强大的技术支持，而经济的转型发展有助于生态环境的建设更上一层楼，促进资源的节约和高效利用、降低生产带来的环境污染和生态破坏等，对构建人与自然和谐共生的社会和形成经济社会发展与生态协同并进的发展格局十分有利。

生态文明建设既要对易损害环境进行预防保护，还要对已破坏生态进行修复恢复，更要对环境体系进行治理发展，这些都离不开绿色技术的支持。对于不可再生能源的开采与破坏，需要新技术收集开采清洁能源，也需要可再生能源技术修复损害的能源点；对于生态污染、土壤水体污染，需要清洁技术和污染治理技术进行修复，恢复生态；对于日常生活中的消费、建筑、交通出行等，需要新能源技术和节能减排技术进行材料的调整和改造，最终达到绿色低碳转型效果。而这些技术的应用和推广，有助于实现经济社会的可持续发展，保护环境和生态系统，提高人类的生活质量。大到产品材料、制作工艺或环境制度，小到住房建筑材料、生活用品或垃圾分类系统，都离不开绿色技术创新。

在这一过程中，创新是共同努力的结果。针对绿色技术的发展与研究可以从科研资金投入、研究重视程度、基础设施建设和科技人才发展等几个方面入手，在建设良好科研环境的基础上，加大科研投入和人才培养力度，为技术创新与应用提供人才支撑。研发新技术、改造原有技术及引入外部优秀技术是实现绿色技术创新的最佳途径。提升绿色技术质量和提高应用数量，推进技术成果的推广与使用，将其与产业发展相互结合，必将共同推动生态文明建设。

（三）生态理念传播

作为价值观教育的一环，生态文明建设需要对国民的生态观念进行深入引导。生态理念传播以生态建设为核心，以精神理念传播教育为基础，以义务植树、河长制治理等为行动模板，共同见证绿水青山传承一代又一代。生态文明理念传播和教育有助于企业、社会组织等理解、掌握绿色发展和生态建设的内涵和目标，进而共同参与生态发展。

生态理念传播与教育作为可持续发展教育中的一环，将"人与自然是生命共同体""坚持人与自然和谐共生"等倡导通过绿色的社会实践活动来构建人类与自然平等共存的和谐生活方式。生态价值观和理念的广泛传播与正确引导，不仅会影响个人，也有助于引导经济社会发展对生态建设的重视。"绿水青山就是金山银山"理念的传播，对推动经济社会的可持续发展具有积极意义。在生态经济的引领下，企业需要更加注重环保产业的发展，推出更多符合环境要求的产品，进而实现经济社会效益与环境保护的双赢。

生态理念的传播也在一定程度上促进社会正义与和谐进步。生态理念教育可以增强社会责任意识、促进公平正义、增进团结互助、培育文明风尚和推动可持续发展等；同时鼓励人们关注弱势群体和社会公益事业，进而构建一个更加安定有序的社会。

（四）绿色生活方式与行为倡导

绿色生活方式与行为倡导，强调的是在日常生活中融入环保、节能、低碳的理念，从点滴小事做起，共同构建绿色、健康、和谐的社会环境。一代人有一代人的使命，功在当代、利在千秋的生态文明建设要求我们每个人在衣食住行、工作休闲等各个方面，注重环保、节能和可持续发展，将绿色理念融入生活行为中的每一个细节。绿色生活方式不仅对个人生活质量的提升具有重要意义，更是推动社会整体绿色发展的不可或缺的力量。

在交通出行方面，完善城市交通基础设施，大力鼓励公众选择步行、骑行、公共交通等低碳出行方式，以减少私家车的使用频率，共同助力绿色出行；推广绿色消费行为，通过行为示范和模范学习倡导，鼓励居民选择节能环保、绿色少污染的消费用品，设立相应的绿色产品专区，逐步培养国民的绿色消费习惯。在居住方面，加强社区绿化和垃圾分类工作，营造宜居的绿色生活环境。例如，提倡居民在选择家居、装修材料时尽量选择节能环保型产品与材料，在居住环境中积极响应并遵守环保社区建设准则，从生活的衣食住行等方方面面践行绿色低碳环保理念，在个人层面推进生态文明建设进程。

除个人外，作为经济发展主体的企业可以通过技术创新和绿色生产，为社会提供更多绿色产品和服务；作为下一代教育和价值观引导的学校场域，可以加强绿色教育，培养学生的环保意识和绿色生活习惯，让绿色环保的"接力棒"从现在开始一代一代地传下去；居民生活居住的社区可以组织绿色活动，促进邻里之间的绿色交流和合作。借助宣传教育、媒体传播等多种途径，广泛普及绿色生活的理念，强化公众的环保意识和责任感，使每个人都能深刻认识到绿色生活方式的重要性和紧迫性，从而积极自觉地投身于绿色生活的实践中。

二、聚焦系统治理与协同治理

生态文明建设需要关注各方面和全过程，更综合、更系统地考虑生态环境议题，通过政府、企业、社会组织、公众等多方主体的协同合作，协调经济发展与生态建设的关系。

（一）系统治理的顶层设计

系统治理是针对一个系统内部的多元关系、结构、机制实施管理和优化的过程，其目的在于促使系统内的各个元素能够彼此协调、紧密合作，从而确保系统内部的各个层面均能实现健康、有序的发展。这就好比在治理一种"生态病"，病因复杂多样，需要多管齐下和精心调养才能"药到病除"。"山水林田湖草沙不可分割，生态修复与保护必须协同"，即各个部门和领域不能相互孤立，而应该相互关联、相互影响，政府、企业、社会组织和公众等各方力量需要共同参与，形成合力。这意味着将各方力量有条件、有组织、有目标地整合在一起，不缺乏任一建设主体的力量，有规划地共同推进生态文明建设。因此，在系统治理框架下，生态文明建设的推进是一个全面、协调、持久的过程，它注重从宏观视角把握和推动生态环境的保护与修复工作。

当前，顶层设计对生态环境的系统治理尤为重要。顶层设计是一种综合性、科学化的框架布局和设计方法，涵盖愿景、使命、目标和价值理念等核心要素，一般意义上的顶层设计与国家战略挂钩。系统治理逻辑下的顶层设计应着重构建包括法律法规、政策制度、市场机制等在内的制度设计，这些设计一环接一环，相互衔接、协调一致，共同作用于生态文明建设的全过程。

（二）经济社会发展与生态协同

在生态文明建设过程中，经济社会发展与生态协同共进是一个至关重要的议题。"绿水青山既是自然财富，又是经济财富""保护生态环境就是保护生产力""改善生态环境就是发展生产力"，经济社会发展与生态二者之间的关系并不对立，而是相互依赖、相互促进、共同发展。一方面，生态文明建设离不开经济社会发展的保障和支持，经济社会的持续增长，可以为生态文明建设提供更多的资金、技术和人才支持；另一方面，良好的生态环境可以为经济社会发展提供源源不断的原材料。同时，万事万物发生的前提是现实客观环境的存在，当生态毁于一旦时，经济社会发展也将受到重大影响。因此，经济社会发展不能以牺牲生态环境为代价，促进生态环境保护的同时也要保障经济社会发展需求。

在经济社会发展过程中，首先，对生态发展的认识需要重新协调统一，推动经济社会发展和生态保护齐头并进、协同发展成为经济社会发展应遵守的理念。其次，转变经济社会发展方式，推动绿色发展和循环经济的发展，实现经济、社会和环境的协调发展是经济与社会协同并进的必然之路。因地制宜、因产制宜，将当地丰富的生态资源逐步转化为经济效益和民生福祉。最后，地球是人类共同的家园，联合国际力量、贡献中国力量，促进地球生态发展是重要一步。弥合全球发展鸿沟，通过"一带一路"、贡献"中国力量""中国方案"和"中国智慧"等方式加强国际合作，以共同的生态理念推动全球生态文明建设进程。

（三）跨区域协同治理

生态环境治理是一项需要统筹考虑的系统工程，复杂的环境要素、生态系统完整性的要求和自然地理单元、经济社会发展的特性都表明治理生态不是"单打独斗"的事。跨区域协同治理要求多个地区、多个利益相关者进行合作与协调，共同应对生态环境问题，建立共同愿景与目标，明确跨区域协同治理的共同目标，形成统一的生态环境治理愿景。不同区域之间往往存在资源禀赋、发展水平和发展需求的差异，这需要推动信息共享与资源整合，建立跨区域的信息共享平台，促进各地区之间的信息交流与合作。实现跨区域合作建设有助于整合各地区的资源，凝聚各方共识，实现优势互补，推动协同行动，确保各地区在生态环境治理方面步调一致，提高生态环境治理效能。

生态文明建设是我国长远发展的重要战略，而跨区域协同治理是实现这一战略的有效途径。强化目标协同、部门协同、区域协同和政策协同，进行统筹兼顾，推动生态环境治理与保护建设布局统一，强调局部和全局相协调、当前和长远相结合，全方位、全地域和全链条式地开展生态文明建设，协同进行生态降碳减污、扩绿增效。受时空禀性、资源整合程度等的影响，跨区域协同治理需要根据具体情况不断调整和优化相关措施和策略。在此意义上，跨区域协同治理是一个长期而复杂的过程。

三、构建生态文明建设的体制机制

生态文明建设是中国式现代化的重要组成部分。必须完善生态文明制度体系，协同推进降碳、减污、扩绿、增长，积极应对气候变化，加快落实"绿水青山就是金山银山"理念的体制机制。生态文明建设需要体制机制的支撑，既要兼顾生态保护与环境治理，又要结合不同行为主体。在此基础上，进一步明晰制度建立、体制建设和行动治理过程，从而共同助力生态文明建设。

（一）生态文明体制建设

作为我国经济社会发展的重中之重，生态安全已成为影响子孙后代发展的一大忧患和难题。建立相应的生态文明制度可以进一步明确问题、总体目标及行动策略，确保各项政策措施与总体目标保持一致，进而在生态预保护、破坏修复和发展治理中达到"对症下药"的效果。生态文明制度建设是实现可持续发展的核心要素。可持续发展倡导经济、社会与环境的和谐共进，而生态文明制度建设则是支撑这一理念得以实现的关键。一个完善的生态文明制度体系，能够推动人类经济社会的发展与自然生态环境的保护同步进行。生态文明制度建设有利于提升社会治理效能。建立健全生态文明制度，可以清晰界定政府、企业及社会公众在环境治理中的各自责任与义务，进而塑造一个多元共治的生态环境治理格局，提升生态环境治理效能。

生态文明体制建设应当立足自然、保护生态，建设生态安全可持续的发展环境，继承和贯彻为什么建设生态文明、建设什么样的生态文明和怎样建设生态文明的逻辑框架。首先，从法律角度，深刻学习习近平总书记关于生态文明建设重要论述综述，因时制宜、因地制宜，制定和修改环境保护、破坏修复和产业发展的系列法律体系。这是从立法角度的"正名"，体现在人类社会生产生活的方方面面。其次，在管理和实施过程中，生态文明体制应当包括明确的规划，应规定开发管治界限，完善和实施更加健全合理的治理环境标准和质量标准体系，将制度理念和文化价值观念深刻践行在规范和行动中，以此达到生态文明制度有理有据建设、有力可靠执行，最终有利于人与自然和谐共生的制度建设目的。最后，加强顶层设计和整体部署，统筹使用跨部门跨地区的各方力量，解决重大生态问题，将生态保护和修复简单化、可行化，借此过程将生态文明建设深刻融入经济—文化—政治—社会建设的各方面和全过程。

（二）生态环境治理机制

生态环境治理机制有助于进一步从实际出发深化落实生态文明制度，明确方向和目标，强化生态治理责任落实和友好合作。在生态环境治理中，政府、企业、个人等均需各自发挥作用。当某一方面出现偏差时，生态环境治理便会事倍功半，甚至停滞不前。因此，需要明确各行为主体的角色职责和任务分工，共同推动生态文明建设。

政府作为"掌舵者"，需要明确生态环境治理目标和方向，并根据实际需求和可持续发展做出集科学性、可行性和前瞻性于一体的现实政策；企业作为"经济发展与生态协同并进"议题中的重要参与者，遵循政策，明晰定位和生产生活，向绿色低碳环保无污染"看齐"，利用经济优势和技术优势，大力发展可持续生态和绿色产业；个体作为生产生活中的"最小单位"，做好自己"本分"，践行绿色生活，同时监督政府和企业。政府、企业和个体三者只有"各司其职"，才能形成全社会共同参与、共同推进的生态环境治理机制。

以企业为例，首先是确立绿色发展理念。企业以鲜明的实践性，将绿色生产发展理念贯穿于整个发展战略规划和企业生命周期中，这意味着在追求经济增长的同时，必须充分考虑生态环境的承载能力，实现经济、社会和环境的共赢。其次，通过明确性、可操作性和可衡量性的绿色发展目标指导行动策略。设定具体涵盖资源节约、污染减排、生态保护、绿色产业等多个方面的目标，为绿色发展战略规划提供明确的方向和指引。再次，与相关主体开展友好合作。根据区域资源环境禀赋和发展阶段，优化产业布局，推动绿色产业的发展，包括鼓励清洁能源、节能环保、循环经济等绿色产业的发展，限制高污染、高耗能产业的扩张等措施。最后，借助规范力量，对企业自身的政策执行与管理进行监督，贯彻绿色理念，创新完善生态政策体制。

生态环境治理机制并不只包括各主体之间的相互联结，还蕴含主体之间的相互制约。如果政策不能发挥作用，就可能导致生态环境治理方向不明确，资源分配不合理，进而影响治理效果；同时，政策执行不力也会让生态环境治理机制形同虚设，进而带来企业执行不力、公众无法发挥监督参与作用的不良后果。企业不履行社会责任则会造成失衡，让生态环境治理举步维艰。在双重制约下，个体也无法调动自身积极性，就会对生态恶化和环境危机置若罔闻。因此，加强政府、企业和个体三重要素之间的生态爱心、关心和责任心成为生态环境治理机制建设的重点。

（三）生态环境治理行动

各个生态环境治理主体如何将制度、机制和责任进一步落实，如何实现生态治理、环境改善、人与自然和谐共生的目标，这是生态环境治理行动的真正含义。如茶卡盐湖景区的绿色转型，将旅游经济与生态发展联合运营发展；青海以光伏产业带动高原生态建设，以绿色清洁能源技术推动传统能源产业的转型发展，既发展当地经济又保护生态安全，将经济发展与生态保护协同并进践行到实处，生态环境治理行动的好处显而易见。

政府既是政策制定者也是监管者。政府加强环境监管保护力度，对违法行为进行严厉打击和处罚，如对违规生产企业进行停产停运的重罚，对破坏生态的个人依法定罪。企业对外积极履行企业社会责任，践行生态可持续发展，不竭泽而渔，用自然安全无污染的技术推动生产转型，以资金、人力或物力的形式积极参与环保公益行动；对内建立健全企业内部环保管理体系，加大对员工的内部培训力度，制定相应的环保奖惩制度。由此，企业由里到外，参与生态环境治理行动。对公众而言，履行生态保护责任，改变不良生活习惯，支持和购买绿色产品，用个体的力量支持生态环境保护。

生态环境治理和保护并不是一蹴而就的。在现实治理行动中，面临各种各样的困难，如由生态复杂性带来的难治理、难维护，国家之间利益主张不同带来的跨国界合作问题，以及现有技术难以支撑生态环境治理而带来的种种挑战。然而，我们始终相信经过共同的参与、合理可靠的计划和行动过程，山川、湖泊和河流、森林等自然生态将重新焕发出勃勃生机，而各国也能够摒弃分歧和偏见，加强合作与交流，共同推动全球生态环境治理的深入开展。

本章总结

生态文明理论是对人类经济社会发展与自然环境的和谐共生关系的深刻洞察，旨在通过理论建构指导碳中和实践，实现经济社会发展与生态环境保护的双赢。该理论根植于丰富的思想脉络，包括中国传统生态文化思想的天人合一理念、西方生态伦理思想对自然环境的尊重，以及新时代生态文明思想的全面发展观。生态文明理论也是实践导向的，它倡导在尊重自然、顺应自然和保护自然的基础上，推动经济社会结构的绿色转型。

生态文明理论的建构涉及三个方面：第一，聚焦人与自然和谐共生的现代化。在追求物质文明的同时，同步推进生态文明建设，确保发展与环境的双赢。第二，以人民为中心的发展观和绿色发展观为核心。以人民为中心的发展观要求绿色发展的目标、过程和成果以增进人民福祉为核心，实现绿色发展的全民共享。绿色发展观强调经济发展方式的转变，主张通过科技进步和制度创新，减少对自然资源的过度使用，实现经济社会发展的绿色转型。第三，倡导人类文明新形态。坚持以人为本、尊重自然、可持续发展，在共同富裕与生态文明之间建立双向耦合关系，为全球生态文明建设提供新的方向和动力。

生态文明理论既是对国内外传统生态智慧的继承，也是对现代环境危机的深刻反思，更是对未来可持续发展路径的积极探索。通过推动经济社会绿色转型，实施系统治理与协同治理，构建完善的生态环境治理体系，为实现碳中和目标、促进全球可持续发展提供坚实的理论支撑与实践指南。我们相信，以生态文明理论为视角，人类有望实现经济社会发展与生态环境保护的和谐统一，迈向更加绿色、公平、繁荣的未来。

思考题

1. 如何理解"天人合一"？
2. "道法自然"的内涵是什么？
3. 儒家与道家的自然观有何差别？
4. "大地伦理学"的主要观点有哪些？
5. 非人类中心主义与弱人类中心主义的异同是什么？
6. 人与自然生命共同体对马克思主义的共同体理论有哪些继承与发扬？
7. 以人民为中心的发展观与绿色发展观如何结合？
8. 人类文明新形态具体体现在哪些方面？
9. 你认为可以从哪些方面发展绿色产业？
10. 生态文明建设的跨区域协同治理面临哪些挑战？
11. 在构建生态环境治理体系方面，如何确保政府、企业、个人等形成有效协作的治理合力？
12. 在生态文明建设中个人可以发挥什么作用？

参考文献

[1] 陈澔注. 礼记 [M]. 金晓东, 校. 上海: 上海古籍出版社, 2016.

[2] 崔波注译. 周易·系辞上 [M]. 郑州: 中州古籍出版社, 2006.

[3] 高亨. 周易大传今注 [M]. 济南: 齐鲁书社, 1998.

[4] 谷继明. 《周易》导读 [M]. 成都: 四川人民出版社, 2019.

[5] 老子. 道德经 [M]. 长春: 吉林大学出版社, 2011.

[6] 孟子. 孟子 [M]. 张博, 编译. 沈阳: 万卷出版公司, 2018.

[7] 张载. 横渠易说校注 [M]. 刘泉, 校注. 北京: 中华书局, 2024.

[8] 智𫖮. 摩诃止观 [M]. 上海: 上海古籍出版社, 2018.

[9] 中共中央文献研究室. 习近平关于社会主义生态文明建设论述摘编 [M]. 北京: 中央文献出版社, 2017.

[10] 中共中央宣传部、中华人民共和国生态环境部. 习近平生态文明思想学习纲要 [M]. 北京: 人民出版社, 2023.

[11] 庄子. 齐物论 [M]. 北京; 中华书局, 2010.

[12] 子思. 中庸 [M]. 刘强, 编译. 哈尔滨: 哈尔滨出版社, 2007.

[13] (美) 梭罗. 瓦尔登湖 [M]. 徐迟, 译. 上海: 上海译文出版社, 2006.

[14] (美) 阿尔贝特·史怀泽. 敬畏生命 [M]. 陈泽环, 译. 上海: 上海社会科学院出版社, 1992.

[15] (美) 奥尔多·利奥波德. 沙乡年鉴 [M]. 侯文蕙, 译. 长春: 吉林人民出版社, 1997.

[16] (美) 蕾切尔·卡逊. 寂静的春天 [M]. 张白桦, 译. 北京: 北京大学出版社, 2015.

[17] (英) 大卫·罗斯. 亚里士多德的《形而上学》导论 [M]. 徐开来, 译. 北京: 商务印书馆, 2017.

[18] 曾建平. 自然之思——西方生态伦理思想探究 [J]. 道德与文明, 2002 (4): 73.

[19] 方世南. 习近平生态文明思想的永续发展观研究 [J]. 马克思主义与现实, 2019 (2): 15-20.

[20] 耿步健. 人与自然和谐共生的现代化: 习近平生态文明思想的核心与特色 [J]. 探索, 2023 (1): 14-25.

[21] 郭兆晖. 生态文明建设与转变经济发展方式关系论——基于生态经济学的框架 [J]. 当代经济研究, 2014 (6): 75-79.

[22] 洪修平. 论儒佛道三教的生态思想及其异辙同归 [J]. 世界宗教研究, 2021 (3): 1-10.

[23] 黄承梁, 燕芳敏, 刘蕊, 等. 论习近平生态文明思想的马克思主义哲学基础 [J]. 中国人口·资源与环境, 2021, 31 (6): 1-9.

[24] 李世峰. 新时代生态文明建设的思想基础与实践路径 [J]. 行政管理改革, 2021 (3): 86-93.

[25] 李世雁. 哲学历程中的生态思想轨迹——从古希腊到科学革命 [J]. 自然辩证法研究, 2010, 26 (11): 112-117.

[26] 刘福森. 西方的"生态伦理观"与"形而上学困境" [J]. 哲学研究, 2017 (1): 101-107.

[27] 刘海龙. 儒家仁爱思想的生态伦理价值——兼与西方生态伦理思想比较 [J]. 孔子研究, 2010 (6): 31-36.

[28] 蒙培元. 关于中国哲学生态观的几个问题 [J]. 中国哲学史, 2003 (4): 5-11.

[29] 王波, 禹湘. 西方生态伦理理论: 辨析及启示 [J]. 教学与研究, 2019 (9): 105-112.

[30] 吴海龙, 韩璞庚. 生命共同体: 人与自然和谐相处的现实维度 [J]. 东岳论丛, 2018, 39 (10): 102-107.

[31] 徐雅芬. 西方生态伦理学研究的回溯与展望 [J]. 国外社会科学, 2009 (3): 4-11.

[32] 杨通进. 环境伦理学的基本理念 [J]. 道德与文明, 2000 (1): 6-10.

[33] 叶平. 人与自然: 西方生态伦理学研究概述 [J]. 自然辩证法研究, 1991 (11): 4-13 + 46.

[34] 周光迅, 何莹子. 中国古代哲学的生态思想及其对构建现代生态哲学的启示 [J]. 自然辩证法研究, 2014, 30 (2): 118-123.

[35] 朱迪. 构建绿色低碳生活方式的GICL治理体系 [J]. 山东大学学报 (哲学社会科学版), 2023 (5): 84-96.

第三章
碳中和的社会理论

碳中和的实现不仅仅是一个环境科学问题，也是一个深刻的环境与社会的转型过程。这一概念的提出有深厚的历史、社会、文化根源，其目标的实现涉及广泛的社会结构、文化观念、公众参与、政治制度及社会公平正义等多个层面。然而，从学科发展史来看，社会学这个学科在较长一段时间内忽视了环境的议题。近现代社会环境问题的日益凸显，引发了社会学研究者对环境与社会互动关系的再思考。早期的古典社会学家的生态思想为后来的环境相关的社会理论提供了重要的思想资源，这两者的结合丰富和发展了碳中和的社会理论。碳中和的社会理论旨在揭示碳中和目标背后深层的社会动因及社会影响机制，进一步探究如何通过制度创新、技术变革及国际合作等方式，引导社会各个层面积极参与并形成合力，从而有效推动碳中和社会目标的实现。

第一节
古典社会理论中的生态思想

从世界范围来看，全球环境问题的凸显是从20世纪70年代开始的，一个标志性的事件是各国政府代表团及政府首脑、联合国机构在1972年召开讨论当代环境问题的第一次国际会议，会议通过了《人类环境宣言》及保护全球环境的"行动计划"。但是，19世纪中叶到20世纪初期的古典社会学家，包括马克思、韦伯和涂尔干，在他们的相关著作中或多或少提及早期资本主义时代由于工业化的快速进程引发的环境问题。他们的这些论述蕴含丰富的生态思想，这些思想为碳中和相关的社会理论提供了有益的借鉴。

一、马克思理论中的生态思想

尽管马克思对环境退化的分析不如其对资本主义社会结构变化的分析那么深刻，但马克思和恩格斯的著作中包含了大量的生态思想。在《1844年经济学哲学手稿》中，马克思以异化劳动理论为核心，从对象性活动出发提出了"人化自然观"，并分析了人与自然产生异化的根源。马克思认为，自然环境是人类生存和发展的物质基础，人类通过实践活动与自然环境发生物质交换。人不是脱离自然而存在的，而是自然界的一部分，人类的生产和发展依赖对自然资源的合理利用和改造。这种物质交换的过程也是二氧化碳等温室气体的产生过程。传统社会时期，由于生产力水平低下，化石能源还未被大量开发，因此人类生产实践活动所产生的二氧化碳维持在自然的碳循环之内。而到了工业社会，煤炭等化石能源被广泛利用在资本主义的生产实践中，为了攫取最大利润，农民被迫离开他们的土地，成为城市产业工人的一员，并对自然资源进行最大限度的开发和利用，导致空气中的二氧化碳含量随着生产的盲目扩张大量积累，人与自然关系出现了异化，马克思认为造成这种异化的根源在于资本主义私有制。因此，马克思提出了以"自由人联合体"的共产主义社会取代资本主义社会。

马克思的生态思想基于历史唯物主义和辩证法的哲学体系，强调人与自然的动态互动关系，因此其生态思想也处在不断变动中。这也使得一些学者对其论述有着不同的解读。在马克思和恩格斯早期的著作中，认为人类有必要和自然建立新的联系。但是在晚期的作品中，技术的革新和自动化使得他们转向了人类对自然征服的态度。吉登斯（Giddens）认为马克思对自然有着普罗米修斯（Prometheus）的态度，即马克思推崇技术而反对生态论（Giddens，1981）。雷德克里夫特（Redclift）和伍德盖特（Woodgate）也持有类似的看法：尽管马克思认为人和自然的关系本质上是社会性的，但是这个关系不会随着社会发展阶段的不同而发生改变，因此人和自然的关系在社会变迁中是恒定的（Redclift和Woodgate，2013）。但更多的学者认为，马克思的理论著作中蕴含了生态世界观、生态价值观和生态实践观等自然理念。

在约翰·贝拉米·福斯特（John Bellamy Foster）看来，马克思的理论中蕴含着代谢断裂（metabolic rift）的重要思想（Foster，1999）。代谢断裂的视角为我们理解空气中的二氧化碳循环为何逐渐超出自然消耗的平衡提供了重要的参考。代谢断裂的概念最早在1815年由化学家西格瓦特（Sigwart）提出，并在19世纪30年代和40年代被德国化学家李比希采用。马克思在《政治经济学批判（1857—1858年手稿）》和《资本论》中多次使用这一概念。马克思认为，资本主义生产方式在资本的逐利本性下，对外部自然进行无止境的掠夺和索取，突破了外部自然的规律界限。例如，过度砍伐导致了森林的破坏，过度开垦导致土地肥力的退化，从而在社会的及由生活的自然规律所决定的物质变换的联系中造成一个无法弥补的裂缝，导致了人与自然关系的断裂。这种裂缝在现代社会中表现为二氧化碳循环在自然消耗过程中失去了原有的平衡，外部自然和人本身遭到双重破坏。

借助代谢的概念拓展，马克思还强调对废物的循环利用，以减少碳排放，体现出可持续的发展理念。马克思在"生产排泄物的利用"中提出，要减少人与自然新陈代谢所产生的消费排泄物、减少工农业废料等生产排泄物，并通过科技的发明与进步、提高机器的质量、节约等手段，将生产废料循环利用，提高废物利用率（马克思恩格斯文集，2009）。马克思还提出，人类只是土地的使用者，并不是土地的所有者，应该把肥沃的土地留给后代。这些观点具有一定的前瞻性和可操作性，是可持续发展和生态思想的雏形。

二、韦伯理论中的生态思想

韦伯著作中的生态思想最早由韦斯特（Patrick West）发掘，但是由于韦斯特关于韦伯生态学贡献的博士论文（1975）发表在环境社会学的时候，这门学科还没有得到广泛的认可，因此学术界对韦伯的生态思想关注较少。直到雷蒙德·墨菲（Raymond Murphy）基于韦伯的著作《经济与社会》探讨了"形式理性"的扩张对自然生态的破坏，人们才逐渐注意到韦伯思想中关于人与自然的关系论述。韦伯认为，资本主义的精神是产生于新教伦理的，有着把职业当作"天职"的精神信念。这种精神信念推动了资本主义的发展和扩张，最终导致环境的破坏。在韦伯看来，资本主义的发展不仅仅依赖资本的积累和技术的突破，更重要的是依赖这种内在的资本主义精神。在"形式理性"的驱动下，资本主义为了扩大生产实现利润，对自然资源进行了更大规模的开发和利用，进而破坏了自然的二氧化碳循环过程，生态环境进一步恶化。

韦伯较早地认识到了工业燃料与环境污染之间的必然联系。虽然韦伯所处的时代还没有提出"碳排放"与"碳中和"的概念，但是他较早地认识到资本主义的发展与能源和化石燃料的使用有着密不可分的关系。在讨论资本主义的起源和发展中，韦伯明确指出，炼焦煤的发现在工业资本主义的发展中是一个主要的推动力量，可以说，没有炼焦煤，就没有现代意义上的资本主义发展。在《新教伦理与资本主义精神》一书中，韦伯指出，"资本主义的铁笼子会一直持续到人类烧光最后一吨煤的时刻"（Weber 和 Kalberg，2013）。

韦伯的宗教比较研究为理解环境问题提供了文化的视角。韦伯在论述古代犹太教的时候提出，由于自然条件恶劣，贝都因人和半游牧民族为了生存不得不使他们的生活围绕骆驼的饲养、绿洲垦殖并且受贸易路线的控制。这一生活实践以复杂的形式在他们的宗教和政治中折射出来。在某种程度上，韦伯发展了环境问题的因果解释方法，即在对社会结构、社会生活的解释中通过环境的后果来进行文化的比较与分析。因此，韦伯认为，"资本主义生产中由于自然条件的约束不同所带来的种种差异性，向来都会在经济与社会结构的差异中表现出来"（马克斯·韦伯，2007）。也就是说，韦伯所强调的社会结构和文化的差异对生产和生活实践的影响，是理解人类社会与环境关系的重要视角。

福斯特等人将韦伯的生态思想进一步划分成两个历史发展阶段：传统有机时期和理性无机时期。对韦伯来说，传统有机时期指前工业资本主义社会，而理性无机时期指的是工业资本主义社会阶段。这一理想类型的划分贯穿于韦伯的著作中，韦伯指出整个生活模式的理性化（或除魅）与那些和自然紧密联系的、依靠有机过程和自然实践的农民是对立的，因此传统有机生活的解体伴随着理性工业资本主义的发展（Foster 和 Holleman，2012）。这一此消彼长的线性发展过程也是有机的原材料和劳动力被无机的原材料和生产方式替代的过程。在传统有机时期，人类的生产和生活限定在自然环境的约束条件内，人类与自然和谐相处，因而不存在碳排放过量导致的气候变化问题。而理性无机时期是工业产品被大规模发明和生产的阶段，消耗了大量的化石能源，造成过量的二氧化碳在空气中积聚，超过自然消耗的限度，因此带来严重的空气污染和全球气候变暖等环境问题。

依据传统有机时期和理性无机时期这一理想类型的划分，韦伯还讨论了不同阶段的环境与文化的关系。例如气候对巴勒斯坦宗教的影响，水源对中国、埃及和美索不达米亚（西南亚地区）的文明的影响，以及英国早期工业化阶段因大量使用碳炼钢铁导致的空气污染和森林植被破坏等问题。在理性无机时期，韦伯讨论了煤和铁的结合，资本主义农业对土地的掠夺，生活有机圈的破坏，能源社会学及理性化和世界的除魅。可以说，这两个类型的社会划分贯穿于韦伯对人类社会的思考，也是理解当下碳中和社会的一个理论参考。

三、涂尔干理论中的生态思想

尽管受到达尔文与赫伯特·斯宾塞进化论思想的巨大影响，但是涂尔干反对用生物学类比的方法研究整个社会。他拒绝用生物或者心理的因素解释社会现象，而坚持社会学的基本方法即用一种社会事实来解释另外一种社会事实。根据涂尔干的定义，"一切行为方式，不论它是固定的还是不固定的，凡是能从外部给予个人以约束的，或者换句话说，普遍存在于该社会各处并具有其固有存在的，不管其在个人身上的表现如何，都叫作社会事实"。涂尔干为利用社会事实去解释环境问题的研究方法奠定了基础，从而把一些属于心理学或生物学的因素排除在外。

在涂尔干看来，个人的生活存在于特定的环境之中，因此决定社会演进的因素是环境的变化。涂尔干社会事实理论中的环境包含了社会环境和物质环境，体现了社会整体观的思想。在涂尔干看来，环境不仅由自然元素构成，还包括了人类社会的各种实践活动，因此应该从社会环境和物质环境的角度共同探讨环境问题的成因。涂尔干认为，物质环境是相对稳定的，无法解释持续不断的社会变化，因此需要从社会环境中去寻找最初的环境变化的成因。在社会整体观下，涂尔干不仅认识到社会中的各个元素是相互连接和影响的，同时也认识到导致环境问题的社会影响机制，即社会环境的问题不能外在于自然，"任何生存在一定环境下的有机体，无论是否具有破坏倾向，它越复杂，与环境所发生的联系就越多"。

涂尔干还提出了社会分工理论，他强调外在的自然环境深刻地影响着社会分工的发展。涂尔干指出，"如果各种外界条件（气候条件和地理条件）已经在个人身上留下了印记，而且这些条件本身也有差别的话，那么它们势必会产生分化作用"。这一分工的理论可以帮助我们理解在碳中和社会中，不同的组织、群体在环境议题上的角色和责任，从而更好地促成这一社会目标的达成。此外，涂尔干的社会学理论还涉及宗教、道德观念和集体意识等方面，这些社会元素与环境问题有着密切的联系。宗教和道德观念可以影响人们对环境的态度和行为，例如，在一些宗教文化中，自然环境是被视为神圣不可侵犯的，这种观念会促使人们更加珍视和保护环境。同样，道德观念也可以引导人们采取负责任的环境行为，这些理论视角为我们理解环境问题的社会根源提供了有益的视角。

根据对自然与人类社会之间相互关系的理解，涂尔干把社会的发展分成两个阶段：机械团结社会和有机团结社会。在机械团结社会中，成员有相似的经历和共同的经验，社会分工程度较低，而在有机团结社会中，个人的异质性较强，社会分工程度较高。因此，涂尔干认为人口密度的增加和对稀缺资源的争夺是有机团结社会产生复杂社会分工的重要前提。他指出，"如果说，随着社会容量和社会密度的增加，劳动逐渐产生了分化，这并不是因为外界环境发生了更多的变化，而是因为人类的生存竞争变得更加残酷"。因此，在涂尔干看来，人口和资源稀缺性对社会分工的发展有巨大的推动作用，同时，社会团结的理论也提醒我们，解决环境问题，达成碳中和的社会目标需要全社会共同的合作和努力。

综上所述，古典社会学家们从各自不同的视角出发考察了环境问题产生的深刻经济社会根源，为当下推进碳中和的社会目标提供了理论基础，但是这种关注程度以现在环境问题的突出程度来看明显是不够的（王芳，2006）。考虑到上述三位社会学家所处的时代，碳排放与碳中和问题还未在社会层面提出，环境问题还未对人类生存造成严重的影响，因此古典的社会学理论对于人与环境的关系更多地是一种哲学思辨式的思考。尽管如此，他们关于人与自然、资本主义生产与自然环境关系的重要论述对当下推动碳中和社会的建设仍具有奠基性的意义。

第二节
碳中和的社会成因理论

碳中和提出的社会背景主要源于人类的生产和生活实践活动向大气排放过量的温

室气体，破坏了自然的碳循环过程。这些温室气体包括二氧化碳、甲烷和氧化亚氮等，其中二氧化碳是最主要的温室气体。工业化时期以来，全球年平均气温逐渐升高，尤其是高纬度地区和陆地的增温幅度更大，这种全球气候变暖的现象对人类社会和自然环境都产生了深远的影响。碳中和的社会成因是多方面的，既包括全球气候变暖对人类社会和自然环境的威胁，也有人类生态价值观等方面的转变，目前研究者主要从新生态范式、后物质主义价值观，以及社会建构理论三个方面理解碳中和的社会成因。

一、新生态范式

面对当代社会日趋严重的环境危机，美国学者邓拉普（Dunlap）和卡顿（Catton）反思传统社会学研究范式的不足，并提出了范式转移理论。在定义环境社会学这一学科的时候，邓拉普和卡顿发现古典社会学家对环境问题着墨较少，这个发现促使他们反思社会学的传统和假设，并认为传统的人类中心主义的世界观是导致环境问题始终得不到解决的深层社会原因。他们把这种世界观称为人类豁免主义范式（human exceptionalism paradigm，最初被翻译为人类例外主义）（Dunlap和Catton，1979）。这一范式主导的观点对理解碳中和的社会成因提供了理论视角。人类中心主义范式的核心在于以人类为中心，将人的生存和发展作为最高目标。在这种价值观的指导下，人类的利益是价值原点和道德评价的依据，而自然通常被视为满足人类需求的工具和手段。因此，在人类中心主义的价值观影响下，人们往往更为关注短期的经济利益和自身需求的满足，而忽视了其经济社会活动对自然环境的长期影响。这导致在生产和消费的过程中，人类过度依赖化石燃料等高碳排放的能源，从而增加碳排放量。同时，人类对自然资源的过度开发和利用，如森林砍伐、过度放牧等活动破坏了生态平衡，影响了二氧化碳的自然循环过程。邓拉普和卡顿认为人类豁免主义范式不仅使得主流社会学家没有认识到环境问题的重要性，而且也乐观地认为人类发展不会受到自然资源稀缺性和其他生态方式的限制。于是，在反思这一人类中心主义范式的基础上，邓拉普和卡顿提出了新生态范式（new ecological paradigm）的观点。

新生态范式是对传统环境研究的一种突破。邓拉普和卡顿认为人类豁免主义和新生态范式有本质的不同，它们是基于对人类本质、社会因果关系、人类社会属性及其发展的约束性等一系列不同的假设而形成的两个理论分支。首先，新生态范式强调生态系统的整体性和复杂性，认为尽管人类有着文化、技术等特殊的属性，但从根本上来说人类依然属于地球生态系统中的众多物种之一；其次，人类的活动不仅会受到社会和文化因素的影响，而且也和自然环境有着复杂的因果和反馈的关系；再次，人类的社会活动对自然环境有着深刻的影响，同时其社会活动也会受到自然资源有限性的约束；最后，新生态范式承认人类有独特创造力，能够在一定程度上突破自然资源有限性的约束，但是人类活动不能违背自然生态规律。因此，与古典社会学家所强调的资本主义的扩张性和社会事实的解释范式不同，新生态范式拓展了传统社会学的研究领域，将环境的变量纳入了社会学的研究视野，这也为碳中和的社会成因提供了一个研究范式。

二、后物质主义价值观

与新生态范式强调的生态价值观类似，美国政治学家英格尔哈特（Inglehart）提出了在富裕国家和地区的代际文化转移理论，即后物质主义价值观理论（Inglehart, 1995）。英格尔哈特认为，物质主义价值观关注经济发展、国家安全，而后物质主义价值观不再仅仅关注物质财富和物质享受，而更加注重精神层面的追求，如社交、亲密关系、自我成就等。这种转变体现了人们对生活品质和个人成长的更高追求。同时，随着环境问题的日益严重，后物质主义价值观还强调对环境的保护和可持续发展，减少对自然资源的过度消耗和碳排放，以实现人与自然的和谐共生。因此，人们对环境的关心是后物质主义价值观的一部分，对环境的日益关心是后物质主义价值观在年轻一代中社会化的产物。

英格尔哈特的后物质主义价值观源于马斯洛的需求层次理论。需求层次理论认为，人们只有在满足了基本的生存需求之后才会迈向更高层次的精神需求，如自我实现、环境保护和碳中和的社会目标等。英格尔哈特认为目前发达国家正在经历向后物质主义价值观转移的阶段，因为他们已经基本解决了温饱问题，处在富裕的工业社会阶段。他还试图证明后物质主义价值观与环境关心存在正相关关系，即具有后物质主义价值观的人更倾向于关心环境，从而表现出环境友好的行为。在后物质主义价值观的影响下，发达国家的人们更加倾向于参与碳中和的环保行动，以实际行动减少碳排放。

新生态范式和后物质主义价值观理论为碳中和的社会成因提供了文化和价值观的

理解视角。其中，新生态范式启发我们在发展经济的过程中要摒除人类中心主义的视角，通过综合分析生态系统的结构和功能，将环境承载力和生态发展同时纳入经济社会的发展过程。后物质主义价值观则强调人类价值观的转向，即在满足基本的生存需求之后，要更多考虑环境保护和可持续发展需求。这两个理论暗含了价值层面的转变是实现碳中和社会的前提条件，只有将新生态范式和后物质主义价值观渗透到社会生活中，才能促成人类减碳行动，达成碳中和社会的目标。

三、社会建构理论

在环境社会学的建构理论出现之前，环境问题更多地被描述为人类的生产生活对环境造成破坏的社会事实，这一认识传统来自涂尔干的社会事实理论。根据涂尔干的社会事实理论，碳中和的社会成因只能用环境逐渐恶化这一人类可感知到的社会事实来解释。而韦伯的因果解释方法则支持人们通过对环境问题的理解来解释碳中和的社会成因，显然用环境问题来解释碳中和的社会成因有一些微不足道。随着环境问题研究的深入，从建构主义的视角来解释碳中和的社会成因是一个引人注目的方向。

最早提出环境建构理论的是环境社会学家巴特尔及其同事，他们受到科学社会学的建构主义的启发，分析全球环境变迁的社会成因，并强调了"解构"的重要性。在环境建构主义和解构主义的语境中，环境问题的社会成因分析将环境问题分解为一个问题化过程，也就是回答为什么有些环境问题早已存在，但是只有到了特定的时候才引起人类的重视。

约翰·汉尼根（John Hannigan）对环境问题的建构作了较为系统的阐述，这为碳中和的社会成因提供了一个建构主义的理解视角。在环境建构主义者看来，环境问题的客观性和真实性是毋庸置疑的，但是环境社会学家们的主要任务并不是描述这些客观的、真实的环境问题，而是需要揭示这些问题是"何种动态定义、协商和合法化等社会过程的产物"（约翰·汉尼根，2009）。汉尼根总结了20世纪三种主要环境话语的类型。第一种是田园话语，认为自然具有无价的美学和精神价值，标志性著作有《我在塞拉的第一个夏天》，提倡返回自然运动。第二种是生态系统话语，人类对生物群落的干涉扰乱自然的平衡，标志性著作有《寂静的春天》和《沙乡年鉴》，主要在生物科学领域。第三种是环境正义话语，标志性著作有《美国南部各州的废弃物倾倒》，主要在黑人教会，该话语的支持者还包括民权运动组织和草根环境组织。

与社会问题的建构类似，汉尼根认为环境问题的社会建构有三项关键任务：环境主张的集成、环境主张的表达、竞争环境主张，见表3-1。具体到碳中和的语境中，研究者必须要关注碳中和的主张来自何处，由谁操持，主张提出者代表谁的经济和政治利益，以及主张提出过程中带来什么样的资源。在碳中和的主张表达过程中，问题的经营者既要吸引公众的注意力，同时又要合法化他们的主张，而且科学发现和证明本身并不足以推动一个环境问题获得合法性。为了使碳中和的环境主张得到实质性的行动，主张者要不间断地抗争，以寻求实现法律和政治上的变革。

表3-1　环境问题的社会建构中的关键任务

社会建构	任务		
	集成	表达	竞争
主要行动	发现问题	寻求注意	激发行动
	命名问题	合法化主张	动员支持
	确认主张的基础	—	保护主张所有权
	建立参数	—	—
核心载体	科学	大众媒介	政治
支配性依据	科学的	道德的	法律的
主导性科学角色	动向观察员	传播者	实用政策分析者
潜在陷阱	条理不清楚	可视度低	政治同化/招安
	意义不明确	可读性低	议题疲劳
	科学证据存在分歧	—	抵销性主张
成功策略	创造经验性焦点	与流行话题和原因相关联	建立网络
	理顺知识主张	利用戏剧性的口头和视觉表象	发展专业技能
	科学的职能分工	修辞策略与战略	开辟政策窗口

根据汉尼根的环境建构理论，碳中和这一社会目标是否能够有效达成还与听众的规模和影响力有着密切关系。为什么有些环境主张获得了广泛的关注，而有些环境主张却销声匿迹，关键就在于维持和建构环境主张的四种特性。首先是独特性，就是公众将一个问题与其他具有相似特征的问题区分理解的程度。当下气候变化及其对人类生活的影响已经形成了一个全球性的关键议题，这一议题关系到人类社会的可持续性

发展，因此提出碳中和这一环境主张在全球和地方性的议题中都具有独特性质。其次是关联性，指一个特定的环境问题与普通公众之间紧密联系的程度。环境问题不是一个国家或地区的区域性问题，环境退化、气候变暖及实现碳中和目标与地球上的所有人都息息相关，没有哪一个国家、社会或者个体能够对这一变化视而不见。再次是关注度，即处于恶化环境中的特定物种、人群、地方的态度。随着环境对人类的生产生活造成了多元的影响，人们对这一问题的关注度也随之提升，环保理念也深入人心。最后是熟悉性，即听众对一个特定问题的了解程度。随着全球气候变化带来的极端天气、海平面上升、土地荒漠化等环境问题的涌现，环境问题对每个地球公民而言都已不再陌生，碳中和的概念就是在这样的背景下提出的，是解决全球气候变暖问题的一个重要措施。

与其他环境社会学理论相比，社会建构理论有两个明显体现社会学视角的优势。首先，该理论更符合社会学理论化的现有规范，试图用社会变量来解释当前凸显的环境问题和碳中和的社会成因，并且借鉴了社会学古典理论关于理解和权力的视角。其次，该理论通过探究环境主张及反对的问题，将环境话题置于相关的社会和政治背景中考虑，为碳中和社会的形成做出了有价值的分析。

第三节
碳中和的社会应对理论

碳中和的概念最早于2014年由中国国家发展和改革委员会在能源进展研讨会上提出，到目前也就短短的11年时间。但是社会学家在20世纪70年代以来就一直在探索人类社会如何应对环境议题，主要包括生态现代化理论、政治经济学理论、世界体系理论和社会实践理论。这些理论在不同层面上体现了社会学家对碳中和社会建设的思考。

一、生态现代化理论

生态现代化理论于20世纪八九十年代在欧洲萌芽，经过政治学、社会学等多个学科的融合发展，逐渐成为解释碳中和的社会应对中的一个主流理论范式。与北美环境社会学中的范式转移理论和苦役踏车理论不同，生态现代化理论将关注的焦点放在了如何提高环境质量，而非单纯解释环境为何持续恶化。德国学者约瑟夫·胡伯（Joseph Huber）和马丁·杰尼克（Martin Janicke）可以说是生态现代化理论的奠基人，但是他们关于生态现代化的理论视角有一些差别。胡伯从社会变迁的角度来构建生态现代化理论，而杰尼克更多地强调了国家在环境政策和政治领域中扮演的角色。

在胡伯的视野中，生态现代化是现代化社会的必经之路。他认为工业社会经历了工业突破、工业建设阶段，最终会迈向一个生态转向的超级工业化阶段。在这一社会转型的进程中，经济和技术始终是发展的驱动力，但是到了生态转向的超级工业化阶段，协调人类活动与环境承载力变得至关重要（洪大用等，2014）。因此，根据胡伯的论述，碳中和社会是生态转向的超级工业化的一个社会阶段。这一阶段的社会目标不仅仅是大力发展经济和提高科学技术水平，还需要协调人类的生产生活实践活动与环境的关系，由此才能通过推动社会发展的现代化水平进而提高环境质量，达成碳中和的社会转型。

杰尼克则从生态现代化能力的角度，探究为何一些国家在环境政策与环境保护方面做得更为出色。他坚信，国家的生态现代化能力与解决技术和制度层面问题的能力息息相关，这一能力取决于四个基本变量：首先是问题压力，主要指的是经济绩效问题，经济绩效良好，拥有更多资源抵抗问题压力；其次是开放的政策风格，主要是能协调各方利益，保证决策能变为实践；再次是创新能力；最后是战略精熟性（洪大用等，2014）。因此，杰尼克也从经济绩效、政策风格、创新能力及战略精熟性等方面为碳中和社会的形成提供了解决之道。

荷兰社会学家亚瑟·莫尔（Arthur P. J. Mol）对生态现代化的理论注入了新的活力。他强调，生态现代化并非追求资本积累或环境恶化的必然性，而是社会变迁的积极表现，即在保持现代化的前提下，克服环境危机是可能的。从这个角度看，生态现代化理论可以视为现代碳中和社会背景下生产和消费过程的生态结构重组。

澳大利亚学者皮特·克里斯托夫（Peter Christoff）进一步将生态现代化细分为弱生态现代化和强生态现代化。弱生态现代化强调用技术手段解决国家的环境问题，主张由科学、经济和政治精英共同参与政策制定，实施自上而下的路径，因此提供了一个比较封闭单一的框架。而强生态现代化强调在全球范围内解决环境问题，将生态要素整合到社会制度和经济发展之中，鼓励公众广泛参与到环境的沟通、决策和实践之中，以实现碳中和社会更为开放和多元的治理模式。当然，这两者之间并不是相互排斥的，对于碳中和社会的形成而言，弱生态现代化过程也是非常必要的。

值得一提的是，生态现代化理论对全球化中碳中和社会的到来持乐观的态度，认为随着全球现代化水平的提高，生态危机可以解除，人与自然能够实现和谐共生。对这一观点，很多社会学家怀疑全球化在环境保护方面的作用，认为环境会更加恶化，这是因为发展中国家为了吸引外资，一些当地政府会放松对环境的保护和监管（Bell，2004）。然而，莫尔对此反驳说，经济全球化能够促进经济改革，最终有利于减少二氧化碳的排放，实现碳中和社会的目标。当然这一过程需要政治家和政府机构的努力，需要以政治现代化为前提，也就是说政府要以合作的方式帮助协调各种利益。

尽管生态现代化理论提供了促成碳中和社会的一种应对方式，也在一些发达国家得到了有效实践，但其也面临多方面的批评。首先，生态现代化理论将碳中和的社会目标寄托在资本主义制度和市场第一的原则中，虽然有合理之处，但是资本主义的核心是追求利润最大化，而碳中和社会目标的达成往往需要投入大量的资金和资源，这在一定程度上与资本主义的逐利性存在冲突。市场虽然可以通过价格机制来反映资源的稀缺性和环境的价值，但是市场失灵的情况也时有发生，单纯依靠市场的力量很难确保碳中和社会目标的达成。其次，关于生态现代化理论是否适用于推动发展中国家的碳中和社会形成还存在争议。生态现代化理论发端于西方发达国家，这些国家在经济、社会、文化等方面与发展中国家存在显著差异，因此，直接将生态现代化理论应用至发展中国家可能并不合适。发展中国家在追求经济增长和消除贫困的过程中，往往面临更为严峻的环境挑战，建设碳中和社会面临更大的困难。最后，生态现代化理论还被指出忽视了现代化的社会背景和一些伦理问题。在碳中和社会目标达成的过程中往往伴随权力的重新分配和利益格局的变化，这可能会导致一些社会不公正和伦理冲突。因此，生态现代化理论在强调环境保护的同时，还需要关注社会问题，并寻求碳中和目标与社会目标之间的平衡点。

二、政治经济学理论

美国社会学家艾伦·施奈伯格（Allan Schnaiberg）对美国资本主义制度下的环境问题进行了深入剖析，为理解现代资本主义生产体系与碳中和的紧张关系提供了宝贵的视角。施奈伯格强调资本主义制度下企业对利润的追求是永无止境的，因此，施奈伯格认为对环境问题的分析应该深入资本主义社会的政治经济制度中，在资本主义制度下，企业为了追求高利润必须不断地扩大投资才能在残酷的竞争中生存下去（Devall，1981）。这就是说一个企业追求利润是永无止境的，不断扩大的生产必须有日益增长的消费过程。这个过程包含一个不可调和的矛盾：经济增长是大家所乐见的，但是其不断的投资引发的环境后果最终会损害经济的长期发展。因此，经济增长产生了环境和社会问题，而那些掌权者又急切地通过追求增长去解决这些问题，这个过程如同一个永不停止的"跑步机"不断循环。施奈伯格和他的同事认为，这种生产体系在生产和消费方面改变了环境。他们用一个形象的比喻"生产跑步机"（treadmill of production，也译为"苦役踏车"理论）来形容这种现代资本主义生产体系（Schnaiberg，1994）。

首先，现代工厂需要更多的物质投入。由于投入都是资本密集型的，这就要求更多资金和技术，而且主要集中在重工业和基础工业。同样地，工厂为了生产更多的产品，也要求投入更多的原材料。这就要求从生态系统中获取更多的物质，最终的后果就是导致自然资源的匮乏。其次，现代工厂利用高效的能源和化学技术加工产品，创造出大量的化工产品。然而，这些化工产品在生产和使用过程中往往会产生大量的污染物（施奈伯格称之为"生态系统的衍生物"），对大气、水源和土壤造成不可逆的破坏。这种破坏不仅影响人类的生存环境，还威胁生物的多样性和生态平衡，造成全球气候变暖、海平面上升等。

施奈伯格的分析揭示了资本主义制度下环境问题的根源和实质。在资本主义的逻辑下，经济增长和利润追求往往以牺牲环境和社会的长期利益为代价。由于自然资源有限，这种生产体系的增长是不可持续的。在施奈伯格看来，这样的矛盾是不可调和的。在当下推动碳中和社会的形成过程中，放弃基于资本主义制度的生产体系，寻找更加可持续和公正的发展模式是实现碳中和社会目标的根本途径。然而，一些批评者认为，资本主义制度对环境的影响固然重要，但是别的因素，如文化、社会规范、消费模式的改变对环境的影响也是不可忽视的。在这些批评者看来，生产跑步机理论忽视了那些愿意为缓解环境恶化而采取行动的个体的行为（如垃圾回收），而且在他们看来，那些促进环境的改革也许比激进的系统变革更受到公众的欢迎（Gould 和 Lewis，2014）。

詹姆斯·奥康纳（James O'Connor）提出的"资本主义第二重矛盾"是对资本主义制度深层次问题的一种揭示，它是对马克思所强调的资本主义第一重矛盾（生产力和生产关系的矛盾）的有益补充。奥康纳的第二重矛盾理论着重指出了资本主义生产方式和生产条件之间的冲突，这种冲突最终导致了生态危机的产生。在奥康纳的理论中，资本积累被视为生态危机的直接原因。资本主义生产的无限扩张性导致了自然资源的过度开发和环境的破坏。同时，技术消费的不断增长也加剧了这一趋势，进一步加剧了全球生态危机的严重性。这种不平衡的发展不仅体现在不同国家和地区之间，也体现在不同社会阶层之间，从而加剧了全球范围内的生态问题。这一政治经济学视角还可以从世界体系理论中窥探生态危机的不平衡分布。

三、世界体系理论

世界体系理论被认为是全球化研究的一个重要方法。该理论兴起的主要标志是美国纽约州立大学教授伊曼纽尔·沃勒斯坦（Immanuel Wallerstein）于 1974 年出版的《现代世界体系（第一卷）：16 世纪的资本主义农业与欧洲世界经济体的起源》。最初，世界体系理论是为了了解不同经济和社会变迁的长期历史过程。班克（Bunker）在他的著作《亚马孙的低度发展》中首先将该理论应用到环境研究上。世界体系理论通过其核心、边缘、半边缘的分析框架，清晰地展示了全球化背景下各国之间的经济不平等关系。在这种体系中，核心国家利用其在国际贸易规则制定中的优势地位，向边缘和半边缘国家转移环境后果，以实现自身的最大利润和超级工业化。这种不平等的经济关系不仅加剧了全球范围内的环境退化，也导致发展中国家在环境问题上承受了更大的压力。与此同时，世界体系理论还强调了经济支配的政治效应。核心国家通过掌握规则制定权，可以决定环境后果的分配，这使得全球化进程中的环境问题往往伴随政治权力的运作。这种政治权力的运作进一步加剧了全球环境问题的不平等性，使得发展中国家在应对环境挑战的时候面临更多的困难和挑战。

世界体系理论与碳中和社会的实现有紧密的关联。世界体系理论强调资本主义生产的内在逻辑如何塑造了当今的国际事务、国家行为和国际关系，揭示了全球经济体系的不平等结构，以及资本积累对全球环境的影响。从世界体系理论的视角来看，碳中和社会建设是一个跨越不同经济层次和地区的全球性任务。核心国家由于经济发展水平高、技术实力强，往往率先推动碳中和的进程，通过技术创新和政策引导来减少温室气体排放。然而，这些国家同时也可能是碳排放的主要来源。边缘和半边缘国家不仅在经济和技术方面相对较弱，而且还面临着巨大的环境压力和碳排放挑战。这些国家往往受到全球经济体系不平等结构的影响，其环境问题和碳排放问题往往与贫困、发展不足等问题交织在一起。世界体系理论还强调了国际政治经济秩序对环境问题的影响。在当前的国际体系中，核心国家往往掌握了规则制定权和话语权，这在一定程度上影响了全球环境治理的公正性和有效性。

此外，世界体系理论还强调民族国家的文化和理念在碳中和社会中的重要作用。20世纪90年代，斯坦福大学的梅耶（Meyer）和其他研究者认为全球文化及关联进程塑造了民族国家的认同、结构和行为等特征（Meyer等，1997）。世界体系理论用于解释全球范围内民族国家环保主义的兴起，认为跨国网络、国际非政府组织和知识共同体越来越多地将在国际社会中建构的文化模式和理念向民族国家扩散，使得环境保护的原则成为国家的基本责任，促使越来越多的国家制定相应的环境保护法规、设立国家公园、成立专门的环境保护部门或者加入国际环境保护组织等（Pellow和Nyseth Brehm，2013）。例如，美国在1872年设立第一个国家公园，到1990年，全球有将近7 000个国家公园。可以说，世界范围内的各个国家致力于环境保护的行为在过去的100年中得到了迅速的扩展。

政治经济学视角和世界体系理论的结合为在全球层面推动碳中和社会的建设提供了一个全面而深入的理解框架。它不仅揭示了全球化进程中不同国家之间经济不平等的关系对环境问题的影响，同时也强调了政治权力在环境问题中的重要作用。因此，在推动全球碳中和的过程中，需要充分考虑不同国家在全球经济体系中的地位和角色，改革和完善国际政治经济秩序，确保所有国家能够平等地参与碳中和的环境治理议题，共同应对气候变化等全球性挑战。

四、社会实践理论

在碳中和的社会应对理论当中，社会实践理论提供了一个独特且深入的分析框架。社会实践理论（social practice approach，又称为"实践论"），兴起于20世纪70

年代，是当代欧洲社会理论界广泛关注的一种新兴研究范式，也是理解碳中和社会的一个微观理论视角。社会实践理论强调社会结构与个体行动之间的相互建构关系，认为社会结构并非僵化的实体，而会通过人们的日常实践活动得以不断复制和再生产。安东尼·吉登斯、皮埃尔·布尔迪厄、米歇尔·福柯等欧洲社会理论家为社会实践理论的产生与发展奠定了直接基础。其中，吉登斯在1984年出版的《社会的构成》一书中提出的"结构化理论"（structuration theory）影响最为深远（范叶超，2017）。根据这一理论，跨越空间和时间的有序社会实践应是社会科学研究的基本领域，而并非传统认为的个体行动者的经验或社会总体的任何存在形式。因此，在理解和推动低碳生活方式、绿色消费行为、节能减排措施等方面，社会实践理论有助于揭示这些行为背后的结构力量和个体能动性的作用机制。

社会实践是能动和结构的中介，是一定时空中社会成员共享的、一组被惯例化的行为类型（Reckwitz，2002）。从社会实践的视角来看，行动者或能动主体只是社会实践的演绎者或载体，结构一方面支配社会实践，另一方面也是后者社会再生产的结果。通过强调社会实践循环往复的特征，社会实践理论提供了理解社会变迁的一个新角度：具有相应知识和能力的行动者利用一定时空的结构特征循环演绎和再生产一组社会实践，这些社会实践的动态演化汇聚成日常生活领域的社会变迁（Shove等，2012）。

由此可见，社会实践理论具有鲜明的经验主义趋向，主要关注现实世界中一系列具体的社会变迁。20世纪90年代以来，社会实践理论逐渐完善并被广泛应用于消费、组织、全球化、环境变化等多个领域，取得了丰富成果（Nicolini，2012；Warde，2016）。在当前欧洲社会实践理论应用研究中，以赫特·斯巴哈伦、伊丽莎白·肖夫、艾伦·沃德等为代表的欧洲社会学家在消费领域的可持续研究上积累了大量实证研究成果，并对当下的碳中和的社会应对提供了启示。

斯巴哈伦基于社会实践理论，挑战了可持续消费研究领域社会心理学和经济学的两种环境行为研究取向（Spaargaren，1997），对传统环境行为研究中的"态度－行为"模型和"理性选择"模型进行了批判，构建了一个可持续消费实践分析模型。根据斯巴哈伦的社会实践分析模型（图3-1），可持续消费研究被细致划分为穿衣、饮食、居住、出行、度假、兴趣与运动六大门类，每个门类下又细分了36种日常生活消费实践。这些与消费相关的社会实践位于分析的中心，受到能动主体和社会结构的双重影响（李潇然等，2017）。能动主体对不同社会实践的应用模式塑造了他们独特的生活方式，而市场或国家主导的不同供应模式则构成了有差别的供应系统。社会－技术革新流动（图中曲线）对社会实践的变迁产生深远影响。通过增加系统供应或促进公民消费者生活转型，可以最大限度地减少社会实践对环境的影响，从而实现消费过程的可持续性（刘文玲和Spaargaren，2017）。这一模型不仅为理解可持续消费提供理论框架，也从微观的日常实践层面提出了碳中和的社会应对模式，即促成生产和生活方式的绿色转型。

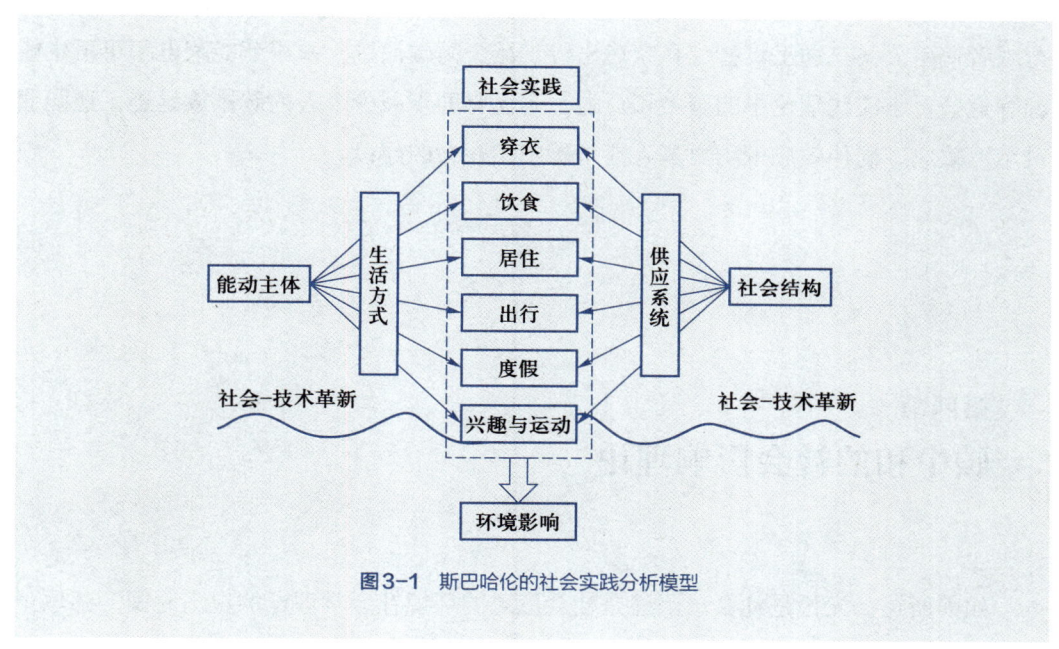

图3-1 斯巴哈伦的社会实践分析模型

　　肖夫对社会实践动态性的解析，特别强调了实践的文化意义与可持续目标的协调性。他敏锐地指出，社会－技术系统和实践相互依存且不断变迁，消费的需求水平和模式正是这两者交互作用的结果。肖夫认为，单纯推广效率高的、可持续的技术并不足以实现消费的可持续性，必须同时关注这些技术如何嵌入并影响日常消费实践。否则，即使技术本身是可持续的，也可能因为与实践的脱节而导致资源密集的消费模式，反而增加了环境成本。因此，肖夫倡导的是一种实践和社会－技术系统的协同演进的思路，以实现消费的可持续重构（Shove和Comfort，2003）。

　　沃德则将社会实践理论引入消费社会学领域。他强调，消费是一种社会实践中的特定时刻，而这些时刻的累积构成了不同的消费模式。沃德特别关注消费实践的社会差异，他认为个体的消费行为差异并非仅由社会经济因素或态度、理解、动机等决定，而是由不同的消费实践所引发的实践分层导致的（Warde，2014）。沃德对消费实践的隐蔽性进行了批评，批判了当代消费社会学研究中盛行的"文化转向"并提倡使用社会实践理论来重构消费社会学研究（Warde，2005；2016）。

由上述分析可以看出，社会实践理论强调人们在日常生活中的行为、习惯，以及它们对社会和环境的影响，这一理论视角可以帮助我们理解个人或群体在碳中和社会建设中的角色和行为。人们的日常生活实践，如出行方式、饮食习惯、能源使用等，都直接或间接地影响碳排放。因此，通过日常生活实践的绿色转型，如选择步行、骑行或者使用公共交通工具替代私家车出行，减少高碳消费，采用节能家电和可再生能源等这些日常实践理论中的碳中和行为，不仅有助于减少个人的碳排放足迹，还能通过示范效应、同伴效应带动更多人参与碳中和社会的建设。

第四节
碳中和的社会影响理论

如前所述，无论是社会成因还是社会应对的环境社会学理论的提出时间，都早于碳中和这个概念提出的时间。碳中和作为近年来环境保护的一个重要议题，也同样适用于环境问题的社会影响的理论分析，这主要包括环境公正理论、风险社会理论和环境流动理论。

一、环境公正理论

社会发展中的不平等议题一直是社会学家关注的核心议题，传统中社会学家们显然更多关注教育、社会地位获得、收入等社会属性的不平等。然而，随着人类与自然环境互动的加深，自然资源及环境污染风险在社会成员中的不平等分布问题逐渐引起了社会学家的广泛关注，引发了关于环境公正、环境正义等议题的探讨。

20世纪80年代美国的北卡罗来纳州瓦伦郡抗议化学废弃物填埋示威游行拉开了环

境公正运动的序幕[①]。到1991年，美国"第一次全国有色人种环境领导峰会"（People of Color Environmental Leadership Summit）正式提出了环境公正问题和17条环境公正原则。环境公正不是孤立存在的，必须在环境事务和过程中体现出来。环境公正可以分为三个部分：第一个是程序公正，程序公正与否要看环境事件的处理和决策的过程与程序对事件的利益相关方和当事人是不是无差别对待。第二个是地域公正，环境风险应该同等地被不同社区或地区承担。第三个是社会公正，就是在环境决策的过程中，要考虑种族、阶级和其他文化因素的影响。

瓦伦事件：1982年，美国北卡罗来纳州在瓦伦郡修建了一个有毒废料填埋场，用于储存从该州其他14个地区运来的多氯联苯（PCBs，一类剧毒的有机物，遇明火、高热可燃），当地的主要居民是非洲裔美国人和低收入白人，此事遭到当地人的强烈抵制，媒体密集报道，不少人遭到逮捕，并引发了美国国内一系列穷人和有色人种的类似抗议行动。

对于环境公正的定义目前还存在不同的版本。例如，班杨·布莱恩特（Bunyan Bryant）从环境种族主义行动的视角出发，对环境公正的定义是："那些支持社区可持续发展的文化规范、价值、规章、制度、行为、政策和决议，而且居住在该社区的人相互确信他们的环境是安全、富裕和有活力的。当人能发挥他们最高潜能的时候，环境正义就实现了。环境公正包括：体面的稳定的有酬工作、高质量的教育和娱乐、舒适的住房和充足的卫生保健；民主决议和个人知情权、参与权，社区里没有毒品、暴力、贫困。在这些社区内，文化多样性和生物多样性受到尊重。没有种族歧视，到处充满公正"。罗伯特·布拉德（Robert Bullard）则把环境公正当作一个原则，那就是"所有的人和社区都有权利获得环境和公共卫生法律法规的平等保护"（Bullard，1996）。尽管他们的定义有差别，但是核心思想是一致的，即所有的人不分世代、种族、文化、性别或社会、经济地位，在环境资源、机会的使用和风险的分配上，一律平等，享有同等的权利和承担同等的义务。

---

① 公平这一概念往往与正义、平等联系在一起，因为都包括了公正、平等的意思。在英语中，公平为fairness，正义为justice。在国内，一般将正义和公平统称为justice，因此国内对environmental justice的翻译为环境正义或环境公平。2008年洪大用和龚文娟的文章认为，从社会学视角将环境与社会公正结合起来，纳入社会结构和过程中进行考察，将environmental justice翻译为环境公正更为合适，本书沿用此法。

国内学者梳理了环境公正研究的进展，认为环境公正的理论解释可以分为两大类。

第一类是基于地域性研究建构起来的模型。主要有三种解释：一是从市场机制所提倡的理性选择入手，认为企业不是有意歧视少数民族、有色人种或者穷人，而是因为他们居住的地方地价和污染赔偿低，此外，还突出了在工业选址过程中的技术理性，那就是选址是根据技术标准而不是该地区的人口构成。二是由于社会资本和政治力量在社会成员之间的不均衡分布，使穷人、少数民族比白人拥有更少的可动用资源，导致他们在政策制定上没有发言权，无力参与污染选址决策并抵抗污染转移，另外，他们在政治和经济上的弱势地位，使他们对生存的担忧远超过了对污染选址的担忧。三是种族歧视，认为种族偏见、种族优越感及信仰等导致低收入群体或者少数族裔（主要为有色人种）聚居区被有意作为污染地点。当然上述三种解释（经济、社会政治和种族歧视）并不是相互排斥的，而是相互交织在一起的。除了以上三个主要解释，佩罗还从建构主义视角出发提出环境不公平视角，该视角关注多方环境利益相关者在争夺环境资源过程中的互动演变过程。

第二类是基于全球视野建构的理论观点。环境公正除了关注美国国内不公正现象，还将视角伸展到国际上，认为在发达国家和发展中国家之间也存在环境不公正。佩罗通过对全球废弃物贸易的考察，认为这也是跨国环境不公正的一种形式，加剧了发达国家和发展中国家的环境不平等（Pellow，2007）。另外，也有不少学者以全球气候变化作为切入点，分析气候变化所导致的全球富裕国家和贫穷国家之间的环境后果（健康、生态、经济）的不平等。目前环境公正研究取得很大进展，但是不能够满足于对当前环境后果分配机制的研究，不能把研究对象局限于环境弱势群体，还需要将环境特权者纳入研究视野。

碳中和作为一种重要的环境保护措施，旨在通过减少温室气体排放来减缓气候变化、维护生态平衡。然而，在推动建设碳中和社会的过程中，还会带来一些环境公正伦理困境。首先，污染物的生产方和承受污染的群体在全球各个国家和地区是不均衡分布的。一些发达国家和地区在生产过程中排放了大量的温室气体，而一些发展中国家和地区则往往成为污染物的承受者，这种不平等的分布格局使碳中和目标的达成变得更加复杂和困难。其次，碳中和目标的达成需要全球共同努力，采取节能减排等方式减少二氧化碳等温室气体的排放。然而，不同国家和地区的经济发展水平、技术水平、资源禀赋等存在差异，这使得各国在推进碳中和方面的能力和进度也各不相同，导致一些国家和地区在碳中和过程中承担更多的责任和压力；一些国家和地区则可能获得相对较少的利益。最后，即使在同一个国家和地区内，不同社会群体在享受清洁环境、承担减排责任等方面也可能存在不平等现象。一些富裕群体能够通过购买碳排放权等方式来规避减排责任，而一些贫困群体则可能因缺乏必要的资源和条件而无法有效参与碳中和行动。因此，在推动建设碳中和社会的过程中，需要充分考虑环境公正的问题，确保不同国家和地区、不同社会群体能够公平地分享碳中和带来的利益，共同承担减排责任。这不仅要加强全球各国和各地区的合作，建立公平合理的国际碳排放权交易机制，同时也需要加强国内碳中和政策的制定和执行力度，确保各项减排措施能够得到有效落实。

二、风险社会理论

德国社会学家乌尔里希·贝克（Ulrich Beck）在1986年出版的《风险社会》一书中，首次提出了风险社会的概念，并指出传统的工业社会已经走向一个充满风险和不确定的新阶段。贝克认为，现代化在带来进步的同时，也产生了新的不确定性和风险，而这些风险往往是人为制造的，与人类的决策紧密相关。从这点可以看出，贝克对现代化表现出一种批判和质疑的态度。在工业或阶级社会中，其中心问题是财富如何按照社会不平等的方式进行分配同时又能使其合法化，而在风险社会中，风险是现代化的产物，可以被视为"系统地处理现代化自身引致的危险和不安全感的方式"，风险的分配更为均衡。按照贝克的说法就是"贫困是等级制的，化学烟雾是民主的"（乌尔里希·贝克，2004）。无论是财富分配的社会，还是风险分配的社会都包含了不平等，这两种不平等在第三世界的工业中心区域尤为明显。

贝克的风险社会理论深刻剖析了现代社会面临的环境破坏与风险问题，为理解当代碳中和社会的影响提供了新的视角。贝克强调，环境破坏并非现代化进程的失败，而是其成功带来的副作用。随着工业化进程的加速，大自然遭到了前所未有的破坏，而这些破坏的严重性在当时并未引起人们的足够重视。贝克进一步指出，风险社会是现代化发展的一个新阶段，它标志着伴随现代化进程产生的负面影响已经对社会基石构成了威胁。在贝克看来，现代化的初衷是控制不确定性，然而，现代化本身却又在不断产生新的不确定性，这种不确定性往往难以找到确切的原因，使人们难以预测和防范潜在的风险。

贝克还将风险社会的风险和工业社会的风险做了对比，并指出了两者之间的显著区别。工业社会的风险往往具有地域性，受限于特定的地理区域和国家范围。然而，在风险社会中，风险已经超越了地域的界限，变得全球化。这种全球化风险的出现，主要是由于现代社会的复杂性和相互依赖性增强，使风险的传播和影响范围更加广泛。在现代工业社会中，自然风险和技术风险与工厂是交织在一起的，难以明确区分。对这种复合型全球风险的预防和控制，贝克持悲观的态度，甚至认为灾难可能会打断现代文明。贝克认为全球风险的一个主要效应是创造了一个"共同的世界"（common world），一个我们无论如何都只能共同分享的世界，一个没有"外部"、没有"出口"、没有"他者"的世界（贝克等，2010）。因此，在全球共同推进碳中和社会的过程中，必须放弃传统的零和博弈思维，建立全球治理体系，超越国家间的竞争和利益纷争，以人类的共同利益为出发点，共同制定和执行风险管理及预防措施。

贝克进一步指出，面对风险社会的挑战，人们需要对传统现代化进行反思和批评。他提出了两个解决方案：一是进行以"生态启蒙"为核心的"第二次启蒙"，旨在提高人们对科学技术负面影响的认知；二是倡导世界主义，强调全人类需要联合起来，共同应对现代风险。在实践层面上要以依托非政府组织和环保运动的"生态民主政治"来践行启蒙的内容和要求，重在强调一种"意识形态"与"社会行动"相结合的过程和作用（林兵，2007）。

贝克的风险社会理论强调了现代社会中风险的普遍存在和人们对风险的关注，特别是在现代工业社会中，风险已经超越了地域的界限，变得全球化。从风险社会理论的角度看，碳中和社会可以被视为一种应对现代风险社会的策略。气候变化和环境破坏作为现代化风险的重要组成部分，已经对全球产生了深远的影响。而碳中和则是应对这些风险，实现人与自然和谐发展的有效应对措施。此外，贝克的风险社会理论也强调了全球合作在应对风险中的重要性。二氧化碳的排放是全球性的，其治理措施也需要全球范围内的合作与努力，需要各国共同制定减排目标，分享减排技术和经验，最终推动全球向绿色低碳转型。

三、环境流动理论

环境流动理论（environmental flows，又称"环境流动"），是21世纪初兴起的一种新型环境社会学理论范式。以赫特·斯巴哈伦、亚瑟·摩尔、弗雷德里克·巴特尔等为代表的一批西方环境社会学家在借鉴曼纽尔·卡斯特和约翰·厄里两位全球化理论家的主要观点的前提下，对生态学和经典环境社会学理论中物质性流动的概念进行了重新诠释，提出了以"环境流动"为核心分析单位的新型环境社会学理论范式。环境流动是由人为因素引起的，是与生态系统运行相关的一系列物质性流动。在环境流动理论中，特别关注的是受人类社会活动影响的物质性流动在流向、量和质等方面的特征，通过对这些特征的分析，环境流动理论旨在揭示环境变化的社会成因，以及环境与社会之间的复杂关系。环境流动兼具社会性和物质性，以环境流动作为核心分析单位探寻当今碳中和的社会影响具有重要意义。

环境流动理论一方面脱胎于经典环境社会学理论，另一方面，由卡斯特和厄里在20世纪90年代提出的全球网络和流动社会学为环境流动范式的诞生奠定了重要基础。这一理论框架为理解环境变化提供了新的视角，特别是在全球化背景下，它强调了物质性流动与社会实践之间的紧密关系。卡斯特提出的全球网络观点为环境流动提供了重要的理论基础。他观察到，随着信息技术革命的推进，全球社会正在经历显著的网络化趋势。这种网络化不仅改变了社会实践的组织形式，还使其在全球范围内迅速扩张。网络（network）社会作为一种新的社会形态，正在逐渐影响人们的生活方式和思维方式。在网络社会中，物质性流动不再局限于地域空间，而可以在全球范围内进行。这种流动全球化的现象为理解碳中和社会影响提供了现实基础。厄里认为在全球复杂性背景下的社会变迁正在向不可预测和非线性的方向演进。在此背景下，能动主体与结构客体交织成各种混合体，代表了不同的物质世界。厄里建议摒弃能动与结构、主体与客体、人类与非人类、社会与物质等传统社会学的对立分析概念，将研究重心转向各种混合体或物质世界，以更好地理解社会变迁和环境变化。

环境流动理论在一定程度上拓展了全球化时代背景下环境社会学的议题，强调对环境变化的成因、后果及治理的理解不能局限于一时一地，需要引入一种流动性的视角并将之贯穿于研究始终。这一理论提供了实现碳中和的社会治理思路。首先，环境流动理论强调了由人为因素引起的物质性流动对生态系统的影响，其中包括了温室气体的排放和流动，碳中和社会的核心目标正是通过调控这些温室气体的排放和流动，使人类社会的碳排放与自然界的碳吸收达到平衡，从而减缓全球气候变化。其次，通过深入理解环境流动理论中关注的物质性流动在流向、量和质等方面的特征，可以更好地制定和执行减少碳排放的策略，如通过能源转型、碳捕集和封存等技术手段，减少温室气体的排放，同时增加碳吸收能力。最后，环境流动理论也强调了在全球化和网络化背景下，物质性流动与社会实践之间的紧密联系。在碳中和社会中，这种关系体现为全球各国、各地区需要共同合作，共同应对气候变化的挑战。只有通过国际合作，才能在全球范围内实现碳中和的目标。

本章总结

　　本章主要探讨了碳中和这一环境目标的社会理论基础及其社会影响。碳中和不仅是一项基于技术和环境的议题，更是一场深刻的社会转型，其中涉及社会结构、文化观念、公众参与、政治制度及社会公平正义等多个层面。本章回顾了马克思、韦伯和涂尔干等古典社会学家的生态思想，深刻揭示了环境问题的社会根源，为理解碳中和的社会理论脉络提供了借鉴。

　　在碳中和的社会成因探讨中，本章主要从新生态范式、后物质主义价值观和社会建构理论三个方面进行了社会成因的分析，新生态范式和后物质主义价值观侧重从价值观的角度来探讨，而社会建构理论关注碳中和的社会建构过程。随后，本章介绍了生态现代化理论、政治经济学理论、世界体系理论和社会实践理论在碳中和社会中的应用。最后，本章还探讨了碳中和目标实现的过程中可能带来的社会影响问题。其中，环境公正理论强调在碳中和过程中要考虑不同社会群体在承担减排责任和享受环保成果方面的平等性。从风险社会理论的角度来看，碳中和社会可以被视为一种应对现代风险社会的策略。环境流动理论表明碳中和的治理要关注碳的流动性和网络性。由此可见，推动碳中和目标的达成，是一个复杂而长期的过程，涉及广泛的社会因素和深刻的社会变革。

思考题

1. 马克思、韦伯和涂尔干的理论中蕴含了哪些生态思想？请从他们各自的视角出发，分析这些思想对理解现代碳中和社会目标的启示及局限性。
2. 如何从环境社会学中的建构主义视角解释碳中和目标的提出和推广？请结合汉尼根的环境建构理论，讨论碳中和主张的社会动态过程。
3. 碳中和目标的实现过程中可能会面临哪些环境公正问题？请结合环境公正理论，分析在全球和国家层面，不同社会群体在承担减排责任方面所遇到的不平等现象，并提出可能的解决方案。

参考文献

［1］Devall B. Environment, technology and health: Human ecology in historic perspective [M]. Environmental Ethics, 1981.
［2］Pellow D N. Resisting global toxics: Transnational movements for environmental justice [M]. Cambrige. MA: MIT Press, 2007.

[3] Schnaiberg A, Alan Gould K. Environment and society: The enduring conflict [M]. New York: St. Martin's Press, 1994.

[4] Shove E, Comfort C. Convenience: The social organization of normality [M]. Berg, 2003.

[5] Shove E, Pantzar M, Watson M. The dynamics of social practice: Everyday life and how it changes [M]. SAGE Publications Ltd, 2012.

[6] Spaargaren G. The ecological modernization of production and consumption: Essays in environmental sociology [M]. Wageningen University and Research, 1997.

[7] Warde A. The practice of eating [M]. John Wiley & Sons, 2016.

[8] Weber M, Kalberg S. The Protestant ethic and the spirit of capitalism [M]. Routledge, 2013.

[9] Bell Michael Mayerfeld. An invitation to environmental sociology [M]. Thousand Oaks: Pine Forge, Press, 2004.

[10] Gould Kenneth A, Lewis Tammy L. Twenty lessons in environmental sociology [M]. Oxford University Press, 2014.

[11] 马克斯·韦伯. 古犹太教 [M]. 康乐, 简惠美, 译. 广西: 广西师范大学出版社, 2007.

[12] 约翰·汉尼根. 环境社会学 [M]. 2版. 洪大用, 等, 译. 北京: 中国人民大学出版社, 2009.

[13] 洪大用, 马国栋, 等. 生态现代化与文明转型 [M]. 北京: 中国人民大学出版社, 2014.

[14] 乌尔里希·贝克. 风险社会 [M]. 何博闻, 译. 南京: 译林出版社, 2004.

[15] Bullard R D. Environmental justice: It's more than waste facility siting [J]. Social science quarterly, 1996, 77 (3): 493−499.

[16] Dunlap R E, Catton W R. Environmental sociology [J]. Annual review of sociology, 1979, 5: 243−273.

[17] Foster J B. Marx's theory of metabolic rift: Classical foundations for environmental sociology [J]. American journal of sociology, 1999, 105 (2): 366−405.

[18] Foster J B, Holleman H. Weber and the environment: Classical foundations for a postexemptionalist sociology [J]. American Journal of Sociology, 2012, 117 (6): 1625−1673.

[19] Giddens A. A contemporary critique of historical materialism [J]. Univ of California Press, 1981, 01.

[20] Inglehart R. Public support for environmental protection: Objective problems and subjective values in 43 societies [J]. Political Science & Politics, 1995, 28 (1): 57−72.

[21] Meyer J W, Boli J, Thomas G M, et al. World society and the nation-state [J]. American Journal of sociology, 1997, 103 (1): 144−181.

[22] Nicolini D. Practice theory, work, and organization: An introduction [J]. OUP Oxford, 2012 (1): 23−40.

[23] Pellow D N. Environmental inequality formation: Toward a theory of environmental injustice [J]. American behavioral scientist, 2000, 43 (4): 581−601.

[24] Pellow D N, Nyseth Brehm H. An environmental sociology for the twenty-first century

[J]. Annual Review of Sociology, 2013, 39: 229–250.

[25] Reckwitz A. Toward a theory of social practices: A development in culturalist theorizing [J]. European journal of social theory, 2002, 5 (2): 243–263.

[26] Redclift M, Woodgate G. Sociology and the environment: Discordant discourse? [J]. Social theory and the global environment, 2013: 51–66.

[27] Warde A. Consumption and theories of practice [J]. Journal of consumer culture, 2005, 5 (2): 131–153.

[28] Warde A. After taste: Culture, consumption and theories of practice [J]. Journal of Consumer culture, 2014, 14 (3): 279–303.

[29] 贝克, 邓正来, 沈国麟. 风险社会与中国——与德国社会学家乌尔里希·贝克的对话 [J]. 社会学研究, 2010, 25 (5): 208–231 + 246.

[30] 范叶超. 社会实践论: 欧洲可持续消费研究的一个新范式 [J]. 国外社会科学, 2017 (1): 95–104.

[31] 李潇然, 刘文玲, 张磊. 置于社会实践研究框架中的可持续消费 [J]. 世界环境, 2017 (4): 55–57.

[32] 林兵. 西方环境社会学的理论发展及其借鉴 [J]. 吉林大学社会科学学报, 2007 (3): 94–98.

[33] 刘文玲, Spaargaren G. 可持续消费研究理论述评与展望 [J]. 南京工业大学学报 (社会科学版), 2017, 16 (1): 84–91.

[34] 王芳. 文化、自然界与现代性批判——环境社会学理论的经典基础与当代视野 [J]. 南京社会科学, 2006 (12): 23–29.

第四章
碳中和政策的演进

在全球气候变化的背景下，碳中和政策日益成为减少碳排放和应对气候变化挑战的关键举措。这一政策的形成和演进进程不仅反映了人类社会对气候危机的认识与回应，也折射出国际政治经济结构的不平衡性。本章将探讨碳中和政策的演进历程及其在不同阶段的特点。通过对碳中和政策演进的全面剖析，旨在深入理解当前全球环境保护格局，为未来的碳中和实践提供借鉴与启示。

第一节
碳中和政策的起源

碳中和政策的提出，源于工业社会以来全球碳排放的激增，以及由此导致的一系列生态恶果。此后，全球变暖的紧迫事实促使各国逐渐凝聚减碳共识，并最终围绕《巴黎协定》形成了碳中和目标与行动方案。

一、工业化与城市化进程中的碳排放激增

在前工业社会，碳排放随着人口规模的增长呈现平缓上升的趋势。直到人类社会

开启工业化与城市化进程，全球碳排放开始激增。研究显示，1750年以来，二氧化碳（CO_2）和甲烷（CH_4）浓度的增加远远超过了过去至少80万年的自然变化，这期间观测到的温室气体（GHG）浓度的增加无疑是由人类活动造成的（IPCC，2023）。工业化进程中化石能源的使用使人类社会的能源结构发生了巨大变化，并以此促使生产方式与消费方式发生了巨大转变，最终在全球范围内造成了巨量的碳排放。

工业化进程中，能源结构的变革是全球碳排放激增的主要因素。在前工业社会，人类主要依赖传统的生物质能源来满足生产和生活需求。随着工业社会的到来，化石能源开始被广泛利用，成为工业化进程中主要的能源来源，煤炭、石油和天然气在能源结构中的占比逐渐上升。这些化石能源能量密度高，燃烧时会释放大量二氧化碳，是全球碳排放的主要来源。根据联合国环境规划署《2023年排放差距报告》，化石能源目前占全球二氧化碳排放量的86%。而随着碳排放不断增加，全球气候不断变暖。截至2018年，人类社会通过煤炭、石油和天然气的生产和使用所释放的碳排放量已经超过了将全球升温限制在1.5℃以内所需的碳预算的3.5倍（50%的显著性），几乎等同于将全球升温限制在2℃以内所需碳预算的规模（67%的显著性）（UNEP，2023）。

城市化建设同样造成了大量碳排放。这主要体现在几个方面：一是城市建设中的碳排放。大规模的城市扩张导致全球大量土地利用方式及其性质的永久性变化，释放了大量的二氧化碳。比如，森林砍伐和湿地破坏等行为损害了天然的碳库，使陆地生物圈中自然的固碳效果逐渐减弱。城市建设过程中水泥等建筑材料的生产也产生了巨量的碳排放。联合国政府间气候变化专门委员会（IPCC）的报告就曾指出，水泥生产、土地利用方式的改变与矿物质燃料的燃烧是大气中二氧化碳增加的三个主要来源（IPCC，1992）。二是城市运行中的碳排放。城市中的生产生活需要大量的能源供应，这些能源的使用通常伴随碳排放。比如，各类建筑物的空调和供暖系统，以及城市交通系统等运行都会消耗大量能源，进而产生碳排放。三是城市人口增长与城市经济发展过程中的碳排放。研究表明，在全球范围内，经济增长和人口增加仍是导致化石燃料燃烧产生的二氧化碳排放量增加的主要原因（IPCC，2014）。城市人口的增长意味着大量的人口集中在城市生活和工作，以及对能源供给需求的增加，进而带动了资源消耗和碳排放的增加。而在城市经济发展过程中，工厂与企业生产过程会产生大量的碳排放。

此外，人类社会的生产与消费活动日益成为最重要的碳源之一。在生产层面，工业生产逐渐实现了从人力驱动到机械化、自动化的转变，同时，化石能源的广泛应用为大规模生产提供了充足的能源供应。能源结构的变革为生产方式的改进提供了新的可能性，促进了生产方式的技术创新。这使得人类社会的生产效率大幅提升，生产规模不断扩大。但这也意味着生产过程中需要消耗大量能源，由此产生了环境经济学中著名的"杰文斯悖论"（the Jevons Paradox），即技术进步在提高资源使用效率的同时，也会降低生产成本、增加生产需求，从而使资源消耗的速度呈现不断上升的趋势（Bauer和Papp，2009）。在消费层面，随着化石能源的广泛应用，人们在消费中更加依赖化石能源，例如，石油和天然气成为汽车和家庭供暖的主要能源来源。这些化石能源的使用不仅直接导致了碳排放的增加，而且加剧了对不可再生资源的消耗，还增加了环境污染和气候变化的风险。特别是，工业社会人们的生活水平相较于前工业社会有了巨大的提升，塑造了迥异于前工业社会的消费习惯。环境史的相关研究表明，工业化早期阶段，伦敦每人每年需要消耗约一吨煤炭，而煤炭燃烧所带来的烟雾污染在当时甚至被视为一种时髦的生活方式（威廉·卡弗特，2019）。进入现代，新的生产技术和消费品设计使得诸如电子产品、汽车等高碳排放的商品日益流行，人类社会不仅踏上了"生产跑步机"[①]，也踏上了"消费跑步机"。

　　总的来看，工业社会以来，全球经济社会发展常常以牺牲环境为代价，导致了碳排放的激增。在工业化与城市化进程中，人们追求经济利益和物质享受，将资源开发和利用置于至高无上的地位，忽视了资源的有限性和生态环境的可承载性。这种人类中心主义的认知与发展观导致了碳排放的激增。而二氧化碳作为主要的温室气体，对地球气候系统产生了直接影响。大量的碳排放导致了大气中温室气体的浓度上升，加剧了温室效应，进而引起全球气候变化。随着气候问题越来越突出，全球社会逐渐凝聚了减碳共识，为碳中和政策的形成奠定了基础。

二、气候变化背景下的减碳共识凝聚

　　碳排放造成了一系列生态后果，其中气候变化的影响最为深远。IPCC（2023）的报告指出，2019年，大气中二氧化碳浓度高于过去至少200万年内的任何时候，全球上层海洋（$0 \sim 700$ m）已经变暖。1850年至今，人为造成的全球表面气温升高了 $0.8 \sim 1.3$ ℃，全球温室效应越发明显。不可持续的能源使用、土地利用、生产模式及生活方式造成了气候变化在国家之间、区域之间、国家内部及个人之间的持续性和差

---

① "生产跑步机"由美国社会学家Schnaiberg提出，意指资本主义将社会结构的各个部分都卷进了"跑步机"中，只要生产不停止，对生态环境的破坏就将一直持续。

异化影响。20世纪六七十年代开始，随着环境运动的兴起与学术界对经济发展方式的反思，世界各国开始重视人类活动对全球气候系统的影响，逐渐形成了减少碳排放的全球共识。

减碳共识始自自然科学界的观测与反思。19世纪末以来，气候研究一直是自然科学界的重要领域之一。早期的研究主要集中在气候变化的观测、记录等方面。在这个阶段，科学家们逐渐认识到气候系统的复杂性和变化规律，并提出了温室气体排放可能导致全球气温上升的假说（Arrhenius，1896）。随着气候模型的发展和观测数据的积累，科学界对气候变化的认知逐渐加深，确信人类活动是气候变化的主要驱动因素之一。1970年，《科学》杂志刊载的一篇论文中提出了"人为的气候变化"（man-made climatic changes）这一概念，并警告人类在全球范围内造成气候变化的可能性是真实存在的，人类社会迫切需要启动一个适当的全球监测系统，以便及早评估这些变化（Landsberg，1970）。这些科学证据向人们展示了气候变化对地球环境和人类社会的潜在影响，引起了人们对气候变化的关注和警惕。

除自然科学界的数据观测与模型构建外，社会科学界也对工业社会中逐渐显现的生态后果，特别是对气候变化的社会机制与社会后果展开了理论反思与实践行动。以社会学为例，当前社会学在气候变化领域的研究存在着真实主义与建构主义的理论分野（Antonio，2015）。其中，真实主义承认气候变化的科学证据，强调气候变化的紧迫性，并认为资本主义的生产方式是气候变化的根本驱动力，主张采取自上而下的大规模行动（唐国建和周益，2022）；建构主义则更强调气候变化背后复杂的社会文化背景，侧重不同权力与话语关系对于气候变化的社会认知，提倡地域性的解决方案（White，2006）。在此背景下，社会学家们通过研究和分析，揭示了工业化、城市化及人类活动对环境破坏和生态系统崩溃的影响，并从理论层面讨论了建设低碳社会的可能性（洪大用，2010）。而针对气候变化的社会后果，许多环境社会学者展开了应对气候变化的脆弱性与适应性研究，以期增加气候变化背景下的社会韧性（张倩，2011；张倩和艾丽坤，2018）。这些认识和行动为应对气候变化提供了学理基础和理论支持，并唤醒了公众的环保意识，从而推动了全球范围内的环境保护和减排行动。

随着对气候变化认知的提高，国际社会开始采取行动。1979年，联合国教育、科学及文化组织（UNESCO）组织召开了第一次全球气候变化会议，这是国际社会首次共同讨论气候变化问题，该会议奠定了国际合作和协调应对气候变化的基础。1988年，联合国政府间气候变化专门委员会成立。1992年，国际社会首次对气候变化做出政治回应，193 个缔约方在里约热内卢召开的联合国环境与发展会议上通过了《联合国气候变化框架公约》，确立了诸如"共同但有区别的责任原则"等应对气候变化的基本原则和机制，这是国际社会第一次就气候变化问题达成的具有一定约束力的国际协议。1997 年 12 月，192 个缔约方签订了《京都议定书》。该议定书要求发达国家减少温室气体排放，并制定了具体的减排目标和承诺。这是第一个明确规定减排义务的国际协议，并于 2005 年 2 月 16 日正式生效。

但是，这些国际协议并没有发挥预期的效用，气候变化的紧迫性愈演愈烈。1997 年以来，尽管国际社会设置了碳排放上限，但许多国家的排放量仍在继续上升，仍远未达到其承诺的温室气体减排量。有研究表明，《京都议定书》之后，一些协议国的二氧化碳排放量确实有所减少，但不能排除这些国家"将生产转移到非《京都议定书》签署国家并再出口"的可能性（Aichele 和 Felbermayr，2013）。随着气候变化的加剧，国际社会不得不开始更加积极地设立全球减排目标。

三、碳中和政策的形成

《巴黎协定》的签署为全球碳中和目标的设立奠定了基础。2015 年，联合国气候变化大会通过了《巴黎协定》，这是历史上首个几乎所有国家都参与并达成共识的全球气候协议。该协定的核心目标是将全球平均温度上升控制在工业化前水平的 2 ℃以内，并力争将其控制在 1.5 ℃以内。该协定虽然并未提出"碳中和"或"气候中和"等概念与目标，但要求到 21 世纪下半叶，人为源的温室气体排放与汇的清除量之间应取得平衡，实现净零排放。此后，各国纷纷设立碳中和目标，碳中和政策逐渐形成。

2017 年，加拿大、英国、墨西哥等 19 个国家联合组建了碳中和联盟，并签署了《碳中和联盟声明》，承诺在 2020 年前制定长期的低温室气体排放和气候适应型发展战略[①]。2019 年，超过 136 个国家政府联合发起了"气候雄心联盟"，并提出到 2050 年实现净零排放的计划。2021 年，欧盟委员会通过了"绿色协议"一揽子提案，旨在推动欧盟于 2050 年实现碳中和。这一法案为欧盟国家在碳中和目标的制定和实施方面提供了法律保障。截至 2024 年 4 月，已有 72 个国家向《联合国气候变化框架公约》

---

① 签署《碳中和联盟声明》的 19 个国家分别是：加拿大、哥伦比亚、哥斯达黎加、丹麦、埃塞俄比亚、芬兰、法国、德国、冰岛、卢森堡、马绍尔群岛、墨西哥、荷兰、新西兰、挪威、葡萄牙、西班牙、瑞典和英国。

（UNFCCC）提交长期低排放发展战略（long term strategies，LTS），根据综合报告（Synthesis Report），这些国家合计贡献了全球76%的温室气体排放量、77%的能源消耗量（包括约91%的煤炭消耗量、约77%的天然气消耗量和约71%的石油消耗量）。其中，有12个国家的长期低排放发展战略包含碳中和、脱碳或气候中和目标。

为应对气候变化和推进生态文明建设，中国积极制定了碳中和目标及行动方案。2020年9月22日，习近平在第七十五届联合国大会一般性辩论上郑重宣布：中国将提高国家自主贡献力度，采取更加有力的政策和措施，二氧化碳排放力争于2030年前达到峰值，努力争取2060年前实现碳中和。2021年3月，习近平在中央财经委员会第九次会议中强调，"实现碳达峰、碳中和是一场广泛而深刻的经济社会系统性变革，要把碳达峰、碳中和纳入生态文明建设整体布局"。2021年10月，习近平在《生物多样性公约》第十五次缔约方大会领导人峰会上表示，中国将陆续发布重点领域和行业碳达峰实施方案和一系列支撑保障措施，构建起碳达峰、碳中和"1+N"政策体系。此后，国务院印发了《2030年前碳达峰行动方案》，要求到2030年，非化石能源消费比重达到25%左右，单位国内生产总值二氧化碳排放比2005年下降65%以上。2022年，党的二十大报告中再次明确了"积极稳妥推进碳达峰碳中和"的目标，并再次强调实现碳达峰碳中和是"一场广泛而深刻的经济社会系统性变革"。"双碳"目标将促进生产关系的变革，重塑能源和资源的分配方式，加速向绿色低碳产业转型，激发科技创新，从而推动经济结构优化升级。同时，"双碳"目标的提出也意味着中国将加强国际气候协作，持续致力于推动全球可持续发展目标的实现，在此过程中亦会提升中国的国际形象和话语权。

此外，各种国际组织与社会组织也加入推动实现碳中和目标的进程之中。比如，由联合国气候变化高级倡导者发起的"向零竞赛"（Race to Zero）运动，其中"零"指温室气体排放量与清除量相抵销的净零行为。"向零竞赛"是一项全球性运动，旨在召集非国家行为体（包括公司、城市、地区、金融、教育和医疗机构）立即采取严格行动，并致力于实现同一总体目标，即根据《巴黎协定》，通过透明的行动计划和强有力的近期目标，迅速、公平地减少所有范围的碳排放，打造一个更健康、更公平的净零世界。2020年6月以来，已有超过13 000个非国家行为体加入该活动，包括超过9 000家公司、600家金融机构、50个地区、1 100座城市、1 100个教育机构、70家医疗机构和30个其他组织，该活动的目标是到2030年将全球碳排放量减半。又如，美国大学生于2008年创立了"350.org"组织，其中，"350"指大气中二氧化碳的安全浓度（百万分之三百五十）。"350.org"致力于在全球范围内开展草根活动来消除化石燃料行业的影响、宣传环境正义。他们热衷于与处于气候危机前线的社区合作，这些社区历来排放量最少，但受到的影响却最严重。截至2024年，该组织活跃于70多个国家，已经在全球范围内领导或支持了680场以上的草根活动。

总的来看，碳中和政策的形成源于《巴黎协定》，但也有部分欧洲国家在此之前就开始了相关布局。值得注意的是，有些国家使用的并非是"碳中和"这一表述，因此其政策内涵与目标也有所差异。比如，丹麦使用的是"气候中和"概念，英国使用的是"净零排放"这一表述。"气候中和"意味着"以不产生净温室气体排放的方式生活，并通过尽可能减少自己的温室气体排放和使用碳补偿来中和剩余的排放"（Hirsch，2011）。"净零排放"则指人类活动造成的全温室气体排放与人为排放吸收量在一定时期内实现平衡（Fankhauser等，2022）。相比之下，"碳中和"则指"行动者对全球二氧化碳排放的净贡献为零"（UNEP，2023），即人类活动造成的二氧化碳排放量与全球人为二氧化碳吸收量在一定时期内达到平衡。这些概念表述的差异基本集中在对温室气体的限定层面。

第二节
全球碳中和政策的主要特征

各国的碳中和政策建立在已有的国际政治经济框架之下，并因自身制度环境、经济社会发展需求及资源结构而表现出不同的特征。具体来说，全球碳中和政策的主要特征包括：受国内政治经济利益影响而体现出的政策摇摆性；因制度环境与资源结构不同而表现出的区域差异性；为适应不同国情与减排需求而表现出的工具多元性。

一、政策的摇摆性

在应对气候变化的国际合作中，经常出现一些国家中途退出或签约而不履约的情况。表4-1是部分国家加入和退出《京都议定书》与《巴黎协定》的情况统计信息。2004年，俄罗斯政府签署了《京都议定书》。然而，2012年，俄罗斯政府宣布退出《京都议定书》的第二承诺期[①]。澳大利亚一开始拒绝签署《京都议定书》，之后为了达到参加2005年马来西亚东亚峰会的要求才补签了《京都议定书》。具体到碳中和政策层面，澳大利亚曾经在2012年引入碳税，意图通过对碳排放实施定价来减少温室气体排放。然而，该政策遭到了煤炭等传统能源行业激烈的反对和批评。随后，澳大利亚政府在2014年废除了碳税机制，取而代之的是一套名为"直接行动计划"（direct action plan）的软性政策框架。美国在不同政府和政党领导下的碳中和政策更呈现出明显的摇摆。例如，奥巴马政府时期推动了一系列环保政策，包括清洁能源计划和碳排放限制。但特朗普第一任期时采取了相反的立场，取消或削弱了许多环保法规。2017年6月，特朗普宣布美国退出《巴黎协定》，称其不利于美国利益，并表示将重新谈判。2021年，拜登上台后，美国重新加入了《巴黎协定》，提出美国2030年的温室气体排放比2005年降低50%～52%、2035年实现100%清洁电力的目标，并承诺到2050年实现净零排放。另外，还有部分国家，如日本，存在签署了气候协议但拒不履行的情况。由此可见，碳中和政策的摇摆性在国际范围内是一个普遍存在的问题。

表4-1　部分国家加入和退出《京都议定书》与《巴黎协定》的情况统计信息

相关条约	国家	加入与退出情况
《京都议定书》	俄罗斯	2004年签署，2012年退出第二承诺期
	美国	至今未加入
	加拿大	2002年签署，2011年退出
	澳大利亚	2005年补签，2007年正式加入
	日本	2012年后拒绝履行
《巴黎协定》	美国	2017年宣布退出，2021年重新加入

---

① 《京都议定书》分为两个承诺期。第一承诺期为2008—2012年，要求缔约国于2008—2012年在1990年的水平基础上减少5.2%的温室气体排放量；第二承诺期为2013—2020年，要求缔约国于2013—2020年，温室气体排放量比1990年的水平至少减少18%。

国际政治和经济环境的变化影响了碳中和政策在制定和执行层面的稳定性。例如，国际气候变化协议的签订和执行情况、国际贸易关系的变化等都可能对各国国内碳中和政策产生影响。以欧盟为例，欧盟碳排放权交易体系是全球最大的碳市场之一，对欧盟成员国的碳中和政策有着直接影响。然而，由于碳配额供给过剩和经济周期波动等因素，碳定价波动较大，从而影响了成员国内部企业减排的意愿和动力。面对碳市场波动，欧盟不断调整和修正碳市场的规则和政策，试图稳定碳定价并促进碳中和目标的实现。但碳中和政策的不断调整使其存在一定的摇摆和不确定性，导致成员国内部的企业难以据此进行长期投资规划。同时，国际石油市场的波动也对碳中和政策有直接影响。当石油价格下跌时，一些国家可能会减少对可再生能源的投资，并放松对碳排放的管控，以维护石油产业的利益和国家经济的稳定。相反，当石油价格上涨时，一些国家可能会加大对可再生能源的支持力度，并加强碳排放管控，以应对能源成本上升的压力。

国内政治力量的变化、产业集团的利益冲突及公众舆论的压力也是碳中和政策摇摆不定的重要原因。一方面，政治领导层的更迭往往会导致碳中和政策的调整和变化。不同政治派别对环保问题的态度和政策取向可能存在较大差异。当一个政府的执政党或领导人变更时，常常会带来对环保政策的重新评估和调整，这可能导致政策的摇摆。例如，美国的碳中和政策常常受到两大主要政党（民主党和共和党）之间分歧的影响。民主党往往更加倾向于支持环保政策和碳中和目标，而共和党则更加关注经济发展和产业利益。因此，当不同政党掌权时，碳中和政策往往会出现较大的调整和变化。另一方面，碳中和政策可能会对某些产业或利益集团造成不利影响，而这些利益集团通常会通过政治施压来推动政策的调整。例如，碳排放税、限制排放标准等政策工具可能会对能源、工业等行业造成影响，而这些行业可能会通过游说或其他手段来影响政策的制定和实施。另外，公众对环保的关注程度和态度的变化也会影响政府对碳中和政策的态度和决策。当公众舆论压力较大时，政府可能会更加倾向于采取积极的环保政策；而当公众对环保问题的关注度下降或转移时，政府可能会减少对环保政策的投入和支持。研究表明，精英导向的社会话语正推动美国气候政策的改变（Wetts，2020）。

摇摆性的政策与行为阻碍了全球碳中和进程，其实质是国际政治经济利益结构向气候变化领域的延伸。当前，不均衡的国际政治权力结构使国际气候谈判频频受阻（Perez，2020）。一些发达国家在谈判桌上没有展现出相应的责任和担当，仍试图推卸减排责任或将其转嫁给发展中国家，部分国家的减排行为并未与其碳中和目标相适配。与此同时，各国因发展差异而形成了不同的减排取向。一些发展中国家由于经济发展的需求而难以在减排方面采取有力的行动，使全球碳中和进程的推进受到了挑战。事实上，全球环保的整体格局都因"中心—边缘"的利益结构失衡、"治理者—污染者"的角色结构矛盾及"区域保护—全球污染"的治理结构冲突而呈现治理理念与实践相分离的现象（陈涛和周益，2023）。

二、区域的差异性

受各地区的政治环境、资源结构及环境压力等多种因素的影响，碳中和政策呈现明显的区域差异性特征。

首先，不同的政治环境导致碳中和政策在制定、实施和执行效果方面存在区域性差异。以中国和美国为例，其政治体制、法律法规的区别导致两国碳中和政策呈现截然不同的稳定性。在中国，政府在碳中和政策制定和实施中扮演着主导角色。中国的政治体制决定了政府具有很强的行动能力和执行力。例如，中国政府通过《能源发展"十三五"规划》等中央政策文件，明确了碳达峰等环境目标，并能够通过行政手段迅速推动相关政策的实施。通过实施大规模的煤炭减排计划，中国单位生产总值能耗下降18.4%，二氧化碳强度下降20%以上，非化石能源发电装机比例达到35%，新增非化石能源发电装机规模占世界的40%左右，取得了显著的减排成果。与之相反，美国的碳中和政策受政治分歧和利益集团的影响较大。受复杂的政治体制制约，碳中和政策常常受到来自不同政党和利益集团的影响。奥巴马政府推出的清洁电力计划在特朗普政府时期被废除，而拜登政府又重新提出了类似的减排计划，使美国碳中和政策缺乏连贯性与稳定性。由此可见，政治环境的差异性是导致碳中和政策出现区域性差异的一个重要原因。

其次，区域资源的丰盈程度也塑造了区域间碳中和政策的差异性。例如，在北欧地区，丰富的水力资源和风能资源塑造了其能源结构和产业结构，使北欧国家能够更容易地推动碳中和目标的实现。其中，芬兰因其丰富的可再生清洁能源（以核能、生物质能源、水力资源及风能资源为主），成为国际能源署成员国中对化石能源依赖程度最低的国家之一（IEA，2023）。因此，其他国家实现碳中和的时间一般设立为21世纪中叶，而芬兰则提出到2035年即可实现碳中和。而在中东地区，如沙特阿拉伯和阿联酋等国家，其经济社会的发展主要依赖石油和天然气等化石能源，故其碳中和政策的制定与执行面临着更大的不确定性。以沙特阿拉伯为例，尽管2021年沙特王储提出了"2060年实现净零排放"的目标，但目前石油与天然气产业约占沙特GDP的30%，是沙特经济增长的最大贡献者，在很长一段时间内其最大油气生产国的地位仍然不会改变。因此，虽然一些中东国家开始投资可再生能源和清洁技术，但由于石油经济的惯性和利益相关者的阻力，碳中和进程相对缓慢。

最后，在气候变化背景下不同国家与区域所面临的环境压力存在差异，这进一步扩大了全球碳中和政策的区域差异性。比如，太平洋岛国面临着气候变化带来的海平面上升和自然灾害风险，因此非常重视碳中和政策。以中太平洋的马绍尔群岛共和国为例，该国建立在珊瑚环礁之上，是世界上地势最低、气候最脆弱的岛国之一。为应对气候变化的威胁，该国在2008年石油价格飙升之际，迅速发展可再生清洁能源，目前该国90%的岛屿已经实现了太阳能化，温室气体排放量不到全球温室气体排放总量的十万分之一。类似这些岛国已经设立了碳中和目标，并积极寻求诸如气候融资等国际支持和合作来应对气候变化挑战。又如，在东南亚地区，气候变化带来的影响尤为显著，包括极端天气事件频发、海平面上升、水资源短缺等问题。作为一个高度城市化的岛国，新加坡风速低，土地相对平坦，缺乏地热资源，发展风能和潮汐能等替代清洁能源的机会有限。尽管新加坡正在大力发展太阳能，但由于面积小、城市密度高、云层密布，太阳能发电量仅能满足年电力需求的4%和当前高峰日电力需求的10%。因此，新加坡推进碳中和的举措集中于提升应对气候变化的适应性和弹性，如加强城市生态系统建设、推进国际合作与全民参与等。相比之下，北极地区面临的环境压力则主要集中于气候变暖导致的北极冰盖融化和生态系统变化。这些变化不仅影响北极地区的生态平衡和物种多样性，还对全球气候系统产生了深远影响。因此，北极地区的碳中和政策重点通常放在减少温室气体排放、保护北极生态系统和推动可持续发展方面。例如，北欧地区和加拿大等北极国家在碳中和政策中加大了对清洁能源和绿色技术的投资，同时也积极参与国际合作，推动北极地区的可持续发展。

总的来说，全球碳中和政策在不同地区存在明显的差异性，但总体趋势是各国都在加大碳减排和清洁能源发展的力度，以实现净零排放的目标。此外，国际合作和技术创新也在推动全球碳中和进程中发挥重要作用。

三、工具的多元性

所谓工具的多元性，指的是在实现减少温室气体排放、促进碳中和的过程中，各国采取了多种不同的政策工具和措施，以适应其经济社会发展目标、资源基础和减排需求。这种多元性反映了碳中和政策的灵活性和适应性，即各国都在根据自身的条件选择最合适的路径。目前来看，这种工具的多元性主要从三个维度展开。

一是不同国家所推行的政策工具侧重点不同。一些国家侧重于行政手段。例如，欧盟在《欧洲绿色新政》中提出了一系列行政指令或条例，如《能源税收指令》《能源效率指令》《可再生能源指令》及《替代燃料基础设施条例》等。这些指令与条例强化了欧盟的气候、能源、土地利用、交通和税收政策，有望推动欧洲到2050年成为世界上首个气候中和大陆。而一些国家则更侧重经济手段，例如，瑞典于1991年引入了碳税，以激励减排和创新。碳税是一种通过对碳排放征税以内部化碳排放成本，鼓励企业和个人减少排放的财政工具。更具体地说，碳税指政府设定了一个税率，被纳入征税范围的管控对象每排放一吨碳就必须支付这一税额。根据国际能源署的报告，碳税已经成为瑞典减碳的有效推动力。目前，瑞典的电力系统以核电、水电和越来越多的风电为基础，几乎不含化石能源，并已成为电力净出口大国（IEA，2019）。这种政策工具的差异性与多元性主要受国情的影响。例如，中国早在2010年就形成了"中国碳税税制框架设计"专题报告，但当时我国对化石能源的依赖程度依然较高，部分企业及其产品仍有存在必要，故并未采取碳税工具。随着经济社会的发展，2021年10月，中共中央、国务院印发的《关于完整准确全面贯彻新发展理念做好碳达峰碳中和工作的意见》再次提出要"研究碳减排相关税收政策"。

二是同一政策工具的使用形式多样。以碳排放权交易体系为例，不同国家采取了不同的碳排放权交易形式。例如，奥地利的碳交易市场采用的是拍卖形式，即各行业需要从政府那里竞拍碳排放配额，以此获取碳排放权。而部分国家在拍卖形式的基础上还采用了其他分配方式。例如，除拍卖形式外，中国有5%的碳排放权以抵销信用的形式进行分配。所谓抵销信用，指的是某一实体（如企业）经过政府或独立机构认证后，可以取得碳信用，用以抵销其所产生的碳足迹。哈萨克斯坦的碳排放权则100%使用抵销信用的形式进行分配。2020年以后，随着全球对气候变化问题的日益重视和应对措施的加强，国际碳市场和碳定价机制的发展进入新阶段。越来越多的国家和地区加入碳市场，同时也出现了更多形式和类型的碳定价机制。其中，一些国家

（如南非、智利、日本、新加坡等）只采用碳税工具，还有一些国家（如中国、新西兰、哈萨克斯坦）仅采用碳排放权交易体系这一市场工具，而欧盟等地区则采用碳税与碳排放权交易体系相结合的工具。

三是政策工具的社会参与形式多元。这主要体现在公众参与、社会创新及社会合作三个方面。公众参与是碳中和政策成功实施的关键。一些国家和地区采取了广泛的公众参与机制，以确保碳中和政策制定过程的透明化和民主性。德国的能源转型政策便是一个典型的例子。德国政府通过建立各种形式的公众参与机制，让公众能够参与能源政策的制定和实施过程（IEA，2020）。由美国前副总统阿尔·戈尔创立的"气候现实项目"（climate reality project）致力于通过教育、培训和宣传活动提升公众对气候变化问题的认识，并呼吁政府和企业采取更多的行动来减少碳排放。社会创新在碳中和政策中扮演着重要角色，它包括某些新技术或新理念在社区层面的创新实践。例如，近年来兴起的共享经济模式在减少资源浪费和碳排放方面发挥了积极作用。共享单车、共享汽车等服务在一定程度上减少了生产和运输过程中的碳排放，有利于培育社区居民的低碳生活方式。社会合作是实现碳中和目标的又一重要手段，它涉及政府、企业、非政府组织和公众之间的协作和合作。例如，由企业发起旨在鼓励企业承诺100%使用可再生能源的RE100倡议，推动了企业与政府、能源供应商和国际组织的合作。这项倡议吸引了全球范围内的企业参与，其中包括谷歌、苹果和可口可乐等大公司。

第三节
不同阶段的碳中和政策

全球碳中和政策在稳步推进的过程中，表现出了明显的阶段性特征。早期，碳中和政策处于"有其实无其名"的阶段，各国主要依赖技术手段推进减碳实践。《巴黎协定》签署之后，各国创立并整合了一系列政策工具以推进碳中和政策的实施，碳中和政策由此得以深化实行。而当下的全球碳中和行动正处于政府、市场与社会共同发力，不断推进低碳氛围建设与社会成员广泛参与的新阶段。

一、1.0阶段：以技术手段为主的减碳实践

国际社会在早期主要依赖技术手段推进减碳实践，主要包括碳捕集与封存技术、可再生能源技术及数字化技术。

其中，碳捕集与封存技术和碳捕集、利用与封存技术在碳中和领域最为紧要，应用较为广泛（IEA，2020）。但这两项技术只能缓解碳排放，并不能使人类摆脱对化石能源的依赖。因此，为转变能源结构，各国加大了对可再生能源的投资，促进了太阳能和风能等清洁能源技术的发展和应用。国际能源署的报告指出，以风能和太阳能光伏发电为首的可再生能源于2020年实现了创纪录增长，分别增长了12%和23%，而不可再生能源的需求则下降了3%以上。其中，煤炭发电量下降4.4%，是过去50年来最大的相对降幅。仅美国就占了全球煤炭发电净下降量的约50%，欧盟则下降了23%，且这一下降在很大程度上被可再生能源发电的增加所抵销（IEA，2021）。此外，数字化技术的发展也加快了碳中和进程。例如，数字化技术可以帮助电网公司整合变化性较强的可再生能源，更好地将能源需求与清洁能源的发电时间相匹配（如太阳能、风能与水力发电）。根据预测，仅在欧盟，依赖数字化存储与响应就可以将风电的弃风率从当前的7%减少到2040年的1.6%，从而避免3 000万吨的二氧化碳排放（IEA，2017）。随着技术的不断进步，这些技术对减缓气候变化和实现碳中和目标将发挥越来越重要的作用。

但是，仅依赖技术手段并不能从根本上减少碳排放。从社会学的视角来看，减碳最根本的动力源于人类社会生产生活方式的转变，而非单纯依赖技术的进步。首先，当前人类活动对气候系统的干扰已经确定无疑，个人层面的信息与消费行为对气候变化存在明显影响（Schewe和Diana，2017）。因此，想要实现有效减碳，需要从根本上改变人们对消费、资源利用和环境保护的行为模式。其次，社会制度与社会结构对国际碳中和行动的影响十分明显，单纯依赖技术手段无法妥善解决国际社会的公平与效率问题。研究认为，全球温室气体减排的国际制度框架难以"兼顾公平与可持续性双重目标"（潘家华和陈迎，2009），碳中和政策的摇摆性也已证明了这一点。因此，想要持续推进全球碳中和行动，改善制度结构框架必不可免。最后，减碳实践应当根植于公众的日常生活实践。虽然气候变化是全球性的，但造成气候变化的具体行动往

往是小规模的，两者存在地理尺度上的差异（Kates 和 Wilbanks，2003）。技术至上的解决方案无法激发地域性、生活化的生态知识与应对智慧。

二、2.0 阶段：政策工具的协调与整合

推进碳中和进程的政策工具十分丰富，但由于各国国情的差异性，国际层面的相关政策工具并不协调，全球碳中和政策呈现出"各自为政"的特征。随着各国相继提出长期温室气体低排放战略，以及全球碳排放权交易体系的逐步连接，全球碳中和行动开始走向协调与整合。

一方面，不同国家与地区的碳中和目标与经济社会发展目标从分离走向了整合。根据《巴黎协定》第四条第十九款之规定，"所有缔约方应当努力拟定并通报长期温室气体低排放发展战略，同时注意第二条，顾及其共同但有区别的责任和各自能力，考虑不同国情。"2016 年之后，陆续有国家提交了本国的长期低排放发展战略，这意味着部分国家在国内层面完成了碳中和目标与本国经济发展目标的整合。例如，中国将碳达峰、碳中和纳入经济社会发展全局，推动能源生产和消费革命、工业领域绿色低碳转型、城乡建设绿色低碳发展及低碳交通运输体系建设。欧盟提交的长期低排放战略则着重强调了所有相关的立法和政策都需要与气候中和目标保持一致，以此实现经济社会活动与碳中和行动相协调。除了中国和欧盟，其他国家也在逐步调整自己的政策框架，以适应碳中和的要求。2021 年，日本政府发布了《〈巴黎协定〉下长期减排战略》，明确了 2030 年和 2050 年的减排目标。为了实现这一目标，日本政府提出了一系列政策措施，包括加强再生能源利用、推动电动车普及、提高城市能源利用效率等。在北美洲，加拿大致力于将碳中和目标整合进国家发展战略之中。2022 年，加拿大政府宣布了《探索加拿大向净零排放过渡的方法》，旨在将加拿大的温室气体排放量于 2050 年前降至零。为了实现这一目标，加拿大政府采取了一系列政策措施，包括加强碳定价、推动清洁能源发展、促进碳捕集与封存技术的研发与应用等。与此同时，加拿大还与美国等国家加强了碳交易合作，共同推动碳市场的建设和发展。碳中和目标逐渐以各种形式（如发展新能源行业、推进绿色生活方式等）融入国家的经济社会发展战略之中，由此，经济发展目标与碳中和目标趋于统一。

另一方面，不同城市、国家、区域乃至全球层面的碳中和工具也逐渐趋向整合，其中最重要的当属区域性乃至全球性碳市场的逐步建立。一是城市与城市之间碳市

场的整合。例如，2009年，美国东北部的十个州成立了区域温室气体倡议（RGGI），2021年这一倡议扩大到了弗吉尼亚州；2011年，日本的东京和埼玉县启动了一个联合碳市场；2014年，美国加利福尼亚州和加拿大魁北克省将其碳排放权交易体系连接了起来。二是国家与区域之间碳市场的整合。例如，2007年，挪威、冰岛和列支敦士登加入欧盟碳市场；2020年，欧盟碳市场和瑞士碳市场连接。三是全球层面碳市场的整合。例如，联合国推出的"联合国碳抵销平台"（UN Carbon Offset Platform），旨在使公司、机构和普通公民能够购买交易单元（碳信用额）来抵销其温室气体排放或支持气候行动。联合国环境规划署（UNEP）和《联合国气候变化框架公约》秘书处联合推出了"Climate Neutral Now"平台，旨在为企业和个人提供碳中和解决方案，并促进国际碳交易的发展。这些平台与市场机制都为全球碳市场的互联互通提供平台和支持。根据全球碳市场地图，目前共有36个国家与地区建立了碳市场，14个国家与地区正在开发碳市场，8个国家与地区正在考虑开发碳市场。将这些不同层面的碳市场连接起来具有重要作用。一是可以为减排提供更多更便捷的选择，降低总体减排成本；二是促进管控对象面临相同的碳定价，使企业竞争环境相对公平，不会因碳定价而导致本地企业竞争力下降；三是塑造一个规模更大、流动性更强的碳市场，能更好地承受市场冲击（如商品价格或汇率的突然变化）。利用市场机制，各国碳中和工具逐步走向整合，这推动了全球碳中和进程。

三、3.0阶段：氛围营造与社会参与

目前，全球碳中和行动已经进入社会成员广泛参与的时期。政府、企业、社会组织、科研机构及普通公众都在推动碳中和目标的实现上发挥着重要作用。其中，社会组织特别是民间环保组织所发挥的作用主要体现在以下三个方面。

一是倡导作用。各类环保组织通过舆论引导，向公众传递气候变化的严重性和紧迫性，促使更多人关注并支持减排行动。例如，通过组织环保活动等方式，营造气候变化议题的舆论氛围，并呼吁政府和企业采取更积极的减排措施。许多环保组织开展了面向公众的环保教育项目，以提高公众对气候变化和环境问题的认识。例如，世界自然基金会（WWF）通过组织环保讲座、展览和培训活动，向公众传递气候变化的科学知识和环保技能，激发人们的环保意识和行动。此外，世界自然基金会和绿色和平组织（Greenpeace）等国际性环保组织通常还会就政府制定的环境政策进行评估，

并提出反馈意见和建议，推动政府采取更具体、更有效的减排政策。

二是监督作用。通过监测和评估政府和企业的减排行动，推动减碳责任的落实，促使各方更加负责任地应对气候变化。环保组织经常发布研究报告和调查结果，揭示政府和企业的减排行动情况及环境影响。这些报告通常包括对排放数据的分析、对环境状况的评估和对政策执行情况的审查，为公众提供了透明度和可信度。一些环保组织还开发了监测和追踪工具，用于跟踪企业和政府的碳排放量、环境破坏行为及政策执行情况。这些工具可以帮助公众了解实时的环境情况，监督各方的行动，促使其更加负责任地应对气候变化。例如，"碳追踪者"（Carbon Tracker）就是一个专注于监测碳排放和能源转型的组织，通过发布一系列工具和报告，揭示化石燃料行业的碳资产泡沫和风险，推动投资者和政策制定者采取行动减少碳排放。一些环保组织还通过提起环境诉讼，向政府和企业施加法律压力，推动其改善环境保护措施或改变不良行为。

三是基层组织与社区动员作用。许多地方性的环保团体致力于组织和动员当地社区参与环保行动。这些团体通常由当地居民自发组织，专注于解决当地环境问题，并鼓励人们采取实际行动。例如，一些社区环保团体可能会组织清洁活动、废物回收计划、植树造林活动等，直接参与环保行动；一些环保志愿者团体和基层组织常常在社区举办环保讲座、碳中和宣传活动，向社区居民普及环保知识和碳减排技巧，鼓励他们采取实际行动减少碳排放。例如，"过渡城镇"（Transition Towns）运动就是一个由社区发起的、以社区为中心的可持续发展运动，旨在应对气候变化和能源危机。这个运动起源于英国，但已经在全球范围内扩展开来。"过渡城镇"运动不仅倡导可持续发展的理念，还着重于实际行动。社区居民通过共同制定行动计划，推动当地能源转型、废物回收、公共交通改善等项目的实施，减少碳排放，提高社区的可持续性，增强社区的韧性和自主性。此外，一些社区还开展了碳中和示范项目，如建设太阳能发电站、推广节能灯具等，为社区居民的日常生活行为提供参考和借鉴。许多青年团体和学生组织也在碳中和行动中发挥着重要作用。他们通过组织学生抗议活动、开展环保教育、倡导政策变革等方式，向政府和企业施加压力，并增强社会对气候变化问题的关注和认识。例如，全球性的学生抗议活动"气候罢工"（Climate Strike）就是由一些青年领袖发起，并在全球范围内获得了广泛支持和关注。

本章总结

　　全球碳中和政策的形成经历了漫长的历程，并仍在不断发展。在工业化与城市化进程中，人类社会无节制的经济发展模式导致了碳排放的激增。在此背景下，国际社会展开了广泛的合作，并逐渐凝聚起减碳共识，最终在《巴黎协定》之后逐步形成了全球碳中和政策。但由于各国制度环境、资源结构及不同的经济社会发展需求，全球碳中和政策呈现各自为政的特点，并具有政策摇摆性、区域差异性及工具多元性等三个特征。从内容上来看，全球碳中和政策经历了三个阶段。一是以技术手段为主的减碳实践阶段。二是政策工具的协调与整合阶段。各国将碳中和目标与国家经济社会发展目标相结合，协调了经济发展与碳中和行动之间的关系。三是氛围营造与社会参与阶段。社会各界的广泛参与和创新实践，使碳中和政策的制定过程更加透明和民主，提升了政策的实施效果。总体而言，技术创新、政策协调和社会动员将成为实现碳中和目标的三大支柱。

思考题

1. 现有的国际政治经济结构如何影响碳中和政策的形成与发展？
2. 不同的文化背景与环境基础如何影响区域间的碳中和政策？这是否会导致全球不平等现象的加剧？
3. 碳中和政策的发展将对现代社会的文化与价值观念产生什么样的影响？它会从哪些方面促使人们重新审视生活方式和消费习惯？
4. 社会组织在碳中和行动中发挥什么样的作用？

推荐阅读书目

[1] 罗伯特·J. 布鲁尔，赖利·E. 邓拉普. 穹顶之下的战役：气候变化与社会 [M]. 洪大用，马栋国，译. 北京：中国人民大学出版社，2019.

[2] 麻庭光. 气候脉动一千年——推动文明发展的环境危机与社会响应 [M]. 上海：上海科学技术文献出版社，2023.

[3] 迈克尔·T. 克拉雷. 最后的竞争：地球剩余资源大抢夺 [M]. 林自新，李康民，闫鲜宁，等，译. 上海：上海科技教育出版社，2014.

[4] 罗尼·利普舒茨. 全球环境政治：权力、观点和实践 [M]. 郭志俊，蔺雪春，译. 济南：山东大学出版社，2012.

[5] 彼得·索尔谢姆. 发明污染：工业革命以来的煤、烟与文化 [M]. 启蒙编译所，译. 上海：上海社会科学出版社，2016.

［6］ 威廉·卡弗特. 雾都伦敦: 现代早期城市的能源与环境 ［M］. 王庆奖, 苏前辉, 译. 北京: 社会科学文献出版社, 2019.

参考文献

［ 1 ］ 威廉·卡弗特. 雾都伦敦: 现代早期城市的能源与环境 ［M］. 王庆奖, 苏前辉, 译. 北京: 社会科学文献出版社, 2019.

［ 2 ］ Hirsch T. A case for climate neutrality: case studies on moving towards a low carbon economy [M]. UNEP/Earthprint, 2009.

［ 3 ］ IPCC. Climate change 1992: the supplementary report to the IPCC scientific assessment [M]. Cambridge: Cambridge University Press, 1992.

［ 4 ］ IPCC. Climate change 2014: mitigation of climate change. Contribution of working group III to the fifth assessment report of the intergovernmental panel on climate change [M]. Cambridge: Cambridge University Press, 2014.

［ 5 ］ Aichele R, Felbermayr G. The effect of the Kyoto Protocol on carbon emissions [J]. Journal of Policy Analysis and Management, 2013, 32 (4): 731−757.

［ 6 ］ Antonio R J, Clark B. The climate change divide in social theory [J]. Climate change and society: Sociological perspectives, 2015, 1: 333−368.

［ 7 ］ Arrhenius S. On the influence of carbonic acid in the air upon the temperature of the ground [J]. The London, Edinburgh, and Dublin Philosophical Magazine and Journal of Science, 1896, 41 (251): 237−276.

［ 8 ］ Bauer D, Papp K. Book review perspectives: the jevons paradox and the myth of resource efficiency improvements [J]. Sustainability: Science, Practice, & Policy, 2009, 5 (1): 48−54.

［ 9 ］ Fankhauser S, Smith S M, Allen M, et al. The meaning of net zero and how to get it right [J]. Nature Climate Change, 2022, 12 (1): 15−21.

［10］ Kates R W, Wilbanks T J. Making the global local responding to climate change concerns from the ground [J]. Environment: Science and Policy for Sustainable Development, 2003, 45 (3): 12−23.

［11］ Landsberg H E. Man-made climatic changes: man's activities have altered the climate of urbanized areas and may affect global climate in the future [J]. Science, 1970, 170 (3964): 1265−1274.

［12］ Perez T S. Anticipating workshop fatigue to navigate power relations in international transdisciplinary partnerships: A climate change case study [J]. Current Sociology, 2021, 69 (7): 1051−1068.

［13］ Schewe R L, Stuart D. Why don't they just change? Contract farming, informational influence, and barriers to agricultural climate change mitigation [J]. Rural Sociology,

2017, 82 (2): 226−262.

[14] Wetts R. Models and morals: Elite-oriented and value-neutral discourse dominates American organizations' framings of climate change [J]. Social Forces, 2020, 98 (3): 1339−1369.

[15] White D F. A political sociology of socionatures: Revisionist manoeuvres in environmental sociology [J]. Environmental Politics, 2006, 15 (1): 59−77.

[16] 陈涛，周益. 从体用分离到体用合一——日本核污水排海折射的全球环境治理危机与出路 [J]. 探索与争鸣，2023，(11)：103−114＋194.

[17] 洪大用. 中国低碳社会建设初论 [J]. 中国人民大学学报，2010，24 (02)：19−26.

[18] 潘家华，陈迎. 碳预算方案：一个公平、可持续的国际气候制度框架 [J]. 中国社会科学，2009，(05)：83−98＋206.

[19] 唐国建，周益. 真实主义取向的气候变化社会学研究述评 [J]. 鄱阳湖学刊，2022，(03)：108−117＋128.

[20] 习近平. 共同构建地球生命共同体——在《生物多样性公约》第十五次缔约方大会领导人峰会上的主旨讲话 [J]. 中华人民共和国国务院公报，2021，(30)：9−10.

[21] 习近平. 高举中国特色社会主义伟大旗帜 为全面建设社会主义现代化国家而团结奋斗——在中国共产党第二十次全国代表大会上的报告 [J]. 中华人民共和国国务院公报，2022，(30)：4−27.

[22] 张倩. 牧民应对气候变化的社会脆弱性——以内蒙古荒漠草原的一个嘎查为例 [J]. 社会学研究，2011，26 (06)：171−195＋245.

[23] 张倩，艾丽坤. 适应性治理与气候变化：内蒙古草原案例分析与对策探讨 [J]. 气候变化研究进展，2018，14 (04)：411−422.

[24] IEA. Digitalisation and Energy [R/OL]. Paris, 2017.

[25] UNEP. Emissions Gap Report 2023: Broken Record-Temperatures hit new highs, yet world fails to cut emissions (again) [R/OL]. Nairobi, 2023.

[26] IEA. Energy policies of IEA countries: Sweden 2019 Review [R/OL]. Paris, 2019.

[27] IEA. Energy technology perspectives 2020 [R/OL]. Paris, 2020.

[28] IEA. Finland 2023 [R/OL]. Paris, 2023.

[29] IEA. Germany 2020 [R/OL]. Paris, 2020.

[30] IEA. Global energy review 2021 [R/OL]. Paris, 2021.

[31] IPCC. Summary for policymakers [C]. Climate Change 2023: Synthesis Report. Contribution of Working Groups I, II and III to the Sixth Assessment Report of the Intergovernmental Panel on Climate Change, 2023.

第五章
碳中和与人口发展

气候变化被认为是21世纪最大的全球健康威胁。到2050年，世界人口预计将达到91亿，其中大部分增长在发展中国家。人口快速增长危及人类发展、基本服务的提供，增加消除贫困的难度，并削弱贫困社区适应气候变化的能力。为制定更好的人口、环境与社会高质量发展政策，将人口发展与气候变化联系起来是一个亟须处理的问题。本章主要分为三个部分。第一节讲述碳中和与人口结构之间的关系；第二节以人口健康为中心，阐述气候变化与碳中和对健康的影响；第三节解释碳中和背景下人口迁移的变化，从"社会—环境"的交互视角出发，理解人们应对气候变化作出的移民的决策。

第一节
碳中和与人口结构

国际能源署估计，2019年全球化石燃料排放量达到38亿吨二氧化碳，远高于1970年的15.8亿吨二氧化碳；如果将此期间碳排放的增加量分解为人口增长和人均排放量增长，那么可以发现，75%的碳排放增量是由世界上的新增人口导致的，仅有1/4的增量可归因于人均排放量的增长（荷兰环境评估局，2020）。一般而言，人类活动（包括生育决策）是探索环境变迁的主要驱动力之一，但由碳排放导致的气候变化也是人口整体结构（如生育率、死亡率与老龄人口比例）变化的主要原因。

一、碳中和背景下生育率的变动

碳中和概念基于碳排放导致的气候变化而产生，本节首先介绍气候变化与人口结构的动态关系，然后介绍碳排放对生育率的影响，最后分析碳中和目标下生育率变动的社会意涵。

（一）气候变化与人口结构的动态关系

气候变化与人口结构变化是相互影响的。根据世界银行的数据（表5-1），过去半个多世纪以来，二氧化碳排放量与人口数几乎是同步增加的。按照当下的人口规模与生育水平，到2050年，世界人口将增加到98亿左右，到2100年将增加到112亿，而由此带来的二氧化碳排放量也势必会进一步增长。因此，降低二氧化碳总排放量与人均碳排放量是当前气候变化亟须解决的问题。

然而，在模拟全球气候变化的人为原因时，大多数的研究主要关注的是能源消费和生产的碳排放。虽然人口规模是近期气候政策的关键决定因素，但国际社会通常忽略了生育政策在减缓气候变化方面的作用。换句话说，在限制气候破坏和减轻气候影响的政策设计中，通常没有考虑生育率或人口增长的作用。因此，很少有研究人员研究人口因素如何驱动人为气候变化，或者讨论生育政策如何有助于减缓气候变化。当然，目前各国之间的人均排放量、人均收入和生育率都存在显著差异，如何将人口计划政策作为气候政策的一部分，还需进一步讨论。

气候变化也是影响人口整体结构的（如生育率、死亡率与老龄人口比例）主要因素（Walsh等，2019）。气候变化的特征之一是气温升高，主要由于温室气体增加将多余的热量滞留在大气中，导致天气不稳定、野火、干旱及洪水等增加病媒传播疾病的概率，这些因素共同对全球范围内的生育意愿与生育风险（如生育能力、妊娠结果）产生影响（Segal和Giudice，2022）。2021年，《柳叶刀》发布《健康与气候变化倒计时：健康未来的红色警报》，强调了气候变化对健康的重大威胁，其中包括温度上升对细胞机制（如精子形成、卵泡发育）的生物影响（Romanello，2021）。

表5-1　二氧化碳排放量与人口数对比结果

年份	世界		中国	
	二氧化碳/百万吨	人口/万人	二氧化碳/百万吨	人口/万人
1970	424 494.04	369 021.00	10 870.41	81 831.50
1980	601 992.40	444 234.83	23 048.06	98 123.50
1990	807 869.90	529 339.55	43 404.62	113 518.50
2000	807 869.90	614 432.15	75 724.00	126 264.50
2010	1 343 067.10	696 998.55	136 987.30	133 770.50
2020	1 698 901.30	782 020.56	237 886.23	141 110.00

（二）碳排放对生育率的影响

在社会人口学或气候经济模型中，生育决策通常与社会规范及个体所处社会结构中的位置相关，碳排放及气候变化作为外生因素对于生育行为的影响相对较小。

碳排放量增加导致全球变暖、气温升高，从而影响生育能力与生育行为，是当下流行病学研究气候变化与生育率之间关系的逻辑链条。这部分研究认为，暴露在高温下会抑制精子的产生，以及对雌性生殖健康的各种参数有负面影响，从而导致生育率降低。另外，有研究表明在怀孕期间，孕早期在高温环境（高于38 ℃）的暴露每增加一天，流产的概率会增加0.4%（Segal 和 Giudice，2022）。因此，碳排放量增加而导致的极端天气，在生理上会对生育率产生严重的不利影响。

人类生育的季节性及其与温度的关系也是近年来人口社会关注的焦点。早期的研究观察不同温度（受孕时）与出生率之间的相关性，发现低温会抑制生育率。孕妇作为易感人群，在怀孕期间新陈代谢机能会降低，从而更容易受热变化的影响。在中低收入国家，大部分孕妇还需要承担农业和其他体力劳动，这会使流产的比例增加。尽管在不同的地区会有所差异，但是这些研究大多表明，极端高温会降低受孕率。有研究表明节日和文化庆祝活动是性生活季节性变化的主要动因。例如，中国的春节和西方国家的圣诞节都在冬季，长假期和愉快的氛围会提高亲密行为的频率，从而导致生育率上升。另一个潜在的证据是，当气温上升时，性主题相关的互联网搜索频率会随之降低；但在住宅空调普及之后，这种"气温—生育"关系就变得相对较弱（Chen，2024）。

还需要注意的是，气候变化下的碳排放与空气污染通常是同步出现的。气候变化导致的气温升高会极大地影响空气污染物（如 $PM_{2.5}$、臭氧等）。有关自然生育方面的研究表明，$PM_{2.5}$ 升高会显著降低受孕率；居住地点远离主干道的年轻夫妇，怀孕的可能性更高。即使在控制人口、社会经济及生活习性等因素之后，空气污染与不孕症及流产之间都存在显著关联。

（三）碳中和目标下生育率变动的社会意涵

2015年12月，在巴黎举行的第21届联合国气候变化大会上，几乎所有国家都通过了一项具有普遍法律约束力的全球气候协议。各国政府同意将应对气候变化的措施纳入国家政策、战略和规划，并将其定义为国家自主贡献（nationalcy determined contributions，NDCs）。NDCs 不仅侧重有效的减排机制，而且再次重申1992年《里约环境与发展宣言》的原则，表明为实现可持续发展和提高所有人的生活质量，各国应减少和消除不可持续的生产和消费模式，并促进适当的人口政策。

IPAT 模型清晰描述了人类活动对环境的影响，并表明碳排放的影响因素是富裕程度、技术和人口。富裕程度表明经济发展水平，通常用GDP来衡量；技术通常用碳密度或能源强度来表示。实际上，人们认为人口增长会通过增加人类活动导致人为排放激增，但实际上它对排放有复杂的影响。因此，在更广泛地制定有关气候变化和可持续性的国家政策和国际协定时，原则上应考虑人口和生育率政策。

然而，尽管人口增长在碳排放与气候变化方面有显著影响，但控制人口是否为解决气候问题的重要手段仍值得讨论。例如，在欧洲，人口增长是碳排放的首要原因，但在非洲与巴基斯坦，人口增长对碳排放的影响是负面的。与此同时，中国人口统计年鉴数据显示，中国的生育率正在急剧下滑，即使中国政府调整计划生育政策，也没能完全扭转生育趋势（图5-1）。人口变动通常是由内因与外因共同决定的。一般内因表明个人生育偏好，这决定地区生育率变动；外因则代表社会政策、经济发展或生态环境变迁（Yang，2023）。但是，在减缓气候变化过程中，人口增长的外因应内因化，因为相比气候变化因素（如温度、空气污染）对生育率的影响，个人所处社会环境对生育率的影响更大。

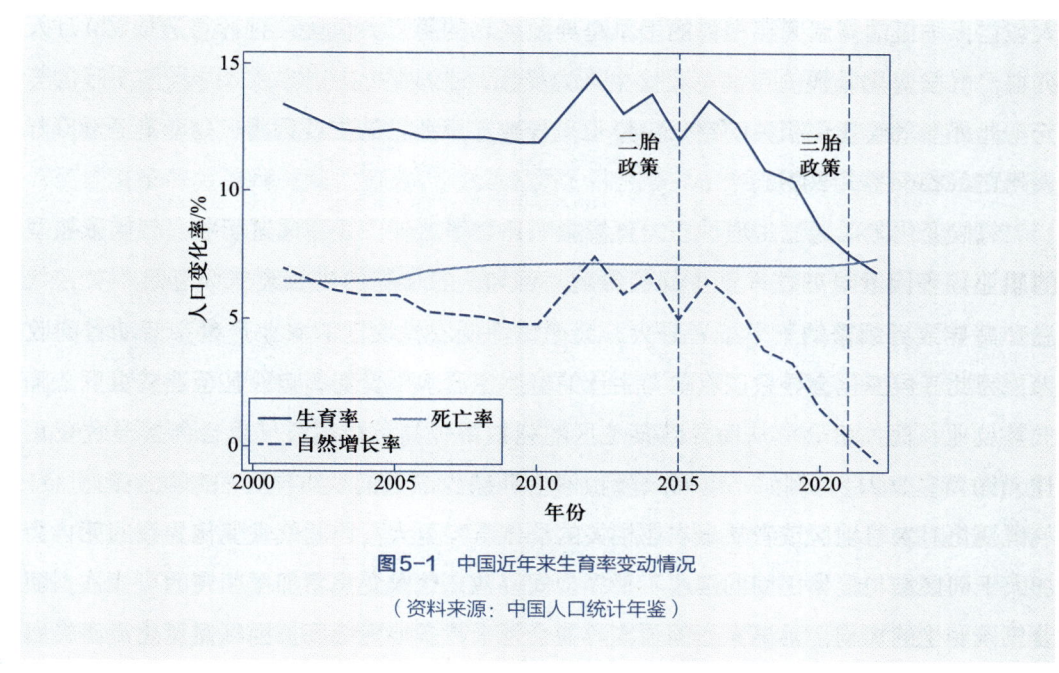

图5-1 中国近年来生育率变动情况

（资料来源：中国人口统计年鉴）

二、碳中和背景下死亡率的变动

在过去的几十年里，死亡率作为一项基本的可持续发展指标，其变动往往与其他社会经济原因（如教育、医疗、收入、生活环境等）紧密相关。在气候变化的大背景下，无论是在国内还是在国际层面，碳排放对人类健康的影响都得到了相当大的实证关注，其中死亡率被认为是环境污染排放对健康影响的首要指标之一。

（一）气候变化与死亡率

气候变化对死亡率的影响主要是气温上升导致的。从生理层面来说，气温升高直接增加热应激反应，会导致热痉挛、热晕厥、热衰竭和中暑的症状从而增加心肺疾病死亡率。从生态环境机制来说，全球气温的变化将导致热浪、洪水、风暴和干旱等极端天气事件的强度和频率增加，以及微生物食物中毒和媒介传播传染病的扩散，这也会导致疾病死亡率提升。

联合国政府间气候变化专门委员会第五次评估报告得出结论，如果不采取措施减缓温室气体排放，到21世纪末，全球平均温度将上升2 ℃以上，最终会导致全球死亡率的增加。其中，洪水是气候变化导致死亡的最大急性风险，到2050年将造成850万人死亡；与极端高温间接相关的干旱是导致死亡的第二大风险，预计将造成320万人死亡；气候变化导致的热浪也会使生产力受损，造成的经济损失估计接近7.1万亿美元。此外，气候变化相关的空气污染也是导致过早死亡的主要因素，每年有近900万人死亡（Yang等，2021）。

气候变化除了通过生理性压力直接影响死亡率之外，还会通过职业（气候依赖型的职业）等因素对死亡率产生间接影响。例如，农作物的生长与气候息息相关，气温升高导致更频繁的干旱或者野火，会严重降低农村地区的农业产量和劳动者的收入，因此气候变化会导致以农业为生计的群体生活水平受到影响，甚至造成饥荒，降低其就业、医疗机会，从而导致某地区的死亡率提高。极端天气也会间接导致死亡（Pottier等，2021）。例如，电网故障和停电等减少了人们获得电力医疗服务的机会。气候变化对农村地区或者从事农业相关的群体影响更大，因此气候变化导致的死亡会加大不同区域与群体之间的健康不平等。间接地，气候变化增加了冲突的可能性。随着气候变化的加剧，远离赤道的国家可能会越来越多地拒绝庇护因气候变化流离失所的难民，从而导致社会崩溃。

（二）碳排放对死亡率的影响

尽管科学界一再发出越来越严重的警告，但随着化石燃料燃烧的增加，全球温室气体排放和大气中二氧化碳浓度继续增加。目前，人为的全球气候不稳定正在发生，并对全球环境和人类的社会及经济福利产生潜在的不可逆转的负面影响。对人类而言，气候变化最严重的后果是人类死亡。因此，在试图量化碳排放造成的未来危害时，气候变化造成的人类死亡人数可能是最重要的衡量标准。因此，除了采取其他措施干预气候变化外，联合国政府间气候变化专门委员会第三工作组等机构还应定期以伤亡人数来表示气候变化的危害。

其中，"千吨规则"是用来量化碳排放对人类死亡率影响的方法。简单来说，"千吨规则"指的是人类每燃烧1 000吨化石燃料，就会有一个未来的人死亡。这是通过一个简单的计算得出的：在大约一个世纪以内，燃烧一万亿吨化石燃料将人为导致全球变暖2 ℃，这反过来将导致大约10亿人过早死亡；也就是说，燃烧1 000吨化石燃料会导致一个人过早死亡。按照这个规则，普通美国人一生中的碳排放当量为1 840吨，这可能导致未来一两个人的死亡（Lee等，2018；Yang等，2021）。

然而，尽管碳排放的危害已经非常明显，但采取严格的能源政策来消除化石燃料的燃烧仍存在困难。原因既包括政治上的利益冲突，也包括心理上尚未接受的"绿色转型"。例如，澳大利亚昆士兰州的阿达尼卡迈克尔煤矿目前正在建设中，并从2021年开始生产煤炭。尽管最近几年发生了大规模的抗议活动，但它仍是有史以来最大的煤矿。它的储煤量高达40亿吨（约30亿吨碳）。如果所有煤炭都被烧毁，按照"千吨规则"，将导致300万人过早死亡。鉴于"千吨规则"只是一个数量级的估计，其造成的死亡人数将为100万~1 000万。目前，该煤矿每年有1 000万吨煤炭被开采，相当于750万吨碳，这或许会导致7 500人丧生。当然，这些失去生命的人大多是全球南方地区的贫困人口，也就是说能源政策或许是导致跨国不平等的主要因素。

（三）碳中和目标下死亡率的变动情况

碳排放引起气候变化的直接致命影响（如由高温和潮湿导致的热浪）已经得到了广泛的关注。减缓全球变暖首先需要做的就是消除大多数与化石燃料相关的排放。假设21世纪的二氧化碳减排量增加1 800亿吨，未来全球气温升高幅度将从2 ℃变为1.5 ℃，这会减少全球1.53亿人因气候变化导致的过早死亡。不仅如此，碳排放减少通常会改善环境空气污染的情况，从而产生短期的局部健康效益（Vicedo-Cabrera等，2021）。例如，在亚洲和非洲地区，可以防止100多万人由空气污染导致的过早死亡。

为减少二氧化碳排放（包括负排放），世界各国都在尝试进行社会转型。中国在2015年第21届联合国气候变化大会之后，便开始提出"碳达峰、碳中和"的概念。我国作为全球超大经济体，在2005年已经超过美国成为世界第一大碳排放国。作为世界上最大的发展中国家和能源消费国，若在能源领域完成颠覆性变革，如期实现碳达峰、碳中和，则对中国和世界的影响都是极其深远的。根据世界银行的统计，2015年以来，我国碳排放的增长速率一直在放缓（图5-2），但还需进一步加快绿色低碳化转型，以减少碳排放所带来的健康危害。

据经济合作与发展组织估计，2030—2060年，每年与空气质量有关的过早死亡人数将增加240万，这将导致世界GDP损失0.55%。因此，在全球范围内制定与气候变化相关的减排政策可能会避免占世界GDP 0.5%~0.6%的市场损失。这些减排政策既带来社会经济效益，也带来人类健康效益（Pottier等，2021）。

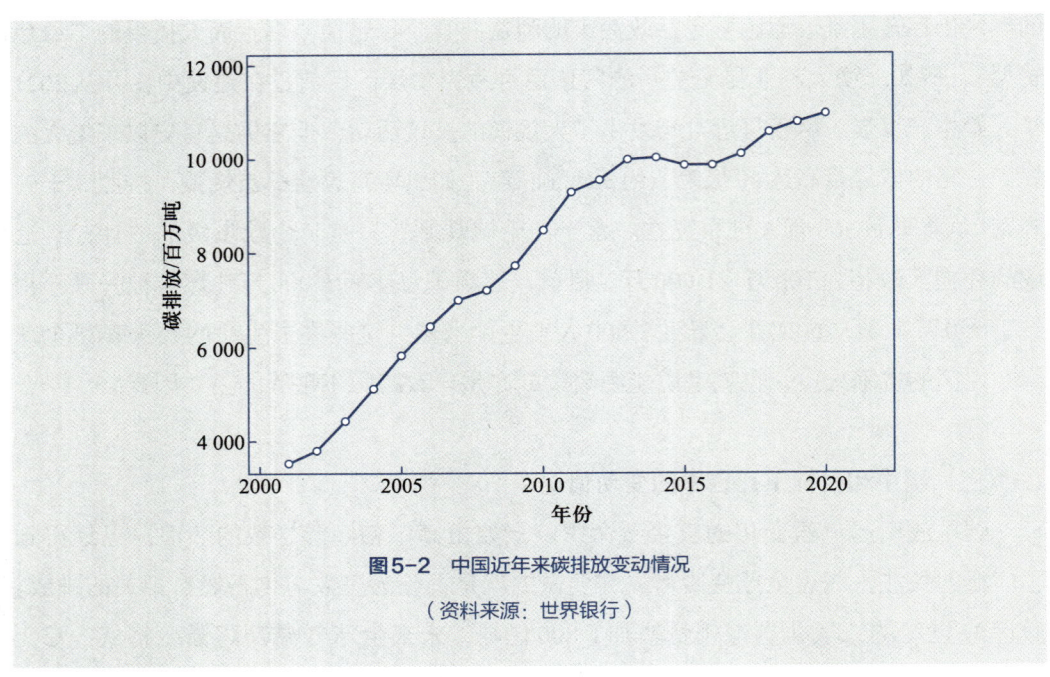

图5-2 中国近年来碳排放变动情况

（资料来源：世界银行）

总而言之，不断增长的城市人口肯定会从减少使用化石燃料中获得与空气质量有关的巨大健康益处。然而，碳排放政策对死亡率的影响还依赖有关技术发展和人口趋势的假设，以及人口老龄化与基线健康改善之间的变化。尽管精确量化气候变化造成过早死亡的具体人数不太可能，但这些信息可以帮助公众和政策制定者更好地掌握在短期内加速碳减排的好处，并将这些与气候信息一起纳入有关向低碳经济转型的决策中。

三、碳中和目标下老龄化的应对

人口老龄化指老年人在总人口中所占比例增加的现象。据联合国《2021年世界人口展望》预测，到2050年，全球60岁及以上人口将达到约21亿；其中，中国的老龄人口将达到3.6亿，约占全国人口的25%。人口变化的影响是多方面的，其中人口规模和人口结构的变化也会对碳排放产生影响。

（一）气候变化与人口老龄化

由于营养、科技和医学的进步，人类的平均寿命大大延长了。与此同时，出生率的下降也导致了65岁及以上人口占比的增加。2019年，全球65岁及以上人口约为7.03亿，预计到2050年将达到15亿，总体占比从9%增至16%（Spijker和MacInnes，2013）。随着个人年龄的增长，体能和智力都会下降，这使老年人更容易受到极端气温和空气污染等外部因素的影响。根据联合国的一份报告，老龄化和气候变化都是当前紧迫的全球问题（Harper，2019）。《柳叶刀倒计时》一直在监测气候变化对老年健康的影响，并表明气候变化的后果不仅包括对环境的影响，还包括对人体健康的影响，特别是老年人的健康和福祉。在气候变化的大环境下，各个国家都需要采取以健康为中心的应对措施，以应对当前时代的复杂和相互关联的挑战，确保老年人和其他弱势群体得到充分保护，免受气候变化的不利影响，同时培养更可持续和有复原力的社区。

气候变化与人口老龄化的变化趋势既趋同（可知且可预测）又相对复杂（难以通过干预措施加以控制）。气候变化的严重后果之一是全球变暖与极端天气事件（如热浪、洪水、暴风雪和飓风等）的增加。虽然世界所有地区都会受到此类事件的影响，但中低收入国家受到的影响更大。此外，中低收入国家大多是发展中国家，这些地区的人口数量庞大且不断增长，老年人数量也在增加。

与其他人口相比，老年人面临更高的气候变化风险。一方面，老年人容易因行动不便、残疾和虚弱而被困在恶劣的环境中。另一方面，老年人身体机能退化迅速，由气候变化导致相关疾病的风险增加，再加上独居、并发症、药物治疗等，死亡风险远高于年轻人。此外，全球变暖也在加速荒漠化，世界上越来越多的人口无法获得淡水。在干旱期间，任何淡水供应的减少都会对老年人产生严重影响。即使轻度脱水也会对他们的精神表现、记忆力、注意力和反应时间产生不利影响，增加虚弱、头晕和跌倒的风险。

1999年，中国进入老龄化社会，65岁及以上老年人口为8 679万（统计数据不包括港、澳、台地区），约占总人口的7%。此后，老年人口持续增加，截至2023年年底，65岁及以上人口达到2.17亿（约占总人口的15.4%）。根据当前的老龄化速度，到2058年，中国65岁及以上的老年人口将达到约3.85亿的峰值，占总人口的31.54%。由于老年人的脆弱性，与其他群体相比，老年人更容易受气候变化的影响。气候变化加剧了老年脆弱性，迫切需要适应和缓解战略来应对这些健康影响（Zhang和Tan，2016）。例如，空气污染是气候变化的驱动因素，已成为人类发病和死亡的主要环境原因。鉴于气候变化的健康风险，应对老龄化带来社会风险的紧迫性也大大提高。

（二）碳排放与人口老龄化

人口老龄化主要通过影响经济体系的发展来诱发碳排放。老龄化不仅会影响商品和服务需求的规模，还会影响需求的构成。虽然目前老年人的购买力在需求规模上相对较弱，但随着老年人消费方式的逐步变化，其购买力将不断增强。例如，根据中国人民健康保险股份有限公司与中国社会科学院人口与劳动经济研究所联合编写的《大健康产业蓝皮书：中国大健康产业发展报告（2018）》，预计在2018—2030年，中国老年人消费总额将从6万亿元增加到18万亿元，人均消费将从2万元增加到4万元。人口老龄化可能导致消费倾向从耐用品和非耐用品转向文化、教育和娱乐，从交通相关消费转向医疗保健相关消费。人口老龄化可以通过选择性消费直接或间接地影响商品的需求和生产，进而影响经济体系的变化，最终导致能源消耗的变化，而能源消耗的变化又将对碳排放产生影响。

随着碳排放总量的不断增加，老年人的健康面临极大的挑战，相应的社会与医疗保障体系也面临严峻的压力（Menz和Welsch，2012）。一方面，碳排放的同时也会进一步导致环境污染的加剧，对于人口老龄化相对严重的地区而言，老年人将面临气候变化与环境污染的双重健康压力。另一方面，随着基础医疗的普及，人均预期寿命不断提升，但相应的健康预期寿命却并未得到显著改善。尤其是在气候变化的大环境下，人口老龄化相对严重地区（尤其是发展中国家或相对欠发达地区）社会保险制度和医疗卫生服务体系将面临巨大的压力。

人类活动对环境的负面影响已被证实，而人口老龄化与碳排放之间的关系仍然存在争议。当前，减少碳排放和应对新的人口问题，特别是老龄化危机，正在对中国经济增长提出各种要求。在经济"新常态"阶段，中国不仅要提高经济发展质量以控制碳排放，还要保持经济稳定增长，以完善养老保险制度，解决新的人口问题。因此，碳排放与人口老龄化之间的关系并非简单、线性、单向的，而是相互影响并且会对社会发展的其他维度产生强外部性关联（图5-3）。

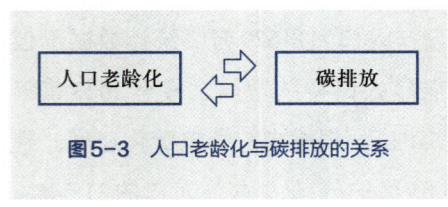

图5-3　人口老龄化与碳排放的关系

（三）碳中和目标下人口老龄化的变动

2015年由196个缔约方签署的《巴黎协定》旨在限制全球变暖的增幅，但这依赖各国是否自愿减缓气候变化及其自身实现可持续发展的程度。《巴黎协定》规定各国可以自由制定自身的目标，并且可以只对这些目标负责。尽管人口老龄化对碳排放的影响并未获得完全一致的结论，但人口老龄化的确可以在解释气候政策目标跨国差异方面起显著作用。

2021年在格拉斯哥举行的联合国气候变化大会（COP26）报告显示，人口老龄化降低了协定成员国气候政策的目标。具体而言，老年人口比例增加1%，各国2030年人均排放量的目标值增加2%。一方面，人口老龄化的变动在短时间内会影响消费结构与需求，这可能是增大排放量的主要考量。另一方面，老年人群体不太关心气候变化，不太可能为环境目的分配公共资金，因此也不太倾向于支持气候政策；但是，在老龄化社会中，老年人的态度和支持很重要，因为他们在许多领域确立了自己作为有影响力的政治因素的地位。尽管现有的研究将人口老龄化与不同形式的气候变化问题联系起来，但是需要强调的是，这些只涉及公众舆论问题，与实际的气候政策及实施效果并无关系。

目前，气候变化政策与人口老龄化的变动关系尚不清楚。联合国经济和社会事务部表明，到2050年，65岁及以上人口的比例将从2020年的9%增加到16%，因此最大限度地实现健康老龄化，提高老年人的生活质量是一项紧迫的公共卫生优先事项。在气候变化的背景下，极端天气事件变得越来越频繁、越来越严重、越来越难以预测（Zhang和Tan，2016）；所有这些气候变化的结果都与心脏病、呼吸系统疾病和过早死亡等不良健康结果有关。老年人对气候变化的适应能力较差，因为他们比年轻人更有可能出现身体机能受损、并发症、免疫系统受损等症状，以及处于更加孤立的社会环境。尤其在中低收入国家中，针对气候变化的流行病学研究十分必要，通过人群层面的干预措施解决环境暴露和极端天气事件带来的老年健康风险，可以为公共卫生决策乃至健康公平提供有效建议。

中国自2020年提出碳中和目标以来，一直在不间断深化应对气候变化全球治理的发展策略。党的二十大进一步提出加快发展方式绿色转型，并表明推动经济社会发展绿色化、低碳化是实现高质量发展的关键环节。绿色低碳的生产方式和生活方式不仅可以推进工业、建筑、交通等领域清洁低碳转型，还可以提高人居环境质量，为健康老龄化创造良好的外在条件。

第二节
碳中和与人口健康

任何国家都无法避免气候变化对健康的影响。作为世界上最大的温室气体排放国和世界五分之一人口的家园，中国正面临气候变化带来的健康威胁。中国的每个省份都受到气候变化的影响，每个省份都面临着独特的风险。如果没有及时和充分地应对，那么气候变化将日益威胁人们的生命健康与生活生计，并且会阻碍"健康中国2030"和"美丽中国"目标的实现。随着碳达峰、碳中和、健康中国、人居环境整治等几项关键的健康和气候决策的制定，中国可以加强其在致力于促进和保护健康的全球气候行动方面的领导作用。

中国也在讨论如何将短期经济复苏目标与长期气候目标结合起来，在2030年之前达到碳排放峰值，到2060年实现碳中和，并于2021年年底发布了《国家适应气候变化战略2035》。在所有这些重要发展目标的驱动下，将气候与健康的相互联系纳入这些决策过程至关重要。评估中国健康和气候应对措施的充分性，并提出政策建议，抓住机遇，改善当代人和子孙后代的健康状况，也至关重要。本节将重点介绍碳排放对职业健康、心理健康及对医疗支出的影响。

一、碳排放对职业健康的影响

地球正处于以平均环境温度升高为特征的气候变化时期。联合国政府间气候变化专门委员会报告称，近几十年来，热浪、强降水事件和其他极端天气事件变得更加频繁和强烈，并表明气候变化直接影响人类健康的实际影响（如热浪、洪水和风暴造成的死亡或伤害），也间接影响疾病媒介、水媒病原体、水体质量、空气质量及粮食供应和质量的变化。实际的健康影响将在很大程度上受当地环境条件和社会经济条件的影响，以及为减少各种健康威胁而采取的社会、制度、技术和行为适应范围的影响。在气候变化与人口健康的大框架下，户外工作将受到气候变化的独特影响，空气污染和天气条件的重大变化对职业健康和安全的影响需要更多关注。

（一）气候变化与公共卫生

随着气候变化的加剧，极端天气事件的频率和规模增加，生态系统退化，在此背景下，公共卫生适应气候变化是一个重要问题：由于未来气候和社会经济条件的不确定性，该如何解决未来几十年气候变化对人口健康与公共卫生的不利影响？在制定和实施应对气候变化的服务时，公共卫生专业人员将需要面对几个实际问题（Cai等，2021）。首先，气候变化可能加剧群体间的健康不平等。其次，气候变化的影响因地区而异。最后，气候变化的影响非常复杂，规划和行动需要多层面。

气候变化将加剧健康不平等。造成健康差异（不平等）的一个因素是环境风险，这些风险不成比例地威胁不同人群，尤其是穷人、少数民族或者某些少数群体（如丧偶、残疾者），这也是环境公正所探讨的内容之一。所有人都将受到气候变化的潜在影响，但某些人群可能更加脆弱。在全球范围内，与富裕国家的人民相比，贫穷国家的公共卫生服务更差，社会资源更少，将面临更大的环境健康风险；即使在美国，卡特里娜飓风等气候事件依旧暴露了贫困人口在面临气候变化风险时的脆弱性。健康不平等在公共卫生和临床实践中已得到充分认可，公共卫生的核心就是通过社会机制消除这种不平等。因此，应对气候变化的公共卫生行动必须包括脆弱性评估、确定最脆弱人群，以及重点消除由此导致的健康不平等。

区域差异将在应对气候变化的公共卫生方面发挥关键作用。尽管二氧化碳和其他温室气体在大气中的分布相对均匀，但气候变化对人类健康的影响将因地区、地形和应对能力而异。例如，高原地区可能出现温度、水文和生态系统条件的相对剧烈变化，其影响包括增加传染病风险和加剧卫生服务不足等；低洼沿海地区可能面临洪水、淡水地下水位的盐分渗透、有害藻类大量繁殖的风险，在某些情况下还会发生严重的风暴。因此，规划和管理气候变化对健康的影响需要考虑地理区位，并结合当地社会经济因素制定措施。

复杂性是气候变化的一个主要特征。影响气候变化的因素有很多，包括人口、社会、经济、地理等大量因素。气候变化对健康的影响也需要考虑当下的人口背景：人口结构变化（包括人口增长和人口老龄化）、化石燃料日益稀缺、国际与国内移民及城市化。气候变化已成为一种必然性，为了应对这种变化的复杂性，公共卫生行动需要进行系统思考来预测、管理和减轻其将带来的健康负担。

（二）气候变化与职业健康

气候变化的特征之一是极端天气，其中高温暴露是一种众所周知的健康危害，它会降低人类在热带和亚热带地区已经很常见的高温条件下的工作能力。在气候变化健康影响分析中，热衰竭和人类表现下降往往被忽视（Ebi 等，2020）。事实上，由于气候变化，热地区人口（接近 40 亿）的工作能力将大幅下降。在某些地区，每年 30%~40% 的日照时间会导致天气太热而使人无法进行工作。气候变化的社会和经济影响是巨大的，预计到 2100 年，全球国内生产总值（GDP）将因此损失超过 20%。

鉴于职业的属性与差异，气候变化的健康后果对农业社区及低社会经济地位者的影响更为严重（Schulte 和 Chun，2009）。例如，农民面临高温对健康的严重影响，包括中暑甚至危及生命的疾病，因为这项工作通常需要在高温潮湿的室外环境中进行繁重的体力消耗。如果体力消耗保持不变，与气候变化相关的温度升高将增加农民与高温有关的疾病和死亡的负担。在美国，1992—2006 年，农民的年平均高温死亡率是普通工人的 19.5 倍，而农民的死亡率也在逐渐增加。然而，对中低收入国家传统农业的研究表明，农业投入主要来自农民从事的体力劳动。尽管在许多农业活动中，机械化可以替代人力劳动，但这种解决方案需要大量经济资源和能源供应，往往超出了大多数发展中国家农业社区的财政能力。

气候变化还会降低空气质量，导致臭氧浓度升高。臭氧是一种由温度依赖性光化学反应形成的氧化性空气污染物，与气候变化相关的温度升高会进一步导致臭氧浓度升高。环境臭氧浓度具有很强的昼夜和季节性模式，峰值浓度出现在阳光最明亮的时段。农民等户外工作者由于体力活动，在户外度过的时间更长，可能比一般人群暴露于更高的臭氧浓度，进而增加由此带来的健康风险。臭氧对健康的影响包括急性和慢性影响。慢性影响包括诱发呼吸道症状，如咳嗽、哮喘、喉咙刺激和呼吸困难，以及眼睛刺激等症状。长期暴露于高浓度的臭氧与呼吸系统疾病（如肺炎和慢性阻塞性肺病）的死亡风险增加有关。尽管臭氧的影响已被证实对儿童和老年人等弱势群体最有害；但急性和慢性影响也会发生在健康成年人中，特别是对户外工作者的影响更为显著。

鉴于气候变化对职业健康的影响，户外工作者需要受到额外的保护，以减少暴露于高温、臭氧等环境风险因素的影响。职业健康研究议程的设置需要也考虑这些气候预测，根据不同工作部门中工人群体的性质和背景，深入评估暴露程度，精确衡量气候变化对不同职业健康的影响。

（三）碳排放与职业健康

全球持续变暖的主要原因是人类活动导致的二氧化碳和其他温室气体（主要是甲烷和一氧化二氮）向低层大气持续排放。温室气体吸收了部分来自地球的辐射，将更多的热量滞留在低层大气中，从而使温度升高，由此带来的是更为频繁的热浪和极端天气事件。因此，减少气候变化对人口、环境与健康的危害，就必须要在较短时间内解决碳排放的问题。

二氧化碳是呼吸循环中产生的细胞代谢产物，二氧化碳通过扩散进入血液，最终通过对流到达肺毛细血管，然后通过肺泡膜扩散到肺泡，在那里可以通过气道排出。当吸入过量的二氧化碳时，血液中二氧化碳浓度升高，即发生高碳酸血症，导致呼吸性酸中毒。根据暴露时间，健康环境中最大可接受的二氧化碳浓度为 $500 \times 10^{-6} \sim 3\,000 \times 10^{-6}$（体积分数）。当暴露于高于 $10\,000 \times 10^{-6}$ 的二氧化碳浓度至少 30 min 时，具有中等体力负荷的健康成年人会发生呼吸性酸中毒。因此，对于户外工作者来说，碳排放的增加会加大健康的健康风险。

碳排放应对政策有两个主要因素：减缓和适应（Stephenson 等，2013）。减缓意味着实施减少二氧化碳排放和增加碳汇的政策。适应指根据实际或预期的气候变化对自然或人类系统进行调整，以减少超量碳排放对职业健康的影响。在过去的几十年里，中国与全球各国都在努力控制、减少碳排放，中国还提出"在2030年前达到碳排放峰值，到2060年前实现碳中和"的目标。除此之外，为了有效和永久地应对碳排放引起的气候变化，短期行动与长期目标应保持一致，以实现持久的转型。因此，发展循环经济，增加绿色基础设施的激励措施，通过减缓、关闭和缩小材料与能源循环来最大限度地减少资源输入和浪费、废物排放和能源泄漏，是缓解碳排放对职业健康影响的重要举措。

二、碳排放对心理健康的影响

人类健康受到气候变化影响的威胁。气候变化不再是一个迫在眉睫的威胁，而是一个破坏性的现实，对未来有可怕的影响。世界卫生组织估计，2030—2050年，每年将增加250 000人超额死亡。影响包括与热有关的发病率和死亡率、病媒传播疾病（如登革热、疟疾）呼吸道疾病的增加，以及极端天气事件导致的发病率和死亡率增加。然而，很少有人考虑气候变化如何影响心理健康，虽然重要的是不要将对逆境和灾难的正常心理反应病态化，但确实需要考虑气候变化对心理健康的影响，以及为什么健康这一方面很少受到关注。不仅极端天气事件会损害心理健康（如抑郁症、创伤后应激障碍），而且气候条件的渐进变化也会对心理健康有害。心理健康不仅包括精神疾病、精神问题和精神障碍，还包括心理健康状态、情绪弹性和社会心理健康，下面将从认知健康、抑郁症和青少年精神健康三个方面来介绍碳排放对心理健康的影响。

（一）气候变化与认知健康

认知障碍（尤其是相对严重的认知疾病，阿尔茨海默病和相关痴呆症）是全球的公共卫生危机，对患有残疾的老年人、家庭、护理人员和为他们服务的医疗保健系统产生影响。虽然人口老龄化导致认知障碍的发病率和患病率不可避免地上升，但其主要的风险还是来自风险暴露的改变。循证干预措施表明生态环境改善有可能改善痴呆患者及其护理网络的身心健康状态，是健康老龄化的生活重要条件。

气候变化被认为是其自身的全球公共卫生危机。大气中温室气体的积累使全球变暖，威胁人类健康，导致人类和自然系统的环境变化。沿海风暴和野火等急性气候灾害更频繁地发生，全球气温升高导致海平面上升和热应激风险。这些环境风险通过直接威胁安全并创造不利的物质和社会生活条件，导致老年人认知能力下降甚至出现严重的障碍。

碳排放引起的气候变化与认知损伤之间的一些机制关系是直接和间接的。气候条件会通过小胶质细胞使大脑神经受损，从而影响大脑神经结构或功能，而且不需要中介因素。此外，碳排放导致的气候变化或者气温升高，可能会产生不同的应激反应，从而导致蛋白质错误折叠和聚集到细胞或细胞外沉积物中（神经退行性疾病的标志）（Sundblad等，2007）。中枢神经系统是生物体与环境领域的相互作用枢纽，因此气候变化的神经生物学意义是理解人类适应温度上升趋势的首要特征。事实上，在动物模型中，气候变暖可以改变基因表达、神经元结构和大脑组织。

健康老龄化需要调整自然和社会环境，使其在不断变化的气候中发挥最佳功能。预防认知障碍及提高老年痴呆患者的生活质量，需要了解碳排放所产生的健康危害。在临床实践中，临床医生和研究人员需要承认气候变化与认知障碍之间的联系。在气候变化的背景下，减少认知损伤的风险和负担还需要强有力的、可持续的临床和公共卫生干预措施，并结合其他气候变化相关的慢性病（如高血压、糖尿病和抑郁症）协同管理。

气候变化将对全球产生深远的经济、社会和健康影响。面对严峻的全球变暖的事实，全面、科学、准确地评估气候变化的影响，对政府制定气候适应型政策和个人选择气候适应性行为显得尤为必要。大量实证研究表明，气候变化尤其是极端高温对发达国家和发展中国家的产业发展、个体福利和人体健康都产生显著的负面影响，但已有研究较少关注气候变化如何影响个体的心理健康状况。

（二）气候变化与抑郁症

气候变化导致全球变暖趋势的加剧，不断升高的平均气温和更频繁、更持久的热浪对人类健康已产生诸多不利影响。相比于身体健康，气候变化对精神健康的影响是经常被低估的影响之一（Abbasi，2021）。在气候变化的后果日益严重的同时，精神疾病问题占全球疾病负担的13%。根据世界卫生组织的数据，精神疾病是全球致残的主要原因之一；在低收入和中等收入人群中，因精神障碍而存在损害的患者比例分别为25.3%和33.5%。气候变化导致极端高温事件、风暴加剧、洪水和海岸侵蚀，所有这些都可能破坏支撑精神健康的社会和经济结构框架。在众多的行为疾病和精神障碍中，气候变化对抑郁症的影响已受到广泛的关注。

重度抑郁症和广泛性焦虑症是全球最普遍的两种精神障碍，是一个重大的公共卫生问题。面对不断变化的气候，患有抑郁和焦虑的年轻人症状恶化的风险可能会进一步增加（Findlater等，2018）。气候变化与抑郁症之间的关系有多种解释。一方面，澳大利亚哲学家格伦·阿尔布雷希特（Glenn Albrecht）提出了"心理恐惧症"（solastalgia）一词来描述人们在应对气候变化负面影响时所经历的慢性痛苦，特别是当它影响到家庭环境时。心理恐惧症不仅包括孤独感，还包括生态焦虑（与负面环境息息相关的恐惧）、生态瘫痪（认为环境挑战难以解决而无法采取行动）和生态性怀旧（认为过去的地理区位更好）（Albrecht等，2007）。阿尔布雷希特认为这些综合征是"心理学的而不是医学生物学的"，反映了对气候变化的感知是情绪反应而不是简单的感官体验。另一方面，气候变化会放大某些群体的心理脆弱性，尤其是在发展中国家中。例如，气候变化可能会改变土壤的质量，导致农作物产量降低，引发粮食危机；持续的气候变化也可能直接导致自然环境的退化，对粮食产量和淡水供应产生负面影响，导致人口流离失所，并最终丧失生计。因此，气候变化及其对自然环境的负面影响可能增加贫困、营养不良和疾病，这些因素中的每一个都可能成为发展中国家的群体患抑郁症的独立风险。

气候变化不仅是一个环境问题，也是一个心理问题。尽管心理学家几十年来一直参与解决气候变化的影响问题，但其中大部分工作都集中在风险感知、气候变化沟通方式、对气候变化的态度，以及通过更可持续的行为促进缓解的干预措施（Palinkas 和 Wong，2020）。从短期来看，以情绪为中心的心理疏导可能是应对抑郁风险的有效策略之一。但从长远来看，以问题为中心的策略往往与问题本质有关，尤其在气候变化方面，任何针对个人的应对措施都不可能完全消除气候变化的威胁。因此，面对气候变化所产生的抑郁风险，全球各国政府需要立即采取气候行动，减少温室气体的排放；减缓气候变化的工作不仅可以提升居民的健康福祉，而且个体积极参与应对气候变化的过程还可能对他们的心理健康产生积极影响（Van Den Bosch 和 Meyer-Lindenberg，2019）。

（三）气候变化与青少年精神健康

气候变化对未来社会具有的重大挑战。联合国前秘书长潘基文曾说过："我们可能是消除贫困的第一代人，也是在为时已晚之前应对气候变化的最后一代人"。我们可以发现大量证实持续气候变化及其破坏性、自我强化后果的科学报告，尤其是气候变化可导致儿童和青少年精神健康受到严重损害，这些都让我们不得不应对气候变化的压力和挑战（Majeed 和 Lee，2017）。

气候变化和可持续发展通常有不同的论述，但这二者之间也有关联和潜在的协同作用。1987 年的《我们共同的未来》将可持续发展定义为"在不损害子孙后代满足其自身需求的能力的情况下满足当代人需求的发展"。对可持续发展的各种解释包括环境、经济和社会三个维度，以满足所有人现在和未来的基本需求，因为环境资源有限。可持续发展原则呼吁《联合国气候变化框架公约》缔约方"在公平的基础上，为了今世后代的利益而保护气候系统"。可持续性的社会层面在气候变化的背景下引发了对公平的关注，包括气候变化影响的分布、责任的分配、代际层面、诉诸司法的机会和公众参与。

可持续发展范围内的两个公平概念被认为与气候变化高度相关：代际公平和代内公平。布伦特兰委员会的《我们共同的未来》促进了包括青少年在内的有效公民参与政治制度的决策，并作为确保代际公平的战略。代际公平的概念还证实了青少年积极参与的必要性，他们及未来几代人的整个生命历程都将承受气候变化的后果，健康福祉可能受到严重损害。

青少年和儿童被确定为《21世纪议程》中民间社会的九个主要群体之一，这意味着青少年有权利和责任参与可持续发展。2009年以来，在《联合国气候变化框架公约》政府间谈判中，青少年组织一直作为政府支持的民间组织参与其中。青少年组织还举办年度青少年会议，将来自世界各地的青少年聚集在一起，以增强他们参与气候谈判的能力。青少年的参与促进了他们积极的公民意识，并增强了他们参与环境治理（包括气候变化治理）的能力。

增强当今青少年减轻气候变化影响的能力应成为教育的优先事项，因为青少年是未来的公民和决策者，必须承受气候变化的后果并采取行动实施解决方案。当下在欧洲发起的"星期五为未来"运动，就是为应对气候变化对青少年开展的精神健康运动之一。降低碳排放或气候变化带来的健康风险，不仅是在末端对环境风险的治理，而且需要鼓励今天的青少年积极参与和应对气候变化，并支持他们所应提出的手段。如果不提倡青少年群体采取行动，那么针对气候变化的指责将加剧代际之间的冲突，导致的社会分裂将滋生暴力，从而增加青少年心理健康风险。

三、碳排放对医疗支出的影响

人类健康是可持续经济发展和繁荣的先决条件，健康的人口可以确保更高的效率，从而提高人均收入。然而，气候变化正以各种方式对人类健康造成巨大的风险，包括极端天气事件发生的频率增加、温度不规则及偏离正常、热浪和干旱。一方面，环境质量下降会增加死亡率，影响对医疗保健的需求；另一方面，气候条件恶化导致生产力效率降低，收入减少。因此，在探讨了个人如何应对这些气候变化影响之后，也需要评估气候变化对医疗保健需求的总体影响。

（一）空气污染与医疗支出

空气污染是气候变化的一个关键因素，在全球范围内影响医疗保健支出。其中，发展中国家的空气污染使财政负担增加了约GDP的5%。世界卫生组织的分析指出，政府对低碳排放部门的投资不仅可以提供更清洁和更绿色的环境，还有助于医疗保健系统的发展（Knowlton等，2011）。改善空气质量可以减缓气候变化，减少碳排放又会提高空气质量，从而减少因空气污染而导致的死亡（Patz等，2014）。

具体而言，空气污染对医疗系统带来的主要财政负担来自呼吸系统疾病。更为严重的是，呼吸系统疾病可以导致过早死亡，这通常发生在患有哮喘和慢性阻塞性肺病等潜在呼吸系统疾病的人中，并对弱势群体（如幼儿、老人、孕妇和低社会经济地位群体）的影响更大。暴露于空气污染会对呼吸系统造成直接影响，从而使研究人员更容易将超额的医疗支出归因于空气污染。这也是大多数研究将呼吸系统疾病作为其主要健康结果，以确定空气污染对医疗支出影响的主要原因（Liao 等，2021）。然而，空气污染不仅影响呼吸道与心肺健康，还可能导致认知能力下降，以及增加患阿尔茨海默病和相关痴呆症的风险。相比于生理健康，认知疾病对个人、家庭、医疗保健系统和社会的医疗负担的影响更大。在中国乃至全世界，随着预期寿命的延长和老龄化的加剧，认知障碍的患者数量将急剧上升。例如，预计到 2050 年，美国阿尔茨海默病患者将达到 1 400 万人，相关的医疗保健、长期护理和临终关怀总支出将达到 1.2 万亿美元。因此，无论对健康风险本身还是对其造成的巨大经济负担而言，减少空气污染的公共决策都极具意义。

作为人口密度最大的国家之一，中国面临的空气污染问题是一个巨大挑战。快速的城市化、快速增长的工业和制造业活动及其他生态因素使空气质量恶化，尤其是在上海和北京等主要城市。空气污染造成的财务影响是政府的主要关注点。第一，在医疗保健领域，$PM_{2.5}$ 浓度每增加 10 μg/m³，医疗费用就会增加 10 亿美元；2014 年，空气污染造成的医疗总费用接近 91 亿美元。第二，由于空气污染导致劳动力损失，最终导致 6.56 亿美元的 GDP 损失。为减少空气污染的影响，目前中国政府大多通过引入缓解和规避手段（如空气排放标准），以达到更高的空气质量标准。尽管空气质量缓解政策的作用有限，但如果没有任何缓解计划，到 2030 年，空气污染相关的医疗保健成本将达到 252 亿美元（占 GDP 的 0.11%）。

总的来说，加强环境监管，制定相关卫生政策，治理大气污染，也是降低医疗支出的有效手段。当然，空气污染对不同经济地位的个人具有异质性的影响，经济状况差的个人可能会遭受更大的损失，从而导致健康不平等。因此，卫生政策需要考虑环境污染分布的差异性，需要有计划地对欠发达且污染严重的地区进行健康补偿，以避免扩大健康不平等。

（二）气候变化与医疗支出

气候变化由人为活动产生的温室气体排放量急剧增加所驱动，导致诸多气候事件

（如高温、极端天气和洪水等），并对人类健康产生严重影响，极大增加了医疗保健系统的负担。

极端高温是当前气候变化的主要问题之一。极端高温不仅会损害身心健康，还会给个人、家庭、社区、雇主和政府带来额外的经济成本（主要包括与医疗保健服务、处方药、门诊护理需求和工作工资损失相关的成本）。具体而言，在气候变化情景下，炎热天气的频率、强度和持续时间的增加可能会导致更不利的健康结果，这随后可能会给预算有限的医疗保健系统带来负担，特别是对一些中等收入和低收入国家。此外，高温还会通过影响医疗工作者的工作效率产生经济后果（例如，出勤率、工作期间的生产力和工作绩效都会受极端高温的影响）（Wondmagegn 等，2021）。

气候变化的另一个常见的自然灾害是洪水。洪水对人类健康构成直接威胁，但也会因流离失所和生活条件恶化而产生长期影响。由于气候变化和人口变化的影响，预计未来洪水灾害的影响将会增加。在中国，1990—2010 年，生活在"暴雨灾害区"的老年人数量增加了 3 800 万，大大增加了未来洪涝灾害规划的复杂性。第一，溺水是洪水之后最常见的直接死亡原因，死亡风险取决于洪水发生的速度（例如，山洪暴发比普通洪水更危险）。第二，洪涝灾害对慢性健康状况有重大影响，主要来源于无法及时获得药物而导致的重症或死亡，以及难以获得卫生服务。其中，慢性呼吸系统疾病、心血管疾病和糖尿病患者在洪水灾害中的死亡率明显升高。第三，医疗基础设施的大量损失可能与洪水灾害有关，包括整个医院的疏散、纸质病历丢失，以及电子病历和实验室信息系统无法访问的情况。随着人口老龄化加剧，预计未来洪水导致的健康影响将使医疗支出继续增加。因此，采取有效的气候和公共卫生干预措施，是保障人口健康和确保医疗体系良性运行的重要举措（Bosello 等，2006）。

在关注气候变化引起的健康风险时，群体脆弱性也需要特别关注。虽然气候导致的死亡率增加了对医疗保健的需求，但对于低收入人群或者老年人而言，他们能增加的医疗支出往往有限。因此，特定群体对气候变化的脆弱性在很大程度上影响了总体医疗保健需求，这也将导致社会健康不平等的加剧。

（三）气候变化与社会健康不平等

生活在贫困中的人们暴露于持续的、纵横交错的、根深蒂固的结构性不平等中，这使得他们在面对由气候变化带来的危害时异常脆弱。他们不成比例地遭受日益增加的环境污染、极端高温、干旱、水和食物短缺、传染病、风暴、洪水的长期影响。由于歧视、文化预期，以及在社会等级制中的从属地位，这些群体在面对气候恶化时更为脆弱（Cromar 等，2021；Markkanen 和 Anger-Kraavi，2019）。

在美国菲尼克斯，跟富裕的白人社区（外城）相比，内城具有更高的热压力指数，其高温导致了更多的热相关死亡人数；相反，与之应对的资源却更稀少，如社会网络、公园、有效和负担得起的空调、医疗措施及质量有保障的房屋。在城市地图上，不同居住区存在气温差异，这与不平等联系在一起，被称作人为的"热风险版图"。在气候变化的背景下，随着城市的扩张，这种风险暴露差异正在成为一个全球性的严重问题。

男性和女性在物质经济上和所处空间中的地位差异，也从侧面反映了男性和女性在社会中的不同价值和地位。正因如此，当遇到气候变化相关的气象灾害时，女性比男性要更加脆弱。因此，无论是洪水还是热浪造成的疾病，妇女、儿童及老年人总是主要的受害者。据估计，在世界范围内由于气候变化（如海平面升高、泥石流和洪水、干旱、资源匮乏）而流离失所的人口，在2050年将达到2亿人，这种流离失所的状况最先影响的是女性，因为在很多国家，她们完全依赖农业生存，在社会中多处于贫穷、劣势的地位。例如，据国际红十字委员会和红新月会估计，在1991年的孟加拉国飓风中，约有14万人丧生，其中90%是妇女和儿童。孟加拉国是少数的男性比女性寿命长的国家，主要原因就是女性的贫困和在面对气候变化时的脆弱性。

面对气候风险，脆弱性群体的健康风险还来自医疗水平的差异。在美国，与富人相比，穷人获得医疗服务的机会更少。尽管2010年美国推出《平价医疗法案》扩大了医保覆盖范围，但仍有许多人没有保险。对于拥有私人保险的个人来说，不断上涨的保费和成本削弱了工资增长，使许多家庭陷入债务甚至破产。在中国，由于资源匮乏，医疗保健系统正面临一系列挑战。21世纪初以来，中国公共卫生体系的改革一直是优先事项。为了促进所有居民在经济上公平地获得医疗保健，中国推出了三个单独的医疗保险制度：专为在职城镇居民设计的城镇职工基本医疗保险制度，为城镇非就业居民设计的城镇居民基本医疗保险制度；以及为农村人口设计的新型农村合作医疗系统。根据国家医疗保障局的数据，截至2018年年底，中国95%以上的人口拥有基本医疗保险。尽管几乎全民覆盖，但每个保险制度所涵盖的融资水平、组织方式和福利方面仍然存在很大差异。在气候变化的背景下，由于医疗供应而造成的机会不平等会进一步加剧健康不平等，这对各级政府的社会治理都是一个挑战。

第三节
碳中和与人口迁移

气候变化对人口迁移的影响是政界与学界日益关注的话题。2016年联合国难民和移民问题峰会及《促进安全、有序和正常移民全球契约》和《难民问题全球契约》都认为气候变化是社会流动的关键驱动因素。2030年可持续发展目标（SDGs）中就将移民问题单独列出："促进有序、安全和负责任的移民及人员流动，包括通过实施有计划和管理良好的移民政策"。

气候变化将造成数亿环境移民。由于干旱频率增加、洪水、海平面上升、荒漠化及其他环境变化，这些移民可能来自环境受到威胁的地区，主要是农村及欠发达地区。通过对各种气候冲击类型的移民进行区域特定估计，到2050年，气候"难民"的数量"可能超过2亿"；在撒哈拉沙漠以南非洲、南亚和拉丁美洲三个地区，约2.8%的人口（超过1.43亿人）将被迫在自己的国家内迁移；在全世界范围内，国内迁移的人数估计约为7.5亿，其中包括近7 000万被迫流离失所者，2.5亿人是跨境移民。这些估计表明，在未来几十年里，潜在的气候移民可能成为人类社会移民的主要部分。

一、碳中和背景下的城乡人口迁移

气候变化及其对农业生产、收入和生计的潜在影响可能会改变人们留在农村地区或迁移到城市地区的动机和能力。气候变化带来的高温和不规则的降雨将使许多农田变得贫瘠，并导致土地退化、沙漠扩张、粮食不安全和许多区域经济体系的永久性改变。世界许多地区长期的严重干旱给牧民和农业人口带来了困难，以致不得不举家迁移，因为他们的生活和生计依赖周期性的降雨。与农村相比，财富和基础设施总体上缓冲了气候变化对城市人口的直接影响；因此，在面临不可预测的天气与粮食不安全的情形下，农村向城市迁移便是避险的通道之一。

（一）气候变化对农业的影响

农业部门极易受到未来气候变化的影响，包括极端天气事件发生率的增加。区域气候条件是农业生产力的主要决定因素，因为植物代谢过程受温度、太阳辐射、二氧化碳和水可用性等变量的调节。气温上升会使粮食主产区的有效土地利用率下降，导致粮食主产区的粮食减产。在农业地区，极端天气引发的灾害可能对农作物和粮食系统基础设施造成严重破坏，有可能破坏粮食系统的稳定，威胁地方和全球粮食安全。近年来，在发展中国家，与气候有关的灾害造成的近四分之一的损害和损失发生在农业部门。干旱和极端高温期间粮食产量下降幅度分别为5.1%和7.6%（Cohen，2010）。在作物发育阶段等关键时期，极端高温会影响作物生长并降低产量，而干旱持续的时间更长，可能导致作物完全歉收并阻碍种植。

虽然在没有气候变化的情况下，作物会对升高的二氧化碳做出积极反应，但高温的影响、降水模式的改变，以及干旱和洪水等极端天气事件频率的增加，可能会降低产量并增加粮食风险。由于农业在发展中国家经济中占主导地位，气候变暖及极端天气事件会进一步扩大发达国家与发展中国家之间的差距。

粮食主产区的人口主要以粮食为生，当粮食减产时，迫使粮食主产区的人口向非粮食主产区迁移，增加了粮食主产区的人口流出和非粮食主产区的人口流入，即降低了粮食主产区的城市净移民率和提高了非粮食主产区的城市净移民率。

（二）气候变化与城市化

城市化在现代经济社会的发展和进步中发挥了不可替代的作用，成为现代化的重要标志。目前，越来越多的人生活在世界各地的城市，2007年世界城市人口首次超过农村人口。1970—2018年，世界城市人口从13.5亿增加到42.2亿，城市化率从36.6%提高到55.3%。根据联合国的预测，未来世界城市化进程将继续推进。到2050年，世界城市人口将超过66亿，城市化率将达到68%。1970年以来，世界实现了快速的城市化发展，与此同时，人类活动产生的累计二氧化碳排放量约占工业革命以来二氧化碳排放总量的一半。目前，全球排名前600位的城市为全球20%的人口提供栖息地，创造了约60%的GDP，排放了约70%的温室气体。基于城市化发展与碳排放的同步变化，城市化与碳排放乃至气候变化之间可能存在一定的内在关联。

由于城市人口的快速增长，气候有可能迅速恶化。事实上，发展中国家可能受气候变化的影响最大，气候变化威胁这些国家的城市和快速城市化的沿海地区。环境灾难和冲突也导致许多人逃离农村地区，到城市中心寻求庇护。一方面，在气候变化与过快城市化的双重压力下，许多城市的关键基础设施（如能源、交通和电信）正面临额外的威胁。另一方面，经济增长和基础设施发展速度落后于城市化速度，导致失业率居高不下，住房和服务不足，对人类健康和发展产生负面影响。然而，城市化对极端天气事件的影响还体现在极端高温方面，如城市热岛效应（Sun 等，2016）。与农村地区相比，城市地区的昼夜温度周期具有明显的不对称性，夜间的热岛比白天更明显。由于热应激，城市地区的这一特征可能会增加对人类健康的威胁。

尽管国际和地方在灾害风险管理和科学知识方面采取了许多举措，但自然灾害对新兴经济体和发展中国家的社会和经济的影响正在增加。这是由于脆弱的经济无法吸收自然灾害造成的冲击，这些自然灾害加剧了人口日益增加带来的脆弱性。当环境变化影响居民生计时，如收入减少、难以维持家庭生活，他们就会外出寻找机会。这种被动迁移也可以称为"气候移民"。在过去的几十年里，中国经历了以快速工业化和城镇化为特征的剧烈土地利用变化。中国政府实施了大规模的生态修复计划，以防止生态问题的进一步恶化。

（三）碳排放与城乡人口迁移

大量农村剩余劳动力迁入相对发达的城市地区寻找更好的工作。根据中国第七次全国人口普查数据，国内流动人口已达到 4.93 亿，占中国内地总人口的 34.9%。大多数流动人口是农村到城市的农民工，他们是推动城市化的主要贡献者。他们大多从中部或西部的农村地区迁移到东部的城市地区。城市地区移民的增加，导致对住宅能源的需求增加。2010 年，中国省际流动人口在目的地贡献了 6 992 万吨二氧化碳，65.31% 的居住碳排放是由农村人口向城市迁移造成的；其中，省际迁移住宅碳排放总量为 4 584 万吨二氧化碳。

生活方式和收入水平的差异对城乡家庭的能源消费和二氧化碳排放有直接和间接的影响（Mianabadi 等，2022）。在过去的几十年里，中国政府采取了一系列政策来确保这些移民地区的能源供应，包括东西天然气输送工程和东西输电工程。如果将间接二氧化碳排放考虑在内，那么家庭的排放量已经超过工业部门的排放量。

中国正在实施"新型城镇化"和"生态文明建设"战略。前者旨在促进原地城市化，后者旨在促进人与环境之间的可持续发展。要实现环境友好型城镇化，碳排放与人口迁移的关系不容忽视。"农村—城市"迁入模式的热点地区，如中国东部的特大城市或城市群，应视为本地人和移民居住能源结构优化的关键点。因此，强调这些新中心的低碳排放指导政策很重要。

二、碳中和背景下的国内人口迁移

迁移是人口与环境关系研究的核心。气候变化可能导致大规模非自愿的人口迁移和流离失所，这一直是气候脆弱性文献中经常出现的主题。家庭在面对气候变化时做出移民决策，不仅基于家庭从移民中获得的好处，而且可以将与气候相关事件的风险降至最低。然而，对气候变化的社会后果的一个持续担忧是，大量弱势群体将非自愿地流离失所。

（一）气候变化与迁移决策

迁移的决定通常意味着一个家庭或个人无法从原居住地获得足够的效用或支持，因此迁移到替代地点以更好地满足他们的需求和愿望。然而，迁移是由许多不同的驱动因素决定的；在气候变化和环境恶化的背景下，环境被视为导致人们流离失所的一个新的主要因素。其机制为，气候变化导致一系列环境破坏，包括风暴、洪水、干旱、土地退化、海平面上升等，使高脆弱性人群无法生存。这些人别无选择，只能离开家园。然而，要将环境因素与所有驱动因素精确区分开来可能是困难的，因为移民的动机包含家庭特征，受脆弱性和适应策略的影响，通常是多样而复杂的。人们普遍认为，移民是家庭为应对缓慢或突然的环境变化而临时或永久建立新生计的一种传统选择。有一种观点认为，环境导致的迁移是对原籍家庭的无效缓解，是以生计为目的的被动重建。针对这种观点，有研究人员认为，这种观点所基于的假设仅仅来自常识，环境变化与人口流动之间的关系尚未得到明确证明。实际上，移民被视为更加复杂的行为决定的结果。另一种观点是，在做出迁移决策的过程中，只关注环境因素可能会高估环境因素的影响，低估当地居民的适应能力。也就是说，尽管人们可能会被迫迁移以应对气候变化，但迁移不一定会发生（Piguet 等，2011）。移民是一种减少脆弱性和增加经济及社会灵活性的有用策略，而不仅仅是为了逃离家乡的环境边缘化。因此，气候与人口流动之间的关系应该基于多种相互依存的因素，在广泛的社会、文化和环境因素及其相互联系的背景下，人们决定迁移、留下来或从事跨地方生计。

气候变化导致的降雨减少可能对人类社会构成严重威胁，到2050年，亚洲可能有多达10亿人面临淡水短缺。由于降雨的变化，沙漠化趋势可能是造成人口在国家内部迁移的主要因素。因此，如果无法维持生计，作物生产力的下降就可能导致家庭迁移，这是生活在有荒漠化风险地区的人们的一种常见反应。几千年来，游牧民族的传统便是如此，在旱季短暂离开一段时间，然后在雨季再次返回。游牧的迁移通常称为"吃旱季"，这涉及一系列缓解水资源压力和使家庭生计多样化的适应性策略。然而，暂时的人员流动并不等于永久地迁移。在干旱时期，临时移民是家庭减轻农业压力和多样化生计机会的重要途径。在当下社会，这种候鸟式迁移依旧存在。在中国，以农民工为主流的劳动力大规模迁移为经济增长作出了举世瞩目的贡献，成为推动中国经济发展和城镇化进程的主要力量。农民工从农村流向城镇、从农业转移至其他行业的行为，使劳动力重新配置，极大地促进了城乡经济发展。但受制于户籍、分割的劳动力市场等，农民工很难在大中城市永久定居，这也使得农民工把外出务工视为一种增加家庭收入的策略，更多地选择往返于城乡之间进行"循环流动"。这种候鸟式的迁移，使中国的城镇化进程带有很强的流动性，并被称为半城市化。

传统移民研究中的推拉理论认为，迁出地与迁入地在社会经济条件优越性和政治社会环境稳定性方面的差距形成了相对应的推力和拉力，在这两股力量的共同作用下发生了人口迁移。气候变化与迁移之间的关系中隐含的一个关键区别是，迁移是一种以预期方式适应影响的策略（迁入地的"拉力"）；而当环境恶化变得极端恶劣，以致人们被迫离开一个地区时，流动是一种流离失所，是一种被动的适应（迁出地的"推力"）。虽然对海平面上升等气候变化影响是"被迫流离失所"移民的主要原因，但移民行动的本身还是基于对风险感知的增加，以及是否可以找到合适的迁出地，因此气候变化往往并非唯一的驱动力，而是与其他因素混合在一起共同影响人们的迁移决策。

（二）气候迁移的异质性

移民是否会以线性方式受到气候变化的影响，或者是否会有阈值或临界点导致移民水平和模式发生根本性变化？针对气候迁移意向的分异，压力门槛理论认为"不同的人会根据刺激作出不同的决定，而阈值只是个人做相关事情的感知收益超过感知成本的点"。就气候变化而言，当气候变化风险被迫越过某个阈值时，气候临界点就达到了。在这种情况下进行的气候迁移，一般被定义为气候变化的影响非常严重，以致社会生态系统的复原力受到破坏，或者现有的就地适应备选方案失败或不足，使迁移成为一种最优方案。

气候移民作为"被动移民"的一种，迁移意向会受个人社会经济地位的影响。从表面上看，"贫困是等级制的，而污染是民主的"，在抵御环境风险的过程中，单独个体很难通过主观能动性完全规避环境风险所带来的危害，尤其是与社会经济结构相关的风险（如核事故、自然灾害等）；但实际上，阶级地位不可能被风险地位完全代替，个体社会经济地位决定规避环境污染暴露的能力，这也是影响气候迁移意向的主要因素之一（余庆年和施国庆，2010）。例如，在孟加拉国，尽管身处洪灾带来的恶劣环境，贫困因素却限制了当地居民的迁移意向和实际迁移行为。

此外，公众对政府环保工作的信心或预期也是影响气候迁移意向的重要因素。20世纪90年代以来，越来越多的移民研究者开始关注社会、经济和环境等情境因素在时间维度上的变化。具体到气候变化问题，它既可能会不断恶化，也有可能在积极干预下改善。因此，在面临环境风险时，如果居民对环境治理的技术及手段有信心，并对居住地的未来保持乐观，他们就可能会留守而非迁移。

尽管气候移民的影响因素很多，但有一点清晰的是，气候变化造成的迁移选择受社会结构的制约，并且居住地政府的环境政策及治理手段本身也影响迁移规模的发展。因此，环境问题的可治理性和公众对政府承担环保责任的信心是减少气候移民的重要"推力"。

（三）碳排放与省际人口迁移

人口增长被认为是居民碳排放变化的关键因素。作为人口增长的主要形式，人口迁移既促进了空间人口转移，也促进了居民碳排放转移。它增加了迁入地人口规模，并带来了对移民地区住宅能源消耗的更多需求，而向外迁移则有一个相反的过程。因此，区域间住宅碳排放转移流在迁入地和迁出地之间形成。此外，各地区在当地气候、生活习惯、人口密度等方面也存在差异（洪大用等，2016）。不同地区的能源消费结构和人均碳排放水平可能存在差异，也影响迁入地和迁出地之间的净碳排放转移。因此，人口迁移中迁入地居住碳排放对碳排放系统的空间转移和总量变化都具有重要意义。

中国是世界上碳排放量最大的国家，面临人口迁移和城市化带来的环境变化的巨大挑战。1978年改革开放以来，中国进入了经济快速增长和城镇化发展的时期，人力资本跨区域流动也在此期间迅速开展。据第七次全国人口普查，2020年省际流动1.248 4亿人次。一方面，人口迁移浪潮广泛影响了社会变迁、经济发展和产业结构变化，也导致了净迁入、迁出省份的社会发展差距。根据中国国家统计局的数据，2020年，净迁入省份的人均GDP比净迁出省份高61.4%；在净迁入省份，第三产业的平均比例为58%，而在净迁出省份，这一数字为51%。另一方面，大规模的人口迁移也大大改变了各省的能源消费需求，进一步影响了净迁入、迁出省份的碳排放。2020年，净迁入省份消耗的能源占比为46.7%，碳排放量仅占全国总量的43.4%。然而，净迁出省份消耗了53.3%的能源，碳排放占56.6%。同期，净迁出省份的能源强度（即能源消费/GDP）比净迁入省份高28.7%，净迁出省份的碳强度（即碳排放/GDP）比净迁入省份高47%。因此，在气候政策的压力下，大规模的人口迁移使得实现碳达峰和碳中和更具挑战性，尤其是对于净迁出省份而言。

从空间上看，人员流动的空间差异主要存在于东部地区和内陆地区之间，而居住能源消费结构的空间差距主要存在于南方地区和北方地区之间。因此，居民碳排放的净转移模式与人口迁移的流动模式有很大不同。上海、浙江、江苏、广东等人口较多的移民地区是典型的居住碳排放净转移目的地。华中地区是主要的人口与碳排放的净转出来源地，最大的两个流量是从安徽到上海、从广西到广东。此外，在华北地区（如北京、天津、辽宁、内蒙古和新疆），由于人均住宅碳排放水平相对较大，住宅碳排放净转移量也较大。应该关注的重点地区之一是京津地区。北京和天津作为中国的两大重要城市，吸引了越来越多的移民，但人均住宅碳排放量较大，导致其他地区的住宅碳排放量净转移。相较于严格的户口限流政策，向低碳居住能源结构区转变更为重要。

三、碳中和背景下的国际人口迁移

气候变化可能导致海平面上升，造成土地流失、生物多样性丧失、生产力下降、气候变暖、变干或更极端的天气事件，对贫穷国家的打击更大，从而可能有数百万人陷入更深的贫困。面对气候变化，那些贫困的国家可能无法消灭或者减轻气候变化带来的环境影响。因此，当地人唯一的希望往往是离开可居住的地区，搬到一个可能给他们更好的生活条件的地方。

（一）气候变化与国际难民

气候变化对人类构成了各种威胁，特别是对已经遭受严重干旱和饥荒的全球脆弱社区的威胁，导致人们流离失所。全球经济逐步出现的结构化性质与气候变化的影响可能会对国际移民的规模产生影响，这类因气候、环境发生急剧变化而失去家园、流离失所的"新式"难民，也称为"气候难民"。

针对气候难民的讨论可以追溯到1985年联合国环境规划署的报告，该报告称气候难民是"那些被迫暂时或永久离开其传统栖息地的人，因为明显的环境破坏危及他们的生存或严重影响他们的生活质量"。也就是说，气候难民是由于气候灾害（如干旱、森林砍伐）而在自己的领土上感到极度不安全的人，他们别无选择，只能逃到安全的地方，几乎不再期望回到原来的家园（Beine 和 Parsons，2017）。气候变化导致的流离失所是被迫移民的一种形式，这意味着这些人和他们的土地都受到气候变化的破坏性和不可逆转的影响。

尽管因气候变化导致的威胁人类生存的各类环境损害而被迫离开本国进行临时或永久性跨国界迁移的个体或群体已经被清晰界定为气候难民，但如何解决气候难民的权利侵害与救济问题却并未获得一致的意见。2003年，极地63名因纽特人直接向美洲人权委员会提起诉讼，要求该委员会确认美国温室气体排放行为所致气候变暖直接侵犯了其应享有的多项基本人权，包括文化权、财产权、生命健康权、人身权、居住权及自由迁徙权等。尽管该案诉求最终被驳回，但其为国际社会探讨气候变化与人权关系提供了契机。

逃离气候变化不利影响的难民并不是出于自主选择，而是迫于逃离连最基本的权利都无法保障的生存危机。事实上，气候难民在迁移中也并非一路坦途，他们始终遭受仇外敌对心理，难以获得食物、水、保健和住房，以及面临随时可能出现的任意拘留、人口贩运、暴力袭击、强奸和酷刑等威胁。因此，规制气候难民问题需要每个国家都有责任确保在其管辖或控制范围内的活动不对其他国家的环境或国家管辖范围以外地区的环境造成损害。明确造成气候难民的国家责任，既能从源头上减少气候难民的产生，又能使对气候难民的保护切实可行。

（二）碳排放与国际迁移

气候变化的主要原因是人为造成的温室气体排放的增加。经济增长、技术、工业、贸易、能源消耗增加、城市化、交通运输和资本流动等许多指标都被视为温室气体与碳排放的驱动力。除此之外，人口要素也被视为碳排放的主要来源。国际迁移运动影响二氧化碳排放，因为它们影响迁出国和迁入地国的人口规模和结构。移民导致的人口增长不仅影响能源消耗，而且导致生活方式的改变，从而影响消费模式和二氧化碳排放。这种情况有时也作为移民和反移民政策制定者的论据。为了在保持当前人口规模的同时做到这一点，接收大量移民的国家必须采取措施减少二氧化碳和其他温室气体的人均排放量（Liang 等，2020）。

人口增长通过两种不同的机制影响温室气体排放。首先，不断增长的人口通过增加能源需求和使用直接导致化石燃料排放的增加。其次，人口增长导致土地利用和森林砍伐的变化，间接增加了二氧化碳的排放，人口的快速增长增加了对环境的压力。最简单的形式是，更多的林地被用来耕种，更多的动物被杀害。此外，为了满足对耐用消费品日益增长的需求，人们消费了更多的木质产品，这些都使生态系统恶化。

在全球化的影响下，国际迁移影响越来越多的国家，而且技术革新和便利交通运输也加速了国际迁移（Çelik 等，2023）。移民人口的迅速增长会对迁入地环境造成压力，但是，限制国际迁移与流动并不是保证经济高质量发展的理想手段。尽管减少碳排放与能源使用的最有效机制就是降低人口增长的速度，但改变生活方式和消费习惯也是降低碳排放的有效手段。例如，促进公共交通和对二氧化碳排放征税会促使人们对自己的生活方式做出适当的改变。

本章总结

　　碳中和是应对气候变化提出的一种新型发展方式。虽然气候变化的主要原因是发达国家的高消费，但其对发展中国家人民的影响最大。迄今为止，低收入、高生育率国家对全球碳排放的贡献可以忽略不计，但却承担着气候变化的风险。将人口动态与气候变化联系起来是一个敏感问题，但尊重和保护人权的碳中和方案可以带来一系列显著的好处。

思考题

1. 简述社会发展对气候变化及人口结构的影响。
2. 简述气候变化对人口健康的影响在不同社会阶层中的差异。
3. 谈谈绿色高质量发展对医疗支出的作用。
4. 简述碳中和与绿色发展政策对人口迁移的影响。
5. 从国际难民的角度谈谈碳中和政策的重要意义。

参考文献

［1］ Abbasi H. The effect of climate change on depression in urban areas of western Iran [J]. BMC Research Notes, 2021, 14 (1): 1−5.

［2］ Albrecht G, Sartore G M. Solastalgia: The distress caused by environmental change [J]. Australasian Psychiatry, 2007, 15.

［3］ Archibong B, Annan F. Climate change, epidemics, and inequality [J]. Review of Environmental Economics and Policy, 2023, 17 (2): 336−345.

［4］ Beine M, Parsons, C R. Climatic factors as determinants of international migration: redux [J]. CESifo Economic Studies, 2017, 63 (4): 386−402.

［5］ Bosello F, Roson R, Tol R S J. Economy-wide estimates of the implications of climate change: Human health [J]. Ecological Economics, 2006, 58 (3): 579−591.

［6］ Cai W. The 2021 China report of the Lancet Countdown on health and climate change: seizing the window of opportunity [J]. The Lancet Public Health, 2021, 6 (12): 932−947.

［7］ Çelik O. Environmental implication of international migration on high-and middle-income countries: A comparative analysis [J]. Energy and Environment, 2023, 6: 1−9.

［8］ Chen S. Fertility rate, fertility policy, and climate policy: A case study in China [J].

Structural Change and Economic Dynamics, 2024, 69: 339−348.

[9] Cohen J E. Population and climate change [J]. Proceedings of the American Philosophical Society, 2010, 154 (2): 158−182.

[10] Cromar K. Health impacts of climate change as contained in economic models estimating the social cost of carbon dioxide [J]. GeoHealth, 2021, 5 (8): 20−21.

[11] Ebi K L. Extreme weather and climate change: population health and health system implications [J]. Annual Review of Public Health, 2021, 42: 293−315.

[12] Findlater K M, Donner S D. Integration anxiety: The cognitive isolation of climate change [J]. Global Environmental Change, 2018, 50: 178−189.

[13] Harper S. The convergence of population ageing with climate change [J]. Journal of Population Ageing, 2019, 12 (4): 401−403.

[14] Hübler M, Klepper G, Peterson S. Costs of climate change: The effects of rising temperatures on health and productivity in Germany [J]. Ecological Economics, 2018, 68 (1−2): 381−393.

[15] Knowlton K. Six climate change-related events in the United States accounted for about $14 billion in lost lives and health costs [J]. Health Affairs, 2011, 30 (11): 2167−2176.

[16] Lee J Y, Choi H, Kim H. Dependence of future mortality changes on global CO_2 concentrations: A review [J]. Environment International, 2018, 114: 52−59.

[17] Liang S. CO_2 emissions embodied in international migration from 1995 to 2015 [J]. Environmental Science and Technology, 2020, 54 (19): 12530−12538.

[18] Liao L, Du M, Chen Z. Air pollution, health care use and medical costs: Evidence from China [J]. Energy Economics, 2021, 95: 105−132.

[19] Majeed H, Lee J. The impact of climate change on youth depression and mental health [J]. The Lancet Planetary Health, 2017, 1 (3): 94−95.

[20] Markkanen S, Anger-Kraavi A. Social impacts of climate change mitigation policies and their implications for inequality [J]. Climate Policy, 2019, 19 (7): 827−844.

[21] Menz T, Welsch H. Population aging and carbon emissions in OECD countries: Accounting for life-cycle and cohort effects [J]. Energy Economics, 2012, 34 (3): 842−849.

[22] Mianabadi A, Davary K. Water/climate nexus environmental rural-urban migration and coping strategies [J]. Journal of Environmental Planning and Management, 2022, 65 (5): 852−876.

[23] Palinkas L A, Wong M. Global climate change and mental health [J]. Current Opinion in Psychology, 2020, 32: 12−16.

[24] Patz J A. Climate change: challenges and opportunities for global health [J]. JAMA, 2014, 312 (15): 1565−1580.

[25] Piguet E, Pécoud A, de Guchteneire P. Migration and climate change: an overview [J]. Refugee Survey Quarterly, 2011, 30 (3): 1−23.

[26] Pottier A. Climate change and population: An assessment of mortality due to health impacts [J]. Ecological Economics, 2021, 183 (106967).

[27] Romanello M. The 2021 report of the Lancet Countdown on health and climate change: code red for a healthy future [J]. The Lancet, 2021, 398 (10311): 1619−1662.

[28] Schulte P A, Chun H K. Climate change and occupational safety and health: establishing a preliminary framework [J]. Journal of Occupational and Environmental Hygiene, 2009, 6 (9): 542−554.

[29] Segal T R, Giudice L C. Systematic review of climate change effects on reproductive health [J]. Fertility and Sterility, 2022, 118 (2): 215−223.

[30] Spijker J, MacInnes J. Population ageing: the timebomb that isnt? [J]. British Medical Journal, 2013, 347.

[31] Stephenson J. Population, development, and climate change: Links and effects on human health [J]. In the Lancet, 2013, 382 (9905): 1665−1673.

[32] Sun Y. Contribution of urbanization to warming in China [J]. Nature Climate Change, 2016, 6 (7): 706−709.

[33] Sundblad E L, Biel A, Gärling T. Cognitive and affective risk judgements related to climate change [J]. Journal of Environmental Psychology, 2007, 27 (2): 97−106.

[34] Van Den Bosch M, Meyer-Lindenberg A. Environmental exposures and depression: biological mechanisms and epidemiological evidence [J]. Annual Review of Public Health, 2019, 40: 239−259.

[35] Vicedo-Cabrera. The burden of heat-related mortality attributable to recent human-induced climate change [J]. Nature Climate Change, 2021, 11 (6): 492−500.

[36] Walsh B S. The impact of climate change on fertility [J]. Trends in Ecology and Evolution, 2019, 34 (3): 249−259.

[37] Wondmagegn B Y. Increasing impacts of temperature on hospital admissions, length of stay, and related healthcare costs in the context of climate change in Adelaide, South Australia [J]. Science of the Total Environment, 2021, 773 (145656).

[38] Yang J. Projecting heat-related excess mortality under climate change scenarios in China [J]. Nature Communications, 2021, 12 (1): 1−11.

[39] Yang L, Hu Y, Wei X. Assessment of the environmental effects of China's fertility policy: The impact from increasing numbers of children in households [J]. Environmental Impact Assessment Review, 2023, 99 (107006).

[40] Zhang C, Tan Z. The relationships between population factors and China's carbon emissions: Does population aging matter? [J]. Renewable and Sustainable Energy Reviews, 2016, 65: 1018−1025.

[41] 余庆年, 施国庆. 环境、气候变化和人口迁移 [J]. 中国人口·资源与环境, 2010, 20 (7): 42−47.

[42] 洪大用, 范叶超, 李佩繁. 地位差异、适应性与绩效期待——空气污染诱致的居民迁出意向分异研究 [J]. 社会学研究, 2016, 31 (03): 1−24＋242.

第六章

碳中和与城乡发展

2021年9月，中共中央、国务院印发《关于完整准确全面贯彻新发展理念做好碳达峰碳中和工作的意见》，其中明确要求"推进经济社会发展全面绿色转型，提升城乡建设绿色低碳发展质量"。城乡建设作为推动绿色发展、建设美丽中国的重要载体，加快转变城乡建设方式，促进经济社会发展全面绿色转型是实现碳中和的重要方向。

城市与乡村作为一个互促互进、共生共存的有机整体，坚持城乡融合发展，破除妨碍城乡要素平等交换、双向流动的制度壁垒，促进发展要素、各类服务更多下乡，畅通城乡要素流动是破解城乡发展不平衡、农村发展不充分难题的关键举措。重塑新型城乡关系，走城乡融合发展之路，促进乡村振兴和农业农村现代化是推动城乡建设的必由之路。

作为新时代中国特色社会主义事业的重要组成部分，碳中和与城乡发展之间存在密切的关联和互动，二者相辅相成、相互依托，共同推动经济社会可持续发展，是实现人与自然和谐共生，推进美丽中国建设的重要途径。本章主要围绕碳中和与城乡发展这一主题进行论述，重点介绍碳中和与城乡融合发展的关系、碳中和城市、碳中和乡村，以及碳中和与区域协调发展等内容。

第一节
碳中和与城乡融合发展

实现碳中和，是贯彻新发展理念、构建新发展格局、推动高质量发展的内在要求，是一场广泛而深刻的经济社会系统性变革，具有重大的现实意义和深远的历史意义。加快推进城乡融合发展，有利于立足新发展阶段、贯彻新发展理念、构建新发展格局，有利于统筹推进新型城镇化和乡村振兴，既有长远的历史意义，又有重要的现实意义。碳中和与城乡融合发展相辅相成：一方面，通过城乡融合发展，可以促进低碳经济的形成，提高资源利用效率，减少环境污染，从而为实现碳中和目标提供有力支撑；另一方面，碳中和目标的实现会进一步提高城乡融合发展的质量和效益，实现经济社会的可持续发展。

一、城乡融合发展是实现碳中和的有力支撑

与英国、美国等西方国家不同，中国的城乡关系在大规模的城市化进程中依然是复杂的，中国的城在乡里面，中国的乡在城里面，几亿人在城乡之间流动，这是城乡关系的现实表现。秉持城乡社会学的视角（何雪松，2019），沿袭费孝通的城乡研究传统，从城乡关联的角度考察中国正在经历的城市化进程与社会转型，可以发现城乡融合发展既是现阶段农村自身发展的需求，也是城市发挥以城带乡、以工促农功能的必然选择，更是新时代新征程构建新发展格局、推动高质量发展和促进共同富裕的必由之路。

城乡融合发展就是要在坚持农业农村优先发展、全面振兴乡村的前提下，实现城乡发展过程中的市场高度统一、要素自由流动、功能优势互补、发展成果共享（孙方，2023）。2017年，党的十九大报告强调，要坚持农业农村优先发展，按照产业兴旺、生态宜居、乡风文明、治理有效、生活富裕的总要求，建立健全城乡融合发展体制机制和政策体系，加快推进农业农村现代化。产业兴旺、生态宜居、乡风文明、治理有效、生活富裕的总要求凸显了农村经济建设、政治建设、文化建设、社会建设、生态文明建设"五位一体"的鲜明特征，克服了以往过于注重经济发展，对于生态研究、文化传承关注不够的不足。从体制机制创新方面，建立健全城乡融合发展体制机

制和政策体系为推进农业农村现代化提供了具体的实施策略。

在此基础上，2019年，中共中央、国务院印发了《关于建立健全城乡融合发展体制机制和政策体系的意见》，为重塑新型城乡关系，走城乡融合发展之路，促进乡村振兴和农业农村现代化提出了具体建议。其中"构建促进城乡规划布局、要素配置、产业发展、基础设施、公共服务、生态保护等相互融合和协同发展的体制机制""守住生态保护红线，守住乡村文化根脉，高度重视和有效防范各类政治经济社会风险""加快建立乡村生态环境保护和美丽乡村建设长效机制""探索生态产品价值实现机制"等要求均涉及生态文明建设，而生态文明建设与实现碳中和目标息息相关。

顺应城乡融合发展大趋势，破除城乡二元结构，把县域作为城乡融合发展的重要切入点，推进空间布局、产业发展、基础设施等县域统筹。首先，立足县域资源、生态和成本优势，以县域为重要载体，大力发展各具特色、符合主体功能定位的现代优势产业群，尤其要把农产品加工环节和增值收益更多地留在县域，推动人产城全面融合，不断提升县域就业吸纳能力。同时，充分挖掘农业的多维功能，大力发展生态农业、休闲农业、创意农业和智慧农业，推动农业与电商物流、文化旅游、休闲康养等第二、三产业的深度融合，强化农超对接、农社对接，完善农产品冷链物流体系，提高农业全产业链组织化和三产融合水平，构建以工促农、以城带乡、以企帮村的城乡产业深度融合机制。

一系列高屋建瓴的顶层设计对城乡融合发展的核心内涵、实现路径、现实挑战进行了论述，在此过程中可以发现，由于我国城乡区域覆盖面广、发展差异显著、纵深空间大，在推进城乡融合发展的进程中，不只涉及经济、政治、社会等维度，在生态环境方面亦有重要规定，如推进农业农村现代化建设绿色发展，坚守生态保护红线，注重城乡融合发展的切入点县域资源、生态和成本优势等。这些城乡融合发展生态文明建设的要求不仅符合绿水青山就是金山银山的发展理念，而且与新发展理念相契合，通过植树造林、产业结构调整等措施减少和抵销碳能源的消耗，进而实现碳中和目标。由此可知，城乡融合发展可以为实现碳中和目标提供有力支持。

二、碳中和是推动城乡融合发展的重要动力

碳中和是城乡融合发展进程中不可或缺的一环，实现碳中和，即减少和抵销碳排

放，对促进城乡融合发展具有重要意义。2017年，党的十九大通过的十八届中央委员会报告中提出"要加快生态文明体制改革、建设美丽中国，推进绿色发展，着力解决突出环境问题，加大生态系统保护力度，改革生态环境监管体制，推动形成人与自然和谐发展现代化建设新格局"，这一系列要求和行动对推动经济、社会和环境的协调可持续发展有深远的现实意义。

碳中和目标的提出，不仅是应对全球气候变化的关键举措，更是推动中国经济绿色转型和可持续发展、提高人民生活质量、增进社会福祉的必然选择。因此，碳中和的实现不只是一个环境目标，而是涉及经济、社会和生态在内的复杂系统问题，只简单地调整某些生产或消费模式并不足以彻底解决根本问题，必须在能源系统、经济发展模式、技术创新和社会观念等多个领域同步进行深层次的系统性变革，这样才能从源头有效地减少碳排放（张莹等，2024）。而城乡空间作为人类日常生产和居住的核心区域，它不仅是实现碳中和目标的关键领域，同时也是碳排放的主要来源，其中涉及的空间规划、发展规模、生活方式、消费模式、资源利用及交通系统等都与城乡融合发展密切相关（李春慧，2022）。

2021年，中共中央、国务院在《关于完整准确全面贯彻新发展理念做好碳达峰碳中和工作的意见》中特别强调"提升城乡建设绿色低碳发展质量"，要求"推进城乡建设和管理模式低碳转型，在城乡规划建设管理各环节全面落实绿色低碳要求""大力发展节能低碳建筑，持续提高新建建筑节能标准，加快推进超低能耗、近零能耗、低碳建筑规模化发展""加快优化建筑用能结构，深化可再生能源建筑应用，加快推动建筑用能电气化和低碳化"，这就意味着对能源结构、产业结构及生活方式的调整优化提出了新的要求，有助于促进城乡能源的可持续发展，推动城乡经济的绿色转型及提高城乡居民的生活质量。

在此基础上，中共中央办公厅、国务院办公厅印发《关于推动城乡建设绿色发展的意见》，提出"坚持以人民为中心，坚持生态优先、节约优先、保护优先，坚持系统观念，统筹发展和安全，同步推进物质文明建设与生态文明建设，落实碳达峰、碳中和目标任务，推进城市更新行动、乡村建设行动，加快转变城乡建设方式，促进经济社会发展全面绿色转型"。推进城乡建设一体化发展，转变城乡建设发展方式，其核心在于实现城乡融合发展的协调性和平衡性，提高发展的质量和效益。由此认为，推动城乡建设绿色发展，落实碳中和目标任务，可以促进城乡在能源、产业、生活方式等方面的绿色转型，实现经济、社会、环境的协调发展。

综上所述，碳中和作为推动城乡融合发展的重要动力，对实现城乡发展的协调性和平衡性具有重要意义。城乡空间是碳排放的主要来源，随着城镇化的不断推进和居民生活水平的不断提升，碳排放量可能会进一步增加，城乡建设领域中的"大量建设、大量消耗、大量排放"的粗放式建设方式亟待转型，因此碳中和目标的实现需要城乡之间加强合作，共同推进绿色低碳转型。与此同时，城乡之间可以通过产业协同、资源共享、技术交流等方式实现互利共赢，推动城乡融合发展的进程。由此，实现碳中和不仅有助于提升城乡环境质量，促进可持续发展，还能够为城乡融合发展提供新的动力、活力和机遇。

第二节
碳中和城市

实现碳中和是应对全球气候变化的重要措施，而城市在这个过程中确实肩负重要责任并发挥关键作用。根据全球各的碳治理经验，城市地区的碳排放量通常占各国总排放量的75%（叶林和邓睿彬，2023）。而中国城市碳排放占全国的85%以上（Liu和Cai，2018），主要排放源包括建筑、交通、能源等领域。尽管中国正在不断优化改善能源消费结构，且清洁能源占比逐渐增加，但是煤炭消费仍占据主导地位。根据2024年国家统计局数据，2023年，我国能源消费总量为54.1亿吨标准煤。在所监测的339个地级及以上城市中，有40.1%的城市空气质量未达标。尤其是随着城镇化的不断发展，未来城市的能源消费和碳排放还将进一步提高，特别是在交通和建筑领域（齐晔和蔡琴，2021），因此，作为能源消费的主体和温室气体排放的主要来源，碳中和城市将是实现碳中和目标的关键和重难点。

一、碳中和城市的内涵特征与模式探索

改革开放以来，我国城镇化建设取得了显著成绩，城镇人口占比从1978年的

17.9%上升到2023年的66.16%。然而，在城镇化快速推进的过程中，一系列环境问题、交通问题、能源问题也日益凸显。针对这些问题，国家发展和改革委员会在《"十四五"新型城镇化实施方案》中强调了"锚定碳达峰碳中和目标"的重要性，强调新型城镇化应该将生产生活的低碳化作为建设的重要内容。事实上，城镇化的发展始终与生态、环境、绿色、低碳等要素紧密相连。

（一）碳中和城市的内涵特征

城市是实现碳中和的主阵地，碳中和城市的建构与实现极为关键。碳中和城市不仅包括低碳排放、绿色能源和可持续生活方式，还涉及城市规划、能源系统、科技创新、产业转型等多个方面，这些要素相互交织、相互促进，共同推动城市朝着更加绿色、低碳和可持续的未来迈进。

1. 历史脉络中的生态低碳居住形态

古希腊时代，柏拉图基于希腊城邦的民主政治制度，建构了自己的政治理想——《理想国》，他所设想的正义城邦是一个人们各尽其职，基于基本生活需求得到满足而形成的城邦国家。在《理想国》中，正义城邦的设想包含了丰富的和谐与可持续发展思想，如提出的"智慧、勇敢、节制"的国家治理理念展现了社会和谐层面的构想，又如提出的包括控制人口、优生优育等政策反映了社会可持续性的考量。

古罗马时期，维特鲁威在其著作《建筑十书》中提出了理想城市的形态。他认为理想的城市应该是一个自给自足的政治经济体，基于防卫的需求，城市的平面形态应为一个八角形，中心是一个巨大的广场，广场的正中心是神庙或宗教建筑，周边的8个扇形部分各自形成一个小型广场，与全城的中心形成主次中心的布局。维特鲁威的理想城市模型中，无论是对城市的选址，即选取健康的土地，还是对城市规模的控制，抑或是城市道路的规划设计、主次两级公共中心体系的设想，均体现了和谐与可持续性的特征。

东晋陶渊明的《桃花源记》被视为东方文学中论述理想家园的典型代表，陶渊明通过描绘农耕生产方式，展示了一个自给自足、遵循自然节奏生活的社区景象，这被认为是生态、低碳、可持续社区的典范。这种社区的特点包括自然环境优美、人与自然和谐相处，体现了环境可持续性；社会分工明确、尊老爱幼风气盛行，展现了社会可持续性；土地平旷、屋舍俨然及阡陌交通的基础设施可持续；自给自足、自我运行、自我循环的封闭社会系统亦是可持续的重要体现。

随着工业革命的爆发，资本主义快速发展，在带动城市经济发展水平不断提高的过程中，由于对自然环境保护的忽视，城市中产生了许多问题，如污水污染、烟尘雾气及有害气体大量排放、住宅环境恶化等。在此背景下，社会改革家们提出了一系列创新型结构与功能的城市观点，如带行城市、田园城市、工业城市、方格网城市、广亩城市、光辉城市（汪军，2023），这些理想城市模型均在不同维度、不同领域凸显了生态、低碳等思想。

以上这些城市模型蕴含了丰富的环境、社会、基础设施和公共服务体系等层面的思考，体现了追求生态平衡、社会和谐、绿色生活和可持续发展等核心价值。在环境层面，强调人与自然和谐共处的重要性，提倡保护和改善自然环境，以及有效利用自然资源。在社会层面，侧重构建公正、有序、充满活力的社会结构。在基础设施层面，提出了高效、可持续的城市规划与建设原则，如合理布局、资源循环利用等。这些理想城市模型为现代碳中和城市的实现提供了宝贵的经验和启发，碳中和城市的建设不仅仅是技术层面的问题，更是一个涉及社会结构、文化观念、政策制度等多方面的综合性挑战。

2. 碳中和城市的内在属性

"十四五"规划中提出要实现生态文明建设的新进步，合理配置能源资源，实现单位国内生产总值能源消耗和二氧化碳排放分别降低13.5%、18%的目标。城市作为碳排放的主要来源，推动城市的绿色低碳转型是实现碳中和的必然要求。因此，碳中和城市就是在城市领域实现碳中和目标，即城市所产生的二氧化碳排放量等于或低于城市内通过自然和人工方式吸收的二氧化碳量。

美国绿色建筑委员会（USGBC）联合奥雅纳发布的《城市建设碳中和白皮书》将碳中和城市的构成分为基底、结构、形态、支撑和治理五个要素。其中，能源结构是影响中国中短期脱碳进程的最重要的决定因素，也是碳中和城市的基底；工业制造是全球碳排放的主要来源之一，实现城市碳中和需要关注产业结构，同时，实现碳中和的核心在于构建低碳产业体系、发展绿色经济和循环经济，因此产业转型与循环经济是碳中和城市的结构；紧凑的城市形态、综合的土地利用和健康的生态网络结构是碳中和城市的主要形态；交通基础设施是连通城市的血脉，也是其系统性的硬件体系，因此绿色交通和技术是碳中和城市的支撑；强化城市碳中和的治理体系是促进建设碳中和城市的必由之路，包括政府的主导作用与企业的自主实践，因此企业与政府的协同一致是碳中和城市治理的重要体现（USGBC，2021）。

由此可以发现，低碳能源系统、低碳产业结构、循环经济体系、绿色交通网络、可持续建筑环境、高效城市规划、治理体系等多重要素共同构成了碳中和城市的典型特征，代表一种全面而深入的城市绿色转型模式。这些要素相互作用、相互形塑，共同推动城市向低碳、高效、可持续的方向发展，从而实现城市的碳中和，为全球气候变化的缓解作出贡献。需要注意的是，碳中和城市的建构并不仅仅是城市发展建设的目的，也是一种实现手段，通过这个手段可以解决城镇化进程和城市运行过程中日益凸显的环境污染、资源枯竭、交通拥堵、生态破坏等一系列问题，从而实现城市的安全、高效和可持续发展，为城市居民创造更加美好的生活环境。

（二）碳中和城市的模式探索

在审视国内外城市的演变历程时，可以看到它们在推动城市低碳规划和促进绿色发展方面进行了大量的积极尝试，并积累了丰富的成功做法和经验。以下分别从国外和国内两个维度，阐述目前已经开展探索的碳中和城市的模式。

1. 碳中和城市的国外经验

在碳中和目标下，城市绿色低碳发展已成为未来的主流趋势，在遵循人与自然和谐共生、共享、共同发展的理念下，国际城市采取了差异化的特色行动模式。

2009年，哥本哈根市宣布了一个远大目标：到2025年，成为世界上首个达到碳中和的城市。在实现这一目标的过程中，哥本哈根市采取了"以人为本"的创新发展策略，将自行车作为城市交通的核心，以此打造城市公共空间，并努力实现"世界自行车之都"和"全球最宜居城市"的目标，体现了"哥本哈根主义"的新理念。在这种理念的指导下，哥本哈根市推出了"指形规划"的宜居概念，为打造一个现代化、国际化、高质量、绿色、宜居的可持续城市空间提供了一系列的规划框架、指导原则和建设模式，这些规划为哥本哈根市未来可持续宜居的新城市生活方式打下了坚实的基础（王志成等，2022）。

2018年，伦敦市长办公室公布了《伦敦环境战略》（*London Environment Strategy*），其中设定了到2050年将伦敦建设成为零碳城市的目标。2021年，伦敦又发布了《伦敦发展计划2021》（*The London Plan 2021*），提出了伦敦的整体空间发展模式及住房、社会基础设施、经济、运输等不同主题的实施策略。总的来看，伦敦模式的特点是由市长推动并构建一套从规划到实施再到监督的完整的绿色低碳发展规划框架体系，确保成功实现绿色低碳发展（郭豪，2023）。

2019年，美国纽约市长可持续发展办公室（MOS）发布了《只有一个纽约：2050城市总体规划》（*One NYC 2050*），明确提出2050年实现纽约碳中和的愿景目标。早在2014年，纽约就立法宣布到2050年实现碳排放量较2005年减少80%（即"80×50"目标），并发布《纽约80×50路线图》，明确在建筑、能源、交通等重点领域需采取行动策略，在此基础上，《迈向碳中和的纽约之路》（*Pathways to Carbon-Neutral NYC*）报告中进一步指出，纽约市碳排放主要来源于建筑排放（68%）和交通排放（28%），且交通排放占比不断提升，因此纽约市以建筑、交通为减排重点领域，重点关注出行方式优化、能源转型两方面路径对碳排放的影响，扎实推进城市绿色低碳发展（纽约市长可持续发展办公室，2021）。

21世纪，日本东京开始逐渐迈向低碳城市建设和可持续发展战略的新阶段，并出台了《东京气候变化战略：低碳东京十年计划的基本政策》《东京气候变化战略：进展与展望》等一系列战略规划，侧重项目引导，以项目治理为核心，鼓励政府与企业在工商业、建筑、交通、家庭、循环利用与低碳信息化等多领域通力合作。因此，东京的低碳模式又被称为"综合低碳社会模式"，即构建了一个涉及政府、社会公众、产业部门等多主体的综合性低碳社会建设体系，具体体现在，社会大众是重要主体，市场负责信息传递和资源配置，政府则以项目治理为抓手，发挥引导和激励的作用（蒋长流等，2021）。

2. 碳中和城市的国内探索

近年来，我国的城市分别在产业低碳、技术低碳、生活低碳等多个领域进行了一系列各有侧重的创新探索，进而形成了各具特色的碳中和发展模式（周会祥，2023）。

以天津为代表的低碳生产发展模式。2010年7月，天津被选为国家首批低碳试点城市，先后发布实施了《天津市低碳城市试点工作实施方案》《天津市适应气候变化行动方案》等政策文件，坚持把节能减排作为低碳发展的重要抓手，将结构优化作为节能减排的根本策略，并在能源、工业、建筑、交通等关键领域发力，积极推行"大气十条"等减排措施，取得了显著成果。可以发现，这种模式的重点在于改变传统的发展路径，通过调整产业结构和能源结构，提高低能耗、高产值产业的比例，同时降低高耗能、低产值产业的比例，提高能源使用效率和推进清洁能源替代，从而有效地控制碳排放。

以上海为代表的低碳科技发展模式。上海依托自身优势，支持企业在高端装备、前沿技术方面进行低碳/零碳/负碳基础性研究，推动高端装备关键部件的自主攻关，并预计到2025年，培育10家以上绿色低碳龙头企业，100家以上核心企业和1 000家以上特色企业。此外，上海计划围绕氢能、高端能源装备、低碳冶金、绿色材料、节能环保等领域，打造"5＋X"绿色低碳特色园区，以促进产业链协同发展。可以注意到，该模式强调技术创新的重要性，着重促进科技创新和新型环保技术的应用，推动生产工艺和设备设施的绿色升级，通过不断的技术革新实现低排放甚至近零排放。

以广州为代表的低碳生活发展模式。作为特大城市，广州始终秉持生态优先和绿色发展的理念，推动减污降碳协同增效，平衡高质量发展和高水平保护的关系，积极探索城市全面绿色低碳转型之路。在绿色节能建筑领域，广州地铁利用屋顶太阳能光伏板为建筑提供持续稳定的电力，推动了建筑的可持续发展；在构建绿色交通体系方面，广州积极推进绿色公交系统，以减少交通污染和提高出行效率。可以发现，这类模式旨在通过革新治理方式，加强市民的环保意识和低碳行为，以及完善节能循环基础设施建设，以达到人们在日常生活实践中厉行节约和资源循环利用从而减少碳排放的目的。

以北京、深圳为代表的综合低碳发展模式。这类模式不仅涉及低碳生产模式的产业结构、高碳能源等指标，而且涉及低碳科技模式的科学技术的创新和低碳生活模式的绿色节能建筑和绿色交通体系，强调在多个维度上同步推进低碳生产、低碳科技创新应用和低碳生活方式，这些措施协同作用于绿色产业、能源、技术、建筑、交通、消费等领域，旨在实现减碳固碳的目标，最终实现全面的低碳发展。

二、碳中和城市的现实挑战

在经济高速增长阶段，我国绝大多数城市的碳排放量持续增加，依旧呈现经济增长与碳排放紧密联系的态势。因此，实现碳减排和绿色低碳发展模式这一目标仍面临巨大的现实挑战。

（一）能源、产业结构亟待转型升级

煤炭、石油和天然气等化石能源的燃烧会释放二氧化碳及其他温室气体，最终导致全球的一系列气候变化。我国工业化与城镇化的发展也普遍依赖化石能源。这就会导致在一段时期内，碳排放出现无节制地增长。因而，在此背景之下，尤其是在我国尚未完全完成工业化进程、能源需求持续上升的背景下，中国城市能源系统的转型任

务仍然非常艰巨。

在我国城市的发展过程中，由于规模经济的增长和学习效应的影响，传统经济发展方式和技术创新模式形成了路径依赖。这种依赖性导致了高碳锁定效应，进而对城市在工业、建筑和交通等领域的绿色转型造成了阻碍（周冯琦和尚勇敏，2022）。在工业领域，化工、建材、钢铁、有色金属等高碳产业在国民经济中占比较大，这不仅导致了能源消耗和碳排放的增加，也制约了经济的高质量发展；在建筑领域，大多数城市中高能耗建筑的比例较高，而绿色建筑和超低能耗建筑的发展相对缓慢，这使得建筑行业的能源消耗和碳排放问题依然严重；在交通领域，虽然新能源已经有了较大发展，但传统燃油汽车仍然基数庞大，交通领域的碳中和进程仍旧任重道远。

(二) 低碳技术亟待研发推广

绿色低碳技术是达成碳中和目标，以及推动发展方式绿色转型的重要抓手和关键支撑，同时也是促进企业提升能效、减少碳排放，实现绿色低碳发展的重要动力（张薇和公丕芹，2023）。然而，目前我国在绿色低碳制氢、氢燃料电池、储能、CCUS等关键技术领域尚未实现突破性创新，许多技术仍处于早期示范应用阶段，大规模推广面临技术成本瓶颈（张意翔等，2021）。此外，我国城市在低碳技术资源方面分布不均，主要集中在少数经济发达的城市。这种不均衡的绿色低碳技术分布不仅制约了欠发达城市在低碳技术上的进步，也影响了全国城市在碳减排方面的协同效应。

(三) 居民生活方式亟须转变

随着消费主义生活方式的兴起，消费领域对资源和环境的压力不断增加。我国城市居民的生活方式也逐渐从过去的物质匮乏时期的节俭主义转变为消费主义倾向，突出地表现在食品浪费、快餐文化、汽车消费热，以及使用高能耗家用电器、一次性消费品等方面，而这些生活能源消费已然成为城市碳排放的一个重要来源。中国城市实现碳中和绿色转型，需要城市居民生活方式的变革。当前，城市居民的消费需求对资源能源的依赖仍在持续增长，生活消费的碳减排转折点尚未出现，因此，我国迫切需要加速城市居民生活方式的转型。此外，我国的资源回收体系尚不健全，包装材料的生产、塑料垃圾的填埋或焚烧等环节的碳排放仍在持续上升。在这样的背景下，碳中和城市的实现，迫切需要城市居民转变生活方式。

（四）城市空间格局亟须优化

在我国城镇化过程中，城市规划的系统性、整体性和包容性尚显不足，导致城市扩张与经济社会发展不匹配，进而影响生态环境的承载能力。此外，城市开发边界缺乏规划，土地城镇化速度远超人口城镇化，加剧了生态空间的匮乏。城市林地、耕地等生态用地缩减，限制了城市生态系统的固碳能力，导致生态碳汇能力不足，城市空间布局难以满足绿色转型的需要。

三、碳中和城市的实现路径

面对能源产业结构、绿碳技术、生活方式、空间格局等领域的现实挑战，根据中共中央、国务院印发的《关于完整准确全面贯彻新发展理念做好碳达峰碳中和工作的意见》和《2030年前碳达峰行动方案》，2022年6月，住房和城乡建设部、国家发展和改革委员会联合发布了《城乡建设领域碳达峰实施方案》，其中对建设绿色低碳城市提出了"优化城市结构和布局""开展绿色低碳社区建设""全面提高绿色低碳建筑水平""建设绿色低碳住宅""提高基础设施运行效率""优化城市建设用能结构""推进绿色低碳建造"等七个要求。根据该方案可以发现，碳中和城市的实现路径覆盖城市布局、社区建设、建筑、住宅、能源使用结构、建造等多个领域，而这些领域中的具体举措正是对当前建设碳中和城市面临的现实挑战的积极回应。

碳中和城市不只关注生态环境，它实质上代表一种跨领域的系统性转变，包括经济结构、政治决策、文化观念等多方面的全面变革，因此，除了上述不同领域的实践策略外，还应当充分关注城市系统性建设，具体可以从以下几个方面进行推进。

（一）以绿色、低碳、可持续的理念创新城市发展

传统的城市发展模式往往过分强调GDP增长，忽视了环境保护和资源节约的重要性，导致了诸多环境、能源等生态问题。碳中和城市则要求从根本上彻底转变这一发展观念，秉持一种更加绿色、低碳、可持续的理念，在城市规划和建设过程中，通过将环境保护和资源节约作为核心原则，推动城市向更加环保、高效、和谐的方向发展。因此，在实现碳中和城市的路径策略中需要特别强调绿色发展理念，通过创新和改革，在交通、建筑、能源、产业等多个方面实现绿色低碳转型。同时还要积极寻求经济增长、生态和谐与居民满意度提升之间的平衡，确保城市发展的可持续性。

（二）发挥有为政府、有效市场和有力社会的协同作用

碳中和城市的实现离不开政府有效的政策工具、市场高效的资源的配置，以及社会公众绿色行为的积极践行。首先，政府制定和实施有效的政策工具，如碳税、碳交易制度、绿色建筑标准等，可以引导和规范企业和个人的行为。其次，市场通过价格信号和市场竞争，可以激励企业采用低碳技术，推动资源向高效、清洁的产业流动。最后，社会公众的节能环保生活方式、参与城市绿化等绿色行为，对转变城市生活模式、降低生活能源消耗产生的碳排放至关重要。只有政府、市场和社会公众三者协同合作，形成合力，才能推动城市朝着碳中和的目标迈进，实现经济、社会和环境的可持续发展。

（三）强调科技创新对碳中和城市发展的引领功能

科技创新与突破是实现碳中和的关键，在推动碳中和城市的发展过程中，绿色低碳技术发挥着至关重要的引领作用。因此，针对当前绿碳创新技术和突破的迫切需求，加大研发力度和推广应用，构建技术创新的支持机制是实现碳中和城市目标的重中之重。积极构建和完善产学研一体化体系，通过策划实施基础研究项目、突破关键核心技术难题等措施推动科技创新、成果转化与产业培育的深度融合发展。此外，还可以鼓励领先企业携手各高校、科研院、产业园区等有关单位，共同构建产业技术创新联盟等多样化的共同体，以此来发挥科技引领功能。

第三节
碳中和乡村

根据联合国粮食及农业组织（FAO）的数据，全球农业用地每年约产生150亿吨的二氧化碳排放量，超过全球人为温室气体排放总量的30%。因此，农业不仅是全球温室气体排放的重要来源，而且也是一个巨大的碳汇系统（金书秦等，2021）。农业乡村领域作为实现碳中和目标的主战场之一，不仅蕴含巨大的碳减排潜力，同时拥有

丰富的太阳能、风能等可再生能源，这些能源的开发和利用对实现碳中和具有重要意义。

一、碳中和乡村的内涵特征与探索实践

乡村领域的碳排放主要源自日常生活活动和乡村产业运作，如在日常生活中的垃圾处理、生产中的农药化肥使用等。除此之外，土地利用率、植被覆盖率的变化会对生态系统会产生影响，从而影响碳排放。因此，实现碳中和乡村，不仅能够作为乡村生态文明和社会文明建设的着力点，还是全球气候变化应对策略的重要组成部分。

（一）碳中和乡村的内涵特征

碳中和乡村的实现对推动乡村振兴、促进绿色转型、建设生态环境具有重要意义。在深入探讨碳中和乡村的本质属性与基本特征之前，首先需要对相关的概念进行界定和区分。

1. 概念界定

目前，我国尚未对碳中和乡村进行明确的界定，尽管如此，与其紧密相关的概念有许多，如"低碳乡村""零碳乡村"及"碳中和新乡村"。

2023年6月，在中国国际科技促进会发布的《绿色低碳乡村建设及评价技术指南》中将"绿色低碳乡村"界定为在保证农业生产的稳步增长及农民生活质量不断提高的前提下，以清洁发展、低碳发展、高效发展和可持续发展为目标，通过调整乡村经济发展模式，转变乡村消费理念和生活方式，优化能源资源的结构及循环利用，加快绿色低碳技术的开发应用及制度创新，完善乡村治理模式等途径，引领社会主义新农村建设，全面构建资源节约型、环境友好型、低碳发展型的乡村。根据《"中国零碳乡村"白皮书》，零碳乡村的建设需要在提升碳减排能力、降低碳排放措施等方面着力，如提升清洁能源的使用效率、提升植被覆盖率、保障基本农田水利设施建设等。

华南理工大学根据乡村振兴与碳中和两大目标，主动探索二者的耦合机制，提出了"碳中和新乡村"的概念，其核心内涵是旨在全方位构建一个生态资源资产化的乡村绿色发展新模式，主要涵盖空间、经济和社会三个维度的低碳转型。在空间维度，强调以乡村规划和设计为引领，构建一个绿色发展的乡村地域综合体，重构乡村生

活、生产、生态空间格局；在经济维度，重视碳交易在生态资源资产化中的决定性作用，并将低碳技术与乡村产业升级相融合，发展以"碳中和新农业"为平台的生态人文新经济；在社会维度，重点在于推动生产和生活方式向低碳化转变，并建立一个智慧化、法治化、现代化的乡村生态治理新机制（叶红等，2021）。

由此可以发现，低碳乡村侧重通过提高效能、转变乡村生活方式等实现碳排放的减少，强调减少碳排放的过程；零碳乡村主张实现温室气体净零排放，实现排放量和碳汇之间的平衡，强调的是零排放的结果；而碳中和新乡村则关注碳中和与乡村振兴之间的耦合性，强调从经济、社会、文化等多个维度实现乡村发展的绿色转型。尽管三个概念各有侧重，但它们都强调了减少温室气体排放和促进可持续发展的重要性，其中蕴含绿色、生态、低碳、可持续等理念为碳中和乡村奠定了基础。因此，碳中和乡村就是坚持以绿色生态和低碳可持续发展为核心，致力于在乡村地区达成碳中和目标，进而促进乡村全面绿色转型的一种乡村形态。

2. 碳中和乡村的基本特征

事实上，碳中和乡村要在乡村振兴中实现，乡村领域中的碳中和与乡村振兴是同步推进、无法分割的。乡村振兴战略的产业兴旺、生态宜居均有利于碳中和乡村目标的达成（丁彩霞，2022）。因此，在探讨碳中和乡村的基本特征时就需要将二者进行结合，具体包括以下几个方面：

绿色低碳、生态优先的核心理念是碳中和乡村的必然要求。当前，由于农药化肥的不合理使用、秸秆焚烧、残留塑料薄膜等造成环境污染严重，再加上高污染工业转移到乡村进一步加剧了生态问题。为了有效应对和解决这些问题，碳中和乡村必须坚持绿色低碳、生态优先的价值导向，一方面基于绿色低碳理念的指引，重点对农业的生态化、循环化、智慧化进行着力，另一方面秉持生态优化原则，注重乡村生态治理，保护和恢复自然生态系统，打造生态宜居的生活环境。

节能降耗、循环利用的运行机制是碳中和乡村的内在基础。农业资源利用效率较低和循环利用水平不足，导致了资源的浪费和环境污染问题。为了应对这一挑战，碳中和乡村必须提高资源的使用效率，减少能源的浪费，并通过循环利用策略来延长资源的使用寿命。节能降耗和循环利用不仅仅是一种技术上的改进，更是一种文化和生活方式的转变，涉及乡村的每一个角落和每一位居民。从农业生产到居民生活，从基础设施建设到公共服务，都需要遵循节能降耗和循环利用的原则。

技术突破、制度创新的内在驱动力是碳中和乡村的关键要素。乡村领域正遭遇技术和制度方面的双重难题，如农业绿色技术创新和应用能力有限、乡村碳达峰和碳中和的发展规划与监测评估体系不够完善等（何可和张俊飚，2024），这些挑战对碳中和乡村的实现造成了阻碍，需要通过技术创新和制度改进来解决。技术突破可以解决乡村在资源利用、能源消耗和环境保护等方面面临的现实问题，提升农业生产的效率和可持续性，而制度创新通过完善相关政策和法规，建立碳中和乡村发展规划，加强监测评估体系，可以促进乡村碳市场的建设，推动碳减排和碳汇产品价值的实现。

村民参与、共建共享的社会根基是碳中和乡村的重要保障。乡村居民作为碳中和乡村的参与者、决策者、维护者和受益者，他们对乡村的发展有直接的发言权和影响力。充分尊重和理解他们的需求，激发他们的主体性和参与性，可以确保其在碳中和乡村建设中发挥主体作用。与此同时，共建共享的目标可以保障碳中和乡村的成果惠及所有村民，让他们能够享受更加清洁、健康、宜居的生活环境，增强村民的归属感和责任感，实现碳中和乡村的可持续性。

（二）碳中和乡村的探索实践

在"双碳"目标背景下，寻求低碳可持续的发展方式是当下城乡社区建设的主旋律，而国内外在绿色低碳转型方面进行了广泛的探索和实践。学习借鉴这些先进经验和做法，将对碳中和乡村的实现提供重要参考。

1. 国外碳中和乡村的积极实践

在欧洲，乡村地区占据了83%的土地面积，并有30%的欧洲人口居住在这些地区，且拥有大量的可再生能源。促进乡村地区的可持续发展和绿色低碳发展，对欧盟实现其绿色新政的目标有极其关键的影响。因此，欧盟在绿色转型和数字转型总体布局下，大力支持乡村低碳技术研发，从绿色供能、多元储能、科技节能、高效用能等方面（霍宏伟，2022）加速乡村低碳能源系统建设发展，取得了显著的效果。

具体来看，在政策层面，欧盟将乡村低碳发展纳入欧盟共同农业政策当中，并通过《欧洲乡村地区长期愿景》《乡村协议》和《乡村行动计划》等配套政策工具给予保障。在实施工具方面，欧盟通过欧洲农业农村发展基金、欧洲区域发展基金和社会凝聚基金、"地平线欧洲"研发框架计划这三个资助工具和一个欧洲农村发展网络平台来具体促进欧盟绿色低碳发展（霍宏伟，2022）。在低碳能源系统研发布局方面，通过在各个环节如供能、储能等方面加紧研发和应用，推动农村生产生活各方面的绿色低碳发展。

芬虹生态村位于苏格兰东北角的莫瑞斐斯海岸边，这个村庄最初是一个风景如画的小渔村，20世纪60年代三名失业青年来到此处，他们开始在荒凉的沙地上开辟菜园，遵循大自然的引导，帮助植物茁壮成长，随后，更多志同道合的人加入并定居下来，成为芬虹生态村发展的开端。20世纪80年代，芬虹生态村项目开始大规模建设，后来逐渐发展成一个以可持续和绿色低碳发展为目标的乡村社区。1998年，芬虹生态村被联合国人居署认定为整体和可持续生活的典范，并在2018年得到重申。2017年，芬虹生态村还获得了英国人居环境成就奖的年度慈善奖。

经过半个多世纪的实践积累，芬虹生态村在绿色建筑、生态种植、能源系统、可持续教育、社区共治等方面取得了显著成效，展示了人们对可持续居住环境的思考。具体举措包括：在生态种植方面，生态村先后实施了"地球共享"（earthshare）社区支持农业计划和"根、芽和叶"等新农业项目，通过促进本地农产品的自给自足、自然环保的种植方式，以及有计划地生产和消费策略，实现了自然生态与农业生产体系的和谐共存和互利共赢。在生态建筑方面，生态村建立起125座生态建筑，通过制定尊重生态环境的可持续建设方案，形成了环保、节能的独特建筑体系。在生态能源方面，生态村十分注重节能减碳、循环利用等技术运用，通过建造风力发电机、"生态机器"（living machine）污水处理设施等继续扩大可再生能源的来源与使用范围。

除此之外，其他国家也有许多低碳乡村的成功案例。如荷兰的"车间力量"项目，通过采用大规模的太阳能发电板、风力发电、地热能利用等方法，以及鼓励居民之间进行资源交换与共享，力求达到100%的可持续能源供应的目标；又如，加拿大的乌克兰网村，它利用地热能、太阳能和风能等可再生能源，实现了自给自足的能源供应。此外，该村的建筑还采用了节能材料和环保设计，进一步降低了能源消耗。这些案例和经验表明，碳中和乡村的实现需要综合考虑能源、建筑、交通、生活、生态等多个方面，通过技术创新、政策支持和社区参与来实现。

2. 国内零碳乡村的本土实践

随着"碳中和"理念逐步深入乡村，并延伸到农业农事生产、农民农房建设等方方面面，中国各地也涌现出一批典型的零碳乡村，展示了多样化的实施路径和创新实践。

2023年4月，山西省芮城县陌南镇庄上村被全球环境基金会、联合国开发计划署等多部门授予"中国零碳村镇示范村"；同年12月5日，在第28届联合国气候变化大会上荣获"能源转型变革者"奖项。作为中国零碳村镇项目的第一个试点村，庄上村利用开展的"光储直柔"新型电力系统技术和商业示范项目，通过村民在自建房屋顶安装光伏板实现太阳能发电的自给自足。除了用于自家日常外，还可将剩余的电力输入国家电网以获取收益。此外，该村积极进行荒地改造，将破旧窑洞进行修缮打造成光伏庭院，将荒坡荒地改造成光伏廊道，对河岸断崖和荒坡区域通过生态治理实施绿化。

浙江省湖州市安吉县余村村提出建设全国首个全要素零碳乡村。余村村致力于把生态资源优势转化为经济发展优势，积极贯彻"两山＋双碳"理念，聚焦绿色低碳发展，从乡村规划、基础设施、绿证交易等多个方面着手建设。余村村把"双碳"规划融入现代乡村建设的蓝图中，对标建筑、交通、市政、能源、农业五大净零转型领域，推出零碳数智、零碳建筑、零碳交通、零碳市政、零碳能源等多个涉及公共治理、低碳生活的行动计划。2023 年 1 月，余村村推出了首个由旧厂房转型的乡村碳中和建筑"余村印象"，该建筑通过采用节能技术和光伏发电系统，有效减少了能源消耗和碳排放量。同年 8 月，余村村完成了首次"绿电绿证"交易，购买了多省共计约 621.2 万千瓦时的光伏和风电，并购买了两千八百余张"绿证"，这相当于减少了 2 869 吨二氧化碳的排放，实现了全区域的"绿电"供应。标志着余村村向建设"零碳乡村"迈出重要一步。

四川省攀枝花市米易县龙华村作为零碳村庄试点，以生态环境为底色，积极实施人居环境提升行动，充分挖掘"生态、活力、智慧"三大要素，以"光伏应用＋资源循环＋有机农资"为立体架构，以此来实现低碳乡村的构想。具体来看，龙华村实施了低碳村庄、整村光伏建筑一体化改造、光储直柔、水美乡村、产业强镇 5 个子项目，这些项目涉及利用充沛的光热资源发展光伏产业，在农业种植中推广生物防治技术以减少农药使用，以及实施垃圾分类、污水集中处理等措施。除此之外，龙华村还在积极探索乡村生活体验、智慧农业等举措，是集绿色与智能于一体的实现零碳乡村的有力尝试。

从上述国内实践中可以看出，碳中和乡村不仅是一个理念，更是一种实际可行的发展模式。如果能够合理地开发和利用乡村地区的生物质能、太阳能、风能、地热能等可再生能源，就可以有效促进乡村的绿色转型，同时也会使低碳、零碳成为日常生活的一部分。当然，在这一过程中科技支撑和政策支持必不可少。

二、建设碳中和乡村的难题

碳中和乡村是一个系统性概念，它涉及农业生产、农村发展、农民生活及资源生态等多个方面，中国共产党第二十届中央委员会第三次全体会议（党的二十届三中全会）指出通过在农村实施减排固碳行动，优化种养结构，建立健全农业废弃物收集利用处理体系，培育乡村绿色发展新产业新业态，因地制宜开发利用可再生能源等手段有利于推动农业农村的绿色发展。虽然，在当前阶段农业和乡村地区在自然碳汇和生态系统服务方面成效显著，但是仍旧面临不少困境。

（一）低碳发展与农业生产关系的挑战

农业安全是国家经济稳定和社会发展的基石，关乎国计民生和粮食安全。然而，在过去很长一段时间里，我国的农业经济增长是以环境牺牲为代价的，这使得农业发展遭受了资源和环境的双重压力。虽然碳中和乡村对生态环境给予了充分重视，但在实际操作中，实现低碳发展与维持农业生产效率之间却存在某种矛盾。

首先，随着中国人口结构和国民饮食习惯的持续变化，碳中和乡村建设的各个阶段必须同时考虑确保粮食安全和推进乡村振兴等其他重要战略目标，这就需要寻求低碳增长与粮食生产之间的平衡，既不能为了追求减排和固碳的目标而危及国家的粮食安全和经济体制改革，也不能为了短期内的粮食产量提高而过度依赖化学农业投入品，导致高排放和高污染的问题（喻智健等，2022）。实际上，我国目前的农业生产主要依赖化肥、农药等化学品，这一做法虽然在短期内提高了产出，但同时也导致了土壤质量下降、环境污染加剧及碳排放量上升等一系列问题。因此，如何在确保粮食安全这一基本任务不受影响的前提下，探索乡村农业低碳转型的有效途径，成为当前迫切需要解决的挑战。

其次，在乡村养殖业领域，部分乡村未能平衡好生态保护与养殖业发展的关系，这种做法对原有的农业生产结构造成冲击因而产生土壤中的有机肥料来源减少等不良后果。在这一结果的影响下，村民不得不增加化肥和农药的使用，从而人为地提高了碳排放的强度，对农业的可持续发展产生负面影响。这种以生态保护为借口，实际上却可能对生态文明造成破坏的现象，在平衡低碳发展和农业生产的过程中特别需要引起重视。

（二）低碳发展与农民生活关系的矛盾

农村居民在碳中和乡村的建设中扮演至关重要的角色，他们既是参与者，也是实践者，更是决策者。在推动乡村向绿色低碳转型的过程中，需要重视和处理好与居民生活之间的关系。

首先，绿碳发展在短期内可能会对农民生活水平产生负面影响。农村居民收入通常不高，他们往往对绿色低碳转型带来的经济效益理解不足，在传统的经济生产生活结构的影响下，一些村民往往寄希望于传统的结构来维持自己的收入或生活方式的"熟悉感"，而忽视甚至抵制低排放的措施。例如，在一些乡村地区，尽管实施了强制性的煤炭改天然气政策，表面上提高了农民的生活水平，但是，由于冬季取暖的费用远远超出了普通纯农户的经济能力，在考虑能源成本后，他们往往还是会选择使用煤炭、木材或秸秆进行取暖。

其次，乡村居民绿色低碳发展意识薄弱，在低碳减排方面的主体性不足。乡村地区在绿色低碳发展方面的法律法规和政策支持体系尚未健全，大多数农户对低碳农业政策的认知处于不知晓或仅有一点了解的状态，参加过低碳农业技术培训的农户数量并不多。因此，绝大多数乡村居民对绿色、低碳的目标、途径等内容不够了解造成其配合度不高或养成相应行为习惯较为困难。

最后，忽视了传统乡村文化和乡村习俗的重要性。广阔的领土和悠久的历史孕育了丰富多样的乡土文化，其中就包括与低碳发展密切相关的有机肥循环利用。举例来说，农民家庭中的剩余食物可以用来喂养家禽家畜，而这些动物的排泄物则作为有机肥料返回田地，以此提高土壤的肥力。然而，在推动节能减排和实现碳中和乡村的发展过程中，一些地区过于强调排泄物的污染问题，对家庭养殖业施加限制，甚至为了环境整治而将传统的菜园改为观赏性园林，人为地切断了种植业和养殖业之间的自然循环，这种做法不仅破坏了农田的土壤结构，还形成了一种恶性循环。

（三）低碳发展与能源生态关系的压力

农田、森林、草地和海洋等自然生态系统具有固碳作用，因此乡村领域中的农业生态系统是一个拥有巨大固碳潜力的"碳汇"。它更积极地承担碳中和的任务和责任，为减排压力较大的电力和交通等行业提供更多的排放空间。但是，在推进碳中和乡村的过程中，乡村地区的资源和生态仍然承受巨大压力。

首先，乡村地区的能源结构存在不合理性，清洁能源未能得到充分利用。虽然农村地区拥有大量的生物质能源，但是许多地方还没有形成一个健全的生物质能源利用体系，导致这些能源的开发和利用效率较低。因此，乡村地区对传统化石能源的依赖问题依然突出，主要依靠化肥、农药等化学品来提高产能，再加上能源基础设施尚未健全，这对乡村清洁能源的发展造成了阻碍。

其次，乡村地区虽然承担更多的减排固碳责任，但是缺乏足够的技术和政治支持。技术创新和政策支持是碳中和乡村的关键要素：一方面，乡村绿色低碳转型需要注入新技术，但是由于农业领域在减排和固碳技术方面缺乏专业人才和研究基础，检测技术、减排技术及排放源的精细化管理技术等支持低碳农业发展的技术储备不足（赵敏娟等，2022）；另一方面，乡村绿色低碳转型离不开宏观层面政策法规的指引，然而，目前针对碳中和乡村的政策法规之间缺乏有效的协同和一致性，存在指向性不清晰、缺少专门的管理机构和基层组织以及缺乏相应的技术标准，导致难以进行准确的事后评估和监测等问题。同时，碳交易市场尚未完善，配套设施不够成熟。这些挑战在各个层面上影响碳中和乡村目标的实现（罗浩轩，2023）。

三、碳中和乡村的策略选择

与碳中和城市相比，乡村地区不仅拥有丰富的生物质能源，而且具有独特的文化资源。注重乡村的特点、掌握发展规律能够最大限度地实现乡村治理的有效性，推动可持续发展。在"双碳"目标下，建设碳中和乡村需要在强调生态、经济、文化等方面实现绿色低碳均衡的同时，还需要重视乡村的独特性。

（一）政策支持策略

一是将碳中和乡村的低碳转型发展嵌入乡村振兴战略规划和生态振兴指南，确保碳中和目标与乡村振兴有效融合。这意味着要明确各地区碳中和乡村的具体目标、实现路径和政策框架，加快实现农村产业结构新升级，以实现乡村经济的脱贫与绿色低碳发展的有效衔接，在推动乡村振兴的同时实现环境的可持续性。

二是完善乡村减排增汇激励机制，积极推动农业低碳补偿制度和农业碳汇市场发展。要充分利用乡村在碳减排和增加碳汇方面的巨大潜力。具体而言，通过提供补贴和税收减免等措施，激励各种企业和创新模式与农户协作，共同推进农业低碳项目开发，达成碳市场交易。利用市场机制将农业的生态效益实现货币化，通过出售碳排放权来获得资金回报从而实现经济效益。

（二）科技创新策略

一是推广使用能够减少排放和增加碳汇的农业技术，以增强乡村的固碳和提升效益的能力。这一措施要求科技创新需依据地区特性开发具有适应性的技术。同时，对传统的农业经济发展项目通过技术手段实现进一步优化和突破也是实现低碳和经济效益的重要途径。二是推进绿色低碳新能源的发展。强化新能源技术的运用和开发，引用新型技术，优化农村的能源结构，进一步提升科技创新水平。三是加强科技创新人才培养，设立专门的低碳减排资金，为技术创新提供必要的支持和保障。通过增加科技投资、完善科技奖励机制、促进科技成果的转化应用、强化人才培训等措施来推动科技创新。除此之外，对农业减排技术、二氧化碳检测等技术的开发都是较为有效的科技手段。

（三）社会参与策略

一是推动"零碳村"和"零碳镇"等试点项目，在试点项目中，强化绿色低碳理念的教育宣传和低碳技能的专项培训，提升乡村居民的绿色低碳意识，形成积极参与的社会氛围。二是充分发挥媒体在宣传引导和舆论监督方面的作用。充分利用媒体网络的发展传播碳中和及碳中和乡村的重要性和实现措施，提升公众的知晓率和参与热情。同时，积极发挥监督功能，对碳中和乡村建设过程中出现的问题和不足进行报道，促使相关部门和单位及时采取措施进行改进和优化。通过这种方式，可以确保碳中和乡村的目标得到有效传播和实现，同时也能够及时发现和解决实施过程中的问题，推动碳中和乡村的实现。

第四节
碳中和与区域协调发展

在城乡融合发展战略的背景下，人口密集的城市难以独立完成碳中和目标，同时，受技术和制度等因素制约的乡村在向绿色低碳转型的过程中也面临严峻挑战。因此，碳中和目标的实现需要坚持城乡关联的视角，以发展型的城乡关系为基础，促进城乡要素平等交换、双向流动，加强合作，共同推进绿色低碳发展。然而，鉴于中国幅员辽阔，不同地区的资源条件、经济技术发展、产业结构和生态环境的承载能力各不相同，在促进碳中和城市与碳中和乡村融合发展的过程中，不仅要关注新型发展型城乡关系的建构，还应该重视区域间的差异性和协同性，这意味着碳中和城乡融合发展必须同时考虑区域协调发展这一战略需求。

一、区域协调发展是实现碳中和的必由之路

2024年《政府工作报告》指出，要推动城乡融合和区域协调发展，大力优化经济布局。深入实施区域协调发展战略、区域重大战略、主体功能区战略，把推进新型城镇化和乡村全面振兴有机结合起来，加快构建优势互补、高质量发展的区域经济格局。城乡融合发展与区域协调发展作为两大发展战略，对促进经济社会的高质量发展起至关重要的作用。同样地，在生态文明建设领域，区域协调发展对碳中和目标的实现有着经济的现实意义。

首先，碳中和与区域协调发展的目标具有一致性，碳中和的目标在于减少温室气体排放，保护生态环境，积极应对全球气候问题，而区域协调发展追求的是经济社会的可持续发展，两者都着眼于实现人与自然的和谐共生。其次，碳中和与区域协调发展的手段具有互补性，实现碳中和需要各地区根据自身的资源禀赋和经济发展水平，制定差异化的碳减排路径，这恰恰需要区域协调发展的政策支持和机制保障。同时，区域协调发展也需要"双碳"目标的引领，以绿色低碳为导向，促进产业结构优化和能源结构转型。再次，碳中和与区域协调发展的效益具有叠加性：碳中和可以促进新能源、节能环保等绿色产业的发展，这些产业的发展又能带动区域经济增长和就业，实现经济效益和环境效益的双赢。区域协调发展则为绿色低碳转型提供了广阔的实践平台，使碳减排和碳中和技术得以在更大的范围内推广应用。

由此可知，碳中和与区域协调发展是相互促进、相互影响的关系。一方面，实现碳中和的目标要求解决能源资源分布和低碳技术应用在地区之间不均衡的问题，这就意味着必须推动区域之间的协调以实现低碳发展。另一方面，区域协调低碳发展是形成低碳发展新格局、实践绿色和协同发展理念的重要组成部分（张友国和白羽洁，2022）。基于此，宏观层面的碳中和政策特别强调了区域协调发展的重要性。

中共中央、国务院印发的《关于完整准确全面贯彻新发展理念做好碳达峰碳中和工作的意见》提出"优化绿色低碳发展区域布局，在京津冀协同发展、长江经济带发展、粤港澳大湾区建设、长三角一体化发展、黄河流域生态保护和高质量发展等区域重大战略实施中，强化绿色低碳发展导向和任务要求"。国务院印发的《2030年前碳达峰行动方案》也特别强调了"各地区要结合区域重大战略、区域协调发展战略和主体功能区战略，从实际出发推进本地区绿色低碳发展"。这表明，在推进碳中和的过程中，既要因地制宜地考虑地方特色和条件，也要重视区域间的共同发展。

二、区域协同碳中和目标实现的可行性

碳中和目标的实现，不仅需要各区域根据自身特点采取适宜的减排措施，而且需要各地区之间在低碳发展中实现有效的协同与配合。区域协调发展能够促进资源的高效利用和低碳技术的广泛传播，从而加速碳中和进程。因此，区域协同不仅是推动碳中和的必要手段，也是确保全国范围内碳减排目标顺利实现的关键路径。

（一）区域协同碳中和的现实基础

当前，我国的能源资源和绿色技术存在明显的供需不平衡现象。从供给侧来看，中国的能源结构以煤炭为主，主要分布在华北和西部地区。水力资源作为主要的可再生能源主要分布在西南地区。新型能源资源，如风能和太阳能，大多分布在西部地区。在绿色技术发展方面，技术较为先进的城市通常是经济较为繁荣且行政级别较高的大都市，这些城市在东部地区较为集中。从需求侧来看，东部沿海地区是我国能源消耗的主要市场，尽管这些地区的绿色技术发展水平较为先进，但能源资源却相对不足。而在中西部地区，尽管能源资源较为丰富，但绿色技术的应用水平相对落后，因此这些地区对于采用先进绿色技术以提高碳排放效率的需求更为迫切。这就导致了能源资源的分布呈现明显的供需矛盾。

基于这一现实矛盾，通过区域之间的协同战略，我国形成了在能源、产业之间密切的供需匹配关系，以及有利于优化能源资源配置的一系列战略，包括西气东输、西煤东运、西电东送等方面的基础设施建设。此外，由于能源资源分布的不均衡，各地区根据自身的特点逐步发展出了具有地方优势的产业，区域之间的经济互补性日渐显现。与此同时，这种不均衡也导致了区域之间碳排放的大规模转移。这些既有的区域

能源关联、产业关联及碳排放关联为区域协同实现碳中和提供了坚实的基础。

（二）区域协同碳中和的可行路径

鉴于区域协同碳中和的现实基础，区域协同碳中和的实现路径大体上可以从低碳经济、重大区域发展战略两个维度进行考量。

积极推进区域低碳经济一体化，即在特定的区域空间内，以低碳经济为导向，建立多元融合的区域发展新模式，目的是提高能源使用效率，增强区域内的减排合作，推动区域向低碳乃至零碳发展，并实现可持续发展（孙即才和蒋庆哲，2021）。区域低碳经济一体化不仅仅局限于个别行业或领域的低碳化，而是一个全局性、系统性的低碳转型工程。这个工程包括政策体系与规划布局的顶层设计、能源结构的转型、产业结构的调整、碳资产的保值与增值、绿色技术的创新、碳中和示范园区的建立及区域间的多样化合作等多个重要方面。以上领域的共同推进，不仅有助于推动能源结构的优化，促进产业发展的转型，建立新型的区域减排模式，形成新的经济增长动力，而且有助于塑造新的绿色发展模式，促进区域的和谐共生，为碳中和的实现提供坚实支撑。

强化重大区域发展战略的绿色发展。党的十八大以来，中国推出了包括京津冀协同发展、长江经济带发展、粤港澳大湾区建设、长三角一体化发展、黄河流域生态保护和高质量发展等一系列区域重大战略，这些战略的实施充分考虑了国土空间的多样性及区域间的巨大差异，旨在促进战略重点区域的快速发展，并在全国区域经济发展格局中发挥其示范带头和扩散推动的功能。根据区域协同碳中和发展的目标要求，在持续深入实施重大区域发展战略的过程中，要因地制宜地推动绿碳转型发展，建设美丽中国先行区。通过长三角、珠三角、粤港澳大湾区等区域间的一体化发展，打造世界级绿色低碳产业集群，率先推动经济社会发展全面绿色转型。

本章总结

作为新时代中国特色社会主义事业的重要发展战略，碳中和与城乡融合发展相互依托、相辅相成，城乡融合发展是实现碳中和的有力支撑，碳中和是助推城乡融合发展的重要动力。城市作为能源消费的主体和温室气体排放的主要来源，碳中和城市将是实现碳中和目标的关键和重难点，与此同时，乡村不仅蕴含巨大的碳减排潜力，同时拥有丰富的太阳能、风能等可再生能源，这些资源的开发和利用对实现碳中和具有重要意义。因此，碳中和社会的实现需要坚持城乡关联的视角，以发展型的城乡关系为基础，促进城乡要素平等交换、双向流动，共同推进绿色低碳发展。

思考题

1. 简述在城乡融合发展中，如何实现碳中和目标?
2. 在碳中和的背景下，如何平衡城市与乡村的发展需求?
3. 谈谈如何在城市规划与建设中融入碳中和理念，以实现低碳、绿色、可持续的城市发展。
4. 简述乡村在减排固碳和可再生能源开发方面有哪些潜力。
5. 谈谈如何推动城乡绿色低碳发展，从而实现碳中和与城乡融合发展的双赢。

参考文献

[1] 汪军. 碳中和城市 [M]. 上海: 华东理工大学出版社, 2023.
[2] 丁彩霞. 理论·实践·政策: 我国农村实现"双碳"目标的三维视角 [J]. 广西社会科学, 2022, (04): 1-7.
[3] 郭豪, 杨秀, 张晓灵, 等. 城市绿色低碳发展国际经验及启示 [J]. 环境保护, 2023, 51 (03): 66-70.
[4] 何可, 张俊飚. "双碳"目标下的乡村生态建设: 现实基础、主要问题与实现路径 [J]. 世界农业, 2024, (04): 38-49.
[5] 何雪松. 城乡社会学: 观察中国社会转型的一个视角 [J]. 南京社会科学, 2019, (01): 83-88.
[6] 霍宏伟. 欧盟乡村绿色低碳能源系统研发应用的经验与启示 [J]. 全球科技经济瞭望, 2022, 37 (10): 55-60.
[7] 蒋长流, 江成涛, 杨逸凡. 新型城镇化低碳发展转型及其合规要素识别——基于典型城市低碳发展转型比较研究 [J]. 改革与战略, 2021, 37 (03): 66-77.

［8］ 金书秦，林煜，牛坤玉．以低碳带动农业绿色转型：中国农业碳排放特征及其减排路径［J］．改革，2021，（05）：29-37.

［9］ 李春慧，胡林，王晓宁，等．基于"双碳"目标的城乡规划策略［J］．规划师，2022，38（01）：12-16.

［10］ 罗浩轩．中国农业农村碳排放趋势测算及实现碳中和政策路线图研究［J］．广西社会科学，2023，（02）：121-131.

［11］ 齐晔，蔡琴．碳中和背景下的城市治理创新［J］．治理研究，2021，37（06）：88-98.

［12］ 孙方．中国式现代化视野下城乡融合发展研究［J］．理论学刊，2023（06）：152-158.

［13］ 孙即才，蒋庆哲．碳达峰碳中和视角下区域低碳经济一体化发展研究：战略意蕴与策略选择［J］．求是学刊，2021，48（05）：36-43+169.

［14］ 王志成，马吕斯·西尔维斯特森，埃米尔·弗雷德里克，等．哥本哈根宜居理念和城建模式［J］．住宅与房地产，2022，（11）：75-80.

［15］ 叶红，程露，何嘉琪，等．"碳中和-新乡村"视角下广东乡村分布式光伏构建模式探索［J］．南方建筑，2021，（04）：74-81.

［16］ 叶林，邓睿彬．城市绿色治理何以可能？——"双碳"目标下的城市治理转型［J］．同济大学学报（社会科学版），2023，34（03）：79-87.

［17］ 喻智健，龚亚珍，郑适．中国农业农村碳中和：理论逻辑、实践路径与政策取向［J］．经济体制改革，2022，（06）：74-81.

［18］ 张莹，吉治璇，潘家华．"双碳"目标下的经济社会系统性变革：特征、要求与路径［J］．北京工业大学学报（社会科学版），2024，24（01）：101-115.

［19］ 张薇，公丕芹．"双碳"背景下加快绿色低碳技术推广应用［J］．宏观经济管理，2023，（06）：35-41+90.

［20］ 张意翔，成金华，徐卓程．绿色创新是否适应气候变化：中国专利和GHG排放数据的实证［J］．中国人口·资源与环境，2021，31（01）：48-56.

［21］ 张友国，白羽洁．区域协同低碳发展的基础与路径［J］．China Economist，2022，17（02）：69-92.

［22］ 赵敏娟，石锐，姚柳杨．中国农业碳中和目标分析与实现路径［J］．农业经济问题，2022，（09）：24-34.

［23］ 周冯琦，尚勇敏．碳中和目标下中国城市绿色转型的内涵特征与实现路径［J］．社会科学，2022，（01）：51-61.

［24］ 周会祥．我国超大型城市碳达峰碳中和发展模式比较研究［J］．北京联合大学学报（人文社会科学版），2023，21（02）：114-124.

［25］ Liu Z, Cai B F. High-resolution Carbon Emissions Data for Chinese Cities [R]. Belfer Center for Science and International Affairs. 2018.

［26］ USGBC．奥雅纳．城市建设碳中和白皮书［R］．2021.

［27］ 国家统计局．中华人民共和国2023年国民经济和社会发展统计公报［R］．2024.

［28］ 纽约市长可持续发展办公室（MOS），爱迪生电气公司，国家电网．迈向碳中和的纽约之路（Pathways to Carbon-Neutral NYC）［R］．2021.

第七章
碳中和与经济发展

中国共产党第二十届中央委员会第三次全体会议（党的二十届三中全会）强调，要实施支持绿色低碳发展的财税、金融、投资、价格政策和标准体系，发展绿色低碳产业，健全绿色消费激励机制，促进绿色低碳循环发展经济体系建设。无疑，绿色化低碳化已经成为现代产业发展的主旋律。只有在促进经济增长的同时，努力推动碳中和技术创新、提高要素配置效率、优化能源结构和产业结构，把握好碳中和与经济发展之间的平衡，才能有效实现社会经济的绿色低碳转型。因此，在高质量发展目标下，碳中和与经济发展之间是相互促进、相互支撑的关系，并非此消彼长，处理好两者之间的关系是我国推进绿色低碳发展战略、实现人与自然和谐共生的必然要求。

第一节
碳中和约束下的经济发展

本节主要从发展中的增长与减排平衡、转型中的供给与需求平衡、减碳中的成本与收益平衡、激励中的政府与市场平衡四个方面，深入阐释碳中和约束下的经济发展逻辑。

一、发展中的增长与减排平衡

（一）人类社会发展的理论依据

1. 人类社会发展逻辑变迁

马克思基于人与动物的区别探讨了人类的生存特性："当人们自己开始生产他们所必需的生活资料的时候，他们就开始把自己和动物区别开来。人们生产他们所必需的生活资料，同时也就间接地生产他们的物质生活本身。"在马克思看来，人类社会经济发展的基本逻辑是以人为出发点或以人为中心处理人与自然之间关系的逻辑。随着生产力的发展和劳动能力的提高，人类能够逐渐掌握和控制自然资源，从而实现对自然的主动改造和利用，人与自然的关系也相应地从人屈服于自然的关系逐步转变到可以控制自然的关系。在自然平衡的范围内，传统经济发展逻辑具有无限的潜力。然而，一旦超出了自然平衡的限度，传统经济发展模式将遭遇瓶颈，进一步的发展可能会威胁人类自身的生存，甚至导致灭亡。

人类发展历史中形成的传统经济发展逻辑，突显了人类在与自然关系中的主导地位，以及与自然相对立的核心观念（乔榛，2022）。为了调整这一发展逻辑，必须建立一种新的共同体发展模式，将自然纳入共同体范畴，促进人与自然的和谐相处，并引领新的经济发展逻辑的演变。碳中和目标的提出不仅抓住了解决自然环境和生态系统破坏严重问题的关键，而且也提供了一条修正人类社会经济发展逻辑的正确道路，致力于实现发展与环保的平衡（张永生，2020）。碳中和目标下的经济发展逻辑是以碳减排和碳捕获为具体目标，由相关技术推动的绿色发展模式。这一发展逻辑强调自然不是人类获得生活资料的富源之地，要求把人类的经济活动限定在自然平衡的阈值内，使人类与自然和谐相处，以维持自然的平衡来达到人类生存的可持续性。

2. 发展逻辑变迁下增长动力的转变

传统发展理论将经济增长视为唯一的衡量标准，夸大了物质商品和市场化服务的消费对福祉的作用，进而忽视了环境资源的有限性和生态系统的脆弱性（Richins和Dawson，1992）。索洛经济增长模型（Solow growth model）将劳动增长率、资本增长率、全要素生产率增速视为构成一个国家经济增长速度的动力源泉，然而，过度依赖要素投入实现经济快速发展，形成了"高投入、高消耗、高排放"的粗放型增长模式，不仅导致了资源和能源供应紧张，而且造成了严重的环境污染和生态破坏。

在碳中和这一全球共识的指引下，全球经济发展模式正逐渐形成"以可持续发展为核心"的全新逻辑（朱民等，2023）。这一逻辑打破了过去"两极化"的发展模式，旨在实现经济增长与环境保护的良性循环，着力推进要素—效率—创新驱动经济发展的新模式。在过去的经济发展模式中，企业主要通过不断扩大生产规模，利用规模经济的优势实现利润的快速积累。然而，过度的资源消耗和排放可能带来长期的环境压力和社会问题。随着社会对可持续发展的关注度提高，企业逐渐开始注重资源的有效利用和精细化管理来提高资源利用效率，以降低生产成本和环境负荷。随着清洁技术和可再生能源的兴起，传统高碳产业将逐渐减少，而新兴产业如新能源、生态旅游、环保服务等将蓬勃发展，为经济结构优化和产业升级提供了重要契机。在碳中和目标的激励下，企业将更多要素投入研发和创新活动，通过推动新技术的发展、新产品的涌现，为经济发展注入新动力。

3. 高质量发展指标体系构建与综合评价

发展的根本目的是提高人们的福祉，而以国内生产总值（GDP）为衡量标准的经济发展是一种高度依赖物质资源投入和高排放的传统增长范式，必然导致全球范围资源争夺加剧和环境不可持续。因此，需要重新审视基本的价值理论、重构效用函数以反映偏好的变化，并体现"超越GDP"的基于福祉的价值观念（Stiglitz等，2018）。

构建高质量发展的指标体系和综合评价框架对引领经济高质量发展具有重要意义。该指标体系需要综合考虑经济、社会、环境等多个维度，以全面、科学地评价经济增长的可持续性（图7-1）。其中，经济维度主要将GDP增长率、产业结构优化程度、创新能力等指标作为考量对象，社会维度主要考虑收入分配公平性、社会福利、就业质量及居民生活水平等系列因素，环境维度则着重关注资源利用效率、环境污染治理效果及生态平衡和保护等方面。

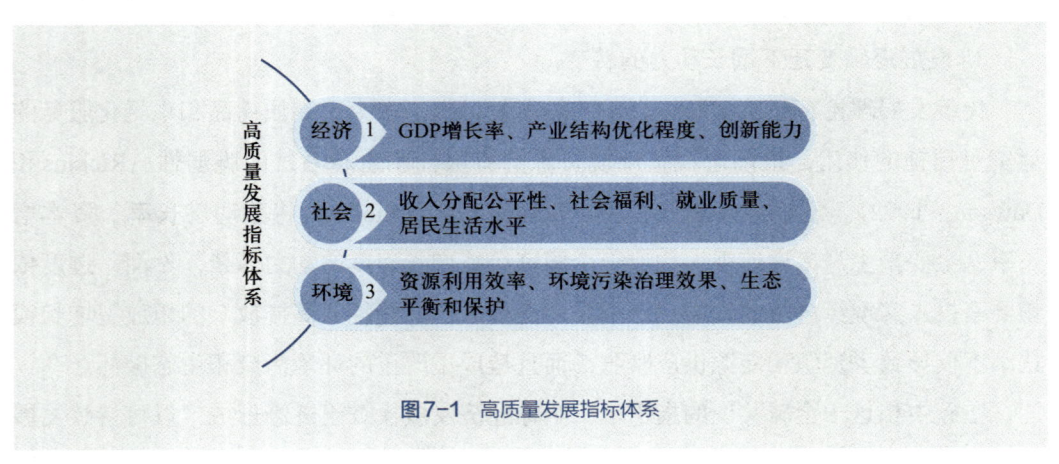

图7-1 高质量发展指标体系

（二）高质量发展下的经济增长

1. 理论基础

对宏观经济增长的认识起源于索洛经济增长模型，它阐释了外生因素对经济增长的推动作用，利用连续的总生产函数描绘各种驱动因素，并勾勒出平衡增长路径。罗默的内生增长理论深化了这一观点，将技术进步视为知识积累的内生化过程，强调了研发投资和知识创新的重要性。碳中和转型所引发的技术变革不再受限于连续总生产函数的范畴，而是通过为新组合建立新的生产函数，逐步替代原有旧组合的生产函数，从而实现生产函数的结构性变化，这种变化就是所谓的"创造性破坏"。熊彼特也认为，创新不仅仅是对生产函数进行边际改进，而是创建全新的生产资料组合（即新的生产函数），并引入新的生产体系。创新包括新产品的制造、新生产模式的采用、新的原材料或半成品供应源的使用及新的工业组织形式的应用等方面。在这种情况下，新组合将通过竞争逐渐淘汰旧组合，从而通过"创造性破坏"推动经济发展（鲍健强等，2008）。

2. 增长路径

要想实现碳中和进程中的经济高质量增长，就要实现经济增长需求与化石能源消费和高碳电力消费的"双脱钩"。而碳中和带来的发展范式转型远不只是通过零碳技术促使排放与增长脱钩，还包括改变资源配置、生产、流通、消费和分配的模式，以及社会价值观等方面的系统性重塑。

随着低碳技术的广泛应用，新的应用场景不断涌现，这将为经济发展带来更广泛的利益，并推动产业升级和结构优化。低碳产业的"创造性破坏"颠覆了传统产业，尤其是高碳产业，可能导致大量已投资资产的废弃和大规模失业。然而，全球碳中和的共识和各国行动方案为低碳产业创造了巨大的潜在需求。政府的补贴政策、碳市场等措施提供了直接的经济激励和积极的预期，促进了低碳产业的快速创新，带来了大量有利可图的新投资需求和全产业链上的就业岗位，进而推动了经济增长。随着碳中和转型的推进，产业链上下游结构将发生变化，能源进口格局也将逐步优化。低碳产业的迅速发展极大提升了出口竞争力，新能源汽车逐渐取代了传统合资或进口品牌，为经济发展带来新的动力。

（三）长期稳定增长下的科学减排

1. 基本概念

碳减排是一项重要的环境保护举措，旨在减少人类在各种生产和生活活动中释放到环境中的二氧化碳等温室气体。这不仅是一个理论概念，更是建立在特定社会经济发展阶段、能源资源情况、科技水平和创新能力、社会意识和体制能力等多重因素基础上的一种发展模式（付允等，2008）。工业革命以来，人类活动大量排放温室气体，引发了温室效应，导致全球变暖等一系列气候问题。因此，采取碳减排措施成为全球应对气候变化的重要手段。

在这一背景下，中国作为世界上最大的温室气体排放国之一，也积极响应全球环保号召。习近平在2020年9月的联合国大会一般性辩论上宣布，中国将提高国家自主贡献力度，采取更加有力的政策和措施，二氧化碳排放力争于2030年前达到峰值，并努力争取2060年前实现碳中和。这一承诺不仅展现了中国对国际社会的责任担当，更是在国内推动环境保护事业的积极举措，这意味着中国将进一步加强碳减排工作力度，为全球减缓气候变化、保护地球家园作出更大贡献。

2. 减排路径

统筹设计和优化全球碳减排路径是减缓气候变化最基础、最重要的问题之一。具体而言，碳减排路径需要考虑以下两个问题。

第一，减排的时间安排。优化减排时机涉及投资时间的优先偏好，需要平衡时间分配，并考虑自然风险的"过冲"效应。由于路径优化和自然损害的货币化具有巨大的不确定性，很难全面比较哪种路径更经济。但对于将温升控制在1.8~2.0 ℃这样相对宽松的目标而言，早期减排通常会带来更大的收益。早期减排路径虽然可能会面临更大的减排压力和社会经济系统转型风险，但是可以为后续减排争取一定的空间。早期减排所节省的碳预算可能用于技术学习和进步，也可能成为形成应对气候变化的政治和社会共识的良机。

第二，减排程度的高低。减排程度关乎全球累积二氧化碳排放量，而这与全球温升控制目标息息相关。《巴黎协定》明确提出了全球气候治理的长期温控目标，即将全球平均气温较工业化前水平的上升幅度控制在2 ℃之内，并努力控制在1.5 ℃之内。就短期减排而言，实现1.5 ℃目标所需的减排力度、资金投入和转型难度均远高于2 ℃目标。而从长期宏观经济的视角来看，劳动生产率、农业产出等经济要素与温度存在"倒U"形曲线的关系。一旦温度超过拐点，全球经济将遭受非线性的负面冲击。因此，确定合适的温升控制目标需谨慎权衡长期气候变化的自然风险与短期系统减排的转型风险。

3. 科学减排与经济增长的协同发展策略

科学减排与经济增长的协同发展要求在生产过程中的多个关键领域进行深入和协同推进，这里主要包括能源要素高效化配置、废物资源循环化利用、清洁能源持续化推广及绿色技术创新化发展。首先，能源要素高效化配置作为科学减排与经济增长协同发展的核心任务，不仅可以降低生产成本，还可以减少能源消耗和碳排放，进而实现减排与经济增长的双赢。其次，废物资源循环化利用是循环经济的重要体现，通过创新回收技术和管理方式，将废物转化为有价值的资源，既减少了资源浪费，降低了环境污染，又促进了资源的高效利用，为经济增长注入了绿色动力。再次，清洁能源持续化推广通过普及和扩大清洁能源的使用，进一步减少对传统能源的依赖，进而带动产业升级，创造绿色就业机会，为经济增长提供新的增长点。最后，绿色技术创新化发展是推动整个策略实施的关键引擎，通过研发和应用环保技术，企业能够提升生产过程的绿色程度，进而实现"创造性破坏"。这种创新不仅能够提升企业的环保性能，减少对环境的负面影响，还能形成自我优势，提升企业的竞争力。

二、转型中的供给与需求平衡

本节着重探讨低碳转型过程中供需关系所面临的挑战，特别是低碳转型的供需矛盾。通过深入剖析供给侧和需求侧在碳减排方面的关键问题，提出相应的策略建议，旨在寻求在推动低碳转型过程中实现供需平衡的有效路径（图7-2）。

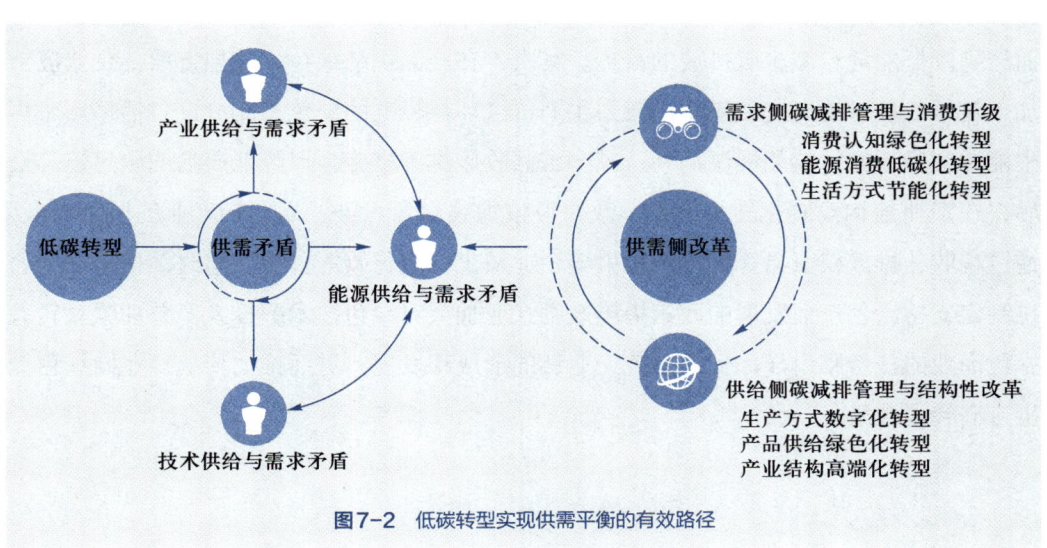

图7-2 低碳转型实现供需平衡的有效路径

（一）低碳转型面临的供给与需求矛盾

低碳转型面临的供给与需求矛盾主要表现在以下三个方面。

第一，能源供给与需求矛盾。随着经济增长和城市化进程加快，中国的能源需求不断增加，但清洁能源的供给仍然不足。传统的煤炭能源仍然占据主导地位，而清洁能源如太阳能和风能等在能源结构中的比重相对较低。

第二，技术供给与需求矛盾。低碳转型需要包括节能减排技术、清洁能源技术、碳捕集与封存技术等在内的大量绿色技术的支持。然而，目前这些技术的研发和应用还不够成熟，供给能力相对不足，与市场需求之间存在一定矛盾。

第三，产业供给与需求矛盾。传统高碳产业仍然占据中国经济的主导地位，而低碳产业发展相对滞后。

（二）供给侧碳减排管理与结构性改革

在经济新常态背景下，《"十三五"节能减排综合性工作方案》对未来五年全国节能减排工作作出了全面部署和细致安排，强调把节能减排作为供给侧结构性改革的重要抓手，综合统筹结构调整、技术进步、管理提升等一系列具体任务。供给侧的碳减排管理主要依赖能源利用效率提升和能源结构优化，关注低碳技术在产品周期中的运用（黄震和谢晓敏，2021），主要是从生产方式数字化转型、产品供给绿色化转型和产业结构高端化转型三个方面展开重要举措。

首先，在生产方式数字化转型方面，企业可借助物联网、大数据分析等数字技术实现生产过程的智能化管理，通过精准监测能源消耗、排放情况，优化生产流程，进而达到降低能耗和减少碳排放的目标。其次，在产品供给绿色化转型方面，企业应当加大对绿色技术的研发和应用，着力生产符合环保标准的绿色产品，这包括采用可再生能源、降低原材料和能源消耗、减少或回收废物等措施，以降低产品的碳足迹。最后，在产业结构高端化转型方面，政府应该加强对高污染、高能耗产业的监管力度，通过税收、排放权交易等经济手段引导企业减少二氧化碳的排放。同时，相关部门通过制定支持绿色产业发展的政策措施鼓励企业加大对绿色技术的投入，并加强对新兴绿色产业的扶持和引导，促进绿色产业链的形成和发展，进而推动传统产业向绿色低碳方向转型升级。

（三）需求侧碳减排管理与消费升级

需求侧的碳减排管理主要是对终端用能的综合管理，依赖消费者的行为管理从而推进能源消费的转型（刘文玲等，2022）。不同于供给侧碳中和路线对低碳技术的强调和关注，需求侧碳减排管理主要涉及政府部门、监管机构、生产部门和终端用户四个主体，要求各个主体在各个环节上协同参与，以尽可能降低每一环节的碳排放。因此，需求侧碳减排管理与消费升级主要涉及消费认知绿色化转型、能源消费低碳化转型和生活方式节能化转型三个方面。

首先，在消费认知绿色化转型方面，教育宣传是关键，政府和社会组织可以通过宣传教育活动提高公众对绿色消费的认识，进而引导消费者选择环保产品、支持绿色企业。同时，企业也可以通过品牌营销和消费者教育培养消费者形成绿色消费习惯，引导消费者理性消费。其次，在能源消费低碳化转型方面，政府可以通过加大对清洁能源的扶持和投入，降低清洁能源的成本，鼓励企业和居民使用清洁能源，减少对高碳能源的依赖。同时，各经济主体通过推广能源节约技术和设备，提高能源利用效率，进而实现能源结构转型。最后，生活方式节能化转型是实现碳减排的重要途径之一。政府可以通过立法、政策制定等手段，推动节能环保意识在社会上的普及。例如，鼓励居民采用节能家电、绿色出行方式，倡导低碳生活方式。同时，社会组织和媒体可以开展节能环保宣传活动，引导公众采取节能减排行动，推动生活方式的节能化转型。

（四）调节供需平衡的绿色机制

绿色生产与消费、绿色供给与需求是市场经济的对立统一体，片面强调任何一方面，都有可能导致供需不平衡，影响低碳发展目标的实现。因此，供需双侧协调绿色低碳发展是推动碳中和目标实现的关键路径，能源系统的绿色转型和深度脱碳必须解决供给与需求之间的矛盾。而调节供需平衡的绿色机制需要企业、消费者、政府和市场多个维度共同参与，形成良性互动，共同推动经济向绿色、可持续的方向发展。

首先，企业作为绿色技术的创新引擎，承担推动绿色供给的责任和使命。通过不断投入研发资金，探索环保技术，提高生产效率和产品质量，企业可以满足消费者对环保产品的需求，促进绿色供给的形成。居民低碳实践受到供给侧的约束和限制，但反过来，居民消费也对供给系统变革具有倒逼和推动作用。消费者的绿色需求扩展与延伸，可以通过购买环保产品、支持绿色品牌等方式，倒逼企业加大对环保技术的应用和推广，形成消费驱动的绿色供给机制。其次，政府在环保标准和政策导向方面扮演重要角色。政府通过立法、政策制定等手段，引导企业加大对环保技术的研发投入，推动绿色供给的转型和升级。同时，政府还可以设立环保奖励机制、税收优惠政策等，激励企业积极参与环保行动，推动绿色产业的快速发展。最后，市场作为资源配置的平台和调节机制，需要建立健全的绿色交易体系。通过建立碳排放权交易市场、绿色认证制度等，市场可以提供清晰的价格信号和激励机制，引导企业和消费者朝着绿色、低碳的方向发展。同时，市场的竞争机制也可以促进绿色技术的创新和应用，推动绿色供给与需求的动态平衡。

三、减碳中的成本与收益平衡

（一）减碳路径的基本特征

减碳路径是实现减少碳排放并逐步过渡到低碳经济的战略规划和执行过程（仇保兴，2009）。科学减碳是在实现碳排放削减的同时，确保安全韧性、成本趋降性、进口替代性和市场主体动员性等方面的综合考量（图7-3）。

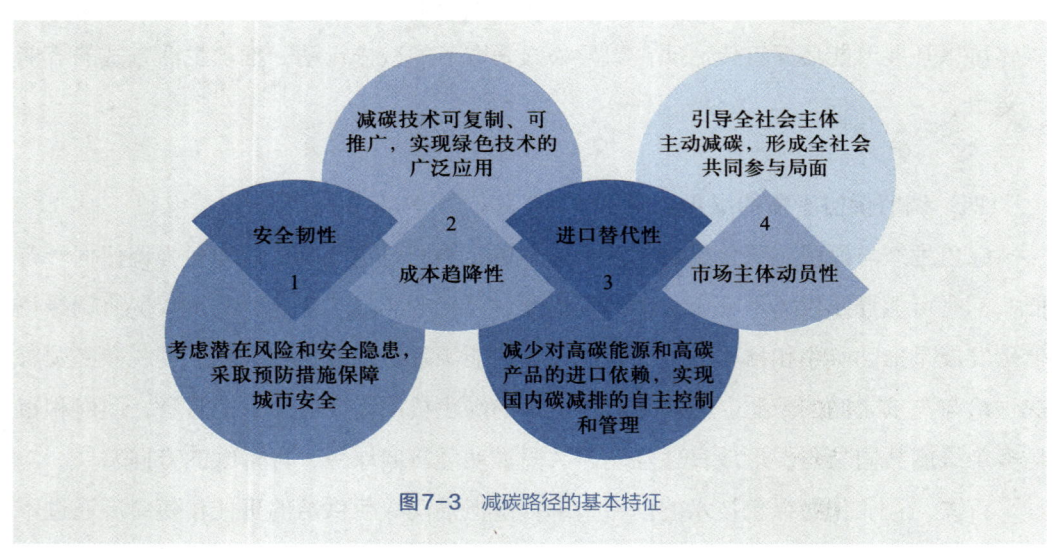

图7-3　减碳路径的基本特征

1. 安全韧性

在城市减碳过程中，确保安全性至关重要。减碳技术的选择和应用必须具备应对各种内外部风险和挑战的能力，这意味着在减排措施实施的同时，必须考虑可能产生的风险和安全隐患，并采取相应的预防和控制措施，确保城市运行的安全稳定。例如，在推广电动汽车和可再生能源等低碳技术时，需要确保电池的安全性和可靠性，以及电力系统的稳定性，避免因技术故障或事故引发安全问题。因此，"没有安全一切为零"的理念在城市减碳过程中至关重要，只有确保技术的安全性和可靠性，才能保障城市的可持续发展和居民的生活质量。

2. 成本趋降性

减碳路线所采用的技术应具备可复制和可推广的特点，以实现在不同城市和地区的广泛应用，进而逐步降低碳减排的成本，实现经济收益和环境收益的双赢。成本趋降性的实现需要依靠技术进步、规模效应和市场竞争等因素的共同作用。例如，随着电动汽车技术的不断成熟和市场规模的扩大，电动汽车的生产成本和购买成本不断下降，逐渐接近甚至低于传统燃油汽车，从而推动了电动汽车的普及和应用。因此，应当充分利用市场机制和激励措施，促进低碳技术和清洁能源的发展和普及，降低减排成本，为城市和地区的可持续发展提供有效支撑。

3. 进口替代性

中国作为全球最大的石油进口国和天然气进口国，其能源过度依赖进口问题备受关注。随着中国工业化和城镇化进程的加速，能源需求不断增长，而传统能源等仍占据主导地位。因此，在推动碳减排的过程中，应当通过增加国内低碳技术和清洁能源的生产和使用，减少对高碳能源和高碳产品的进口依赖，实现国内碳减排的自主控制和管理。

4. 市场主体动员性

城市是经济、社会和文化活动的中心，也是能源消耗和碳排放的重要来源。在城市化进程中，能源需求不断增长，碳排放量也随之增加，给环境和气候带来巨大压力。以城市为主体的减碳路径，可以充分调动企业、市场和社会各界的积极性和创造性，引导市民和企业等社会、市场主体主动减碳，进而形成全社会共同参与的局面。因此，城市作为"双碳"主体，可以通过制定环境政策、加强监督管理、推广绿色技术等手段，引导公众树立低碳意识，积极参与减碳行动，激发全社会的减碳动力，促进碳减排目标的实现。

（二）减碳的成本与收益分析

在推进碳减排的进程中，初期阶段确实可能面临一些投资和结构调整的额外成本，但这正是向可持续未来迈进的必要投资。随着低碳技术的广泛应用和推广，这些短期成本逐渐被长期的收益和经济收益抵销（李平，2011）。低碳策略不仅显著改善了环境质量、减少了污染，而且往往伴随着经济收益的显著提升。通过减碳的成本与收益分析（图7-4），可以发现减碳不仅是一项履行环保义务的举措，更是长远经济规划中的智慧体现，它实现了环境保护与经济效益的双重考量，是兼顾可持续发展的明智选择。

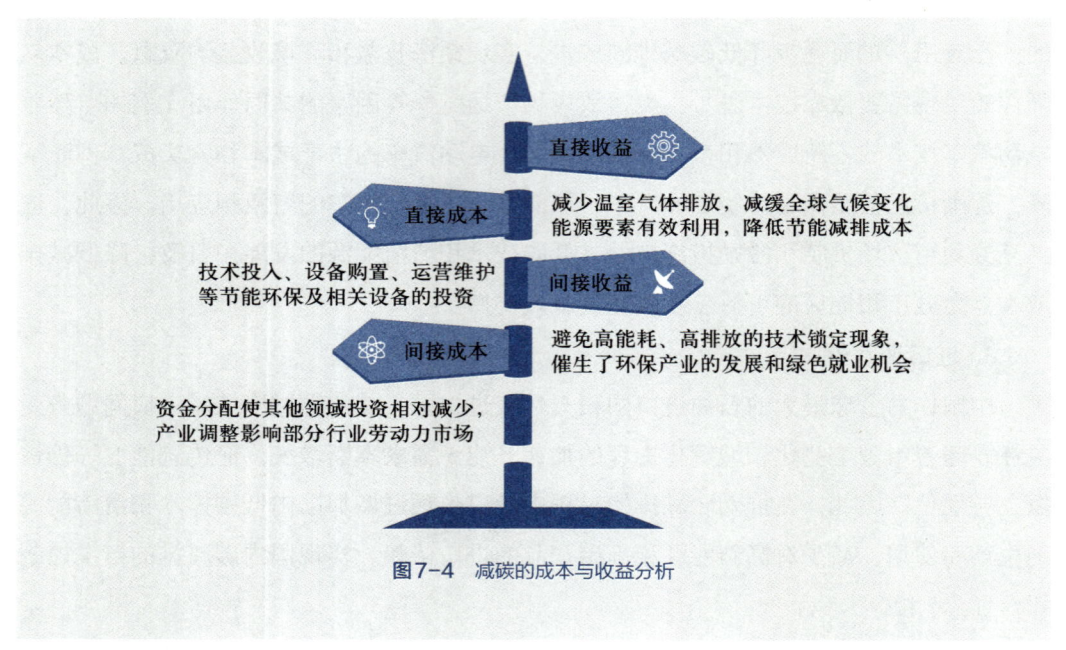

图7-4　减碳的成本与收益分析

1. 成本分析

低碳转型的成本涉及减碳措施的实施所需的直接和间接成本（林美顺，2016）。直接成本主要是各经济主体采用节能环保技术及相关设备的投资，其中包括技术投入、设备购置、运营维护等，这些都是为了实现减排目标所必需的硬性支出。间接成本则涉及减碳措施所带来更广泛的经济影响，包括资金分配及产业结构调整所带来的潜在的宏观经济损失。从全社会资源配置角度出发，增加企业节能环保投资必然会导致其他领域的投资相对减少，因此能源行业尤其是传统化石能源行业的增长会受到一定限制。此外，碳达峰、碳中和促使产业结构进行深度调整，对高耗能、高排放行业进行升级改造，对"双高"行业及其上下游行业劳动者就业、收入和消费均产生一定的影响。

2. 收益分析

低碳转型本质上是通过降低能源消耗和减少温室气体排放，实现生产的可持续性。由于环境收益难以直接转化为货币收益，减排的外部性不明显，因此低碳转型的直接收益主要体现在节省能源带来的成本降低。除了能源成本降低直接收益，低碳技术的使用又能避免高能耗、高排放的技术锁定现象。在中国，快速的工业化和城镇化进程推动了电力、钢铁、水泥、石化、有色金属等高能耗、高排放行业的迅速扩张，这些行业的固定资产投资具有长期性，如果这类设备的能源利用效率低、排放问题突出，那么它们的高能耗和排放特性将长期存在，对长远发展构成阻碍。此外，低碳转型虽然可能导致部分高能耗行业的岗位调整，造成就业流失，但它也催生了环保产业的发展和绿色就业机会。

3. 减碳中降本增效的实施路径

在减碳路径中，关键策略包括政策补贴、绿色金融和技术创新。政府通过"零碳"财政政策，提供直接或间接补贴，如对清洁能源、能效设备和绿色建筑给予税收优惠、补贴或低息贷款，这有助于降低绿色项目的初始投资，促使企业快速转向低碳生产，从而节省成本。金融机构应发展绿色金融，如绿色信贷、债券和碳金融，为低碳技术与基础设施提供资金，这不仅能降低企业融资成本，还能引导资金流向低碳领域，推动全社会减排。技术创新是降低成本、提高效率的核心，政府和企业需加大在清洁能源技术、碳捕集与封存，以及能源利用效率提高方面的研发投入，以推动技术进步。新技术的应用不仅能减少能源消耗，提高效率，降低生产成本，还能催生新的商业模式和经济增长点，为经济绿色转型注入动力。

四、激励中的政府与市场平衡

（一）政府角色在减排中的激励作用

政府凭借立法、监管和执行等多元职能，能够通过制定严格的环保法规、实施碳税制度及构建碳排放权交易体系等策略直接干预企业运营，促使各经济主体采取一系列减排措施（焦建玲等，2017）。这些政策作为强制性的市场规则，推动了企业减排意识的提升和实际行动的实施。因此，政府在碳减排进程中扮演核心驱动和激励的角色。具体而言，政府的激励作用体现在引导经济主体进行绿色转型，填补低碳转型的资金需求，以及维护一个公平公正的市场竞争环境，从而促进整体的碳排放减少（图7-5）。

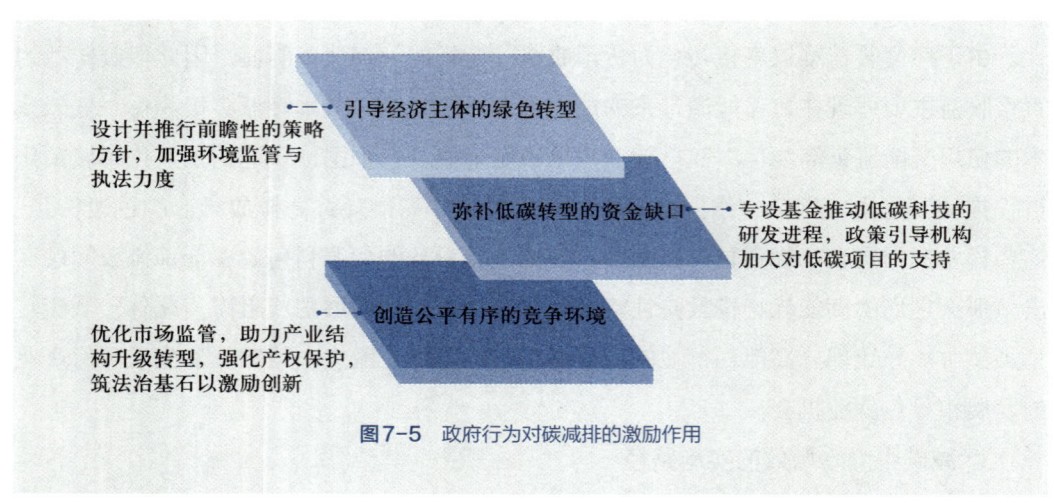

引导经济主体的绿色转型

设计并推行前瞻性的策略方针，加强环境监管与执法力度

弥补低碳转型的资金缺口

专设基金推动低碳科技的研发进程，政策引导机构加大对低碳项目的支持

优化市场监管，助力产业结构升级转型，强化产权保护，筑法治基石以激励创新

创造公平有序的竞争环境

图7-5 政府行为对碳减排的激励作用

1. 引导经济主体的绿色转型

政府在引导经济主体迈向绿色经济转型中扮演决定性的角色。它通过制定和执行一系列前瞻性的政策，如环保税收政策、碳排放权交易体系等，为企业的低碳转型提供了明确的发展导向。这些政策不仅调整了市场机制，还要求企业主动寻求绿色技术和生产方式，以适应可持续发展的要求。同时，政府强化环境监管和执法力度确保企业严格遵守环保法规，并承担起应有的环境保护责任，这不仅有助于遏制环境污染，还促进了绿色生产和消费模式的普及和深化，从而在整个社会范围内推动绿色经济的全面转型。

2. 弥补低碳转型的资金缺口

在低碳转型初期，低碳技术的研发、绿色项目的实施及环保基础设施的建设等的初期投入和潜在风险往往超出了企业的财务承受能力，这在一定程度上限制了企业主动参与低碳发展的积极性，而政府能在一定程度上弥补这一资金缺口。政府通过设立专项基金用于低碳技术的研发、绿色项目的实施，以及相关环保基础设施的建设，为企业的低碳转型提供直接的资金支持，并通过政策引导，促使金融机构加大对低碳项目的信贷支持和投资，降低企业的融资成本，确保它们在转型过程中拥有稳定的资金来源。此外，政府还积极倡导国际合作，通过吸引国际资本参与低碳项目，拓宽资金来源，增强全球减排合力。这种国际合作不仅有助于引入先进的技术和管理经验，还能增强国内企业的国际竞争力，共同推动全球碳排放目标的实现。

3. 创造公平有序的竞争环境

政府致力于创造公平且有序的竞争环境，为低碳企业的发展提供了坚实的基础。一方面，政府构建完善的市场监管体系，引导产业结构的优化升级，通过制定和执行具有前瞻性的产业政策限制碳排放密集型产业的过度扩张，并以严格的法规和执法坚决打击任何形式的不正当竞争行为，为绿色企业的发展提供一个公正的市场秩序，保障其合法权益不受侵犯。另一方面，知识产权保护是创新的关键驱动力。政府部门对绿色技术知识产权的保护，为企业的技术创新提供法律保障，激励企业加大在绿色技术研发和创新上的投入，提升企业的核心竞争力，使其在绿色市场中占据优势地位。

(二) 市场机制在减排中的激励作用

市场运行由供求双方共同决定，表现为均衡与非均衡交替、循环的过程。减排市场运行也具有这个特点，实践过程中呈现市场自发或政策创造的非均衡，并形成了减排激励。市场机制作为经济活动的核心驱动力，以供需关系和价格机制为基石，通过创新碳管理工具，如碳排放权交易和碳税等，将环境责任内化为企业日常运营的考量因素（吴茵茵等，2021）。碳交易市场通过设定碳排放配额，让企业之间在市场上买卖碳排放权，这不仅激发了企业的竞争意识，还鼓励它们寻求更高效、更环保的生产方式。清洁技术的研发和应用在这个过程中得到了市场的直接推动，企业为了降低成本、提高收益，不断优化技术，降低减排的边际成本，从而提升整体的减排绩效。这种机制促使企业主动寻求减排策略，将环保责任与经济收益相结合，形成绿色发展的内在动力。因此，市场激励作用主要体现在唤醒企业的市场主体意识、降低行业之间的总体减排成本，以及引导碳中和战略的长期预期三个方面（图7-6）。

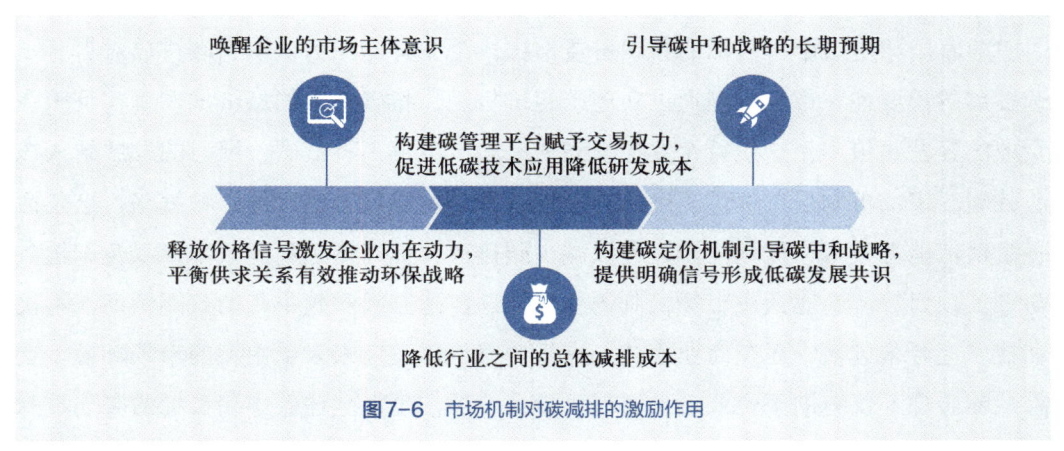

图7-6 市场机制对碳减排的激励作用

1. 唤醒企业的市场主体意识

市场机制作为经济活动的天然调节器，其核心在于价格信号和供求关系的协调。市场机制通过实施碳交易和碳税等政策工具将企业的碳排放成本直接与经济收益挂钩，这不仅提升了企业的环保意识，还激发了它们主动参与碳减排的内在动力。该机制影响各经济主体的战略决策，不再单一追求短时间内的净利润，而是将环保战略视为提升竞争力的关键，积极寻求绿色生产技术和管理方式，以减少碳足迹，进而实现减排目标。市场机制的透明度和有效性，使得企业能够清晰地看到减排行动对自身经营业绩的直接影响，如降低能源消耗、减少生产成本，以及提升品牌形象和消费者信任程度。这种直观的反馈促使企业更加积极地响应政府的减排政策，主动进行技术革新和业务模式的转型，以适应绿色经济的发展趋势。

2. 降低行业之间的总体减排成本

成本是企业发展考虑的核心要素，而市场机制在降低行业之间的总体减排成本方面发挥关键作用。它通过构建多层次的碳管理平台，如碳排放权交易市场，赋予企业灵活的碳排放权交易权利，促使企业根据自身情况动态调整碳排放配额，优化资源分配，从而实现碳排放的高效配置和资源利用的最大化。在这样的市场环境中，高效、低成本的碳减排技术和策略得以迅速在各行业之间传播和应用，降低了企业因采用新技术而产生的初始投入成本。此外，市场机制不仅促进了技术的扩散，还通过激励企业之间的竞争与合作，推动技术创新和知识共享。企业之间通过合作研发，共同寻求更具成本-收益优势的减排策略，这不仅降低了单个企业的研发成本，还加速了整个行业的技术进步。这种合作模式有助于形成规模效应，进一步降低了行业整体的减排成本，推动了全行业的低碳转型进程。

3. 引导碳中和战略的长期预期

随着全球对碳中和目标的共识日益增强，企业开始深刻认识到碳排放对自身长远发展的重要性。市场机制通过实施碳定价机制，将碳排放的经济成本真实反映在企业的经营决策中，这使得企业在规划未来时，不得不将低碳、绿色的发展纳入核心战略。市场机制通过提供明确的信号，引导企业制定和执行碳中和战略，这包括投资清洁能源技术、优化生产过程以减少碳排放、提高能源利用效率，以及积极参与碳汇项目等。企业通过市场机制的引导，逐步建立起对碳中和的长期预期，不仅在技术上寻求创新，还在商业模式上进行调整，以适应未来碳中和的市场环境。这种战略转型不仅有助于企业自身实现可持续发展，也为全球碳中和目标的实现贡献了重要力量。

（三）政府与市场合作的协同作用

政府在公共决策体系中的特殊地位使其在推动企业减排方面具有一定的强制力，这有助于约束不配合减排、不执行能效能耗双控的企业，快速促进企业积极参与减排，弥补市场机制在减排问题上的不足。然而，政府干预市场也可能导致供求关系的调整，非市场因素可能导致生产成本与产出的分离，增加了资源配置的复杂性。如果地方减排政策出现执行不力或偏差现象，企业就可能会采取规避策略，这将阻碍整体减排工作的进展，甚至造成资源浪费。

因此，政府与市场的关系并非简单的二元结构，而需要在"有效市场"与"有为政府"之间找到平衡（田云和陈池波，2021）。地方政府作为监管者和经济发展推动者，其双重身份使得市场与政府的界限模糊。《"十四五"工业绿色发展规划》明确指出，"坚持有效市场和有为政府相结合，发挥企业主体作用，发挥市场机制配置资源的决定性作用"，这充分强调了市场机制与政府调控的结合，即既要企业发挥主体作用和市场配置资源的决定性作用，又要政府发挥引导作用，激发企业的主动性和创新性，进而构建有效市场和有为政府协同互补的合作关系，推动目标合理有效地进入减碳步伐。

第二节
实现低碳转型的经济途径

本节主要从能源低碳转型、产业低碳转型和碳中和技术创新三个方面深入分析实现低碳转型的经济途径，探索经济如何更高质量发展才能与碳中和战略实现深度融合，以期为低碳转型探寻有效抓手，创造碳中和与经济发展的共赢局面。

一、能源低碳转型

（一）能源低碳转型的理论基础与现实条件

1. 能源低碳转型的理论支撑

能源低碳转型的理论基础主要来源于环境经济学、可持续发展理论和系统工程学。环境经济学需要对环境资源的经济价值进行探究，并强调环境污染问题的解决要顺应环境经济规律。可持续发展理论强调经济、社会、环境三者的平衡发展，以推动能源利用与环境保护之间的协调。系统工程学提供环境经济综合分析和系统优化的方法，指导能源低碳转型的复杂性和动态性管理。

2. 能源低碳转型长期目标与短期行动计划

能源低碳转型的长期目标是在"十四五"期间，以碳排放"双控"和非化石能源发展战略为引领，建立全面推动能源绿色低碳发展的体系架构，进一步完善有关政策法规、技术标准，建立能源转型机制。到2030年，在全面构建能源绿色与低碳发展的基础性体制与措施框架、实现非化石能源满足电力需求增长目标的同时，规模化替代化石燃料的生产，提高能源安全保障水平，构建科学合理的能源生产和消费结构（彭强和曹恩惠，2022）。

能源低碳转型的短期行动计划侧重具体项目和措施，如提高能源利用效率、推广新能源汽车、建设智能电网等，从而为实现长期目标奠定基础。

3. 能源低碳转型综合评价体系与监测机制

为促进能源低碳转型，建立科学的综合评价体系与有效的能源监测机制至关重要。这要求对各地区的能耗强度、能源消费总量、非化石能源及可再生能源消费比重、能源消费碳排放系数等关键指标进行重点监测与评价（储宝，2022），以评估能源绿色低碳转型相关机制、政策的执行情况和实际效果。

（二）能源结构优化调整

1. 推动太阳能多元化利用

为促进光伏发电的分布式应用，需优化相关机制，提升电网接入服务效能。同时，推动光伏技术与农业、养殖业、沙漠治理等领域的深度融合，打造光伏发展的多元化模式；建设示范项目，加速太阳能热发电技术的产业化进程，为相关产业链的发展奠定市场基础；在工业、商业和公共服务等关键领域推广集中热水供应工程，并开展太阳能供暖的试点项目，以提高太阳能在日常能源消费中的比重。

2. 全面协调推进风电开发

积极开发中东部地区分散的风能资源，利用其风能潜力，提高风电在能源结构中的占比。同时，需要优先推进平价风电项目的发展，并借助市场化竞争机制优化风电项目资源配置。

3. 推进水电绿色发展

水电资源的开发与利用需平衡开发活动与生态保护、工程建设与后续管理之间的关系，确保水电开发的可持续性。在我国水能资源丰富的西南地区，应将主要河流作为开发重点，有计划地推进流域内大型水电基地的建设。同时，对于中小水电项目的开发，需合理控制规模和节奏，避免对生态环境造成过大压力。

4. 因地制宜发展生物质能、地热能和海洋能

在生物质能领域，应用先进焚烧发电技术，高效且环保地处理城镇生活垃圾，实现资源的最优利用；不断提升农村沼气技术，满足农村能源需求，推动农村经济的可持续发展；推进生物质发电向热电联产转型，提高能源利用效率和经济收益。同时，加速生物天然气产业化，通过创新和产业升级，促进产业快速成长。

在地热能领域，开展地热能城镇集中供暖项目，建设地热能高效开发利用示范区，为地热能的规模化应用提供技术与经验支持。同时，有序开展地热能发电技术的研发与应用，进一步提升地热能在能源结构中的比例。

在海洋能领域，大力发展海洋能发电技术，包括潮汐能、波浪能，以及海洋温差能等多种形式的发电技术，提高海洋能发电的效率和稳定性。同时，加强海洋能发电设备的研发与制造，降低设备成本，提高设备的耐用性和安全性。

（三）能源利用效率全面提高

1. 传统能源清洁化改造

传统能源清洁化改造旨在提升能源转换和利用效率，降低单位产出能耗，加速绿色低碳能源体系的构建。

煤炭洗选是清洁煤炭技术的初步阶段，指通过物理方法去除原煤中的杂质和污染物，从而提高煤炭的纯净度。煤炭液化和气化技术指通过化学转化工艺，减少燃烧时污染物的排放，进一步提高煤炭的利用效率。

在燃煤电厂的清洁化改造中，安装脱硫和脱硝设备是一项重要举措。这些设备利

用化学反应原理，有效捕获并转化二氧化硫和氮氧化物，大幅减少有害气体的排放。同时，电厂采用的先进燃烧技术和烟气循环利用系统，不仅可以提高燃煤发电的能源利用效率，还可以促进烟气中余热的回收利用，进一步减少污染物排放。

2. 能源管理效率提高

提高能源管理效率的基础在于构建和完善企业的能源管理体系。为此，企业需设立专门的能源管理部门，明确其职责与权限，并制定详尽的能源管理计划与明确的目标。通过全面的能源审计，企业能够全面了解自身的能源消费状况，识别能源使用的低效环节，并据此制定切实可行的改进策略。进一步地，通过构建能源管理系统，利用先进的信息技术实现能源使用的实时监控与数据分析，为企业能源管理决策提供科学的依据和支持。

能源管理技术的创新与应用也是提高能源管理效率的重要途径。在工业领域，采用自动化的能源监测和控制技术，可以提高能源的使用效率；在储能技术方面，提升电池性能和增加储能量，可以更好地适应能源供需的波动。物联网技术能够实现实时监控和调节能源使用情况，从而优化能源分配并减少无效能耗。此外，智能电网技术的发展对整合分散的清洁能源、增强电网的稳定性与可靠性具有重要意义，既能维持能源使用的智能化和自动化，又能进一步提高能源利用的效率。这些技术的融合与应用，为能源管理提供强大的技术支持，推动能源管理向更高效、更精细化的方向发展。

3. 低碳技术创新

随着全球气候变化问题的日益突出，低碳技术的研发和应用成为各国竞相发展的重点。低碳技术创新不仅包括能源生产和转换技术的创新，还包括能源使用和消费技术的创新。

在能源生产和转换领域，低碳技术创新主要体现在提高能源转换效率、降低排放强度等方面。例如，高效燃烧技术、热电联产技术、燃料电池技术等低碳技术创新可以有效提高能源利用效率，减少温室气体排放。同时，碳捕集、利用与封存（CCUS）技术的发展，为化石能源的清洁化利用提供新的可能。

在能源使用和消费领域，低碳技术创新主要体现在提高能源利用效率、推动能源消费结构优化等方面。例如，高效照明技术、节能建筑材料、智能电网技术等，低碳技术创新可以降低能源消耗，提高能源利用效率。同时，电动汽车、混合动力汽车等新能源汽车技术的发展，为交通领域的能源低碳转型提供重要支撑。

低碳技术创新需要政府、企业和研究机构的共同努力。政府应制定相应的政策和措施，鼓励低碳技术的研发和应用，如提供研发资金支持、实施税收优惠等。企业作为技术创新的主体，应积极响应政府的号召，投入必要的研发资源，开展低碳技术的创新研究。研究机构则应专注于基础研究和前沿技术探索，为低碳技术的创新提供源源不断的智力支持。只有各方齐心协力，才能推动低碳技术的不断创新和应用，为实现碳达峰、碳中和目标提供坚实的技术支撑。

二、产业低碳转型

（一）产业低碳转型的理论基础与现实条件

1. 产业低碳转型的理论基础

产业低碳转型的理论基础包括低碳发展的理念、跨领域协同、政策与市场驱动，以及技术创新和人才培养等多个方面。这些要素共同构成产业低碳转型的理论体系，为实现低碳发展提供坚实的理论基础。

产业低碳转型是应对全球气候变化、实现可持续发展的重要途径。它要求产业在生产过程中减少对化石燃料的依赖，降低温室气体排放，提高能源利用效率，发展清洁能源，从而实现经济结构的绿色化和低碳化。

2. 产业低碳转型长期目标与短期行动计划

低碳业务转型的实质是对企业资源的有效重组，进而实现企业的长期价值。企业可采取三步走的方式推进达成自身碳中和的愿景：基于碳足迹盘查的碳中和目标与愿景设计、立足脱碳热点分析脱碳方案及路线图设计，以及系统化的脱碳方案执行及改进（图7-7）。

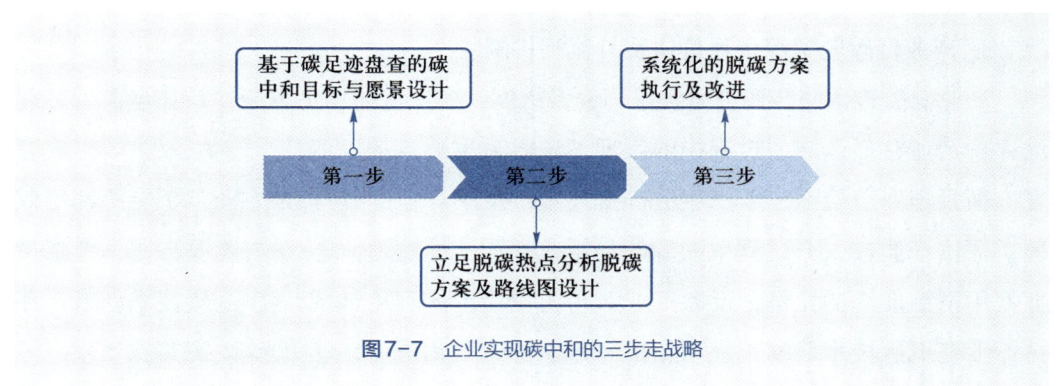

图7-7　企业实现碳中和的三步走战略

当明确脱碳目标后，企业需对减碳方案进行体系化设计，以成本最低、效率最高的转型方案驱动碳中和目标达成：

（1）低碳产品设计

以研发设计为起点，降低产品在采购、制造、物流、营销、使用及循环等全生命周期的能源消耗及碳排放。

（2）加快能源替代

对于广大制造业企业而言，能源替代是当前技术最成熟、效益最直接的自主减排手段。能源替代包括提升电气化率，以及清洁电力的使用比例，实现碳排放的同步降低；而在非电领域中，通过天然气、氢能及生物质能替代传统化石能源的方式实现低碳转型。

（3）推进节能提效

推进重大低碳技术、工艺及基础设施的突破性创新，实现企业运营的深度节能提效，不仅是企业低碳转型的基因式转型，也是建设现代化运营能力的必由之路。

（4）探索负碳技术

在减少和控制碳排放的同时，对于减排压力较大的高碳排放企业，发展碳捕集、利用与封存技术及参与生态固碳项目，亦是长期实现碳中和目标的重要方向。

（5）促进产业链协同

在实现内部运营碳中和的基础上，领先企业凭借自身价值链链主的角色，带动产业链上游下游协同减排，在强化自身社会责任的同时，将低碳价值和自然资本有效转化为企业社会资本，并以此强化战略合作生态，提高企业竞争力。

（6）发展循环经济

对于企业而言，推动生命周期末端的废物回收及资源化利用，不仅有助于企业的扩绿降碳，亦能创造新的业务机会。

3. 产业低碳转型综合评价体系与监测机制

产业低碳转型综合评价体系是一个多维度、多层次的评估框架，旨在全面、客观地评价产业在低碳转型过程中的表现。该体系主要包括以下几个方面：① 碳排放强度，衡量产业单位产出所产生的碳排放量，反映产业的碳排放效率；② 能源利用效率，评估产业在生产过程中能源的利用效率和节能潜力；③ 清洁能源占比，考察产业使用清洁能源的比例，反映产业对可再生能源的利用情况；④ 低碳技术创新，评价产业在低碳技术研发、应用和推广方面的成果和进展；⑤ 低碳政策实施效果，评估产业在执行国家低碳政策方面的成效，包括政策覆盖面、执行力度等。

产业低碳转型监测机制是一个动态、持续的监督过程，旨在及时发现并解决低碳转型过程中出现的问题。该机制主要包括以下几个方面：① 数据监测与收集，即建立健全产业低碳转型相关数据收集和统计体系，包括碳排放量、能源消费量、清洁能源使用量等关键指标；② 定期评估与报告，即定期对产业低碳转型进展进行评估，形成评估报告，向相关部门和社会公众公布；③ 问题识别与解决，即针对监测过程中发现的问题，及时进行分析和研究，提出相应的解决方案和措施；④ 预警与应对机制，即建立低碳转型风险预警机制，对可能出现的风险进行预测和预警，并制定相应的应对措施。

（二）产业低碳转型的关键驱动因素

1. 技术创新

技术创新是企业低碳转型的核心驱动力。在我国工业化、城镇化中期的发展阶段，企业运营与碳排放之间的紧密关联愈发明显。为破解这一难题，实现经济可持续发展与环保目标的共赢，企业必须积极推进科技创新。在生产工艺方面，企业在生产过程中需要大力发展促进清洁生产、促进产品能效提升和减少碳排放的绿色制造技术；在原材料选择上，应优先采用可再生、低碳环保的材料，减少对传统高碳材料的依赖；在高排放、高污染环节，企业应实施技术改造，推广绿色供应链，强化资源回收利用，实现低碳化生产工艺。

2. 市场需求

随着社会对环保意识的日益增强，消费者对绿色、低碳产品的需求不断增长，这为产业低碳转型提供巨大的市场空间和发展机遇。市场需求的增长直接推动产业对绿色技术的研发和应用。企业必须加大对绿色技术创新的投入，提升产品的能效和环保性能，以满足消费者对绿色产品的需求。这种市场需求导向的创新模式，使企业在追求经济收益的同时，也更加注重推动产业的低碳转型。

3. 政策引导

政府通过制定和实施一系列政策，为产业低碳转型提供有力的支持和保障。而政策引导则通过明确目标导向和问题导向，为产业低碳转型指明方向。政府根据经济社会发展的实际情况和需要，制定相应的绿色低碳发展目标，并通过政策手段引导和激励企业向这些目标迈进。同时，政府还针对产业发展中存在的突出问题，如高能耗、高排放等，制定针对性的政策措施，推动企业加快低碳转型。

政策引导营造良好的市场环境，通过优化服务保障实现绿色科技创新。政府加强绿色技术评估、人才培养、产权保护等方面的服务保障，吸引更多创新要素向绿色领域集聚。这些政策措施不仅能提高企业绿色技术的研发和应用水平，也能降低企业低碳转型的风险，激发企业进行绿色科技创新的积极性和主动性。

政策通过财政、税收优惠和资金扶持等方式，引导和鼓励企业加大对绿色技术创新和低碳发展的投入。政府实施一系列减轻企业税负压力、提高企业盈利能力等财税优惠政策。同时，政府还设立了专门的资金支持机制，为企业提供低碳转型所需的资金保障，降低企业的融资难度和成本。

政策引导加强了国际合作与交流，推动全球绿色低碳发展。政府积极参与国际绿色低碳领域的合作与交流，学习借鉴国际先进经验和技术，推动国内产业低碳转型与国际接轨。同时，政府还鼓励企业"走出去"，参与国际绿色低碳市场的竞争与合作，提升我国在全球绿色低碳领域的地位和影响力。

（三）产业低碳转型的主要途径

1. 产业结构低碳调整

产业结构低碳调整是当下亟待推进的重要任务，具体可从以下三个方面着手（图7-8）。

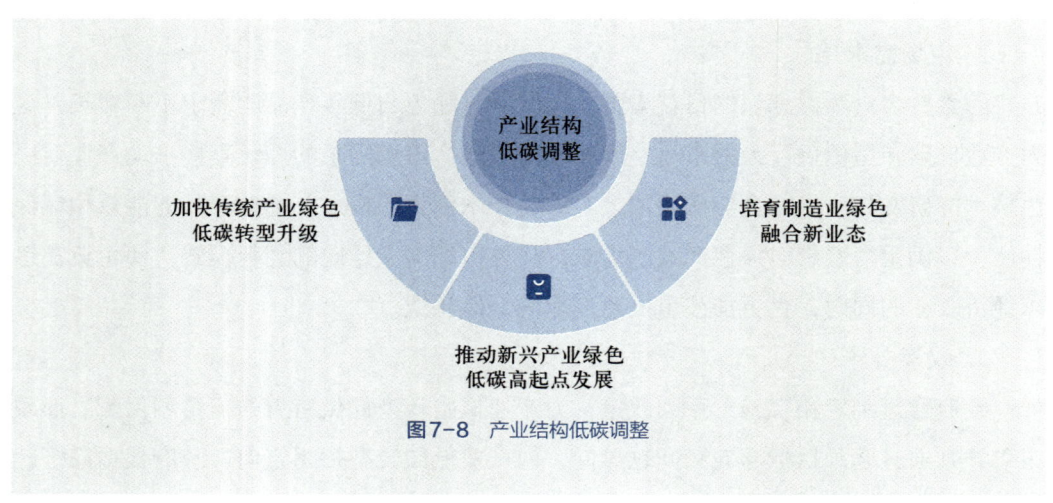

图7-8 产业结构低碳调整

一是加快传统产业绿色低碳转型升级。落实大规模设备更新和消费品以旧换新等支持政策，引导企业、园区、重点行业全面实施新一轮绿色低碳技术改造升级，加快传统产业产品结构、用能结构、原料结构优化调整和工艺流程再造，提升产业竞争力。

二是推动新兴产业绿色低碳高起点发展。引导数据中心、通信基站等信息技术设施提高绿色能源利用比例。例如，促进废旧动力电池、光伏组件、风机叶片等新型固体废物综合利用。聚焦"双碳"目标下能源革命和产业变革需求，谋划布局好氢能、储能、生物制造、碳捕集利用与封存等未来产业。

三是培育制造业绿色融合新业态。大力推动数字化和绿色化深度融合，推动现代服务业和绿色制造业深度融合，推动绿色消费需求和绿色产品供给深度融合，培育新业态、孕育新动能（黄鑫，2023）。

2. 绿色供应链管理

低碳经济下的绿色供应链旨在从资源优化角度出发，考虑制造业供应链的可持续发展，减少其在生产、使用和回收过程中对环境的影响。这一系统是由正向和逆向绿色供应链相互交织而成的物流体系。结合正向的绿色供应链管理与逆向的废旧物品回收和再生资源循环利用，构建一个从产品绿色设计起始，经过绿色原材料采购、绿色生产、绿色销售，直至绿色回收处理的完整闭环系统（周立华和李东旭，2009）。在这一流程中，绿色物流扮演关键角色，它确保了产业链中不同企业和部门之间的协同合作，以实现与生态环境的和谐共生。绿色供应链的目标是通过整个系统的环境最优化，以最小的能源消耗、污染和排放，促进经济的可持续性发展。

低碳经济下的绿色供应链管理旨在通过能源节约来降低成本并改善内部环境，同时，将生态环境与经济发展紧密结合，形成相互促进的有机体系。一方面，正向绿色供应链管理的核心在于制造商的绿色制造，正向绿色供应链以打造绿色产品为核心，通过绿色物流和绿色营销的方式，将产品送达消费者手中，并倡导绿色消费（Kuei 等，2015）。在此过程中严格控制能耗、污染和排放，特别是减少二氧化碳等温室气体的排放，实现资源的高效利用，提升能源利用效率，并推动清洁能源结构的建立。另一方面，逆向绿色供应链物流主要是回收不符合绿色消费者需求的产品与资源。这些产品通过营销渠道返回制造商，即退货物流。绿色产品经消费者使用后，废旧产品经过检测和分拣，有价值的部分可再次进入营销环节，或经过再制造后重新利用。当产品无法修复或重新制造时，它们将被转入材料循环过程，这一过程将有价值的材料重新转化为可利用的资源，进而用于绿色采购，从而促进资源的循环再利用。至于经过检测和分类后被判定为无利用价值的物质，将采取无害化处理措施，确保其最终能够安全地回归到自然环境中。这一回收分解环节是逆向绿色供应链的重要组成部分，即回收物流，力求达到环保与可持续发展的目标。

3. 循环经济与资源再利用

进入"十四五"时期，我国已步入新的发展阶段，踏上了全面建设社会主义现代化国家的新征程。2024年，中共中央、国务院印发的《关于加快经济社会发展全面绿色转型的意见》指出，要大力发展循环经济，深入推进循环经济助力降碳行动，推广资源循环型生产模式。实现到2030年，大宗固体废物年利用量达到45亿吨左右，主要资源产出率比2020年提高45%左右的目标。在此形势下，促进循环经济的增长，加强资源的节约和高效利用，并构建一个以资源循环为核心的产业系统，以及废旧物资的循环利用体系，对确保国家资源的安全性、达成碳排放峰值和中和的目标，以及推动生态文明的发展，都具有极其重要的意义（宁婧，2021）。这些举措将为国家的可持续发展和生态环境保护作出积极贡献（图7-9）。

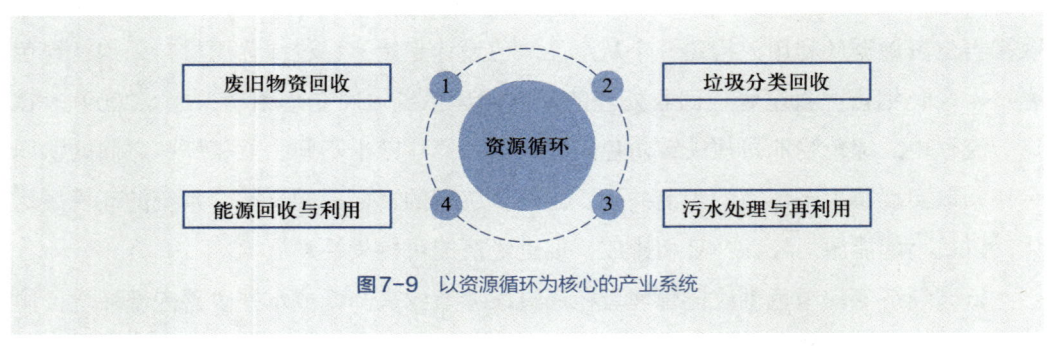

图7-9　以资源循环为核心的产业系统

第一，废旧物资回收。废旧物资回收是指将废弃的物品进行分类、清洗、加工、再利用的过程。通过废旧物资回收，可以减少资源浪费和环境污染，同时也可以创造经济收益。废旧物资回收的实践案例包括废钢铁、废有色金属、废塑料、废纸等的回收利用。这些废旧物资经过加工处理后，可以再次被利用，从而实现了资源的循环利用。

第二，垃圾分类回收。垃圾分类回收是指将垃圾按照不同成分进行分类、收集、处理和再利用的过程。通过垃圾分类回收，可以减少垃圾处理压力，减少环境污染，同时也可以实现资源的有效利用。垃圾分类回收的实践案例包括厨余垃圾、可回收垃圾、有害垃圾等的分类处理。这些分类后的垃圾经过不同的处理方式，可以实现资源的循环利用。

第三，污水处理与再利用。污水处理与再利用是指将废水进行处理后，使其达到一定的水质指标，满足再利用的要求。通过污水处理与再利用，可以减少水资源的浪费，减少水污染，同时也可以实现水资源的有效利用。污水处理与再利用的实践案例包括工业废水、城市污水等的处理和再利用。这些处理后的水经过再利用，可以用于农业灌溉、工业冷却、城市绿化等领域，从而实现了水资源的循环利用。

第四，能源回收与利用。能源回收与利用是指将废弃的能源进行回收、转化和再利用的过程。通过能源回收与利用，能有效减少能源的浪费，减少环境污染，同时也可以创造经济收益。能源回收与利用的实践案例包括余热、余压、余能等的回收利用。这些废弃的能源经过回收和转化后，可以再次被利用，从而实现了能源的循环。

三、碳中和技术创新

（一）碳中和技术创新的背景与意义

1. 碳中和技术创新的背景

国家地球系统科学数据中心资料显示，目前全球每年向大气中排放约540亿吨温室气体。为避免气候灾难，人类必须达成零排放的目标。根据《巴黎协定》的要求，各国应迅速明确其自主贡献，减缓气候变化，使碳排放尽快达到峰值，并在21世纪中叶实现净零排放。这一目标的实现将有助于控制全球地表温度上升幅度在2 ℃以内。很多经济发达的国家已经设定了实现碳中和的具体时间。例如，芬兰的目标是在2035年达到净零排放，而瑞典、奥地利、冰岛等国家则计划在2045年达到这一目标。作为全球最大的发展中国家和煤炭消费国，中国正在快速推动碳排放达到峰值，并与国际社会共同努力，在21世纪中叶实现二氧化碳的净零排放，这对全球应对气候变化具有重大意义。

2. 碳中和技术创新的意义

"双碳"目标不仅为中国经济社会的高质量发展指明了方向，更带来了一场深远而全面的系统性变革。当前的转型为中国创造了一个与发达国家同步发展的关键时机。利用这一机遇，中国能够在能源结构、产业布局，以及社会理念等多个层面进行深入和广泛的改革，从而增强国家的能源安全。同时，通过在5G、人工智能等新兴领域进行战略性规划，碳中和技术创新不仅可以促进本土创新和产业升级，还可以加快国内产业转型的进程，提升经济的全球竞争力，并巩固其在科技领域的前沿地位。

当前我国的能源消费结构中，化石能源仍占据主导地位，占比高达74.1%，而清洁能源如水电、风电、核能和光伏等占比较小，仅为25.9%。然而，在全球清洁能源领域，我国已取得显著进展：光伏、风电、水电的装机量均居全球前列，显示出我国在清洁能源方面的强大实力。为实现"双碳"目标，中国将深入推进能源革命，加快可再生能源的发展步伐，逐步减少对化石能源的依赖，从而为绿色清洁能源产业创造更广阔的发展空间。

创新对绿色转型起关键的引领作用，"双碳"目标为中国工业提高全要素生产率、革新生产方式、深化节能减排改造提供了契机，通过实施绿色低碳先进技术示范工程，探索有利于绿色低碳新产业新业态发展的商业模式，为结构调整、优化和升级提供了强大动力，有利于激发全社会的创新活力。环保产业正在从传统的以投资建设为核心的末端污染治理模式，逐步向以运维服务和高质量绩效为考核标准的新模式转变（白永秀等，2021）。企业正积极制定企业绿色转型的规章制度，实施绿色转型的发展战略，利用数字技术与数字化业务的潜力，促进其商业模式的转变和数字化商业环境的构建。通过创新体制和技术，企业正在打造一种低碳、成本收益高的发展模式，以及一种绿色低碳的投融资合作方式，这为实现其长期可持续发展的目标打下了坚实的基础。

（二）碳中和技术创新的突破路径

1. 碳捕集、利用与封存技术应用

碳捕集、利用与封存（CCUS）技术是一项专门用于减少温室气体排放的前沿技术。通过该技术的应用，我们可以显著减少由化石燃料燃烧产生的温室气体排放量，为应对全球气候变化问题贡献力量。该技术涵盖了二氧化碳的捕集、运输、利用与封存四个关键环节（图7-10），形成了一个完整的碳减排链条，为实现低碳、环保的可持续发展提供了有力支持。

在捕集阶段，主要涵盖3种技术：① 燃烧后捕集，主要应用于燃煤锅炉及燃气轮机发电设施；② 燃烧前捕集，需要与整体煤气化联合循环发电（IGCC）技术搭配使用，虽然其投资成本相对较高，但这一前沿技术在新建发电厂中具有独特的应用价值，能够为电厂的环保与效率提升提供有力支持；③ 富氧燃烧，通过制氧技术获取高浓度氧气，实现烟气再循环。

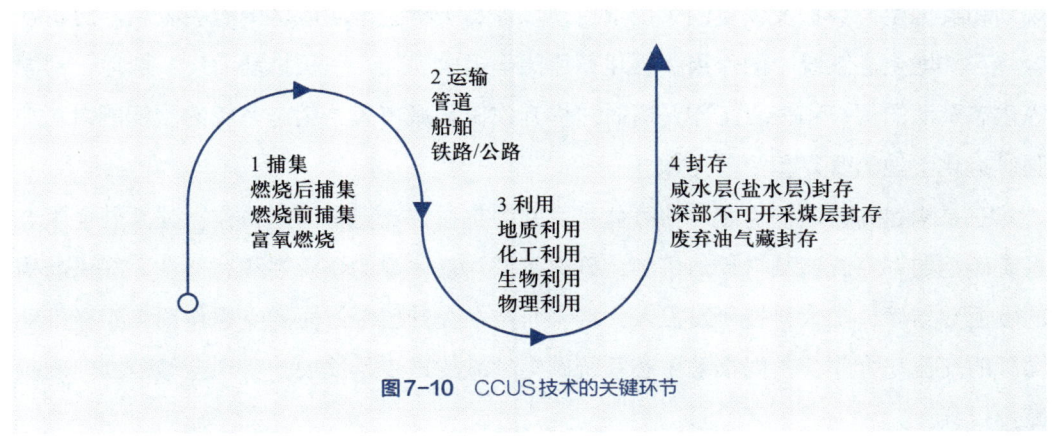

图 7-10 CCUS技术的关键环节

在运输阶段，世界上二氧化碳运输采用管道、船舶、铁路/公路等灵活多样的运输方式，其中二氧化碳的管道运输正作为一项成熟技术在商业化应用。目前国内二氧化碳运输主要采用罐车运输。

在利用阶段，二氧化碳的地质利用，特别是驱油技术，其巨大的封存规模及在提高采收率上的显著效果使其从众多CCUS技术中脱颖而出，从而确立了二氧化碳驱油作为CCUS技术的主要发展方向。此外，CCUS技术体系也在不断扩展，涵盖了化工利用、生物利用、物理利用等多种技术。

在封存阶段，地质封存又可进一步划分为咸水层（盐水层）封存、深部不可开采煤层封存、废弃油气藏封存3种主要类型。目前，国际上已有多个海上盐水层及废弃油气田封存二氧化碳的示范项目开始实施。在已运行和正在执行的项目中，二氧化碳驱油项目占比超过60%，是主要的封存类型。

2. 碳汇与生态修复

提高生态系统的碳汇功能需要关注以下四个关键领域。

一是坚守生态系统安全防线，增强碳吸收能力。应以绿色低碳理念为指引，重新布局国土空间的开发与保护工作；应严格保护自然生态空间，为生态系统的碳吸收功能提供稳定支撑；应加强国土空间用途的严格管控，防止碳吸收功能退化转变为碳排放源；应提高自然资源的利用效率，减少在资源开发过程中产生的碳排放；应加大生态灾害的防控力度，降低生态灾害对生态系统固碳能力的负面影响，从而维护生态系统的健康与稳定。

二是全面系统地管理山水林田湖草沙等各类生态资源，增加碳汇量。这涉及综合规划和实施生态保护及恢复的关键项目，以提高关键生态功能区的碳吸收量；应重视森林在陆地生态系统中的作用，强化草原的碳吸收功能；积极推动海洋、湿地、河湖等生态资源的保护和恢复工作，同时，提升农田和城市人工生态系统的碳汇能力；加强对退化土地的修复和治理工作。

三是构建完善碳汇监测与核算体系，并强化科技支撑与国际协作。建立健全生态系统碳汇的调查、监测与评估机制，确保碳汇计量体系的精确性和完整性，提供准确的碳汇数据库；加大科技研发投入，增强科技在提升碳汇方面的支撑作用；积极推动国际的交流与合作，共同推动生态系统碳汇领域的进步与发展，实现全球范围内的碳减排目标。

四是优化生态系统碳汇的法规政策架构，实现生态产品价值。加强碳汇的法治保障，确保碳汇活动在法律框架内有序进行；建立完善的生态保护补偿机制，充分反映碳汇的价值，激发各方参与碳汇提升的积极性；推动生态系统碳汇交易市场的建设，实现碳汇资源的市场有效运作；完善生态保护修复的多元化投资机制，吸引社会资本投入，共同推动生态建设与碳汇能力的提升（靳利飞等，2022）。

3. 能源转换与存储技术

太阳能、风能等可再生能源的开发利用，需要高效的能源转换技术，将自然界的能量转换为电能、热能等形式。通过技术创新，可以提高太阳能光伏电池、风力发电机等设备的转换效率，降低能源开发成本，促进可再生能源的大规模应用。

储能技术对应对可再生能源的间歇性与不稳定性具有关键作用。利用电池、抽水蓄能、压缩空气储能等手段，存储多余的电能，并在需要时灵活释放使用。随着储能技术不断进步，电网的调峰能力得以提升，可再生能源的消纳能力也显著增强（黄其励，2018）。

智能电网技术是实现能源优化配置的关键途径。借助智能化控制，可以实现电能的高效传输和分配，进而提升能源利用效率，减少损耗。同时，智能电网与分布式能源、电动汽车等新兴能源形式的融合，将构建更为灵活、高效的能源系统，推动能源行业的可持续发展。

第三节
协调发展与协同降碳

本节从协调发展的角度探索协同降碳的有效路径，包括区域经济协调低碳发展、产业链供应链协同降碳、减污降碳协同增效三个方面，以期为跨区域、跨产业、跨部门协同推进碳中和战略提供学理支持。

一、区域经济协调低碳发展

经济发展不仅具有国家整体性，而且具备鲜明的区域差异性。低碳经济同样以区域作为发展的实际载体。因此，区域不同的发展状况、要素禀赋和技术水平等都会在一定程度上影响低碳经济发展，导致区域间低碳经济发展状况存在明显差异。我国要实现碳中和目标，需要在认识区域经济低碳发展差异性的基础上，谋求区域经济协调低碳发展，从而达到经济发展与节能降碳的双赢局面。本节将重点从区域经济协调低碳发展宏观背景、区域经济协调低碳发展基本路径和区域经济协调低碳发展实现机制三方面来介绍区域经济协调低碳发展。

（一）区域经济协调低碳发展宏观背景
1. 区域经济非均衡发展下的环境挑战

作为一种世界性的新经济增长方式，低碳经济是在当前气候、资源与环境困境下，实现全球范围内经济社会可持续发展的必然选择（Subhes，2004）。在改革开放初期，基于当时的国情，我国强调"效率优先，兼顾公平"，以"梯度发展理论"为核心主张，实施向东倾斜的区域非均衡发展战略，促进东部沿海地区优先发展。在国家各项政策支持下，东部沿海地区凭借其原有人力资源、经济基础、区位等诸多优势，率先接触、采用及独立开发先进技术和管理模式，市场主体和产业结构迅速朝着多元化方向发展。当然，不可避免地，伴随东部地区的繁荣发展，东部地区与内陆地区在经济发展和技术水平等诸多领域的差距逐渐拉大，区域发展非均衡性逐渐显现（邓祥征等，2021）。在此基础上，一方面，虽然近年来不同区域的绿色低碳技术均呈现发展态势，但总体上东部地区的技术水平明显高于其他地区；另一方面，中西部区域经济发展相对落后、产业结构较为单一和资金实力相对薄弱等诸多因素都严重限制了低碳经济转型力度，此外，从东部地区转移过来的传统工业行业进一步加剧了生态退化、环境污染等问题（肖雁飞等，2014）。

在当前区域经济非均衡发展的情况下，经济发展落后且本身产业结构又不具有低碳优势的区域实际上难以达成国家政策要求，在既定且较短的时间内实现低碳发展转型。反而，这些地区所面临的"双碳"目标约束会进一步增加发展压力。因此，不仅在经济发展上需要先发展带动后发展，在绿色低碳发展方面同样也需要先实现低碳经济的区域发挥带头作用，积极与周边区域展开协作，共享实现低碳经济发展的优势和条件。

2. 新发展格局下的区域经济协调低碳发展

当前，中国经济社会发展已进入加快绿色化、低碳化的高质量发展阶段。区域经济协调低碳发展是我国新发展格局的重要组成部分。我国要构建的新发展格局是以国内大循环为主体、国内国际双循环相互促进的新发展格局。

一方面，增强国内大循环内生动力离不开区域经济协调低碳发展。各地区充分认识明确自身区位优势和产业定位，积极在"碳达峰、碳中和"的框架下开展高效互动与有机协作，完善实施区域协调发展战略机制，构建起优势互补的区域经济布局和国土空间体系，以扩大原有的生态环境容量和资源承载力的空间配置，助推各地区经济持续健康发展，从而促进畅通国内大循环。另一方面，区域经济协调低碳发展也将推动国内国际双循环相互促进。低碳发展有助于吸引国外高端资源要素流入国内，而区域经济协调则可以将其与内部资源结合，加快低碳产品输出，实现更高水平的收益，推动更深层次的对外开放。因此，新发展格局高度重视区域经济协调低碳发展，而这种协调与发展也将成为构建新发展格局的重要动力之一（图7-11）。

区域经济协调低碳发展也是我国实现碳达峰、碳中和目标的可行路径。党的二十届三中全会指出，完善区域协调发展需要完善区域一体化发展机制，构建跨行政区合作发展新机制，深化东中西部产业协作，完善促进海洋经济发展体制机制。中共中央、国务院印发的《关于完整准确全面贯彻新发展理念做好碳达峰碳中和工作的意见》也特别指出，要"确保各地区各领域落实碳达峰碳中和的主要目标、发展方向、重大政策、重大工程等协调一致"。区域经济协调低碳发展实际上包括了区域经济协调发展和绿色低碳发展的双重含义，旨在实现各地区经济发展的协调与平衡，推动经济向低碳、绿色、可持续发展方向转变，促进区域间合作共赢，从而达成"双碳"目标（张友国和白羽洁，2022）。因此，实现"碳达峰、碳中和"，自然也要高度重视和贯彻落实协调发展理念，通过巩固东部沿海地区开放先导地位，提高中西部和东北地区开放水平，加快形成陆海内外联动、东西双向互济的全面开放格局，在新发展格局中同时打通经济发展与环境保护矛盾点，积极推进区域经济协调低碳发展。

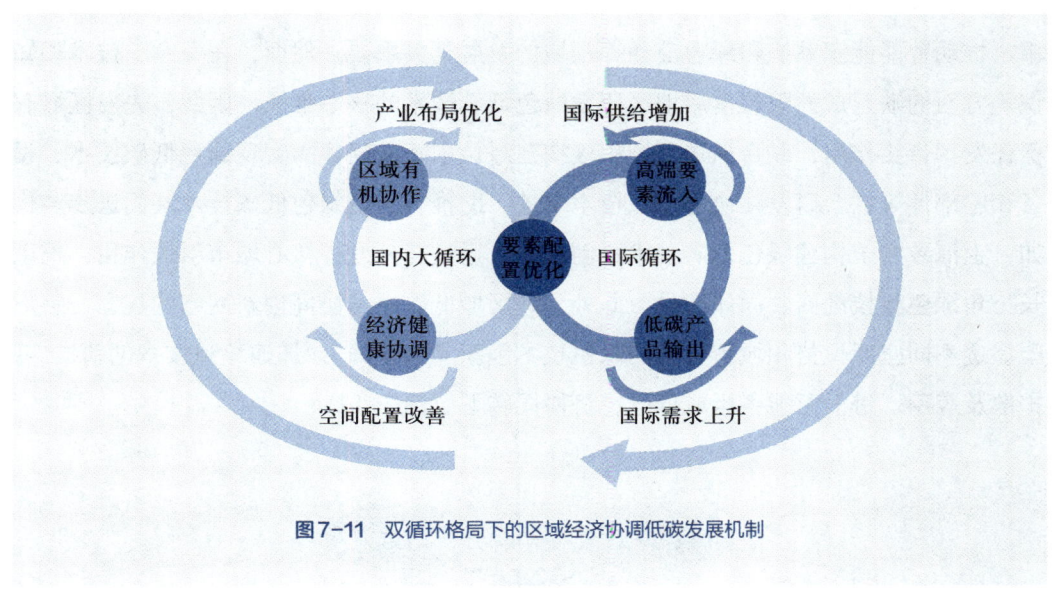

图7-11 双循环格局下的区域经济协调低碳发展机制

（二）区域经济协调低碳发展基本路径

产业布局协调促进低碳发展。产业协调低碳指在碳约束下，通过充分发挥各区域的比较优势，使要素在更大空间范围得到优化组合，从而改善产业空间布局。一方面，遵循要素禀赋优势的产业布局，既能降低生产资料运输损耗，又能扩大区域竞争优势，从而获取低碳发展资金；另一方面，区域间通过充分考虑产业发展要素区域性特征所进行的产业协作，有助于共同促进低碳型高附加值产业发展，实现产业结构低碳转型（张友国，2023）。例如，安徽等地区可以积极承接上海非大都市核心功能疏解和苏浙产业转移，整体融入长三角产业分工协作，推进长三角地区整体低碳进程。

能源结构优化实现低碳转型。能源生产和消费的优化强调各区域进一步加深在能源层面上的合作与互助，共同推进能源结构优化调整。我国新能源资源主要集中于西部地区，但西部地区在资金、技术、人才等诸多方面的不足极大地限制了新能源资源的开发利用。因此，东部地区应积极协助西部地区的新能源资源开采，实现能源从西部地区向全国区域大面积稳定输送，在供给端提高能源供给能力和质量，降低对以煤炭为主的化石能源的依赖。同时，东部地区亦需在数字化转型趋势下，借助互联网推动智慧能源工程的建设，进一步加大对新能源如风电、光伏的开发力度，构建相应的分布式能源系统，在需求端减少化石能源在西部地区能源开采中的份额，加快能源消费清洁低碳转型步伐。

技术联合创新驱动低碳经济。绿色低碳技术的发展与应用，对提高能源利用效率、推动智能能源系统和绿色交通等领域的发展至关重要。然而，在资金、技术和知识等方面的缺乏成为阻碍落后地区研发绿色低碳技术的核心难题。因此，先发区域有责任发挥带头作用，联合周边区域积极构建绿色创新共同体，实现绿色低碳技术、设备和零部件等联合研发，协力攻克技术难关，助推各区域绿色低碳技术共同进步。例如，上海致力于构建绿色低碳技术科创中心，通过充分发挥核心城市引领作用，推动长三角绿色科技创新共同体建设。此外，跨区域低碳技术协同创新网络的建立，将形塑渗透不同空间位势和城市层级的绿色技术创新"流空间"，加速绿色技术创新推广、扩散及应用，进而赋能各区域低碳经济协同转型（图7-12）。

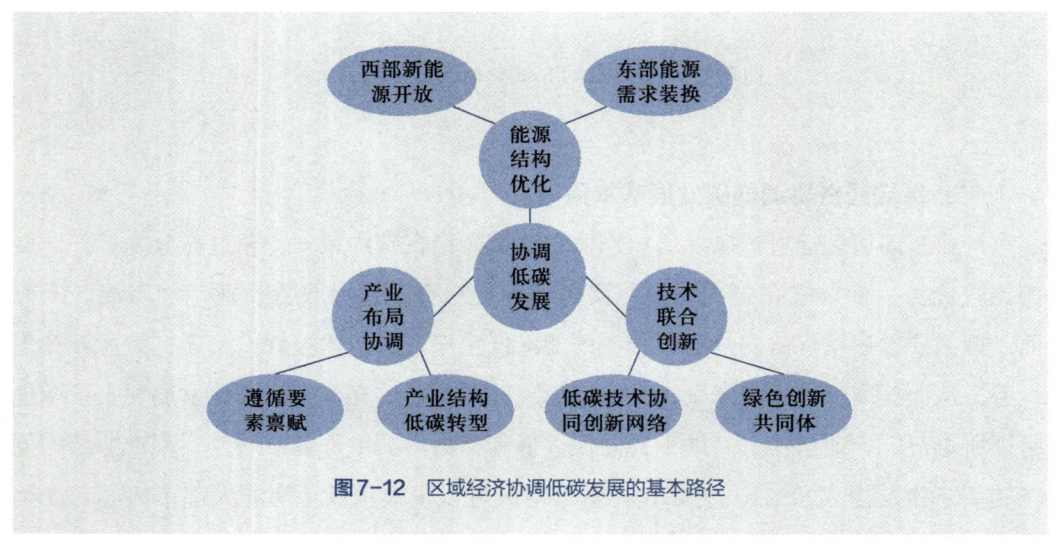

图7-12 区域经济协调低碳发展的基本路径

（三）区域经济协调低碳发展实现机制

区域经济协调低碳发展的关键在于各经济区域保持共同认识和自觉行为，共同朝着低碳经济转变。这需要行之有效的外部制度安排、配套政策制定和相关法律强化，以保证我国各区域在低碳经济发展上优势互补、相互促进。

区域经济协调低碳发展的基础性机制在于有效运行的外部制度。政府需要扮演好推动者的角色，深化市场经济体制改革和行政管理体制改革，推进区域间各类要素流动和全国一体化市场搭建，为区域经济协调低碳发展打下坚实的基础。一方面，各地区应注重基础设施建设，特别是区域间交通运输等方面的基础设施，以确保低碳发展所需的生产要素能够在更大的空间内自由流动。另一方面，搭建起跨区域的能源供给市场、低碳技术市场和低碳产品市场，有效低碳市场的建立不仅会促进资源和技术的优化配置，而且能激发各区域低碳产业的创新活力，从而实现区域经济的互利共赢。

区域经济协调低碳发展的动力性机制在于健全完善的配套政策。区域经济协调低碳发展需要各区域政府在制定自身管辖范围内的低碳经济战略框架和政策的同时，彼此之间积极展开交流与协商，为整体低碳经济发展共同建立健全一系列明确可行的政策法规。首先，这些政策和法规的制定必须确保各区域的行为与国家低碳经济发展目标保持一致。其次，它们应当构筑起有效的激励机制和约束机制，促使不同区域的低碳经济活动趋于一致，朝着目标统一、制度协同、优势互补的多区域低碳经济发展体系践行（陈怡男和刘鸿渊，2013）。

区域经济协调低碳发展的保障性机制在于强化执行的相关法律。政府应以新发展格局下区域经济协调低碳发展的目标和要求为基础，根据实际情况对《环境保护法》《节约能源法》等相关法律在区域协作层面上进行修改与完善，为区域间低碳经济协调机制的运行提供有效法治依据（易成栋和曾石安，2023）。同时，加强行政监管，通过在低碳技术、绿色金融等相关层面的立法、执法和司法，有效减少负市场外部性，缓解各种矛盾，维护区域低碳经济的协调秩序。

二、产业链供应链协同降碳

随着产业分工程度日益提高，低碳工艺体系逐渐升级，产业链供应链低碳发展面临新机遇。产业链供应链协同降碳的基本特征是产业链供应链上不同环节的各主体在降低碳排放和减少碳足迹上达成一致，彼此协作、形成合力，以实现整个产业链供应链的绿色、低碳、循环发展（洪群联，2023）。产业链供应链协同降碳的关键要义是在统一碳标准下，产品从原材料采购、产品设计、生产制造、生产销售、产品使用及最终废弃处理等各个环节均符合低碳化要求，力求实现全流程降碳。

（一）产业链供应链低碳转型概述

1. 产业链供应链低碳转型的科学内涵和重要意义

产业链供应链是以价值创造为核心，由不同产业部门沿一定时空布局顺序，基于分工和供需关系形成的链式生产网络，该网络由原材料供应商、产品制造商、分销商、零售商到最终消费者等多种主体组成（图7-13）。随着产业链供应链的快速发展，产品或服务的生产环节逐步细分，原有的能源消耗和碳排放也根据生产特性被划分到不同环节上（宋华和杨雨冬，2022）。但是，不论是传统产业还是新兴产业，任何企业都只是某个环节上的单个主体，自身成功转型无法起到推动全局低碳化的作用，因此，产业链供应链低碳协同转型便显得尤为重要。

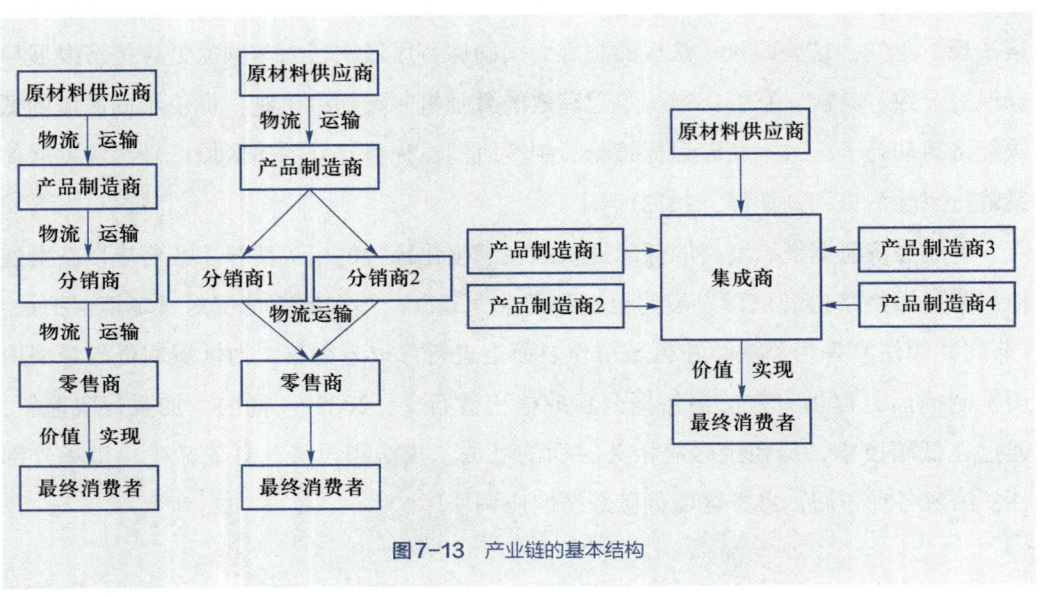

图7-13 产业链的基本结构

总体来看，产业链供应链低碳转型是产业链供应链所涉及的所有环节上各主体都深入践行低碳发展理念，通过建立绿色供应链，上下游对接来保持碳循环，有利于带动上下游企业协同转型，以实现整个产业链供应链体系碳排放持续降低的动态过程。不同环节的企业必须承担起不同职责。例如，上游供应商需实现原材料、零部件低碳化制造和供应，下游客户则需逐步寻求并使用低碳产品和服务。产业链供应链低碳转型是产业低碳转型的重要内容，是解决国内低碳供给与需求矛盾的中介桥梁。推动产业链供应链低碳转型有利于更充分释放低碳需求空间，优化低碳产品供给结构，通过供需协同调整和优化，形成更高效率和更高质量的投入产出关系，推动经济动能转换和产业转型升级。

2. 产业链供应链低碳转型面临的挑战

推动产业链供应链低碳转型已成为我国经济转型升级的紧迫课题。然而，产业链供应链低碳转型面临一系列突出问题，主要包括能源结构高碳属性突出、低碳技术创新与应用水平较低、产业链供应链低碳管理普及率不足及行业低碳标准体系不健全等。

能源结构高碳属性突出。从能源结构看，我国"富煤贫油少气"的资源禀赋造成化石能源消费长期占据首位，能源消费中煤炭占比高达56%，远高于27%的世界平均水平。以2023年为例，我国燃煤发电量占发电总量的61%，占全球燃煤发电量的52.3%。因此，以煤炭作为工业产品原料使得我国工业产业链条中含碳量明显偏高，单位产品碳排放量是主要以天然气为原料的国外同类产品的两倍左右。同时，由于企业生产过程中长期依赖化石能源，生产模式转型困难，极大抑制了清洁能源的大规模普及。

低碳技术创新与应用水平较低。产业链供应链低碳转型离不开低碳技术在全链条上的不断创新和推广应用。目前，我国企业整体表现为不同企业间低碳技术创新水平差异大，关键技术研发乏力，低碳技术发展的支撑能力建设不足，总体低碳技术水平落后于发达国家，特别是在温室气体捕集和封存技术、储能技术及氢能技术等新兴领域存在明显短板（耿晓燕等，2013）。此外，在技术应用方面，科技创新要素的流动过程中存在明显的行政壁垒和地方保护主义，严重阻碍了绿色低碳技术在产业链供应链链条上的传播和扩散，使得低碳技术的工业化应用有限。

产业链供应链低碳管理普及率不足。低碳产业链供应链被提出以来，政府陆续制定和推行各项政策，推动企业开展产业链供应链低碳管理，营造低碳产业链供应链发展和谐环境。但总体来看，只有部分行业的龙头企业积极响应国家号召，推进项目建设。这一方面是因为产业链供应链低碳管理建设有一定的技术水平和内部资源门槛，许多市场主体特别是中小企业，难以实现绿色供应链管理体系建设。另一方面，产业链供应链低碳管理预期收益在初期并不明显，同时与上游企业进行多维度合作，将会进一步加大双方经营成本，导致企业对产业链供应链低碳管理的积极性和主动性不足。

行业低碳标准体系不健全。标准化工作作为政策落地实施和服务市场化机制的重要抓手，对实现产业链供应链低碳转型具有重要支撑作用。标准是绿色低碳转型升级的基础工具，是实现节能降碳目标的约束手段，也是促进绿色低碳技术推广应用的有效途径。目前，我国产业链供应链低碳发展仍处于起步阶段，亟须构建全覆盖、多维度、多层次的标准体系基础，针对重点减碳领域开发碳核算工具，规范绿色产业链供应链评价与认证标准，并实现各类标准的协调配合，以此全面支撑和引领产业链供应链低碳转型工作。

3. 发达国家产业链供应链低碳转型的主要做法与启示

由于产业高度化分工，发达国家早已认识到产业链供应链低碳转型对产业绿色发展的重要性，并实施了一系列举措。

强化产业链供应链低碳转型制度约束。一是实行碳减排相关法律法规。自从欧洲共同体（现为欧盟）1992年公布《欧洲石油产品碳排放标准》以来，该标准逐年提高，旨在限制各燃料使用设备的碳排放，并逐步提高燃料效率，有效推动了汽车制造商加大对低碳技术的研发投入；二是建立健全碳交易制度，欧盟在各成员国的基础上建立了温室气体排放贸易体系，该体系明确了欧盟大部分工业部门和发电行业碳排放标准。可见，为解决产业链供应链高碳排放等带来的严重负外部性，发达国家建立了一套相对健全且完善的绿色低碳制度，通过发挥制度的约束和激励作用，为其产业链供应链较为顺利地实现低碳化转型提供了重要保障。

促进产业链供应链低碳转型协同合作。近年来，环境、社会和治理（ESG）快速发展，ESG投资、ESG信息披露、ESG评估等倒逼产业链供应链上下游各主体加快低碳转型步伐，并通过培训、技术支持和信息共享等手段，与供应链上的各个企业结成战略联盟，实现经济收益与环境保护双赢。实际上，发达国家实现产业链供应链低碳转型的关键在于政府加大支撑力度，促进产业链供应链上下游协同，发展全过程、全链条、全环节的低碳产业链供应链体系，从而加速产业链供应链低碳转型。因此，推进产业链供应链协同降碳是突破产业链供应链低碳转型困境，实现长期可持续发展的有效路径之一。

（二）产业链供应链供给侧结构性改革与协同降碳

以供给侧结构性改革为出发点，优化和改进产业链供应链的能源结构、物流方式和技术水平，将从供给端降低整个供给链条各环节的碳排放，实现产业升级转型和健康持续发展。

低碳能源全面普及。工业是我国能源消费大户，工业能耗占比达全国能耗65%

左右，因此更大范围地普及低碳能源，增加其作为工业原料的比重，是实现工业领域产业链供应链低碳转型的关键。因此，产业链供应链上下游共同建设低碳能源项目和开展低碳能源交易，积极推动低碳能源利用，将有力地推进能源结构优化。

低碳物流高效运转。产业链供应链碳排放不仅在生产过程中发生，在物流配送中也同样存在。因此，生产商、制造商一方面可以通过低碳运力替代和行程合理规划等方式，降低运输仓储能耗、实现精准减碳，另一方面可以着重优化配送方案，合理规划零部件配送路线，实现精准投放，减小物流距离，降低配送产生的能耗和碳排放。

低碳技术协同创新。低碳技术创新和工艺改造是工业领域产业链供应链低碳转型的重要手段，但由于大量中小企业缺乏自主创新的资源和动力，需要各产业链供应链龙头企业联合产业链上下游企业，集聚全链创新优势和资源，共同开展低碳技术研发和优化升级，释放产业聚合效应，加紧技术合作抱团。同时，联合企业以外的科技创新主体，如研究所、大学和科研机构等，以产学研合作共同推进低碳技术创新、设备更换和工艺优化。

综上所述，在生产、运输和技术层面，产业链供应链供给侧结构性改革为协同降碳奠定了坚实且完备的基础，使产业链供应链上下游协同转型、提升全链竞争力以应对环境挑战成为可能。

（三）产业链供应链需求侧升级与协同降碳

随着人们环保意识的增强，消费者越来越倾向于购买对环境影响较小的低碳产品，这种对低碳产品的需求和偏好将倒逼产业链供应链上制造者生产方式和经营模式的转变，并反向扩大低碳产品的市场范围。

低碳产品需求牵引。随着数字化技术打破了传统制造模式中生产者与消费者之间的信息壁垒，生产者与消费者建立了更直接、更全面、更丰富的接触，消费者的需求能通过互联网、大数据、云计算、人工智能等新兴技术快速地传递到产业链供应链各环节上的生产者。因此，在消费者对低碳产品需求快速上升的趋势下，不同产业链供应链将驱动企业低碳技术创新和应用，开发更具竞争力的低碳产品，从而吸引更多消费者，扩大自身市场份额。因此，推动市场对低碳产品的需求在产业链供应链上逐级传递，将有助于实现产业链供应链全过程低碳转型（樊轶侠和王正早，2024）。

低碳产品市场扩张。通过与下游企业签署具备低碳、节能环保属性的产品订单，企业不仅可以实现差异化竞争，还可以树立自身在绿色可持续发展方面的领先地位。

这种积极的行动不仅满足了消费者对环保产品的需求，而且帮助企业进一步拓展下游市场空间。同时，与下游企业的合作也有助于建立长期稳定的合作关系，共同推进整个产业链供应链向低碳、节能、环保的方向发展。

因此，产业链供应链需求侧升级对产业链供应链协同降碳的带动作用，是市场需求牵引和企业战略调整的共同结果，二者相互依赖、彼此促进，不断推动产业链供应链发展向绿色低碳方向延伸。

（四）产业链供应链全链协同降碳

产业链供应链全链协同减碳是指产业链上下游企业及供应链中的各个环节共同合作，采取一系列措施和策略，共同降低碳排放和减少碳足迹。因此，实现产业链供应链全链协同降碳应从产业链供应链整体出发，以数字化赋能、低碳标准提升和低碳生态激活为落脚点，稳步推进产业链供应链的全链低碳转型。

数字化赋能产业链供应链碳足迹管理。产业链供应链碳管理实现的基础是对产品碳足迹的有效追踪。产品碳足迹（product carbon footprint，PCF）是指衡量某个产品在其全生命周期各阶段的碳排放量的总和，即从原材料开采、产品设计、生产、货物存储、运输/销售、使用到废弃、循环利用等多阶段产品生命周期的碳排放量的总和（Strazza等，2008），如图7-14所示。但由于产品生产往往涉及产业链上下游各个方面，数据庞杂、环节众多，要实现准确的碳足迹核算，必须将全链条相关数据都纳入核算范围，从而将碳排放量精准地分配到生产的各个领域、各个环节、各个部门甚至各个企业，而这也使得碳足迹的核算较为困难。因此，需要利用数字化的碳管理手段，构建起产业链公式化平台，一方面既可以辅助和实现企业自己的碳排放管理、监控、能源和生产过程管理，另一方面又能更好地配合产品生命周期碳足迹核算工作，也为未来产品碳足迹的核算奠定了良好基础。

低碳标准提升产业链供应链低碳水平。低碳标准是驱动上下游共同低碳转型的重要基准，产业链供应链上下游企业应共同聚焦产品生产全过程，围绕能源资源管理、碳排放等方面建立全流程低碳评价和管理标准体系，引导产业链供应链规范减碳。其中，针对碳排放管理，可以制定碳排放核算和报告标准，督促企业对生产过程中的碳排放进行全面核算和报告，并采取相应措施进行精准减排。在低碳标准的引导下，企业通过减少能源消耗、优化生产流程、推广清洁技术等方式，不断降低自身碳排放水平，进而实现低碳生产既定目标（刘晓红等，2022）。

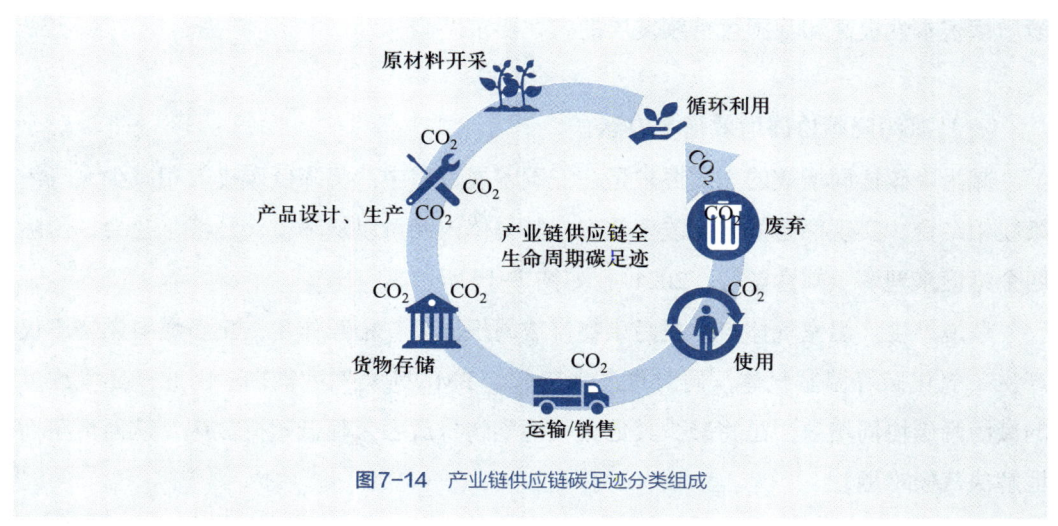

图7-14 产业链供应链碳足迹分类组成

低碳生态激活产业链供应链降碳活力。低碳生态的建立将有效激发产业链供应链的降碳活力，各个环节的降碳行动和创新也将推动整个产业链供应链向绿色低碳发展。首先，共建全链联合体，不同环节的企业主体协力构建覆盖低碳能源、资源采购、生产、销售/交易、物流配送、回收等方面的全链联合体，以增强全链的可持续发展能力。其次，共建产业生态，产业链上的企业、机构之间战略联盟或生产联合体的建立，将共同推动低碳标准制定、低碳技术发展和低碳产品推广。产业链上下游合作推动了不同生态位主体的优化耦合，有效促进了资源和能源的高效利用，助力工业生态系统的可持续发展。

我国作为世界上最大的发展中国家，在全球气候变化与碳贸易壁垒兴起的背景下，推行产业低碳发展显得尤为重要。因此，着力推动产业链供应链协同低碳发展，本质上是立足于我国现实发展状况，通过数字化赋能、低碳标准提升和低碳生态激活三大手段实现产业链供应链全生命周期、全业务流程低碳化，促使供应端、生产端、营销端、服务端协同实现降碳、降本、提效、增质。

三、减污降碳协同增效

作为全球最大的碳排放主体，我国面临的空气污染问题仍旧突出，部分落后区域依然存在严重环境污染，城市环境空气质量总体仍处于"气象影响型"下的不稳定状态，结构和根源上的生态环境保护亟须转型。因此，减污降碳协同增效是实现我国环境质量根本性提高和我国可持续发展的内在要求。

（一）减污降碳协同增效基本内涵

减污降碳协同增效的本质要求是在低碳发展过程中，将降低碳排放和减少大气污染物相结合，实现两者的协同改善效应，其具体内涵可以从环境、经济、社会、国际四个维度来理解（郑逸璇等，2021），如图7-15所示。

环境维度。温室气体与大气污染物排放同根同源、相互作用，化石燃料燃烧不仅产生二氧化碳等温室气体，同时也产生$PM_{2.5}$、PM_{10}等大气污染物。因此，环境维度的减污降碳协同增效，是将减少其他大气污染物排放融入降低碳排放中，从而更全面地解决气候难题。

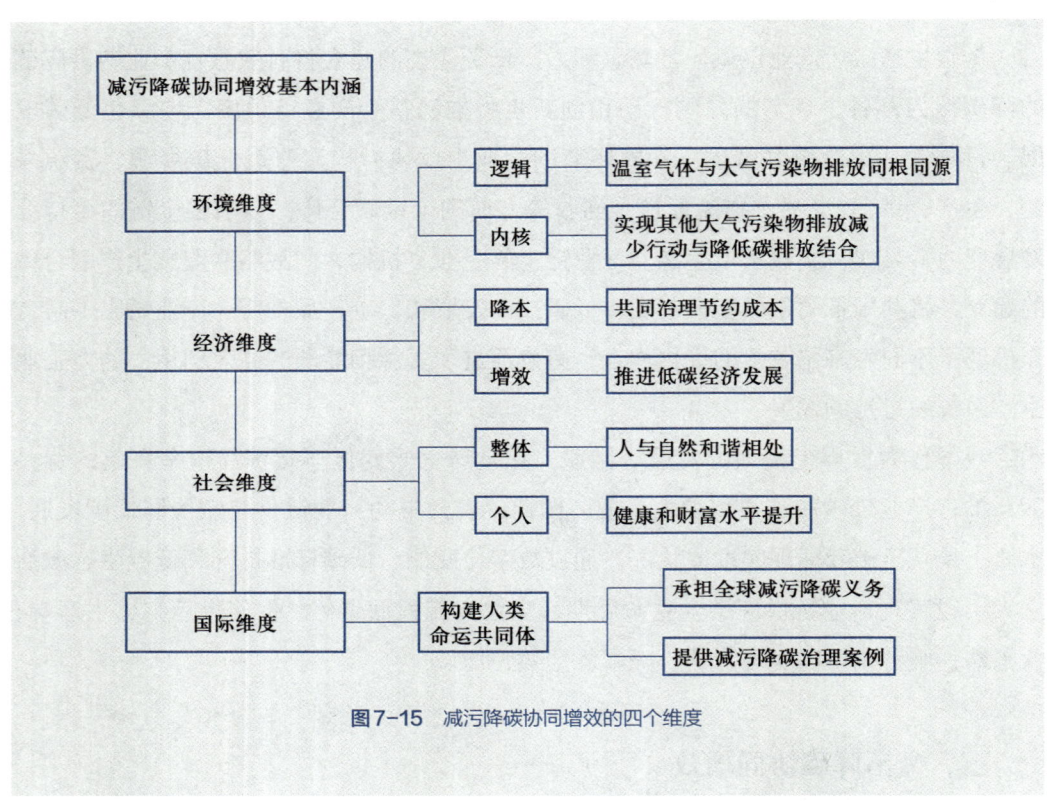

图7-15 减污降碳协同增效的四个维度

经济维度。减污降碳一体化有助于实现治理成本与经济收益的双赢。一方面，基于减污降碳具有内部一致性，同时针对两个目标开展行动将节约治理总成本；另一方面，在实现减污降碳协同增效的过程中往往会推进国内低碳产业发展，出口产品与服务也能更符合国际绿色标准，助力我国在国际贸易中取得优势地位。

社会维度。减污降碳能够有力推动生态环境质量提高，促进生态正循环，既可以减少有害气体对人体的伤害，从而改善居民体质，增加预期寿命，又能够缓解温室效应，减少极端天气对居民物质财产的破坏，有助于人与自然的和谐相处。

国际维度。减污降碳协同增效实际上是构建人类命运共同体的重要方面。一方面，显著降低本国污染物和温室气体排放，将为全球减排作出重要贡献；另一方面，减污降碳的实践经验也将为其他国家提供有效参考，从而促进减少全球污染物和温室气体的排放。

（二）减污降碳协同发展基本路径

1. 发达国家"协同治理"共性化特征

大气污染与气候变化是世界各国在发展过程中面临的共同挑战，而西方发达国家作为最早一批完成工业化转型的国家，也最先面临工业污染所带来的严重环境威胁。然而，由于不同阶段环境治理的认知差异，发达国家在开展大气污染防治和温室气体减排工作的政策出发点存在明显的发展阶段属性。由于前期气候变化问题还不明显，发达国家往往只关注空气污染防治，但是随着认知的提高，发达国家走出了一条大气污染与气候变化协同治理的发展路径，并呈现协同分工和明晰权责两大共性化特征（Bollen等，2009）。

"协同治理"要求协同分工。"协同治理"发展路径需要以各项政策为支撑，中央政府、地方政府、公司企业、居民等多主体都主动承担起"减污"和"降碳"义务，为解决环境问题主动开展合作与互动，彼此之间交换资源、协调利益，从而实现协同分工的环境治理网络。

"协同治理"要求明晰权责。"减污"和"降碳"协同治理涉及不同部门、团体或行政区域，不同相关者由于出发点不同，可能在权责上出现冲突。因此，发达国家往往会在顶层设计时将多方主体纳入规划中，并划分好业务功能和权责边界，以良性组织结构、稳定合作关系和明确利益机制来保证"减污"和"降碳"协同治理的有效运行。例如，英国在多地区试行地方碳框架，旨在引入碳信托基金和节能信托基金等机构，与地区政府共同制定合理减排目标和方法，实现可持续的行动目标和进展路线。

2. 我国减污降碳现实困境

相较于发达国家已经在大气污染治理与温室气体减排协同治理上取得了显著成

果，我国目前在"减污"和"降碳"上的发展仍然有限，减污降碳由于配套支撑体系不完善、市场经济动力机制不足和协同治理水平有待提升等问题依然处于建设初期，有待进一步推进。

配套支撑体系不完善。减污降碳协同需要中央进行有效顶层设计，地方因地制宜展开行动。然而，虽然我国政府已经发布多项"减污降碳协同增效"指导措施，但由于有效的协调部门、碳排放监测体系及考核评估制度尚未建立，地方政府在减污降碳方面受到了较大掣肘。

市场经济动力机制不足。市场内部的资金支持是实现减污降碳协同增效的重要因素，但大气污染生态补偿和碳补偿制度的缺失，导致市场主体缺乏绿色投资的动力，社会资本难以被有效引入我国经济绿色低碳转型领域，减污降碳资金缺口亟待填补。

协同治理水平有待提升。作为政策设计者的各级政府难以获取全部信息，需要居民、企业和社会组织等不同群体提供有效意见，共同参与到减污降碳协同治理中来，但由于我国多元主体协同治理方面的法律法规和教育宣传尚不健全、居民与企业绿色低碳意识淡薄及较为有限的减污降碳途径，导致了系统内多方参与者难以真正参与到政策制定中来。

实际上，我国减污降碳的三个主要困境具备极强的关联性，它们都源自长期以来我国政府通过政策指令驱动各地区、各部门开展生态治理活动的管理方式，职责分工和发展规划往往存在高度重叠，严重降低了工作质量和效率（孙雪研等，2023）。因此，减污降碳协同增效不仅要在行动上保持一致，也要求行动主体之间各司其职、各尽其责。

（三）减污降碳协同增效实现机制

实现减污降碳协同增效的关键在于搭建完善的制度体系，强化政策的方向引导，联合多元主体构建减污降碳治理网络，并针对重点领域开展行之有效的专项行动，从而在生态治理层面真正实现协同增效。

完善制度体系，实现减污降碳协同推进。从生态系统整体性出发，中央政府应该通过自上而下的方式，将温室气体减排要求融入全领域环境要素的污染防治工作。在此过程中，中央政府需要重新界定各地区政府和各级部门的权限与职责，加强政策制定和执行过程中彼此之间的沟通与协调，从而构建起有效的减污与降碳协同推进的工作体系，保证减污降碳协同增效落到实处。

强化政策引导，推动减污降碳深度融合。政府部门应提高减污降碳项目相关预算比重，合理运用财政补贴、税收优惠等财政工具，加大绿色低碳和协同技术应用项目上的投资，激发企业低碳转型意愿。同时，以刺激企业自身积极低碳转型为目的，推进国内碳排放权交易市场建设，完善企业碳披露准则，在减污降碳上发挥市场动力（王灿和张雅欣，2020）。

　　联合多元主体，构建减污降碳治理网络。强化协同减污降碳的行动目标，激发居民、企业和社会组织等主体的碳减排责任和义务意识，从而确立多元主体共同参与的工作原则。加强公共媒体宣传，将绿色低碳的生产方式和生活方式融入生活的方方面面。深入开展"低碳生活示范家庭""零碳排放企业"等系列评选活动，树立"减污降碳"行动模范，从而增强多主体对"减污"和"降碳"的认知。构建社会公众都能参与的环保公益诉讼制度，搭建畅通的沟通渠道，以保证减污降碳协同增效能够在公众监督下进行（图7-16）。

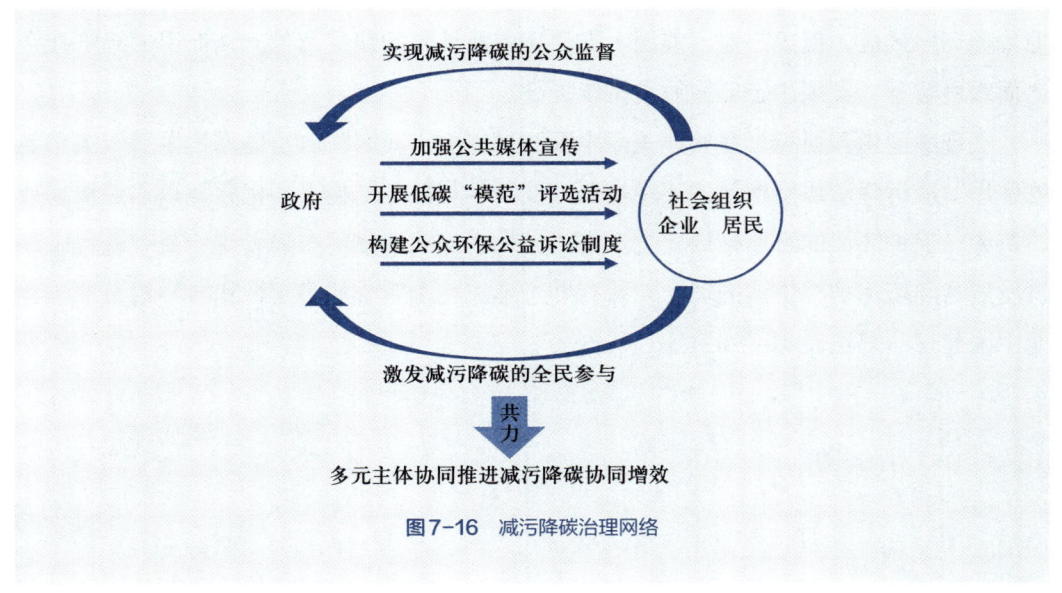

图7-16 减污降碳治理网络

　　针对重点领域，开展减污降碳专项行动。在工业领域，加快源头节能、过程控制、末端治理进度，实现全流程绿色发展；在建筑领域，强化绿色标准，推广绿色建筑材料使用范围，推动超低能耗建筑、近零碳建筑规模化发展，从而推动城市内部绿色建筑比例稳步上升；在交通领域，以数字化物流规划技术和软件为基础，优化城市物流配送网络，实现配送集中化，从而构建起城市绿色配送系统，并推广电动汽车、混合动力汽车或其他清洁能源车辆应用，逐步实现公共交通电动化，实现新旧能源替换（Pan等，2019）。

（四）减污降碳协同增效的重要意义

减污降碳协同增效是我国可持续发展的必然要求和客观选择，有助于我国转变发展动能、变革发展模式，以及助力推动美丽中国建设。

支撑新旧动能转换。与发达国家不同，我国仍处于生态文明建设压力叠加、前行负重的关键时期，空气污染和气候变化问题仍然突出。因此，我国既需要减少污染以提高生态环境质量，也需要降低碳排放为2030年实现碳达峰奠定坚实基础。减污降碳协同治理将倒逼可再生能源技术、煤炭清洁高效利用技术的研发，加速绿色低碳能源扩散与产业化应用，从而替代原有粗放型、高污染生产模式。

推进生态文明建设。减污降碳协同增效将推进生态环境保护系统深度变革。减污和降碳的紧密结合，将会推动末端治理向更加注重源头预防和治理的方向转变，有效地传导环保效应，促进产业、能源、交通和农业结构的快速调整，从而引领经济社会全面绿色转型、实现生态环境质量持续提高。

实现美丽中国目标。在构建美丽中国的过程中，减污降碳协同增效发挥至关重要的作用。减污降碳协同增效的实现需要产业结构与能源结构不断优化，以加速形成节约资源、保护环境的产业格局、生产方式、生活方式及空间布局。这一变革践行了经济发展与环境保护相协调的理念，将有助于维护生态系统的稳定性和多样性，助推美丽中国建设（郑逸璇等，2021）。

本章总结

　　碳中和理念的兴起，标志着经济发展范式的重大转变。传统的经济增长模式已难以适应高质量发展的迫切需求，原有的经济动力结构面临调整与优化的压力。在碳中和目标下，经济发展面临供给与需求、收益与成本、市场与政府等多方面的复杂矛盾，如何寻求新的动态平衡成为经济持续高质量发展的关键，而能源低碳转型无疑是实现碳中和目标的必由之路。鉴于此，本章从能源利用效率提高和能源结构优化的视角梳理出能源低碳转型的理论基础和现实条件，并从产业低碳转型和低碳技术创新两个维度探讨实现低碳转型的经济途径。为实现碳中和目标，亟须在充分理解区域经济低碳发展差异性的基础上，优化产业链和供应链结构，推动区域经济协同低碳发展，建立政府、企业和社会之间的协作机制，进而实现经济发展与节能降碳的双重目标，共同推动经济、环境和社会效益的多维度提升。总体而言，碳中和目标与经济发展并非对立关系，而是相辅相成、相互促进的，只有深入理解二者之间的辩证联系，才能构建起有效的协同发展机制，共创低碳经济未来新局面。

思考题

1. 如何看待碳中和约束下的未来经济发展？
2. 经济增长与碳减排平衡的理论逻辑是什么？
3. 简要分析减碳的成本与效益。
4. 政府在碳减排中发挥怎样的作用？
5. 提高能源利用效率的路径有哪些？
6. 产业低碳转型的关键驱动因素是什么？
7. 阐述碳中和技术创新的突破路径。
8. 区域经济协调低碳发展基本路径是什么？
9. 如何实现产业链供应链全链协同降碳？

参考文献

[1] Bollen J, Van D Z B, Brink C, et al. Local air pollution and global climate change: a combined cost-benefit analysis [J]. Resource and Energy Economics, 2009, 31: 161–181.

[2] Kuei C, Madu C N, Chow W S, et al. Determinants and associated performance

improvement of green supply chain management in China [J]. Journal of Cleaner Production, 2015, 95: 163−173.

[3] Pan X, Wang H, Wang L, et al. Decarbonization of Chinas transportation sector: in light of national mitigation toward the Paris Agreement goals [J]. Energy, 2018, 155: 853−864.

[4] Richins L M, Dawson S. A consumer values orientation for materialism and its measurement: scale development and validation [J]. Journal of Consumer Research, 1992, 19: 303−316.

[5] Stiglitz E J, Fitoussi P, Durand M. Beyond GDP: Measuring what counts for economic and social performance [R]. Paris: OECD Publishing, 2018.

[6] Strazza C, Borghi A D, Gallo M. Development of specific rules for the application of life cycle assessment to carbon capture and storage [J]. Energies, 2013, 6: 1250−1265.

[7] Subhes C B, Ussanarassamee A. Decomposition of energy and CO_2 intensities of Thai industry between 1981 and 2000 [J]. Energy Economics, 2004, 26: 765−781.

[8] 白永秀, 鲁能, 李双媛. 双碳目标提出的背景、挑战、机遇及实现路径 [J]. 中国经济评论, 2021, （5）: 10−13.

[9] 鲍健强, 苗阳, 陈锋. 低碳经济: 人类经济发展方式的新变革 [J]. 中国工业经济, 2008, （4）: 153−160.

[10] 陈怡男, 刘鸿渊. 跨区域低碳经济协调发展机制的构建 [J]. 河北经贸大学学报, 2013, 34（4）: 107−110.

[11] 仇保兴. 我国城市发展模式转型趋势——低碳生态城市 [J]. 城市发展研究, 2009, 16（8）: 1−6.

[12] 邓祥征, 梁立, 吴锋, 等. 发展地理学视角下中国区域均衡发展 [J]. 地理学报, 2021, 76（2）: 261−276.

[13] 樊轶侠, 王正早. 数字技术赋能低碳消费: 理论机制与推进方略 [J]. 改革, 2024, （3）: 63−74.

[14] 付允, 马永欢, 刘怡君, 等. 低碳经济的发展模式研究 [J]. 中国人口·资源与环境, 2008, （3）: 14−19.

[15] 耿晓燕, 李文水, 李波. 我国低碳技术创新的系统特征与发展模式研究 [J]. 山东社会科学, 2013, （9）: 147−151.

[16] 洪群联. 我国产业链供应链绿色低碳化转型研究 [J]. 经济纵横, 2023, （9）: 56−66.

[17] 黄其励. 中国可再生能源发展对建设全球能源互联网的启示 [J]. 全球能源互联网, 2018, 1（1）: 1−9.

[18] 黄震, 谢晓敏. 碳中和愿景下的能源变革 [J]. 中国科学院院刊, 2021, 36（9）: 1010−1018.

[19] 焦建玲, 陈洁, 李兰兰, 等. 碳减排奖惩机制下地方政府和企业行为演化博弈分析 [J]. 中国管理科学, 2017, 25（10）: 140−150.

[20] 靳利飞, 周海东, 刘芮琳. 适应碳达峰、碳中和目标的生态保护补偿机制研究——基于碳汇价值视角 [J]. 中国科学院院刊, 2022, 37（11）: 1623−1634.

[21] 林美顺. 中国城市化阶段的碳减排: 经济成本与减排策略 [J]. 数量经济技术经济研究, 2016, 33（3）: 59−77.

[22] 刘文玲, 杜琛仪, 肖舒文. 实践与供给: 面向碳中和的需求侧解决方案 [J]. 中国环

境管理, 2022, 14（1）: 22-30.

[23] 刘晓红, 郭兆坤, 孙睿卿, 等. 低碳供应链管理研究解构: 基于知识图谱与内容分析的诠释 [J]. 中央财经大学学报, 2022,（10）: 94-108.

[24] 乔榛. 碳中和目标下地区经济发展的机会与挑战 [J]. 学习与探索, 2022,（1）: 93-101.

[25] 邵帅, 范美婷, 杨莉莉. 经济结构调整、绿色技术进步与中国低碳转型发展——基于总体技术前沿和空间溢出效应视角的经验考察 [J]. 管理世界, 2022, 38（2）: 46-69+4-10.

[26] 宋华, 杨雨东. 中国产业链供应链现代化的内涵与发展路径探析 [J]. 中国人民大学学报, 2022, 36（1）: 120-134.

[27] 孙雪妍, 白雨鑫, 王灿. 减污降碳协同增效: 政策困境与完善路径 [J]. 中国环境管理, 2023, 15（2）: 16-23.

[28] 田云, 陈池波. 市场与政府结合视角下的中国农业碳减排补偿机制研究 [J]. 农业经济问题, 2021,（5）: 120-136.

[29] 王灿, 张雅欣. 碳中和愿景的实现路径与政策体系 [J]. 中国环境管理, 2020, 12（6）: 58-64.

[30] 吴茵茵, 齐杰, 鲜琴, 等. 中国碳市场的碳减排效应研究——基于市场机制与行政干预的协同作用视角 [J]. 中国工业经济, 2021,（8）: 114-132.

[31] 肖雁飞, 万子捷, 刘红光. 我国区域产业转移中"碳排放转移"及"碳泄漏"实证研究——基于2002年、2007年区域间投入产出模型的分析 [J]. 财经研究, 2014, 40（2）: 75-84.

[32] 易成栋, 曾石安. "双碳"目标下都市圈碳排放协同治理研究 [J]. 中共中央党校（国家行政学院）学报, 2023, 27（1）: 96-104.

[33] 张永生. 为什么碳中和必须纳入生态文明建设整体布局——理论解释及其政策含义 [J]. 中国人口·资源与环境, 2021, 31（9）: 6-15.

[34] 张友国, 白羽洁. 区域协同低碳发展的基础与路径 [J]. 中国经济学家, 2022, 17（2）: 69-92.

[35] 张友国. 中国碳治理体系现代化: 历程与特征 [J]. 改革, 2023（11）: 128-143.

[36] 郑逸璇, 宋晓晖, 周佳, 等. 减污降碳协同增效的关键路径与政策研究 [J]. 中国环境管理, 2021, 13（5）: 45-51.

[37] 中国社会科学院工业经济研究所课题组, 李平. 中国工业绿色转型研究 [J]. 中国工业经济, 2011,（4）: 5-14.

[38] 周立华, 李东旭. 基于循环经济下绿色供应链管理的研究 [J]. 长春工业大学学报（社会科学版）, 2009, 21（1）: 6-8.

[39] 朱民, Stern Nicholas, Stiglitz Joseph, 等. 拥抱绿色发展新范式: 中国碳中和政策框架研究 [J]. 世界经济, 2023, 46（3）: 3-30.

[40] 储宝. 深化改革创新助力油气行业绿色转型 [N/OL]. 中国石油报, 2022-03-02.

[41] 黄鑫. 全面提升产业体系现代化水平 [N/OL]. 经济日报, 2023-01-27.

[42] 宁婧. 大力发展循环经济推进资源节约集约循环利用 [N]. 中国产经新闻, 2021-07-10.

[43] 彭强, 曹恩惠. 两部门发文推动能源低碳转型强调顶层设计深化机制创新 [N/OL]. 21世纪经济报道, 2022-02-11.

技术是推动社会进步、提高生产力的重要因素，也是社会转型的重要路径。在人类的发展历史中，科学技术的发展为人类提供了更多的生产力和创新力，改变了人们的生活方式和思维方式，推动了社会的变革和进步。例如，工业革命带来了机械化生产技术，极大地改变了人们的生产生活方式；信息技术的迅猛发展推动了全球化的发展。

但工业革命以来，技术发展与碳中和呈现不协调的状态。科学技术高速发展带来经济的快速增长，同时也伴随二氧化碳排放量激增、污染物排放量增加、资源消耗量居高不下，引发气候危机。气候变化正在损害全球人类社会的发展。在全球平均温度升高 3 ℃的情况下，世界各国 GDP 预期损失 10%，贫穷低纬度国家的 GDP 损失可能高达 17%（Waidelich，2024）。气温升高和气候变化不断恶化人类的总体健康状态，极端天气事件（如热浪、暴雨、飓风和干旱）的频率和强度增加，不仅直接造成伤亡，还可能导致饮水和食物短缺、疾病传播、空气质量恶化等，从而影响人类健康及人均寿命。从图 8-1 可以看到，在过去的 10 年里，极高和高人类发展指数国家都在不增加行星压力指数的情况下提高了其人类发展指数，这与之前两者共同增加的趋势有所不同，因此有理由认为人类社会与碳中和进程实现协调发展。大幅减少温室气体排放，保护生态系统，以及提供公平获取自然资源的政策，将有助于确保未来的人类福祉（Pörtner，2023）。

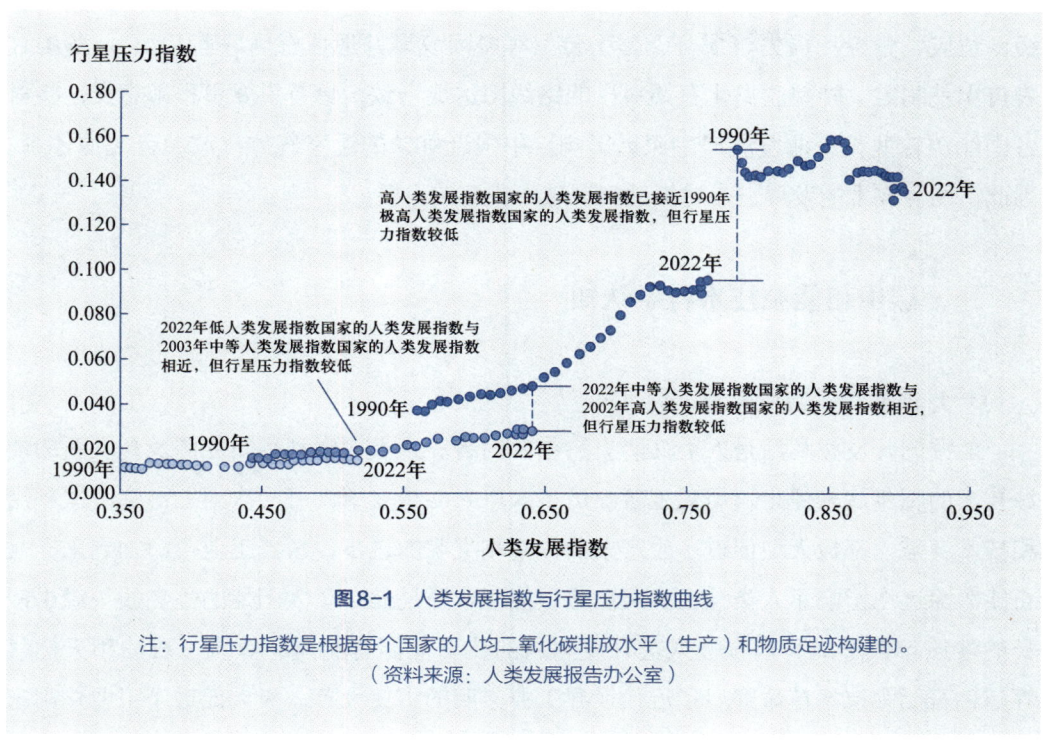

图8-1 人类发展指数与行星压力指数曲线

注：行星压力指数是根据每个国家的人均二氧化碳排放水平（生产）和物质足迹构建的。

（资料来源：人类发展报告办公室）

在气候变化的背景下，如何协调技术发展与碳中和的关系，实现可持续发展的未来，是本章关注的重点。本章将从科学认知、技术路径、社会参与三个方面针对能源、资源、信息技术探讨碳中和与技术发展的关系，为碳中和社会建设提供支持。

第一节
碳中和与能源技术

目前，劳动生产力和GDP的增长大部分是通过增加能源使用量实现的，能源技术推动社会经济发展的同时面临的是不断增长的碳排放。2023年12月13日，联合国气候变化大会（COP28）在阿联酋迪拜闭幕，大会就《巴黎协定》首次全球盘点了减缓、适应、资金、损失与损害、公正转型等多项议题并形成《阿联酋共识》。各国代表首次就制定"转型脱离化石燃料"的路线图达成一致，具有重要里程碑意义，将对各国能源转型和产业发展产生深远影响。中国近90%的温室气体排放源自能源体系，因此，能源技术的发展进步对推动实现碳中和至关重要。

一、碳中和能源技术科学认知

（一）能源技术与碳排放

能源的开发和利用是人类文明史的重要内容。人类探索利用新能源及开发新的能源技术的脚步从未停止。历史上曾经历多次重大能源变革，每一次新能源的开发利用和技术突破，都极大地促进了生产力的提高和文明的进步。随着工业革命的到来，化石能源深远地影响了人类社会发展。化石能源本质是储存了太阳能的生物质，经由漫长的地质年代形成。迄今被人类开发利用的化石能源有泥炭、煤炭、石油和天然气等。化石能源技术革命开启了近代世界工业文明的历史大幕，极大促进了工业化国家生产力的发展和经济增长。

二氧化碳为光合作用提供原料，绿色植物通过光合作用，吸收太阳光的能量，使大气中以二氧化碳这个低能量形式储存的碳转化为在植物组织中以生物质形式存在的高能量形式的碳。碳不仅是大气和生物最重要的组成成分，也是土壤、海洋及海底沉积层的重要成分。工业革命后的几百年，煤炭、石油、天然气等能源的使用急剧增加，能源技术迅猛发展的同时也导致大气中的二氧化碳浓度持续增长，引发气候危机。

能源技术产生的二氧化碳排放来自不同的燃料类型：煤炭、石油、天然气。随着全球和国家能源系统在几个世纪和几十年中的转变，不同燃料来源对二氧化碳排放的贡献在地理和时间上都发生了变化。随着时间的推移，这些来源的贡献都发生了变化，并且仍然显示出不同地区的巨大差异。在全球范围内，早期的工业化主要是使用固体燃料。工业规模的燃煤发电是18世纪欧洲和北美首次出现的。19世纪后期，燃烧石油和天然气产生的碳排放量增长。今天，以煤炭、石油、天然气为代表的化石能源依旧占据全球87%的能源消耗。20世纪80年代，随着能源供应局势的变化和对环境的日益重视，全球开始探索新能源的利用和发展。早期主要以太阳能和风能为代表的新能源发电为主导。与传统化石能源相比，清洁能源具有较小的温室气体排放量

（图8-2）。清洁能源不涉及燃烧过程，不产生颗粒物、硫氧化物和氮氧化物等有害物质，可以提高空气质量，减少雾霾和酸雨等环境问题，并且不会对土地和水资源造成破坏，维护了生物多样性。

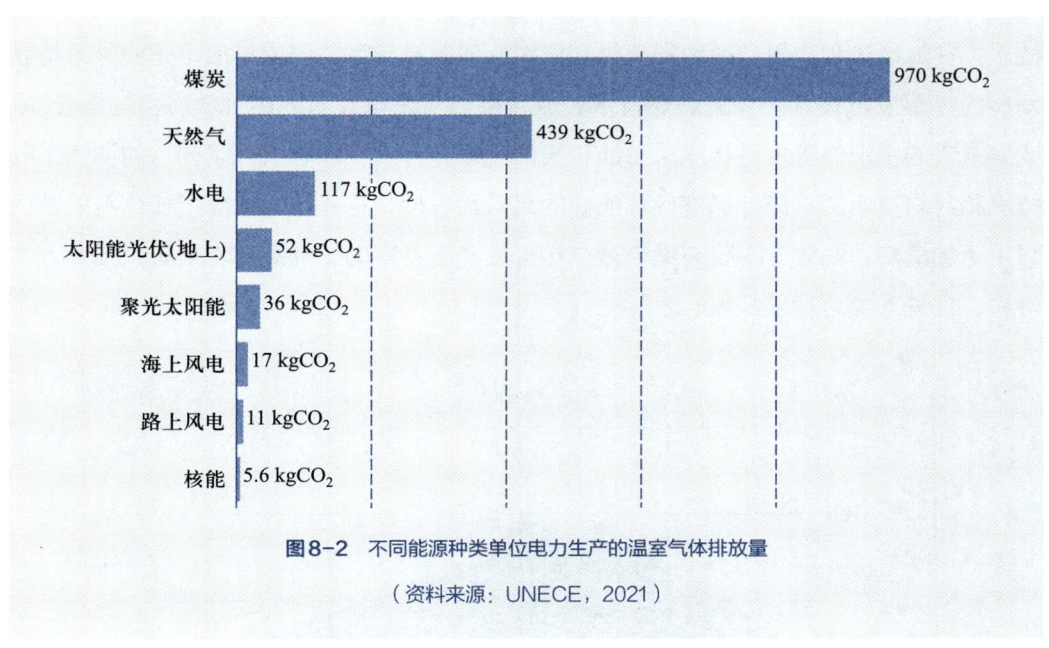

图8-2　不同能源种类单位电力生产的温室气体排放量

（资料来源：UNECE，2021）

（二）碳中和的能源技术发展

积极稳妥地推进能源绿色低碳转型是实现"双碳"目标的重要举措。2024年，中共中央、国务院关于《加快经济社会发展全面绿色转型的意见》中指出，加强化石能源清洁高效利用，大力发展非化石能源，统筹水电开发和生态保护，推进水风光一体化开发，深化电力体制改革，进一步健全适应新型电力系统的体制机制有利于加快经济社会发展全面绿色转型。如果不在能源体系发展采取变革行动，而能源使用随着经济活动的扩大而增长，二氧化碳排放量和化石能源消耗保持同步增长，大气中的二氧化碳浓度就会不断增高。化石能源的成本保持较低水平的原因在于其以庞大的技术储备作为保障。清洁能源想要大规模替代化石能源，必须有先进的技术和足够的经验积累，以降低其成本。碳中和目标的提出对能源技术发展，能源体系快速而深度转型产生了深远而全面的影响，能源技术的创新与发展对减少温室气体排放、实现碳中和至关重要。

首先，碳中和目标加速了针对化石能源技术的转型，化石能源技术开始向清洁化、高效化的方向发展。燃煤电厂开始采用超低排放技术和燃烧优化技术，以降低煤炭燃烧过程中的污染物排放量。图8-3展示了国际能源署对2000—2040年不同燃煤发电技术的全球二氧化碳排放量的预测，可以看到已经发展成熟的亚临界燃煤技术将会逐渐减少使用，碳排放逐渐减少。取而代之的先进燃煤技术采用先进的燃烧和控制技术，在燃烧过程中更有效地利用煤炭资源，同时减少污染物的排放，是一种可持续发展的燃煤发电技术。先进燃煤技术和联合供热与发电技术的碳排放将会逐渐升高，成为未来的主流燃煤发电技术。石油和天然气勘探开发领域也引入了先进的油气采收技术和封堵技术，以降低温室气体泄漏的风险和程度。这些技术的应用使化石能源的利用更加清洁、高效，不仅有助于减少碳排放，而且有助于提高环境质量，提高人均寿命，促进人类可持续发展。

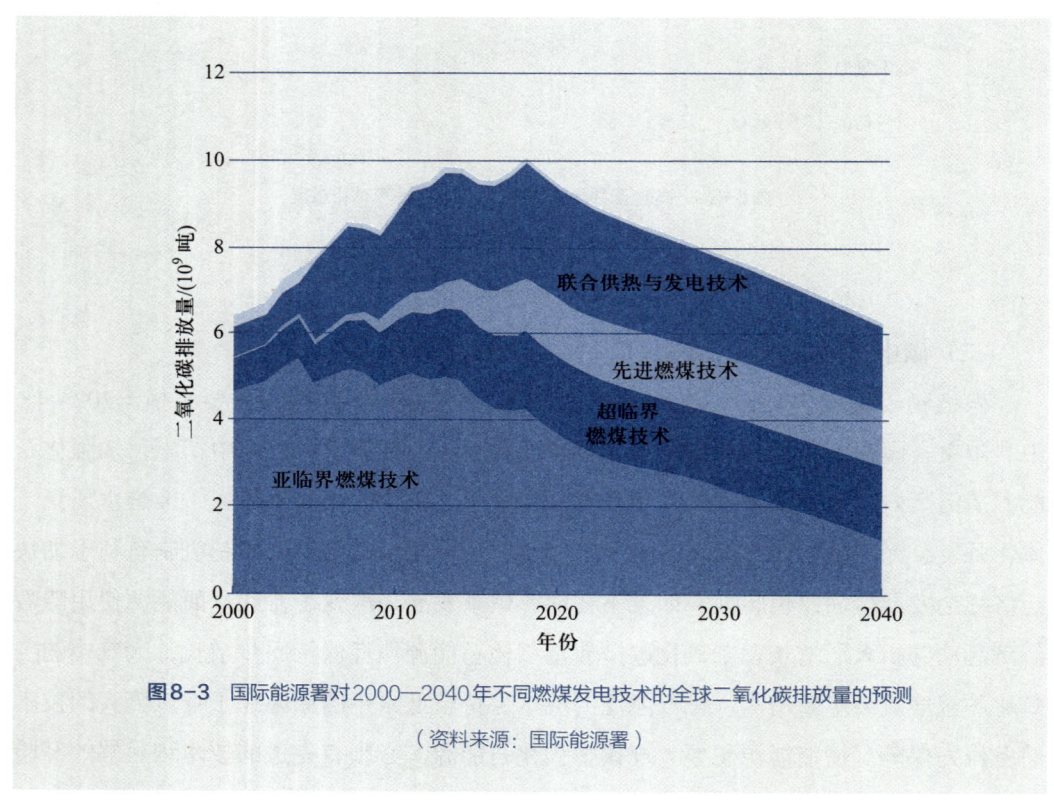

图8-3 国际能源署对2000—2040年不同燃煤发电技术的全球二氧化碳排放量的预测

（资料来源：国际能源署）

其次，温室气体减排的目标促进了新能源技术的快速发展。为了实现碳中和目标，各国政府、科研机构和企业纷纷加大了对清洁能源技术的投入和支持。通过加大科研经费的投入、设立政策支持和激励措施，鼓励企业加强在太阳能、风能、水能、核能等清洁能源领域的创新研发，推动了一系列清洁能源技术的涌现和成熟。风能和太阳能等可再生能源得到了快速发展。光伏发电的成本以每年10%的速度不断下降，光伏发电能力每提高一倍，光伏板的成本就下降20%（乔根·兰德斯，2018）。全球已经有许多关于如何提高发电效率和捕捉太阳能的技术学习曲线的研究，而技术进步会不断降低太阳能发电成本。中国是全球最大的太阳能发电国，通过大规模建设太阳能发电站，加速了太阳能技术的商业化和市场化进程。国际能源署的报告显示，2019—2023年清洁能源的增长是化石能源的两倍，清洁能源的扩张大大限制了化石能源需求的增长，为加速摆脱化石能源的转型提供了机会（国际能源署，2024）。

最后，碳中和目标催生了碳捕集、利用与封存（CCUS）技术。20世纪70年代，CCUS技术主要用于二氧化碳驱油技术的探索。气候变化问题的出现使二氧化碳封存技术作为重要的减碳手段开始受到更多重视。目前，CCUS技术是国际公认的三大减碳途径之一，是唯一能够大量减少工业流程温室气体排放的手段，是目前实现大规模化石能源零排放利用的唯一选择。这项技术可以捕获化石能源燃烧过程中产生的二氧化碳，并将其封存在地下地质层或用于工业用途。碳捕集技术的应用可以大幅度减少化石能源利用过程中的碳排放，为碳中和目标的实现提供了一条重要途径。

（三）能源技术的社会影响

碳中和能源技术的社会影响是多维度的，包括经济、健康水平、国际关系、社会权力结构和公众的生活方式。

首先，碳中和能源技术的推广和应用会对经济发展产生重要影响。能源是经济发展的基础。值得注意的是，目前世界上非常贫穷国家的碳排放量非常低。平均而言，美国在4天内排放的二氧化碳比埃塞俄比亚、乌干达等贫穷国家全年排放的二氧化碳还要多（Roser，2020）。贫穷国家碳排放量低的原因是它们无法拥有现代能源技术。它们依赖固体燃料，主要是木柴、粪便和农作物废料等。这给能源技术匮乏的地区的人类健康带来了巨大的代价：室内空气污染。对于世界上最贫穷的人来说，这是过早死亡的最大风险因素。使用木材作为能源也会对周围的环境产生负面影响。在非洲大陆，对木材作为燃料的依赖是森林退化的最重要驱动因素。

清洁能源技术的发展可能促进相关产业的发展壮大，如太阳能、风能等新兴产业链的形成，从而带动相关产业的就业增长和经济增长。据国际能源署预测，到2030年，全球新能源产业将创造超过2 800万个就业机会，对全球经济和社会发展的贡献将更加显著。新能源技术的发展可以促进区域经济的平衡发展，推动落后地区的经济发展。分布式发电和能源供应可大幅度帮助发展中国家的农村地区创造工作机会（魏伯乐和安德斯·维杰克曼，2018）。光伏扶贫作为我国农业农村部确定实施的"十大精准扶贫工程"之一，充分利用了贫困地区太阳能资源丰富的优势，通过开发太阳能资源，实现了扶贫开发和新能源技术利用、节能减排相结合。

其次，碳中和能源技术的推广和应用可能影响国家能源安全和国际能源格局。全球能源结构在碳中和影响下的转变将对全球能源市场、国际能源合作和能源供应链产生深远影响，也将重新塑造国际关系格局和地缘政治关系。煤炭、石油等高碳能源向低碳多元能源转型，美国页岩气革命带来的非常规油气勘探开发，绿色能源技术创新加速发展，以及低碳道德化被国际社会广泛接受等变化，都在推动能源技术逐渐成为全球治理的关键领域。

再次，碳中和能源技术的推广和应用会对社会权力结构和政治生态产生影响。能源是现代社会的命脉，能源产业往往是国家重要的支柱产业，相关企业和机构拥有巨大的资源和影响力。碳中和能源技术的发展可能重塑能源产业的格局，影响能源市场主体的力量对比，重新分配资源和利益，从而影响社会的权力结构和分配格局。相比传统的化石能源，绿色新能源是分散的而不是集中的。阳光普照，风满人间，随着新能源技术的不断普及，屋顶上、地面上任何地方都可以实现太阳能和风力发电。几亿人在工作和生活的地方成为自己能源和电力的生产者，预示着一种世界社区权力民主的出现。

最后，碳中和能源技术的普及也会对社会各阶层的生活方式产生影响。能源问题也是民生问题，能源产业的发展和能源消费行为的改变将直接影响社会文化和生活方式。清洁能源技术的普及通过改变人们的能源消费行为，促使人们更加注重节能减排，倡导低碳生活方式，从而推动全社会朝着可持续的方向发展。

二、碳中和能源技术路径

（一）煤炭清洁高效利用与CCUS

按照气候目标和全球升温不超过 1.5 ℃目标所需的规模和速度实现清洁能源转型，对煤炭技术具有重大影响。我国能源资源具有"缺油、少气、相对富煤"的禀赋特点，结合非化石能源的可靠替代进程，我国"以煤为主体"的基本国情短时期不会改变，且近年来消费需求总量仍呈增长趋势。因此，煤炭的清洁高效利用对我国碳中和社会构建具有重要意义。

煤气化技术是煤电低碳高效技术之一。煤气化技术是指把经过适当处理的煤炭送入反应器如气化炉内，在一定的温度和压力下，通过氧化剂（空气或氧气和蒸气）以一定的流动方式转化成气体，通过后续脱硫脱碳等工艺可以得到精制一氧化碳气体。气流床气化炉气化是目前煤气化技术发展的主流。超临界煤气化技术的反应过程在高温高压条件下进行，不同于常规煤气化过程，其在高温高压下具有较强的溶解能力，可以将煤炭中的碳转化为气态产物，减少固体废物的生成。超临界催化气化适用于煤制氢项目，能够有效降低后续制氢装置能耗，提高制氢效率。

煤炭液化技术是将煤炭转化为液体燃料的过程。把固体状态的煤炭磨碎制浆，在高温高压下直接与氢气发生加氢反应，最终转化为液体油品。通过液化技术，可以将煤炭转化为汽油、柴油等液体燃料，也可以生产其他化学品。相比直接燃烧煤炭，煤液化通常会产生较少的硫氧化物和氮氧化物等大气污染物排放，是实现煤炭清洁高效利用的另一种重要手段。此外，超临界煤液化技术通常能够达到更高的煤炭转化率和得到更纯净的产品，减少了液化过程中的副产物生成，如固体废物和污水排放。超临界煤液化技术将煤炭转化为高热值液体燃料，是小型燃煤发电技术清洁低碳发展的重要基础。

清洁煤炭技术的发展和应用不仅可以减少煤炭燃烧过程中产生的二氧化碳排放，还可以带来生态环境效益。大气二氧化硫污染治理是煤炭清洁高效利用最大的成功案例。大规模削减二氧化硫排放量，首先是从排放量最大的燃煤电厂开始。如今我国95%以上的燃煤电厂实现了超低排放，煤炭清洁高效利用在燃煤电厂取得突破。从"十四五"开始，二氧化硫退出了污染物减排的约束性指标，标志着我国大气环境治理取得了重要的历史性成果，也意味着大气污染防治更加关注人体健康，更加注重减污降碳协同治理。清洁煤炭技术的应用可以有效减少燃烧过程中产生的污染物排放，如二氧化硫、氮氧化物和颗粒物等。提高大气环境质量，减少酸雨、雾霾等环境问题，减少有害污染物的排放可以减少呼吸系统疾病、心血管疾病等健康问题，提高居民的生活质量，对保护生态环境和提高人均寿命有重要意义。

单纯依靠提高燃烧效率和利用清洁技术往往难以完全实现煤炭技术的碳中和目标，因此需要结合其他碳减排技术来实现。CCUS技术是实现煤炭碳中和的重要手段之一。借助CCUS技术可以实现对煤炭燃烧过程中产生的二氧化碳进行捕集和封存，从而实现碳零排放或碳负排放。通过将捕集的二氧化碳转化为其他有用的产品，如合成燃料、化学品等，可以实现资源的再利用和降低碳排放的双重效益。二氧化碳地质封存的基本原理就是模仿自然界储存化石燃料的机制，把二氧化碳注入特定地质条件及特定深度的地层中，目前已在一些项目中进行了实地应用，如将二氧化碳封存在油气田、盐穴和煤层等地下储层中。海洋封存利用海洋庞大的水体体积及二氧化碳在水体中不低的溶解度，使海洋成为封存二氧化碳的容器。但是增加海水中二氧化碳的浓度，会对海洋生物造成不利的影响，如降低生物钙化、繁殖及成长速率和迁移能力等。目前尚缺乏大规模海洋封存二氧化碳的操作实例。

CCUS技术的应用不仅可以降低碳排放，同时可能会带来非气候效益，包括创造就业机会、刺激经济，以及形成循环经济。CCUS技术的推广应用将催生新兴的碳捕集、碳利用和碳封存产业，涉及碳捕集设备制造、管道建设、封存设施建设等领域，为经济发展带来新的增长点。这些好处可能有助于促进公正的过渡，特别是对于气候变化影响迫使大量工作岗位发生变化的地区。同时CCUS技术的应用将减少工业过程和能源生产过程中的大气污染物排放，提高空气质量，降低呼吸道疾病和心血管疾病的发病率。值得注意的是，CCUS技术作为碳中和背景下提出的新技术，公众对该技术的认可和接受对成功实现碳中和可能变得越来越重要，社会接受应考虑三个层面：社会政治、市场和社区接受。社会政治接受指决策者和公众更广泛地接受绿色技术；市场接受涉及利益相关者和技术投资者的购买；社区接受涉及当地社区参与者的认同，尤其是那些生活在新项目开发区附近的参与者，避免CCUS技术出现其他技术的邻避效应。

（二）可再生能源

1. 风能、光能、水能

风能、光能、水能是重要的可再生能源，风力发电、光伏发电、水力发电作为发展较为成熟的可再生能源技术，边际成本接近零，这使它们对社会的影响非常明显。风力发电技术已经较为成熟，在世界许多地区得到大规模应用。风力发电机组是风力发电技术的核心设备，经过多年的发展和改进，成熟度较高。随着风电场规模的扩大和数量的增加，智能化运维技术对提高风电场的运行效率和降低维护成本具有重要意义。从生产量来看，建造在浮动平台上的深海风力发电站将有潜力提供大量能源。由于风力强劲、面积大，深海风力发电的潜力巨大。中国海上风能资源丰富，海上风力发电项目建设，对促进沿海地区治理大气污染、调整能源结构和转变经济发展方式具有重要意义。

　　水力发电技术是一种成熟度高的清洁能源技术。传统的水轮发电机组已经成熟稳定，广泛应用于全球各地的水电站。中国的三峡水利枢纽工程作为世界上最大的水电站之一，提供了巨大的电力，成为中国重要的清洁能源基地之一，为经济发展提供了可靠的电力支持。同时，水利工程也会对当地公众和区域产生社会影响，包括公众健康、生活质量、生态与环境影响。水电工程的兴建特别是大型水电工程的兴建将产生大量的非自愿移民。随着库区的淹没，水电工程移民会丧失原有的土地和资源，其生活状态和心理状态都会发生变化。当他们迁入新的居住地后，其社会网络和社会资本将会发生重组。在迁移安置的过程中，迁出地原有的产业结构得到调整，移民的生活质量有了得到提高的契机，如贫困农业区迁出的移民可能被安置进城镇并从事个体经济。但如果移民安置补偿不合理，安置后的引导工作不到位，移民的利益也可能受到损害，成为迁入地的弱势群体。

　　太阳每88分钟向地球辐射的能量相当于人类一年消耗的能量。如果能获取到达地球的千分之一的太阳能量，就相当于目前全球经济所用能量的6倍。太阳能发电成本呈指数级迅速下降，太阳能电池板使用的硅太阳能电池每瓦的固定成本由1977年的76美元降至现在的50美分以下。目前，晶体硅太阳能电池是光伏发电领域中应用最广泛的一种电池。其具有稳定性高、效率较高的特点，在全球范围内得到了广泛应用。非晶硅太阳能电池是一种新型的太阳能电池，具有高转化效率、低成本、轻薄等优点。未来，非晶硅太阳能电池的应用将会得到进一步推广，尤其是在建筑一体化光伏发电领域。

　　光伏发电技术的非气候效应还体现在社会治理与人类寿命提高。在发展中国家和农村地区，由于地理条件和经济因素的限制，传统的电力供应方式难以满足人们的需求。屋顶分布式光伏可为当地提供电力，通过创造就业机会消除贫困，并增加贫困人口收入。光伏发电项目还能为村民提供就业机会，如清洁工作和维修工作，也有园艺工作。光伏发电技术可以为这些地区提供清洁、可靠、经济的电力供应，促进当地的经济发展和社会进步。从提高人均寿命、促进人类发展的角度来看，化石燃料大量使用产生的大气污染每年在世界各国造成360万人死亡，相当于谋杀、战争和恐怖袭击造成的年度死亡人数总和的6倍（图8-4）。可再生能源技术的持续发展不仅大幅度减少温室气体的排放，而且极大地减少了因空气污染而死亡的人数。

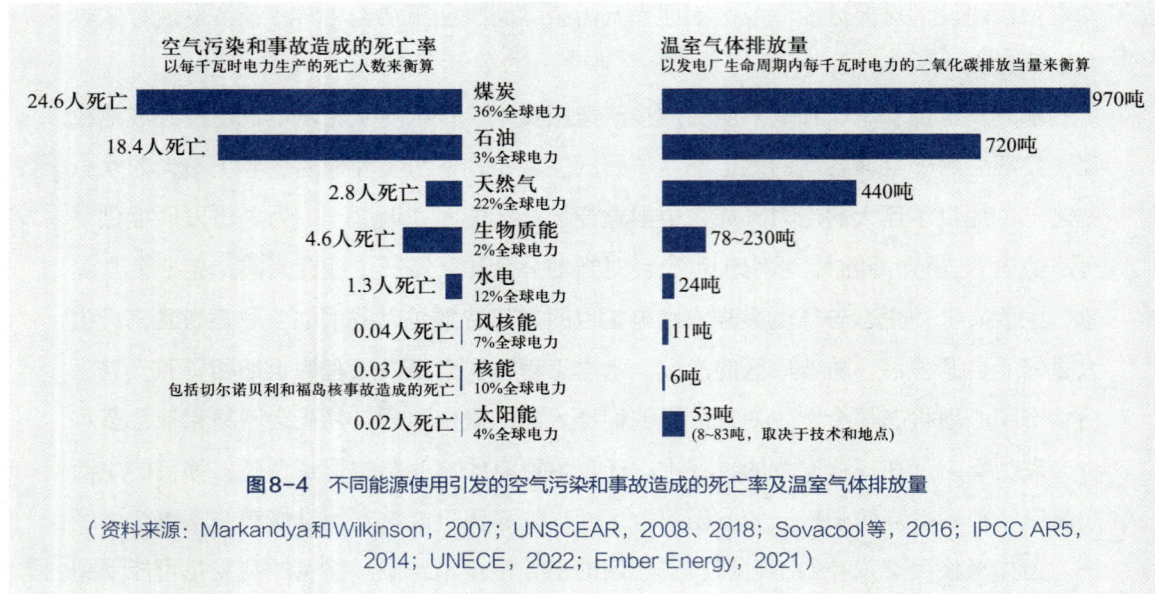

图8-4 不同能源使用引发的空气污染和事故造成的死亡率及温室气体排放量

（资料来源：Markandya和Wilkinson，2007；UNSCEAR，2008、2018；Sovacool等，2016；IPCC AR5，2014；UNECE，2022；Ember Energy，2021）

2. 生物质能技术

由于生物源二氧化碳是自然碳循环的一部分，植物在生长时通过光合作用吸收二氧化碳，并在腐败或燃烧时释放二氧化碳。如果这个循环中碳吸收和释放的量及速度保持均衡一致，那么在这个循环中并没有新的二氧化碳释放到大气中，因此对大气的影响是"中和"的。由于生物能源的灵活性、与广泛发展战略整合的潜力，以及人们普遍接受的生物质资源的温室气体排放低于传统能源途径的事实，生物能源在经济发展的各个阶段都是一种有吸引力的能源选择。生物航空煤油、生物柴油、纤维素乙醇、生物天然气技术将成为未来主要的生物质能技术。

对于能源系统脱碳来说，轻型交通、供暖、制冷和照明等能源服务可以通过电气化并利用可再生能源来实现。然而，其他一些能源服务可能难以在短期内通过电气化实现零排放，如航空、长途运输和航运。质量比能量密度和体积比能量密度阻碍了电池或氢燃料动力用于长途货运或航空服务。能量密度高的液体燃料很可能仍然是长途运输服务的首选能源来源（Davis，2018）。生物液体燃料是指把生物质以发酵提纯或者生化合成的方式制造成乙醇或油类等液体燃料。主要的液体生物燃料是来自谷物和甘蔗的乙醇，以及来自油籽和废油的生物柴油和可再生柴油（Tilman，2009）。与传统的石油基航空煤油相比，生物航空燃煤在其整个生命周期中可以实现高达50%以上的二氧化碳减排效果。因此，生物航空燃煤被视为全球航空业在推动绿色燃料发展、加快减少对大气环境影响方面的重要趋势。

生物质经济指利用工业生物技术和能源环境技术，通过物理、化学、生物等形式，将可再生原料作物或农林废物、生活垃圾及畜禽粪便等生物质废物，转化为生物燃料、绿色塑料和可再生化学品等替代性消费产品。全球各国高度重视能源创新、能源转型和能源安全，越来越多的工业生物技术产品正在替代传统石化产品。生物质燃料产业作为可再生能源产业，对经济增长、气候变化治理、农业和林业发展有积极推动作用。生物质燃料产业的发展对经济增长具有积极的推动作用。生物质燃料产业链涵盖了生物质收集、加工、运输、销售等多个环节，这些环节的发展将带动相关产业的发展，如农业、林业、机械制造、物流等。生物质燃料产业的发展还能促进农业和林业发展。生物质燃料的主要来源包括农作物秸秆、林业废物等，这些资源的收集和利用将促进农业和林业的发展。一方面，农作物秸秆的收集和利用将促进农业生产的废物资源化利用，提高农业生产效益；另一方面，林业废物的利用将促进林业资源的合理利用，推动林业产业的发展。

我国有发展生物质能源技术和能源产业的迫切需求，具备构建清洁低碳、安全高效的新一代能源系统的科技基础和经济条件。我国北方地区冬季常年面临严峻的大气污染形势。开发利用分布式生物质能供热，对缓解能源紧张、调整能源结构、减少环境污染具有重要意义。示范推进低成本、高能效生物质成型燃料锅炉供热，促进生物质能专业化、规模化、产业化开发利用，使广大农村也可以平等享受到绿色能源创新的成果，形成清洁、循环、可持续的生产方式和生活方式，将从根本上提高农村地区环境质量。

3. 氢能技术

氢能技术是一种具有巨大潜力的清洁能源技术，其应用范围涵盖了交通运输、工业生产、能源存储等多个领域。氢能技术的核心是利用氢气作为能源来产生电力或者提供动力。氢气是一种高效、清洁的能源，其燃烧过程只产生水蒸气，不会产生二氧化碳等温室气体，具有极小的环境影响。燃料电池通过电化学反应，而不是采用燃烧（汽油、柴油）或储能（蓄电池）方式，不会释放 CO_x、NO_x、SO_x 气体和粉尘等污染物。如果氢气是通过可再生能源产生的（光伏电池板、风力发电等），整个循环就是彻底地不产生有害物质的过程。从市场潜力来看，质子交换膜燃料电池在功率密度、灵活性和降本方面潜力最具竞争力，已在交通领域得到广泛应用。氢能技术还可以作为能源的存储和输送手段。通过将电能转化为氢气储存起来，可以在需要的时候再将氢气转化为电能供应给电网或者其他设备使用，实现能源的高效利用和平稳供应。

随着氢能技术的革新和成本的下降，氢能在交通、建筑、发电等诸多领域都将发挥作用，改变社会生活。在交通领域，公路长途运输、铁路、航空及航运将氢能视为减少碳排放的重要燃料之一。现阶段我国氢燃料电池车以客车和重卡为主。2022年北京冬季奥林匹克运动会示范运行超1 000辆氢燃料电池汽车，并配备30余个加氢站，是全球最大规模的氢燃料电池汽车示范应用。氢能与建筑融合是一种绿色建筑新理念。建筑领域需要消耗大量的电能和热能，已与交通领域、工业领域并列为我国三大"耗能大户"。氢燃料电池在为建筑发电的同时，余热可回收用于供暖。在氢气运输至建筑终端方面，可借助较为完善的家庭天然气管网，以一定比例将氢气掺入天然气，并运输至千家万户。在电力领域，通过电—氢—电的转化方式，氢能可成为一种新型的储能形式。在用电低谷期，利用富余的可再生能源电力电解水制取氢气，并以高压气态、低温液态、有机液态或固态材料等形式储存下来；在用电高峰期，再将储存的氢通过燃料电池或氢气透平装置进行发电，并入公共电网。而氢储能的存储规模更大，可达百万千瓦级，存储时间更长，可根据太阳能、风能、水资源等产出差异实现季节性存储。

氢经济是指设想以氢气（氢燃料）为主要能源的社会状态，氢经济可以作为绿色低碳循环发展经济体系的重要组成。氢能可与电力系统形成互补，帮助难以实现电气化的行业实现脱碳。同时还可以将二氧化碳进行资源化利用，生产高附加值的甲醇、轻烃燃料等重要化工产品，促进循环经济发展。氢能技术的广泛应用可以有效减少碳排放和污染物排放，改善环境质量，提高人们的健康水平。同时氢能技术的发展将降低对传统化石能源的依赖，提高能源供应的稳定性和可持续性，减小能源供应中断和价格波动的风险，有利于社会稳定。

（三）能源存储与智能电网

以风力发电、光伏发电为代表的可再生能源普遍具有间歇性、波动性、随机性的特点，要实现其大规模融合利用，储能技术是关键。抽水蓄能技术成熟，是目前储能市场上应用广、占比高的技术，但其对地理条件依赖度高；压缩空气储能可以不依赖地理条件，基本具备大规模商业化应用的条件。锂离子电池技术较为成熟，已进入规模化量产阶段，是目前发展快、占比较高的电化学储能技术，在电动汽车和新型储能中占主导地位。钙钛矿电池是电化学储能的新方向，具有吸光能力强、低成本和易制备、弱光效率高等优势和特点，但存在稳定性较差和大面积应用时的效率损失较大两个短板，是当前前沿研究的热点之一（Huang，2023）。

储能技术的应用可以有效解决可再生能源的波动性和间歇性问题，促进了能源转型向清洁、可再生能源的方向发展，有助于应对气候变化和环境污染问题。同时储能技术的发展促进了相关产业链的完善和壮大，涵盖了从研发设计到制造安装等多个环节，为社会提供了大量就业机会，推动了就业和经济增长。储能技术在能源需求高峰时段释放能量，提供额外的电力供应，提高能源供应的稳定性和可靠性，保障以可再生能源为主体的碳中和社会下的正常生产和生活。

智能电网将成为可再生能源网络的支柱。传统电网由于电源点与负荷中心多数处于不同地区，且电能难以大量储存，其生产、输送、分配和消费都需在同一时间内完成，即电能生产必须时刻保持与消费平衡，这对于缺乏同步实时数据监控、事故预警和自动调节装置的传统电网来说难以实现。传统电网提供的电力流向为单向流动，随着信息化快速发展，生产生活安全用电的需求日益增多，电网用电效率低，无法根据高波动性提供合适的电能，以及满足对电力供应的开放性和互动性的要求。

智能电网包括在大容量电力系统层次上以及在各地分布式系统层次上的大量电能储存设备和可再生能源发电设施。此外，智能电网还极大提高了感知能力和控制能力的配置，可以容纳这些分布式资源、电动汽车、消费者直接参与的能源管理和高效通信设备。这种智能电网加强了网络安全防护，可以确保极其复杂的包含数百万个节点的系统长期运行。美国电力研究院估计，美国智能电网设施可以使温室气体排放量减少58%（Electric Power Research Institute，2011）。智能电网技术可以实现可再生能源的大规模接入和智能调度，不断提高社会清洁能源的利用效率和可再生能源的比例，促进了能源转型向低碳、可持续的方向发展，减少碳排放。智能电网通过实施智能化的电力调度和能源管理，可以根据用户需求和电网负荷情况进行灵活调整和优化，提高了能源的利用效率。同时通过实时监测和远程控制技术，可以及时发现电网故障和异常情况，实现故障隔离和自动恢复，大大提高了供电可靠性，减少了停电时间，保障以新能源为主的碳中和社会中公众的正常生产和生活。智能电网通过连接电力系统、用户、新能源等各个环节，构建了复杂的能源生态系统，使用户之间可以共享电力资源，实现能源的跨界交易和共享利用，改变了传统能源供应和需求关系，推动社会关系的发展。

三、碳中和能源技术和社会参与

（一）政策法规对能源技术发展的影响

政府政策和法规对碳中和能源技术发展起重要的引导和支持作用。首先，碳中和背景下能源技术的快速发展需要政府相应的政策支持。以光伏发电为例，根据国际能源署的计算，仅建造光伏发电站就需要超过10亿美元，而电网扩建扩容工程需要数十亿美元。只有进行大规模的投资，才能降低光伏发电的成本，不断提高光伏发电占世界发电总量的比例。许多国家和地区实施针对可再生能源项目的补贴政策，以吸引投资者进入可再生能源市场。补贴形式包括补贴资金、税收优惠、能源证书等。这些政策有利于降低投资风险，不断降低可再生能源技术的成本。德国政府制定了可再生能源法，规定了可再生能源的配额和发电补贴标准，要求能源供应商和消费者使用的能源中有一定比例来自可再生能源，这一政策促进了德国可再生能源技术的发展和壮大。欧洲多个国家通过设置风力发电补贴标准和购电价格，鼓励企业和投资者投资建设风力发电项目。这些补贴政策使风力发电成本可以与传统能源竞争，并吸引了大量投资，推动了风力发电技术的成熟和应用。

其次，政府可以通过设立科技创新基金，资助新能源技术的研发和创新，支持科研机构、企业和高校进行技术研发、试验验证等工作，推动新能源技术的创新和突破。同时制定碳中和能源技术的相关技术标准和规范，引导行业技术创新和产品优化。这有助于提高这些能源技术的技术水平和产品质量，促进其市场应用和推广。日本政府通过设立氢能技术研发资助计划，资助了许多氢能技术的研发和示范项目。这些资助计划促进了氢能技术的创新和进步，推动了日本氢能技术的商业化和应用。

（二）企业的能源技术可持续发展

企业是碳中和能源技术持续发展的重要载体。企业可以在能源利用和管理方面采取一系列长期规划和行动，实现能源利用效率提高、碳排放降低、能源安全保障和经济效益提高等目标。企业可以积极采用可再生能源技术，减少对高碳能源的依赖，降低碳排放，实现能源结构的清洁转型。企业通过改进生产流程、更新设备、优化能源利用结构等措施，提高能源利用效率，减少能源浪费，降低能源成本，提升企业的竞争力。企业加大对清洁能源技术的研发和应用投入，积极推动新能源技术的创新和应用，提高企业的技术竞争力和创新能力。

近年来，ESG 在推动企业采取行动以减少碳排放和促进可持续发展方面发挥重要作用。ESG，即环境（Environmental）、社会（Social）和治理（Governance），是一种关于环境、社会、治理绩效而非仅注重财务绩效的价值理念、投资策略及评价体系。它鼓励企业采取更环保、更负责的做法，同时也引导投资者关注长期的环境影响和企业的可持续性。ESG 与减少碳排放和可持续发展密切相关，它们之间存在相互关联和交叉影响。ESG 的"E"主要关注环境方面，减少碳排放是其中一个重要的环境因素。企业和投资者在考虑 ESG 时通常会关注企业对气候变化的影响，并采取措施减少温室气体排放。这可能包括采用更清洁的能源、提高能源利用效率、优化生产过程以减少废物和排放物，以及支持可再生能源等措施。同时，社会责任感和可持续发展常常被视为减少碳排放的支持者。通过促进清洁能源产业的发展，创造更多的可持续就业机会，提高社区健康水平等，都可以视为社会方面的影响。良好的治理对于推动企业采取减少碳排放的行动也很关键。透明度、问责制和有效的企业管理结构可以帮助企业制定和实施战略，以减少其对环境的不利影响，并确保这些措施得到持续实施和监督。

（三）公众参与推动能源技术发展

公众在推动碳中和能源技术发展方面发挥重要的作用，他们的意识、态度和行为对能源技术的应用和发展产生直接影响。

公众对碳中和的认知和理解是推动能源技术发展的基础。积极的教育宣传活动可以提高公众对碳排放和气候变化的认识，激发公众对清洁能源技术的需求和支持。瑞典政府通过学校教育和社会宣传等途径，提高公众对环境保护和可持续发展的认识，激发了公众对清洁能源技术的兴趣和需求。

公众的消费行为直接影响能源市场需求和供给格局，选择清洁能源产品和服务可以促进相关技术的发展和应用。以电动汽车为例，公众对环保意识的提升和对新能源汽车的认可，推动了电动汽车市场的迅速发展。厂商为了迎合市场需求，不断推出更加先进、高效的电动汽车技术。目前，全球电动汽车保有量继续强劲增长，预计未来十年需求激增将重塑全球汽车行业，并大幅减少公路运输的石油消耗。到 2030 年，中国道路上行驶的汽车中将有近 1/3 是电动汽车，而美国和欧盟则有近 1/5 的汽车是电动汽车（国际能源署，2024）。

公众通过媒体、社交网络等渠道获取能源技术信息和碳中和知识，参与讨论和行动，推动相关政策的制定和执行。同时可以通过社会参与和舆论压力，推动政府和企业采取更加积极的碳中和行动和政策，促进清洁能源技术的发展和应用。环保组织通过组织各类活动呼吁政府和企业采取更加积极的碳中和行动，这些活动引起了社会的广泛关注，促使相关方更加重视碳排放和气候变化问题。德国的"能源转型"运动（Energiewende）获得了广泛的群众基础。如今整个德国已经有超过百万个安装光伏的屋顶，公众在推广这一活动的过程中起到了重要作用。实现社会的能源转型和碳中和社会的构建，无法完全依靠政府或大型企业带头而实现，而是一个又一个具体的个体亲身参与其中的结果。

第二节
碳中和与资源技术

2018年诺贝尔经济学奖得主威廉·诺德豪斯在经济学领域以其对自然资源与经济增长关系的研究而闻名。威廉·诺德豪斯探讨自然资源在经济发展中的作用，分析资源约束对经济增长的影响。他考察资源开采和利用对环境的影响，以及环境污染对经济活动和福利的影响，以寻求一种平衡经济增长与资源利用之间的关系。目前大气中的二氧化碳浓度比过去65万年中的任何一个历史时期都要高。在气候危机背景下，人类更应该重新思考资源利用模式，推动资源技术的创新发展，实现碳中和目标。本节将探讨碳中和社会下资源技术的发展。

一、碳中和资源技术科学认知

（一）资源技术与碳排放

化石资源几乎融入了现代生活的方方面面。从石油、天然气和煤炭等化石燃料中提取的化学物质几乎存在于所有有机、矿物或金属的材料中，包括塑料、电子产品、纺织品、清洁产品、橡胶、油漆和大多数人每天使用的数千种其他合成产品，制造这些产品的过程始于将化石资源加工成化学原料（图8-5）。现代化学工业建立在化石资源之上是因为它们的能量及碳和氢（大多数化学品中的两个关键原子）都很密集，这使它们成为一种经济的原料选择。然而，建立在化石资源基础上的现代生活同时给人类和地球带来了严重后果。化学品生产每年排放大量二氧化碳及有毒污染物，使人们面临水和空气污染，以及急性呼吸道症状、皮肤和眼睛刺激及癌症等健康风险（世界资源研究所，2024）。

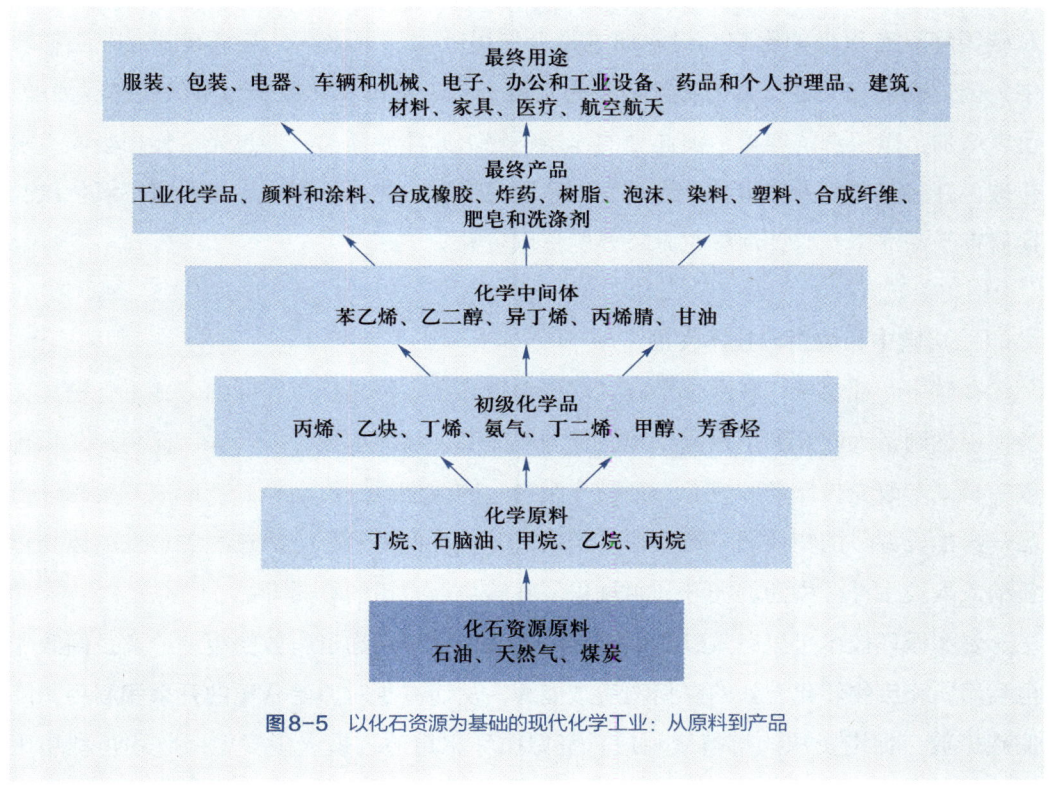

图8-5 以化石资源为基础的现代化学工业：从原料到产品

  工业化以来，经济高速发展伴随线性资源利用模式，即一种以资源的采集、生产、使用和丢弃为中心的传统模式，也称为"取、用、丢弃"模式。在这种模式下，资源被采集、加工成产品，然后在使用后被丢弃，形成废物。这种线性的资源利用模式会导致大量的碳排放问题。在资源的生产、加工和运输过程中，通常需要大量的能源，这些能源的燃烧释放大量的二氧化碳和其他温室气体，导致碳排放量增加。在资源的采集和加工阶段，使用大型机械设备和重型运输工具，消耗的能源更为巨大，碳排放量也相应增加。在产品的生命周期中，从原材料的采集、加工、制造到产品的使用和废弃，都伴随碳的排放。在产品的使用阶段，部分产品还可能会产生额外的碳排放，如汽车的燃烧排放、电子产品的能源消耗等。在线性资源利用模式下，产品使用完毕后通常被丢弃，形成大量的废物。废物的处理和处置通常需要能源，特别是在焚烧和填埋废物时，会释放大量的二氧化碳和其他温室气体。同时，废物的分解过程也会产生甲烷等温室气体，进一步加剧了碳排放问题。

负碳资源可以通过吸收和存储大气中的二氧化碳，减少大气中的温室气体含量，从而减缓气候变化的速度和程度。这些资源的使用可以帮助减缓气候变化，因为它们对碳循环具有积极的影响。树木通过光合作用吸收二氧化碳，并将其固定在生物质中，因此森林和其他类型的林地被视为负碳资源。通过森林保护和重新植树等活动，可以增加负碳资源的容量。海洋中的浮游植物（如浮游藻类）通过光合作用吸收二氧化碳，并将其转化为有机物。海洋生态系统还通过生物作用和化学过程将二氧化碳长期储存于深海中，因此海洋也是重要的负碳资源。

（二）碳中和的资源技术发展

在碳中和社会中，资源技术应实现资源循环在系统内部以互联的方式进行物质交换，以达到最大限度利用进入系统的资源和能源，从而形成"低开采、高利用、低排放"模式。改变传统的"资源—产品—废物"的线性经济流动模式，形成"资源—产品—再生资源"的物质闭环流动型增长模式，将人们生产和生活过程中产生的废物重新纳入人类生产、生活的循环利用过程，并转化为有用的物质产品。

资源循环技术可以有效减少碳排放。资源循环利用通过有效的废物分类、回收和再利用，将废物转化为新的有用物质或能源，从而减少对原始资源的开采和利用，降低碳排放，促进资源的可持续利用。资源循环利用通过最大限度地回收和再利用废物，降低了对新鲜原始资源的需求，从而减少了与资源开采和加工相关的能源消耗和碳排放。资源循环利用通常比使用新原材料生产产品更加节能，因为再生原材料的处理和加工过程往往需要比从头开始生产更少的能源。通过资源循环利用，产品的使用寿命得以延长，从而减少了因频繁更换产品而产生的碳排放。例如，通过再生金属和塑料生产的产品通常具有与原始产品相似的质量和性能，因此可以替代原始产品，延长其使用寿命。资源循环利用是循环经济的重要组成部分，它通过促进废物的再利用和再循环，实现了资源的有效利用和再利用，减少了资源的浪费和消耗，进而减少了与资源开采、生产和处理相关的碳排放。

碳中和资源技术的发展将推动无废城市的建设，同时无废城市建设也是资源循环利用，实现碳中和目标的重要手段。通过循环经济理念和先进技术手段，最大限度地减少、回收和利用城市生活和生产中产生的废物，实现废物资源化、能源化或无害化处理，从而最大限度地减少对环境的污染和资源的浪费。实现无废城市的目标有助于提升城市的可持续性、降低碳排放、提高环境质量、促进经济发展和提高居民生活质量。通过优化生产过程、减少包装材料和提倡绿色消费等方式，最大限度地减少废物的产生。利用资源再生利用技术，加强废物的分类、回收和再利用，将废物转化为资源，并通过循环利用来满足城市生活和生产的需求。

（三）资源技术的社会影响

碳中和资源技术的发展将降低碳排放，通过原料替代、废物减量化、资源再生利用等方式减少温室气体排放，对社会产生积极影响，从而推动可持续发展和实现碳中和目标。

资源循环技术的发展还将推动新型产业的兴起，如循环经济产业链的建设、再生资源回收利用行业的发展等，为经济增长提供新动能。循环利用废物和再生资源可以降低原材料采购成本，并减少废物处理和排放治理成本，从而降低企业的生产成本，提高竞争力。资源循环技术的推广和应用将创造大量的就业机会，涉及废物回收处理、再生资源利用、环境保护技术等多个领域，为社会提供更多就业机会。资源循环技术的发展将减少废物对环境和健康的影响，提高城市居民的生活环境质量。推动资源循环利用的发展需要社会各界的共同努力和参与，促使企业和个人更加重视环境保护和资源利用，增强社会责任感。资源循环利用的理念符合社会可持续发展的要求，有助于凝聚社会共识，推动社会各界共同参与碳中和目标的实现。

值得注意的是，生物质资源利用是重要的碳中和手段，但用于生产生物质的土地必须具有适合农业的水、养分、土壤和气候特征，从而使生物质生存与其他土地用途竞争。这会对粮食安全、可持续农村经济，以及保护自然和生态系统服务产生影响，也会加剧潜在的土地利用竞争。生物能源生产系统的潜在社会影响值得引起重视。其中最重要的问题与粮食安全有关。土地是一种有限的资源，因此，生物质生产本身可能会对一个地区的粮食生产力产生影响，进而可能会对依赖该地区土地获取粮食的当地人口产生根本性影响（Thornley，2018）。由于对土地的需求增加，对粮食供应的局部影响可能会进一步推高粮食商品价格。粮食安全影响在粮食净进口国尤其普遍，特别是那些自己不生产粮食的国家极易受到主要粮食商品价格变化的影响。但需要充分分析可持续性影响，并采取行动来满足未来日益增长的需求，而生产或调动的生物质资源不会对其来源区域造成环境、社会和经济影响。

二、碳中和资源技术路径

（一）低碳资源：资源循环利用

1. 废金属

过去几个世纪里，大量金属被人类从自然界开采出来，并制成商品。不断发展的重大基础设施建设使社会储备不断增加，意味着回收可以更多满足对金属的需求。许多广泛使用的金属回收率已经比较高，在碳中和目标的推动下，金属的恢复和回收将比挖掘和提炼更有吸引力。对许多金属原材料来说，循环技术的发展也许将使城市循环取代矿山开采。同时，碳中和需要的全球能源转型是金属密集型的。全球绿色低碳转型将拉动关键金属消费大幅增长，如电动汽车发展依赖锂、钴、镍等电池材料，海上风机需要稀土永磁，燃料电池和氢能发展离不开铂族元素。锂、钴、镍、铜、锰和稀土金属等关键金属的市场规模就将不断扩大。

金属循环利用技术对降低金属采矿和原生生产的能耗及碳排放至关重要。废金属的循环利用可以减少对原生金属的需求，从而降低对矿石开采、炼矿、冶炼等过程所需能源的消耗和碳排放。相比从矿石中提取金属，废金属的回收和再利用通常能够显著降低能源消耗和碳排放，有利于减少工业过程中的温室气体排放。同时，废金属循环利用减少了对新资源的开采，有助于保护自然环境，减少对土地资源的占用和破坏。这种循环利用方式还能够减少因采矿活动而引发的土地退化、水资源污染等环境问题，有助于维护生态平衡。

钢铁循环将成为我国乃至全球钢铁工业发展的必由之路。"废钢—炼钢—制品—废钢"构成了钢铁全生命周期循环体系。在这个闭路循环系统里，通过金属铁的无限循环使用和生命的延续，不断提高资源利用率，提高附加值，提高钢铁的潜能；节约能耗，减少"三废"排放；减少原生铁矿的开采，逐步形成钢铁生态工业体系，促进钢铁工业与自然的和谐。

2. 塑料系统变革

高分子材料的出现改变了20世纪的物质文明，推动了人类社会进步。20世纪50年代以来，全球塑料生产和使用呈指数级增长，全球约有900万人从事聚合物生产和塑料加工行业。轻质、坚固且看似廉价的塑料已经渗透到人们的生活、社会和经济中，但其同时也造成了环境、人类健康和经济的重大损失。目前，世界每年生产的塑料中超过三分之二是寿命短的产品，很快就会成为废物，并且在一次使用后数量不断增加。每年大量塑料垃圾进入海洋，对环境系统和人类健康造成严重损害。在一切照旧的情况下，到2040年，塑料排放的温室气体可能占全球温室气体排放量的19%。因此，塑料经济的绿色转型至关重要。已有研究表明，与线性利用途径相比，通过机械和化学回收的废塑料可减少30亿吨二氧化碳当量或64%的温室气体排放（Meys，2021）。废塑料化学循环正成为国内外塑料污染治理新方向，可将"白色污染"变为"白色油田"。废塑料化学循环已逐渐成熟并形成了以裂解法、解聚法、热解聚反应法为主的工艺。

联合国环境规划署的研究表示，在改革的塑料系统情景下，原始塑料材料的数量减少了一半以上，通过增加再使用或再循环的塑料占总数的27%，管理不善的塑料废物流入环境的数量减少了80%以上（图8-6）。转型后的塑料经济将带来新的商业机会，从而带来新的经济效益。到2040年，新的塑料经济将创造就业、收入和创新机会，新增70万个就业岗位，改善数百万工人的生计。同时，可以减少80%的塑料污染，减少对人类健康和环境的损害。

3. 再生水

水是不可替代的有限资源，是维持地球生态平衡和社会经济发展不可或缺的基本物质资源。几千年的历史表明，人类的生存与发展及经济社会的形成都以水为中心。在现代社会中，工农业生产活动像生命系统一样离不开水的供给。水资源的合理开发利用和保护对社会经济发展有决定性的影响。只要有水资源短缺的情况存在，经济社会的发展方向就将主要由供水条件决定。因此，在水量不能满足需求的情况下，社会很难维持可持续发展。

再生水技术指使废水或污水经过适当处理，达到一定的水质标准，可再次利用的非饮用水技术。再生水技术的典型工艺包括物理处理、化学处理、生物处理和高级氧化等，通过这些工艺可以有效去除废水中的悬浮物、有机物、重金属等污染物，生产满足特定用途要求的再生水。例如，反渗透、超滤、紫外线消毒等技术都是常用的再

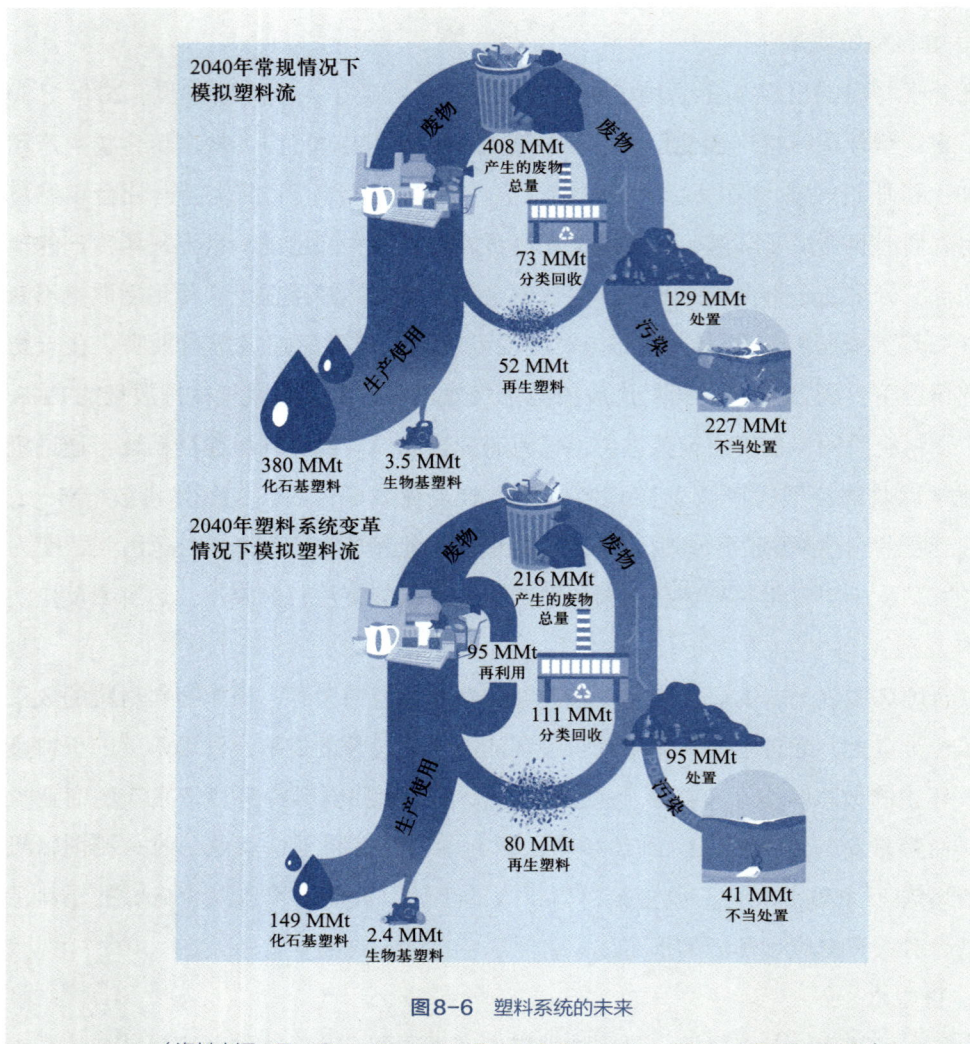

图8-6 塑料系统的未来

（资料来源：The Pew Charitable Trusts和Systemiq，2020；OECD，2022）

注：MMt为百万吨。

生水技术。其在减少水资源开采量、减少对水资源的污染及缩短水资源净化周期等方面均具有十分重要的意义。再生水技术可以将废水转化为可再利用水资源，减少对传统淡水资源的需求。特别是在水资源短缺的地区，再生水可以成为一种重要的补充水源，缓解水资源供需矛盾，保障人们的生活用水和工业用水需求。通过再生水技术处理后的废水，经过合适的处理和消毒后可以用于灌溉、补给环境水体和用作工业冷却水等，从而减少对环境的污染，改善水体质量，保护生态环境。再生水技术将原本被废弃的废水资源转化为可利用的再生水资源，提高了水资源的利用效率。通过再生水技术，一些原本被浪费的水资源得到了有效利用，为社会经济发展提供了更加可持续的水资源支持。

（二）零碳资源：生物质资源利用

生物质是典型的零碳资源。生物质是指通过光合作用而形成的各种有机体，包括所有的动物、植物和微生物。生物质能就是太阳能以化学能形式贮存在生物质中的能量形式，即以生物质为载体的能量。我国生物质资源主要为各类剩余物和废物（被动型生物质资源），主要包括农业废物、林业废物、畜禽粪便、生活垃圾、污水污泥等。生物质资源利用技术是指利用各种生物质材料（如动物、植物等有机质）进行能源生产、化学品生产、材料制备等过程的一系列技术。这些技术不仅能实现对各类有机废物的无害化、减量化和资源化利用，进而改善生态环境，同时还有利于优化能源结构，实现碳达峰、碳中和与环境污染治理的协同。

1. 生物质发电

生物质发电是最成熟、发展规模最大的现代生物质能利用技术，北欧国家、德国及美国处于世界领先水平。截至2021年年底，我国生物质发电累计装机量达3 798万千瓦，约占可再生能源发电装机总量的3.6%，生物质发电量为1 637亿千瓦时，约占可再生能源发电总量的6.6%。从生物质发电累计并网装机情况来看，我国当前以垃圾焚烧发电、农林生物质发电为主，沼气发电仅占3%左右。生物质发电的技术分类丰富，包括直接燃烧发电、混合燃烧发电、垃圾焚烧发电、沼气发电、气化发电等。

生物质发电技术根据工作原理可划分为直接燃烧发电技术、气化发电技术和耦合燃烧发电技术三大类。生物质直接燃烧发电在原理上与燃煤锅炉火力发电十分类似，即将生物质燃料（农业废物、林业废物、城市生活垃圾等）送入适合生物质燃烧的蒸汽锅炉中，利用高温燃烧过程将生物质燃料中的化学能转化为高温、高压蒸汽的内能，通过蒸汽动力循环转化为机械能，最终通过发电机将机械能转变为电能。由于生物质资源分散，能量密度低，收集运输困难，生物质直接燃烧发电对燃料供应的持续性和经济性有较高的依赖度，导致生物质发电成本高昂。生物质耦合燃烧发电是利用生物质燃料部分替代其他燃料（通常指煤炭）进行混烧的发电方式，在提高生物质燃料灵活性的同时减少煤炭用量，实现了燃煤火电机组的碳减排。

2. 生物天然气

生物天然气由沼气提纯所得，国际上称为生物甲烷气或可再生天然气。沼气是有机物在无氧（厌氧）的条件下，经微生物分解产生的可燃性混合气体，同时消灭其中的病原体，最终留下营养丰富的肥料作为副产品。沼气的主要成分是甲烷和二氧化碳，甲烷含量在60%左右，提纯到93%以上就是生物天然气，热值与天然气接近，可以用作车用气或管道气，经济价值高。如图8-7所示，长期来看，生物天然气对我国碳中和进程的贡献将不断增加。从累计减排效益来看，到2040年，累计减排效益将达到5.6亿~9.5亿吨二氧化碳；到2060年，累计减排效益将达到27.8亿~47.7亿吨二氧化碳（落基山研究所，2023）。

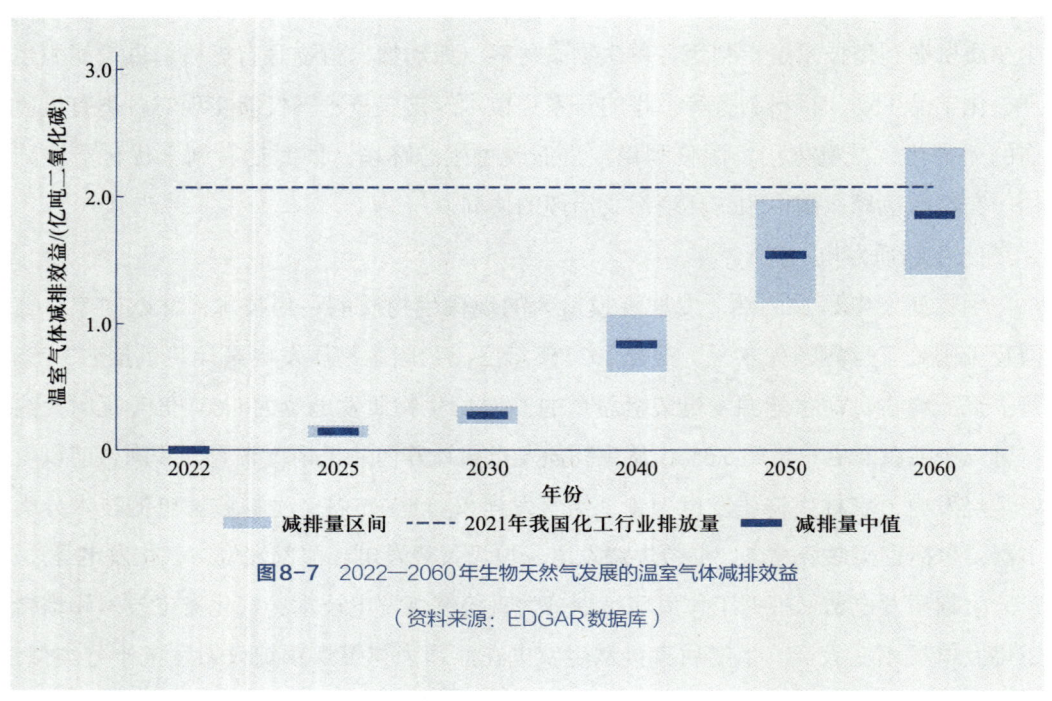

图8-7　2022—2060年生物天然气发展的温室气体减排效益

（资料来源：EDGAR数据库）

　　生物天然气可助力实现乡村振兴战略目标，促进乡村碳中和公平转型。碳中和目标的实现需要兼顾乡村振兴战略，实现乡村公平转型。在碳中和目标下，农业农村生产生活方式也需实现绿色低碳转型，而协同推进农业农村气候行动与现代化建设符合乡村振兴战略的要求。落基山研究所提出，乡村碳中和公平转型行动需要在经济、环境和社会等方面创造广泛效益，改善民生福祉，从而促进乡村全面振兴，而生物天然气的经济社会效益在乡村碳中和公平转型的框架下更加突出。在推进生物天然气分布式生产消费、形成城乡有机废物能源化利用循环发展模式的政策引导下，支持有机废物资源丰富的乡村地区发展"原料收储运—生物天然气生产—燃气和副产品消费"的完整产业体系，可为乡村地区投资生物天然气项目、发展相关基础设施带来需求增长，从而为县域和乡村发展经济、增加就业、提高家庭收入和财政收入创造新机遇。

发展生物天然气也是治理农村环境污染、构建循环经济、加强生态文明建设的有效措施。生物天然气可提高农村地区空气质量，传统农村常使用散煤、秸秆和薪柴等低品质的能源，而生物天然气能够在烹饪、用电、供暖等方面多途径替代农村传统能源消费，从而减少大气污染物的排放，提高室内外空气质量和农村人群健康水平。此外，秸秆废物若用作生物天然气的生产原料，也可避免秸秆露天焚烧导致的大气污染。生物天然气也有助于治理农业面源污染，农牧业畜禽粪便未经处置排放及化肥的不当施用将造成土壤、水体和大气的污染，危害自然环境和人类健康。而将畜禽粪便作为生物天然气生产原料，能无害化处理农业废物，从源头避免面源污染的发生；副产品有机肥的合理施用可替代传统化肥消费，提升土壤肥力，并保护土壤和水生态环境。此外，生物天然气可推动农业循环经济的发展，因为生物天然气的生产在减少废物排放的同时提供了可再生能源，其生产过程的有机肥等副产品也具有较高的经济价值，从而实现对有机废物的资源化、能源化、高值化利用，是推动农业循环经济发展的良好模式。

3. 生物质能碳捕集与封存

生物质能碳捕集与封存，简称BECCS技术（图8-8），是应对全球气候变化的关键技术之一。该技术利用植物的光合作用，将大气中的二氧化碳转化为有机物，并以生物质的形式积累储存下来，这部分生物质可以直接用于燃烧产生热量，或者通过化学反应合成其他高价值的清洁能源。生物质燃烧和化学合成过程中产生的二氧化碳，

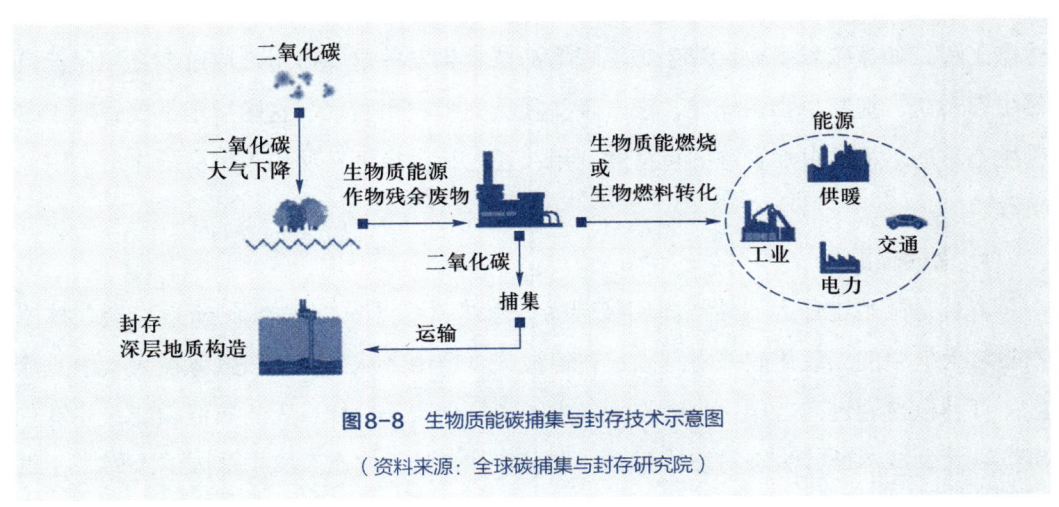

图8-8 生物质能碳捕集与封存技术示意图

（资料来源：全球碳捕集与封存研究院）

被认为是植物生长所储存的二氧化碳释放出来（这个过程属于"净零排放"），然后利用碳捕集与封存技术捕获释放出来的二氧化碳，将其进一步压缩和冷却处理后，用船舶或者管道输送，最后被注入合适的地质构造中永久储存（这个过程属于"负排放"）。因此，BECCS技术是一种负排放技术。通过BECCS产生的能量可以用于各种用途，特点是消除了向大气中排放的温室气体。

相较于其他负排放技术而言，利用BECCS技术进行二氧化碳负排放的潜力更大。从碳潜力和碳成本两方面折中来看，BECCS技术是未来有望将全球温室效应稳定在低水平的关键技术。在合适技术的配合下，生物质焚烧发电厂可望实现经济可行的碳捕集与封存，从而使生物质能源利用过程实现负排放，最大限度减少人类发展的碳足迹。发展BECCS技术可以解决我国城乡各类有机弃物无害化、减量化处理等问题，避免生物质废物在没有得到有效利用进行自然分解的情况下释放更强的温室气体。在全面推进乡村振兴战略的大背景下，未来生物质能也将有助于乡村发展走出一条"农业-环境-能源-农业"的绿色低碳闭合循环发展之路。

（三）负碳资源：生态碳汇

1997年《京都议定书》中首次提出"碳汇"的概念，即清除温室气体的过程、活动与机制。碳汇技术指通过采取一系列绿色低碳减排或增汇技术措施，从而在农林业和生态工程领域实现碳的吸收和固定，对减缓气候变化、保护生态环境具有重要意义。在农林业方面，主要包括造林、再造林、森林管理等措施，通过扩大森林面积、提高森林碳密度，实现碳的固定和储存。同时，农业保护性耕作、畜牧业减排等措施也能够有效减少温室气体排放，降低碳排放水平。此外，草地和湿地管理、滨海生态工程（如蓝碳养殖业）等生态工程增汇技术也发挥重要作用，通过恢复和保护自然生态系统，提高生物多样性，进一步实现碳的吸收和固定。这些措施不仅有助于改善生态环境，提升自然资源的可持续利用，还为社会经济发展和人民福祉作出了积极贡献。

1. 森林碳汇

森林是陆地上最大的储碳库和吸碳器。森林碳汇（forest carbon sinks）指森林植物吸收大气中的二氧化碳并将其固定在植被或土壤中，从而减少该气体在大气中的浓度。森林植被通过光合作用可吸收大气中的二氧化碳，发挥巨大的碳汇功能，并具有碳汇量大、成本低、生态附加值高等特点。森林是陆地生态系统中最大的碳库，在降低大气中温室气体浓度、减缓全球气候变暖方面具有十分重要的独特作用。扩大森林覆盖面积是未来30～50年经济可行、成本较低的重要减缓措施。许多国家和国际组织都在积极利用森林碳汇应对气候变化。

森林是重要的陆地碳汇，但土地利用和气候的人为变化大大缩小了这一系统的规模。目前，全球森林碳储量明显低于自然潜力（Mo，2023）。因此，需要发展增汇技术。通过在荒地、退化地、沙漠化地区等地种植树木，扩大森林覆盖面积，增加碳的吸收量，是最常见的增汇技术之一。同时，通过合理的森林管理措施，如选择优良树种、加强森林防火、病虫害防治等，提高森林的健康水平和生长速度，增加碳的储存量。通过森林保护和防护林建设，减少森林破坏和碳的释放，也是一种重要的增汇技术。

植树造林、退耕还林、天然林保护等生态工程也对当前中国增加陆地生态系统碳汇起了很大作用。我国的天然林保护工程自2000年正式启动，二十多年间天然林实现了由区域性、恢复性增长到全面保护修复的跨越式转变，天然林碳汇能力显著提升。工程一期为恢复植被数量、缓解森林资源过度消耗问题，采取了限伐减产、商业性禁伐等措施，有效增加森林面积。新一轮工程建设中明确提出"新增碳汇4.16×10^8吨"的目标，同时天然林保护范围从工程区向全国范围的扩展，以及封山育林、改造培育等森林经营管护措施的强化，进一步提升了天然林质量，有效促进了工程区森林植被碳储量的增长。森林碳库的形成与我国的生态保护、环境治理、乡村振兴等国家战略密切联系。不同所有制的森林资源为构建人与自然和谐发展的社会治理环境提供了重要基础。鼓励并大力发展多重效益的造林再造林和森林质量提升碳汇项目，对加强区域生物多样性保护，增强自然保护区及其周边社区适应气候变化能力，提高地方经济发展水平，促进实现乡村振兴具有重要意义。

2. 蓝碳

"蓝碳"是利用海洋活动及海洋生物吸收大气中的二氧化碳，并将其固定、储存在海洋中的过程、活动和机制。海洋是地球上最大的活跃碳库，是陆地碳库的20倍、大气碳库的50倍。海洋在调节全球气候变化，尤其在吸收二氧化碳等温室气体方面作用巨大。

海洋保护和海洋生态系统修复技术是重要的蓝碳技术。海洋作为地球上最大的生态系统之一，也是蓝碳产业的重要组成部分。海洋保护和海洋生态系统修复技术包括海洋保护区的建立和管理、海底植物的种植和保护、海洋脆弱生态系统的修复等。通过这种技术，海洋生态系统可以恢复和保护，大量的二氧化碳可以被海洋植物吸收，并随着植物的生长长期储存。渔业管理和海洋捕捞技术在蓝碳产业中也发挥重要的作用。通过合理的渔业管理措施，如渔业捕捞配额的设定和渔业资源保护政策的制定，可以减少过度捕捞对海洋生态系统的破坏，保护海洋生物多样性，增加海洋碳汇的容量。红树林是沿海地区的一种重要生态系统，具有重要的蓝碳储存功能。通过红树林的保护和恢复技术，包括红树林的种植和保护、沿海水域的管理和修复，可以实现对沿海生态系统中大量二氧化碳的吸收和长期储存。红树林生态修复的工作内容包括生态本底调查、退化诊断、修复目标设定、修复方式确定、修复方案编制、修复工程实施、跟踪监测、修复效果评估和适应性管理等。近年来，我国沿海各地通过实施"蓝色海湾"整治行动、海岸带保护修复工程、沿海防护林建设工程、湿地保护修复等重大工程，不断加大红树林保护修复力度，取得积极进展。

三、碳中和资源技术和社会参与

（一）政策法规对资源技术发展的影响

1. 循环经济政策

政策法规在资源技术发展中发挥重要的引导和规范作用，不仅影响技术研发的方向和速度，也影响技术应用的广度和深度。

日本政府的政策在日本资源循环技术发展向循环经济的转变中起到了关键的作用。日本是一个资源相对较为匮乏的国家，资源始终是制约日本经济发展的重要因素。20世纪90年代以来，日本面临人口持续减少、老龄化现象日益严峻、国民收入和购买力下降、消费低迷、地区经济衰退、农林业后继乏人等诸多社会课题。日本各级政府机构将法律作为指导和规范循环经济建设的最高层级，对政府、企业及民众行为具有决定性引导意义。日本是世界上最早提出并发展循环经济的国家，2000年，日本国会正式通过了《循环型社会形成推进基本法》，推出了推进循环性社会形成的"3R"原则。以立法的形式把抑制天然资源的开采和使用、降低对环境的负荷、建设循环型的可持续发展社会作为日本发展的总体目标。该法明确了国家、地方政府、民间团体、企业、国民各自的职责，提出了"低碳社会""循环型社会"和"人与自然共生社会"的愿景。2002年日本政府内阁会议通过了《日本生物资源综合战略》。2011年的日本大地震和核泄漏促使日本人对建设循环型社会取得了进一步认同，同时更加珍视地球环境，重视健康、社区及人与人之间的交流。

欧盟循环经济法律体系层次分明、内容完善，表现为最顶层有《废弃物框架指令》这部综合法律规定基本原则，之下有针对各重点领域的专门法律规定具体责任、要求及措施。此外，欧盟将技术指南和强制标准作为主要的行政管控手段。欧盟将工业废物管理和资源效率最佳可行技术参考文件作为工业企业的上新项目签发许可的依据。欧盟针对有机废物生产肥料、再生原材料应用、特定领域循环利用最小用水量、塑料分类和循环利用等都已有或计划出台强制性标准，以指导行业规范发展。

2. 碳汇管理政策

林业碳汇是我国生态环保类碳汇的重要分支，根据我国国民经济和社会发展"十五"计划至"十四五"规划，国家对林业碳汇行业的支持政策经历了从"退耕还林"到"完善体系"再到"协同推进"的变化。"十五"（2001—2005年）至"十一五"（2006—2010年）时期，国家层面提倡：保护森林资源，控制温室气体排放；从"十二五"时期开始，规划明确了增加森林碳汇，降低二氧化碳排放强度；"十三五"时期，规划明确了要建立碳排放权初始分配制度，完善碳排放标准体系；"十四五"时期，协同推进减污降碳，促进达成"双碳"目标成为重要任务。发展规划对单位国内生产总值二氧化碳排放、森林覆盖率、森林蓄积量等提出了要求，对包括森林覆盖率在内的指标要求明显提升。我国出台了一系列森林碳汇政策，形成了比较完备的政策体系，对提高我国森林碳汇能力和应对气候变化起重要作用。

（二）企业的资源战略

企业可以通过推动循环经济模式，实现资源的再循环利用和再生利用，减少对原始资源的需求，降低碳排放。循环经济模式以资源最大化利用和最小化污染排放为主旨，并逐渐将清洁生产、资源综合利用、生态设计和可持续消费等融为一体。

产品共享模式：产品所有权属于供应商，产品在其生命周期内，被不同终端使用者使用多次，通过重复使用和多次使用的方式，在商业的源头实现最大程度的减量和减次。例如，Uber通过将私人车辆转变为共享的交通工具，提供了更灵活和便捷的交通选择。共享交通服务可以降低车辆拥有率，减少资源浪费和交通拥堵。

产品服务化模式：产品服务化指的是通过"以租代买"的模式，从传统的一次性购买产品的方式，转向了供应商拥有产品的所有权，使用者则以"效能"或"使用量"为单位支付费用。这种模式的实施通常要求供应商与使用者建立长期的契约关系，如联合国工业发展组织（UNIDO）的化学品租赁模式。2004年，联合国工业发展组织启动了全球化学品租赁计划，至今已有十多年的历史。化学品租赁作为一种创新型商业模式，其核心理念在于将卖方对买方提供的商品不仅仅视为"化学品本身"，还视为提供"化学品服务"。在这种模式下，支付的基础不再仅限于所需化学品的消耗量，而更着重于化学品为客户提供的功能价值。这种转变为服务导向模式的商业交易带来了新的思维方式，强调了产品在客户业务中所发挥的实际功能和效益。

资源回收模式：回收生命周期结束的原料或产品，并作为另一个价值链的投入。物料在产品生命周期终结时被回收，并被再次用于相同的价值链。封闭式循环的特性使物料能维持完整性，可以经过多次循环，甚至可以无限地循环，如贵金属回收；同时生命周期结束的原料或产品被用于投入生产另一个更高价值的产品。生命周期结束的原料或产品也可以被用于投入生产另一个较低价值的产品。钢渣和高炉渣是钢铁生产过程中的主要固体废物，通过开展综合利用，超细粉的利润率甚至高于部分钢材产品，综合利用真正变成了钢厂的新增长点。

副产品及产业共生模式：指的是产品在产业价值链上的位置发生改变，从一个工序或价值链的废物或副产物，转成另一个工序或价值链的投入。生态工业区内的公司，在生产过程中就近与其他公司合作，交换彼此多余的能源与资源。例如，丹麦卡伦堡工业园通过建立园区内企业之间的"生态循环系统"，将废物的处理与利用内部化，既减少了环境压力，也降低了下游企业生产成本。园区企业与当地居民、政府也形成了良好的物质和信息循环，从而保证企业、社会各个主体的和谐发展。

（三）公众参与资源循环

资源循环不仅仅是政府和企业的责任，更需要广大公众的积极参与和支持。公众参与资源循环可以通过多种方式实现，包括改变生活方式、提高环保意识、支持环保行动、参与社区项目等。

资源循环社会建设需要从根本上改变人们对资源的使用方式，从"使用并丢弃"转变为"使用并再利用"。这种转变需要全社会的共同努力，而公众作为资源的最终使用者，其参与至关重要。公众的积极参与不仅可以促进资源的有效利用，还可以降低资源浪费和环境污染，实现可持续发展。

公众参与资源循环可以通过改变生活方式来实现。这包括购买环保产品、减少使用一次性物品、选择可持续的交通方式等。例如，选择使用可降解的购物袋代替塑料袋，使用可回收的容器和包装代替一次性物品，乘坐公共交通工具或骑自行车代替开车等，都可以减少资源消耗和碳排放，促进资源循环。

支持环保行动也是公众参与资源循环的重要方式。公众可以积极支持环保组织和志愿者参与环保项目，如参加环保清洁活动、植树造林活动、废品回收活动等，这些都可以促进资源的再利用和循环利用，为资源循环利用贡献自己的力量。

参与社区项目也是公众参与资源循环的重要方式。社区是公众生活的重要场所，通过开展社区项目，如建立废品回收站点、共享资源设施、组织资源循环教育和培训活动等，鼓励居民积极参与资源循环，可以促进公众之间的合作与交流，共同打造环保社区。

第三节
碳中和与信息技术

气候变化、数字化转型的挑战不仅关乎每个国家的未来发展，更影响人类发展。目前全世界形成共识，国家未来的经济竞争力将取决于能否成功实现向数字社会的转型。提高人类发展指数，需要推动全球数字公共产品发展，通过提供开放、可访问的数字解决方案来促进包容性增长和可持续发展，将在利用信息技术促进人类公平发展方面实现更大的公平性。本节将探讨碳中和社会中信息技术的发展，实现社会的数字化、绿色化转型。

一、碳中和信息技术科学认知

（一）信息技术与碳排放
当今世界，新一代数字技术得到蓬勃发展和深度应用，人类社会加速进入数字时代。新一代信息技术产业赋能整个经济社会绿色发展。新一代信息技术产业代表新一轮科技革命和产业变革的方向，不仅自身具有经济社会效益高、生态环境影响小的特点，而且能够赋能经济社会绿色发展，因而是支撑"双碳"目标实现的核心产业。数字技术在助力全球应对气候变化进程中扮演重要角色。国际上已经开始将数字技术应用于对气候变化的探索。信息与通信技术（ICT）推动我国经济部门深度减排的力度逐步加强，数字技术赋能碳减排的潜力巨大。数字技术能够与电力、工业、建筑、交通等重点碳排放领域深度融合，减少能源与资源消耗，促进传统产业能源优化、成本优化、风险预知及决策控制，整体上实现节能降本增效提质，数字化技术的快速发展在很大程度上改变了过去的生产生活方式，同时提高了能源与碳减排管理的精细化智能化水平。数字化正成为我国实现碳中和的重要路径。

同时，数字化转型的加速也会驱动信息通信业能源需求和碳排放的增加。人工智能（AI）时代的算力需求远超以往，带来的电力消耗及产生的碳排放也与日俱增。2012年以来，各种大型人工智能训练模型中使用的算力每3~4个月翻一番，远远超过摩尔定律，这相当于18个月增加了30万倍（Dhar，2020）。这与近年来人工智能行业的进步直接相关。虽然算法创新和数据（与人工智能增长直接相关的另外两个因素）难以量化，但算力却可以量化。为了实现性能的线性提升，需要一个指数级的模型，其形式可能是增加训练数据量或实验数量，增加计算成本，从而增加碳排放。

近年来人工智能在耗电方面的增长十分迅猛。根据国际能源署的数据，数据中心的温室气体排放量已约占全球温室气体排放量的1%。随着云计算需求的增加，这一数字预计还会上升。随着人工智能被纳入互联网中最重要的应用——搜索引擎，所需的计算量将更大。信息技术可以成为改善气候的有力工具，但如果其碳足迹不透明，也可能导致气候危机。同样，数据中心的碳排放不可忽视。数据中心的总能耗主要包括信息技术设备的能耗和支撑信息技术设备运行的能耗。一般来说，数据中心的能耗是传统办公建筑的40倍左右（Vasques，2019）。信息技术设备和冷却系统是数据中心的两个主要组成部分，服务器运行会产生热量，导致制冷设备的冷负荷增加，从而增加了数据中心的能耗。冷却系统运行参数的变化会明显影响冷却服务器的温度和风量，从而影响服务器的能耗。

（二）碳中和的信息技术发展

联合国教育、科学及文化组织科学报告《与时间赛跑，实现更智能的发展》中提到，不管收入水平如何，世界各国拥有一项共同议程：向绿色化、数字化转型。世界正在推进公共服务和支付系统数字化，数字经济正在政策的推动下蓬勃兴起，包括智能制造业、智能金融（金融科技）、远程医疗等智能医疗服务和智能农业。以人工智能和机器人技术、大数据、物联网和区块链技术等数字技术为驱动力的"更智能化的发展"形式，已经呈现出强大的影响力。这些数字技术与纳米技术、生物技术和认知科学相互融合渗透，构成了第四次工业革命的基石。工业4.0已经成为世界各国的共同议程，数字技术对未来的经济竞争力至关重要。在各项跨领域技术中，2018—2019年各种收入水平国家的科学产出均主要集中在人工智能和机器人技术领域（图8-9）。

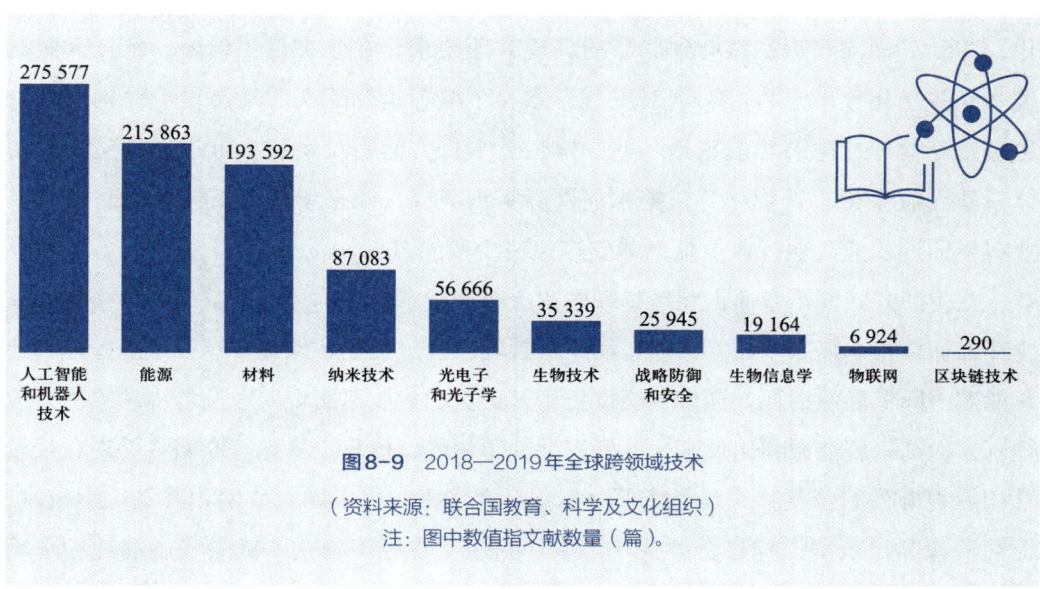

图8-9 2018—2019年全球跨领域技术

（资料来源：联合国教育、科学及文化组织）

注：图中数值指文献数量（篇）。

数字化与绿色化协同转型发展是经济社会实现全面绿色转型的又一个关键手段。推进产业数字化、智能化与绿色化的深度融合，深化人工智能、大数据等新兴技术在各行业领域内的应用，实现数字技术赋能绿色转型。在新一代信息技术中，以5G为代表的新型网络技术赋能每个生产单元，使其可感知、可通信、可连接、可计算；以人工智能为代表的新型分析技术能变革决策模式，实现企业智能化决策；以云计算为代表的新兴计算技术催生各个领域大数据的新应用；以大数据为代表的新型生产要素可以基于传感器收集海量数据，有效利用数据资源，充分释放数据价值等。在碳中和社会中，信息技术将实现智能能源管理与优化、生产生活方式绿色变革，以及数字化碳排放监测与管理。

在能源管理方面，构建清洁能源体系，可利用物联网、大数据分析等技术建立智能可再生能源生产和利用系统，实现对太阳能、风能等可再生能源的智能化管理和优化利用，提高可再生能源的消纳率和利用效率，降低碳排放。结合人工智能、云计算等技术，开发智能储能系统，实现对储能设施的智能化管理和优化控制，提高储能效率，促进可再生能源的平稳、高效利用。

在工业生产领域，以钢铁、石油化工、电力等为代表的传统制造业通过能源优化、流程协同、风险预警、决策控制等实现智能化绿色化发展；在环保监管领域，利用大数据将生态环境监管与信息化建设深度融合，积极探索信息化生态环境监管新模式，大力推进环境信息公开，以精细和动态的方式实施环境管理自动化、规范化，达到"横向到边、纵向到底"的环境管理要求；在生态惠民领域，依托大数据技术和数字化集成平台，实现对空气、水、土壤等指标的实时动态监测；构建涉及生态资产管理、生态环境整治、社会绿色低碳行为的信用系统，推进生态文明信用体系建设数字化、智能化等。据相关国际组织研究，未来十年内新一代信息技术产业有望通过赋能其他行业贡献全球碳排放减少量的20%。

在生活方式变革方面，利用物联网和大数据技术可以构建智能交通管理系统，减少交通拥堵和车辆碳排放。构建智能建筑管理系统，优化建筑设备运行状态，提高建筑能效，降低能源消耗。通过智能设备和家居自动化技术实现对家庭能源消耗的智能控制，提高家庭能源利用效率，降低家庭能源消耗。信息技术和互联网将促进在线教育和远程办公的普及。共享经济平台和循环经济平台将借助互联网和移动应用技术，提高资源利用效率，构建资源共享与循环利用共享经济模式，减少资源消耗和环境污染。

（三）信息技术的社会影响

信息技术的发展将推动社会向数字化、绿色化转型。全球低碳转型及碳中和目标的确定对产业提出了绿色低碳发展的要求，随着数字技术的进一步发展，传统产业数字化快速推进，为低碳转型提供了新的解决思路。绿色化牵引数字化，数字化赋能绿色化，二者互为支撑、协同融合，对社会发展意义深远。

数字技术及其催生的数字经济新业态，推动世界经济深刻变革。以物联网、大数据及人工智能等为代表的新一代信息技术的快速发展和大规模应用正加速改变社会的生产方式、运行方式及管理模式。通过对知识编码，不同要素之间的物理界限被打破，数据之间的互联互通、共享匹配加速实现，可以加速为资本和劳动赋能，大幅提高要素自身及要素与要素之间的运行及转化效率，成为提升产业竞争力的重要力量。信息之间的共享也为技术创新提供了沃土，有助于加快技术创新的实现，进而拓宽资源的使用领域，助推产业形成新的核心竞争力。产业数字化转型已成为世界各国抢占技术前沿，形成新的竞争优势的必争之地。

智能化的能源、资源管理系统、智能交通系统等将改变人们的生活方式，提高生活质量和便利性。信息技术在智能领域的贡献，如全球定位系统、出行服务、交通应用和交通信息系统，通过减少交通拥堵、能源利用和环境污染推动世界向联合国可持续发展目标迈进（Zhang，2020）。有研究表明，人工智能技术将对联合国可持续发展目标带来有益影响（Vinuesa，2020）。例如，在关于消除贫困的可持续发展目标、关于优质教育的可持续发展目标、关于清洁饮水和卫生设施的可持续发展目标、关于负担得起的清洁能源的可持续发展目标，以及关于可持续城市的可持续发展目标中，人工智能可以通过向民众提供食物、健康、水和能源服务，成为所有具体目标的推动者。它还可以支持低碳系统，创建循环经济和有效利用资源的智慧城市。人工智能可以帮助建设智能和低碳城市，实现方式包括一系列互联技术，如自动驾驶汽车和智能机器，这些技术可以实现电力部门的需求响应。人工智能还可以帮助构建智能电网与整合可变可再生能源。同时信息技术的发展将创造大量新的就业机会，如智能能源管理师、数据分析师等。但也需要人们具备新的技能和知识，适应新的工作环境和要求。碳中和信息技术的发展将促进社会各界的参与和共享。通过数字平台，公众可以参与碳中和项目的决策和实施，推动社会共同参与碳减排行动。

二、碳中和信息技术路径

（一）人工智能

人工智能致力于开发能够感知、理解、学习、推理、决策和与人类进行交互的智能系统。在碳中和社会的能源利用方面，人工智能可以发挥预测和监测的作用。在水电领域，利用人工智能技术预测季度水流量及水流的峰期，实现合理调整与管控，在提高水源的利用率和发电率的同时提高堤坝的稳定性，实现可持续发展。在风电领域，可通过模糊逻辑、遗传算法、神经网络等智能诊断技术对风电机组问题进行及时诊断，通过人工智能技术，对一些错误的输入结果，通过规律得出接近预期结果的输出值，满足实时监控和容错能力的要求。人工智能与氢能的结合还可以推动氢能社会的构建，实现为氢能物流车提供更节能、更长途的解决方案，打造更安全高效的智慧加氢站等。

人工智能在高排碳行业的大量应用，通过预测模拟和实际操作两种方式使行业更加智能化、有序化、便捷化，实现实时优化调度，节约了能源和成本。在电力方面，人工智能正在推动电力生产和电网行业的改革，如可再生能源的普及、复杂大数据网络和双向能量流动特征的电力设备的使用等。新能源发电利用人工智能的机器学习、智能算法等技术进行短期、长期、超长期预测，优化系统和设计模型，减少传统能耗。在交通领域，通过5G传输数据，将物联网、车辆网与城市大脑相连，提供最佳方案，减少能源损耗；通过自动驾驶技术快速发展的无人驾驶、智能车、自动驾驶等新技术，将生活产品便捷化、舒适化的同时，降低能耗，减少碳排放。

人工智能技术的应用将对碳中和社会中的人类经济、健康、教育产生多方面的影响。首先，人工智能技术的应用可以促进经济的创新和增长。人工智能技术的广泛应用可以提高生产力和效率，降低生产成本。智能制造、智能物流等新兴产业的兴起带动了就业增长和经济结构的优化。人工智能技术的普及也提高了生产效率和企业竞争力，促进了经济的可持续发展。其次，人工智能技术的广泛应用改变了人们的生活方式，智能化产品和服务的普及提高了生活品质。智能医疗系统、智能家居设备等为人们提供更健康、便捷的生活方式。人工智能技术的应用对人均寿命产生积极的影响。通过深度学习和大数据分析，人工智能可以更准确地诊断疾病，提供个性化的治疗方案，从而大大提高了医疗效果和患者生存率。此外，人工智能还可以帮助老年人监测健康状况、提供个性化的康复和护理方案，延缓衰老过程，提高生活质量。此外，人工智能技术也为教育、安全等领域带来了新的解决方案，增强了社会的安全性和稳定性。人工智能技术对教育领域的影响是全面而积极的，人工智能可以推动在线教育的发展，使教育资源更加普遍和平等地分布，提高全球教育水平。

(二) 物联网

物联网指通过信息传感设备，按约定的协议，将任何物体与网络相连接，物体通过信息传播媒介进行信息交换和通信，以实现智能化识别、定位、跟踪和监管。物联网作为信息技术的重要分支之一，在碳中和方面发挥重要的推动作用。

在电力领域，风力发电机组设备已经大量使用物联网技术进行数据分析。通过温度、振动、位移、风速等多种传感器的应用，风力发电机组具备了更强的感知能力，能采集更多数据，使风力发电机组可以进行数字化建模，从而预先感知运行状态，根据状态偏离健康运行的情况，进行预防性维护和维修。光伏系统也通过许多不同的方式借助物联网技术降低碳排放。物联网使光伏系统的相关人员能够可靠、实时地访问数据。此外，物联网方案还有利于更加高效地远程管理资产，使其成为光伏发电市场中的强大管理工具之一。在交通领域，基于传感探测、边缘计算、自动驾驶等技术，通过路侧单元、车载终端获取和交互车路信息，对整体道路流量、交通事件、路况进行预判，实现车辆之间、车辆和基础设施之间的智能协同，达到加快路口通行速度、降低车辆燃油消耗、提高交通安全冗余度等目标。

物联网技术的应用提高了资源利用效率，智能化的生产设备、智能能源管理系统等减少了能源和物资的浪费，降低了资源消耗对环境的影响，智能环境监测设备有助于及时发现和解决环境问题，推动了经济社会的可持续发展。

物联网技术使日常生活更加智能化和便利化。智能家居、智能健康监测设备等改善了人们的生活品质，提高了生活的舒适度和便利性。物联网在医疗领域的应用使医疗服务更加智能化和个性化。智能医疗设备、远程医疗服务等促进了医疗资源的合理利用，提高了医疗服务的效率和质量。物联网技术在城市管理中的应用促进了城市智慧化建设。智能交通管理、智能环境监测等不仅提高了城市的运行效率和环境质量，也提高了公众的生活质量。

（三）低碳信息技术

为了降低数据中心运行过程中的能源消耗和碳排放，需要利用数据中心高效节能技术。在高效信息技术设备、高效制冷系统、高效供配电系统和高效辅助系统中大力推广整机柜服务器技术、温水水冷服务器、水冷技术、空调技术、不间断电源（UPS）、模块化不间断电源和绿色运维管理技术等具有前沿创新和应用市场的能效技术。重点技术为冷板式液冷服务器、液冷技术、10 kV 交流输入的直流不间断电源系统和数据中心能耗监测及智能运维管理系统等前沿节能技术。

冷板式液冷服务器已经成为液冷数据中心的主流，在中国液冷服务器市场中的占比达到90%。冷板式液冷服务器采用直接液冷技术，使液体冷却剂直接流经服务器组件，将热量直接带走，而不依赖空气循环来传递热量。相比传统的空气冷却系统，冷板式液冷服务器能够显著降低能源消耗。通过直接液冷技术，冷板式液冷服务器能够更高效地降低服务器的运行温度，减少了对空调系统的依赖，从而降低了能源消耗。冷板式液冷服务器能够更有效地控制服务器的运行温度，因此可以提高服务器的性能和稳定性。降低服务器的运行温度，可以降低硬件故障的发生率，延长服务器的使用寿命。冷板式液冷服务器的能源利用效率提高了数据中心的环境友好性。降低了能源消耗和碳排放，有助于减少对环境的不利影响，推动数据中心向更加环保和可持续的方向发展。

在机房降温调湿方面，根据不同环境对温度、湿度系统进行调节和控制，从而达到减少二氧化碳排放的目的。新风节能系统以热学原理结合温度、湿度传感器进行智能控制，通过风道将机房内热量传至外部，降低机房内温度。热交换系统也可以达到相同的效果，并且与新风系统相比较，可以有效避免冷热空气混合流失，但此系统需要在隔离空气的环境中工作，通过外部冷源降低机房内部温度以减少空调的使用。

三、碳中和信息技术和社会参与

（一）智能城市治理

气候变化及碳中和会加快城市化进程。有预测表示，到2052年，大多数人都会生活在城市里，许多城市会拥有1 000万~4 000万人口规模（乔根·兰德斯，2018）。大城市居民的人均温室气体排放量将小于农村居民，这是因为城市居民可以使用更多公共交通工具。就人均而言，保护一座超级大城市免受极端天气的侵害，比保护乡村零星分布的居住地的成本更低。碳中和社会的超大城市的社会管理将极大依赖信息技术。智能城市建设是信息技术与碳中和社会治理相互融合的重要领域之一。智能城市利用信息技术实现城市基础设施的智能化和互联互通，以提高城市的运行效率、资源利用效率和环境质量。在碳中和的背景下，智能城市建设可以通过智能能源管理、智能交通管理、智能建筑设计等手段降低城市的碳排放。

智能城市通过集成的数字基础设施来收集、分析并应用大量数据，以优化城市功能和服务。智能能源管理系统能够监控和调整能源消耗，优化能源分配，降低能耗并减少环境污染。智能城市还能够通过信息技术提高政府的服务效率和透明度。政府可以利用云计算和移动互联技术，提供在线办公和远程服务，使居民在家就能办理行政审批、缴纳税费等事务。同时，大数据分析可以帮助政府精准识别和解决城市问题，改进政策制定和执行过程。此外，智能城市的建设还包括使用物联网技术来实现城市设施和服务的智能化。例如，在公共安全领域，通过智能监控系统可以有效预防和减少犯罪活动，提高应急响应速度。在环境保护方面，智能垃圾管理系统能够优化垃圾收集和处理过程，减少环境污染。智能城市建设是推动碳中和社会治理的重要途径之一，为城市可持续发展提供了新的思路和模式。

在拥抱绿色和数字化方面，日本政府在2017年通过了"社会5.0"计划并作为国家增长战略。面对出生率低和人口老龄化问题，日本政府希望建设由数字技术驱动的可持续和包容性的社会体系。该计划的目的是改变日本人的生活方式。城镇将采用灵活和分散的方式提供能源，既能满足居民的具体需求，又可以节约能源。例如，利用无人机为人口稀少地区提供邮政服务；在劳动力短缺的部门，利用自动驾驶农机耕地，并在养老院使用机器人。

（二）企业的数字绿色治理

企业的低碳化转型将极大依赖信息技术。引导数字科技企业绿色低碳发展，助力上下游企业提高减碳能力。通过探索建立监测、预警、科学分析、智能决策系统，推进实景三维建设与时空信息赋能应用。

企业可以通过建立和运行能源管理系统（EMS），利用信息技术对能源使用情况进行实时监测、分析和控制，以降低能源消耗和碳排放。EMS可以监测企业各个生产环节的能源使用情况，并根据实时数据进行能源消耗的优化调整，如调整生产设备的运行时间、优化生产工艺、控制能源设备的运行参数等。这样，企业能够更加精准地控制能源消耗从而降低碳排放。企业可以利用信息技术实现生产设备的智能化和自动化控制，从而降低生产过程中的能源消耗和碳排放。智能化生产设备能够根据生产需求和环境条件自动调整运行参数，提高能源利用效率，减少能源的浪费。例如，智能传感器、智能控制系统等技术可以实现生产设备的智能监测和控制，减少能源消耗和碳排放。企业通过信息技术实现远程办公和虚拟会议，减少员工的通勤和商务旅行，从而减少汽车和飞机等交通工具的使用，降低碳排放。远程办公和虚拟会议可以利用视频会议、在线协作平台等工具进行远程工作和交流，实现员工之间的沟通和合作，减少因出差而产生的碳排放。

作为全球大型科技公司，苹果公司已经开始大力使用人工智能技术来推动实现碳中和。人工智能已成为苹果公司实现资源回收和循环利用的基本工具。通过应用先进的机器学习算法和分析数据，苹果公司可以更有效地识别和处理废旧产品中的可回收材料，从而提高回收率，减少资源浪费。此外，人工智能技术在苹果公司的供应链管理和生产流程中也发挥重要作用。通过智能分析和优化，苹果公司能够降低能耗和排放，提高生产效率，进一步促进环保目标的实现。

（三）社会信息共享与合作

信息技术发展使互联网无处不在，每个人只需要轻点手指，就可以获取大量知识。这种随时在线的文化将对大多数社会进程产生重大影响，也意味着公众会更加直接参与政策决策。碳中和社会的治理将更加数字化、透明化和协作化。

首先，建立数字化碳中和信息平台，可以集中管理和共享关于碳排放、碳交易及碳减排项目的关键信息。这种集中化的信息管理方式，不仅使数据更新和访问更加高效，而且通过数据的可视化处理，使复杂的信息更易于被公众理解和监督。例如，政府可以通过实时数据监控碳排放情况，及时调整或制定新的碳减排政策；企业则可以在此平台上公布自己的碳排放数据和减排成效，接受公众和政府的监督，同时展示其承担的环境保护责任。其次，这种信息共享模式极大地促进了不同主体之间的合作。政府部门可以更有效地利用这些数据来监测和评估碳排放情况，制定更科学、更合理的碳减排政策和措施。企业可以利用平台提供的数据和工具，优化自身的运营和生产过程，减少碳排放，同时增强其市场竞争力。学术界可以利用这些数据进行科学研究，探索更有效的减排技术和策略，推动科技创新。公众则可以通过这个平台了解更多关于碳中和的知识，参与碳减排行动，实现了从被动接受信息到主动参与决策的转变。最后，数字化碳中和信息平台的建立也有助于跨国界的合作。碳排放和气候变化是全球性的问题，需要全球性的解决方案。通过这样的平台，不同国家和地区可以共享数据和最佳实践，协调各自的减排行动，形成有效的全球碳减排网络。数字化碳中和信息的共享与合作，实现了碳中和社会治理的全民参与和共建共享，为碳中和目标的实现提供了更加坚实的基础和动力。

本章总结

　　技术发展将在碳中和社会实现的进程中扮演关键角色。本章深入探讨了各种能源技术、资源技术和信息技术的科学认知，以及其在减少碳排放及碳中和社会参与中的作用和意义。能源技术将向清洁、可再生能源的趋势发展；资源技术将成为资源利用的主流方向；信息技术将推动全社会向绿色化、数字化迈进。

　　技术将与经济、社会发展紧密协调发展，政府、企业、公众都将受到技术发展的影响，深入参与碳中和的进程，一同创建碳中和社会。

思考题

1. 你认为碳中和能源技术的发展趋势是怎样的？
2. 新能源技术将如何影响社会发展？
3. 如何理解储能技术在碳中和实现进程中的重要性？
4. 碳中和背景下资源技术的发展方向有哪些？
5. 生物质资源利用有哪几种方式？
6. 作为公众如何将资源循环融入日常生活？
7. 简述信息技术与碳排放的关系。
8. 人工智能技术可以在哪些方面助力碳中和？
9. 你以为的智能城市是什么样的？

参考文献

[1] 乔根·兰德斯. 2052：未来四十年的中国与世界［M］. 南京：译林出版社，2018.

[2] 魏伯乐，安德斯·维杰克曼. 翻转极限：生态文明的觉醒之路［M］. 上海：同济大学出版社，2018.

[3] Thornley C G P. Biomass energy with carbon capture and storage (BECCS): Unlocking negative emissions [M]. California: John Wiley & Sons, 2018.

[4] Waidelich P, Batibeniz F, Rising J, et al. Climate damage projections beyond annual temperature [J]. Nature Climate Change, 2024, 14: 592−599.

[5] Pörtner H O, Scholes R J, Arneth A, et al. Overcoming the coupled climate and biodiversity crises and their societal impacts [J]. Science, 2023, 380 (6642).

[6] Davis S J, Lewis N S, Shaner M, et al. Net-zero emissions energy systems [J].

Science, 2018, 360 (6396).

[7] Tilman D, Socolow R, Foley J A, et al. Beneficial biofuels-the food, energy, and environment trilemma [J]. Science, 2009, 325 (5938): 270−271.

[8] Huang Z, Bai Y, Huang X, et al. Anion-π interactions suppress phase impurities in FAPbI3 solar cells [J]. Nature, 2023, 623 (7987): 531−537.

[9] Meys R, Kätelhön A, Bachmann M, et al. Achieving net-zero greenhouse gas emission plastics by a circular carbon economy [J]. Science, 2021, 374 (6563): 71−76.

[10] Mo L, Zohner C M, Reich P B, et al. Integrated global assessment of the natural forest carbon potential [J]. Nature, 2023, 624: 92−101.

[11] Dhar P. The carbon impact of artificial intelligence [J]. Nature Machine Intelligence, 2020, 2 (8): 423−425.

[12] Vasques T L, Moura P, de Almeida A. A review on energy efficiency and demand response with focus on small and medium data centers [J]. Energy Efficiency, 2019, 12 (5): 1399−1428.

[13] Zhang C H, Khan I, Dagar V, et al. Environmental impact of information and communication technology: Unveiling the role of education in developing countries [J]. Technological Forecasting and Social Change, 2022, 178: 121570.

[14] Vinuesa R, Azizpour H, Leite I, et al. The role of artificial intelligence in achieving the Sustainable Development Goals [J]. Nature Communications, 2020, 11 (1): 233.

[15] Electric Power Research Institute. Estimating the costs and benefits of the smart grid: A preliminary estimate of the investment requirements and the resultant benefits of a fully functioning smart grid [R]. 2011.

[16] IEA. Global EV Outlook 2024: Moving towards increased affordability [R]. 2024.

[17] UNEP. Turning off the Tap: How the world can end plastic pollution and create a circular economy [R]. 2023.

[18] 落基山研究所, 中国产业发展促进会生物质能产业分会. 碳中和目标下的生物天然气行业展望: 减排潜力、成本效益及市场需求 [R]. 2023.

[19] IEA. CO_2 Emissions in 2023 [R]. 2024.

[20] Roser M. The worlds energy problem [R/OL]. 2020.

[21] WRI. Fossil fuels are in everything from plastics to makeup, but cleaner alternatives are emerging [Z/OL]. 2024.

第九章
零碳社会建设

人类活动持续排放的二氧化碳导致了气候变暖，在全球层面上形成了一个风险共同体。减少碳排放量直至实现排放和吸收的均衡成为共识性的问题解决方案，这不仅需要各国探索各自的干预路径和策略，更需要打造一个全球治理共同体。按照一般的逻辑，"双碳"目标与环境治理属于自然科学范畴，洞悉自然规律、提升科学技术即可达到有效治理。然而事实却并非如此，"双碳"目标的实现需要自然科学知识，但它嵌入政治、经济、社会、文化和个体生活脉络中，是一项需要诸多要素协同演进的系统工程。例如，在科学层面需要不断提高节能减排等前沿性技术研发，探寻清洁型和可替代型能源；在经济层面要优化调整产业结构，完善碳交易制度和探索碳税政策，大力发展绿色金融，督促企业履行社会责任；在政治层面要加强应对气候变化的国际合作，建设绿色丝绸之路，打造风险应对共同体；在文化层面需要重新审视人与自然及环境的伦理问题，重估传统社会的环保功能，重构和谐共生利益链；在社会层面要维护环境公平正义，关注自然风险和社会风险的相互转化，培育环保和志愿服务组织，推动社区教育，探索风险社会多元治理策略；在个人层面要进行生活方式"革命"，提倡简约适度和绿色低碳生活，打破生产主义和消费主义支配逻辑。综上，科技、经济、政治、文化及个人都与社会保持一种互动互嵌关系，且不同维度策略构筑大社会运行体系，旨在构建一个零碳社会。此外，环境问题的衍生遵循社会逻辑：环境问题从污染到全球变暖，并不是由自然界产生的，这些问题是由人类的选择和行为产生的，并最后演变成社会问题（约翰，2019）。由此，环境问题不仅是自然问题，更是社会问题，相比其他学科而言，我们更需要社会学（贝尔，2010）。这就需要从大社会系统层面积极推动零碳社会建设。

第一节
零碳社会建设的社会学内涵

一、零碳社会建设的学科渊源

（一）零碳社会建设与社会学

零碳社会建设与生态学直接相关，与社会学具有学理亲缘性，诚如麦休尼斯所说，生态学是社会学的"表亲"（约翰，2019）。环境问题起初并没有进入社会学的研究范畴，社会学创立者如马克思、韦伯、涂尔干等都很少关注环境问题。从经典社会学家阐释转型社会的概念和论述中可知，环境问题经历了由隐性向显性、自边缘向中心的发展过程，最终形成了环境社会学。在涂尔干的"机械团结"、滕尼斯的"社会"、韦伯的"理性铁笼"、齐美尔的"文化悲剧"、马克思的"异化"、贝尔的"后工业社会"中，环境问题只被当作工业资本主义带来的社会问题的背景进行研究（吉登斯，2018）；在加尔布雷斯"美好社会"、贝克的"风险社会"、吉登斯的"失控世界"、鲍曼的"被围困的社会"、鲍德里亚的"消费社会"、托夫勒的"第三次浪潮"中，环境问题才开始作为研究问题突显出来，环境风险与社会风险的关系问题也有涉及，但相对于社会问题仍是次要的；在卡逊"寂静的春天"、米都斯"增长的极限"、吉登斯"气候变化的政治"中，环境问题成为一个中心议题，它激发起人们对社会学"人类中心主义"（human-centralism）理论传统的反思（洪大用，2017），在此基础上学者们提出了在社会学研究中强化生态维度的新生态研究范式（陈阿江，2015）。此外，在现实生活中，随着环境问题制造的社会风险及其引发的社会不平等和不安全日趋增加，环境问题开始走向公共性，这也为社会学打破环境问题是自然科学的"专利"提供了契机。正如布洛维所说：社会公正、经济平等、人权保障、可持续发展的环境、政治自由或者仅仅就是对一个更好的世界的最初激情，使许多人投奔了社会学（迈克尔·布洛维，2007）。这也为进一步认识并推动零碳社会建设提供了学理依据。

（二）零碳社会建设与环境社会学

零碳社会建设无疑是环境社会学的重要议题。环境社会学同时研究自然和社会群体，通过分析现实的社会与生态冲突成因而提出问题解决方案（贝尔，2010）。1935

年，我国社会学家孙本文提出："依社会环境的需要与人民的愿望而从事的各种社会事业，谓之社会建设"（郑杭生，2011）。这里的环境主要指社会环境，但今天拓展至生态环境更契合零碳社会建设的现实需求。借用郑杭生的社会建设正向与逆向理论，零碳社会建设在正向层面要建立和完善合理配置环境资源的社会结构，建立调节人与环境矛盾的体制机制，大力培育环保社会组织，确保环境正义和人人享有环境权；在逆向层面要根据环境问题与社会问题交织的特点，正确处理因环境风险引发的社会矛盾和冲突。

二、零碳社会建设的内涵

（一）积极转变发展理念与模式

零碳社会建设需要从根本上转变发展理念与模式。积极倡导一种"去人类中心"主义的发展理念与模式，彻底与化石燃料时代脱钩，从高碳经济转向低碳或无碳经济。毋庸讳言，工业社会遵循一种生产型和攫取型的发展主义理念。当发展主义成为一种意识形态时，既是社会发展的"指挥棒"，也是碳排放的"助推器"。这种理念形成一种相对定式的能源消耗结构，例如，我国2020年能源消费总量为498 000万吨标准煤，其中煤炭占比为56.4%，石油占比为18.9%，天然气、一次电力及其他能源占比分别为8.4%和15.9%。这种能源消耗结构引发的高碳排放制造了环境风险，如气候变化、河流污染、海平面上升、物种减少等，进而滋生贫困、疾病、环境移民等社会问题。不仅如此，"碳危害"又被先污染后治理、发展中的问题需要加速发展来解决的话语淹没了。由此，零碳社会建设要摒弃单一地将发展等同于经济发展，将经济发展等同于GDP增加的发展模式，摒弃损害甚至破坏环境的增长模式，坚持绿水青山就是金山银山的发展理念与模式。

（二）推动环境公平与正义

"双碳"社会建设要注重环境公平正义，不断满足人们日益增长的对美好生态环境的迫切需求，将良好生态环境打造成最普惠的民生福祉。随着高碳经济引发的环境风险日益凸显，环境问题呈现强烈的社会性特征：一是环境问题从人们日常生活的边缘走向中心，愈发突显出公共性，如人们对于极端气候、雾霾天气、垃圾焚烧、生态农业的普遍关注，同时，环境权已经成为一种人人渴望享有的基本权利；二是环境问题在一定程度上也引发了社会分层，不同社会阶层获得优势生态环境与优质生态产品的能力和机会不同，且不同社会阶层对环境风险的抵御能力也呈现较大的差异性；三是环境问题衍生了新的社会弱势群体，如因环境污染而威胁生存、影响生计、导致疾病、被迫搬迁的群体。这些群体因环境威胁而呈现弱生存性，他们或许不是环境污染的主体，却是承担环境风险的主体。因此，环境就是民生，零碳社会建设即是民生建设，它需要塑造一种公平正义的环境资源分配制度，确保人人都平等享有低碳或无碳环境，确保那些因环境污染而形成的弱势群体能够得到更多的社会保护。

（三）推动环境治理主体多元化

零碳社会建设需要经济、政治、文化、社会、生态文明建设相互协调、相互促进，提高生态领域国家治理体系和治理能力现代化水平，打造一种多元共治的社会治理新格局。从党的十六大到党的十八大，我国社会主义总体布局从"三位一体"到"四位一体"再到"五位一体"，社会建设和生态文明建设的重要性也逐步凸显出来，生态文明成为提高社会文明程度的重要组成部分。这不仅是中国特色社会主义理论实践的创新成果，也丰富和拓展了本土社会学的发展。具体而言，零碳社会建设需要将社会元素和环境元素有机融合到社会建设中，充分发挥国家、市场及社会等多方主体的协同参与功能。一是充分发挥党的领导和政府主导的作用，强化统筹谋划、统一部署、一体推进，深入推动生态文明体制改革，建立健全法律和制度保障，大力提升科技"减碳"能力。二是积极发挥企业的主体责任，建立健全绿色低碳循环发展经济体系，打造绿色"碳市场"。三是要充分动员社会和公众积极参与到现代环境治理体系中，推动绿色社会组织建设，引导个体遵守建设低碳或零碳社会契约，无条件承担社会责任。

（四）加强微观生活治理

零碳社会建设需要进行深刻的生活方式"革命"，激发人们的主体性与行动性。联合国政府间气候变化专门委员会（IPCC）指出，全球变暖正在发生，主要原因是人类活动（杰罗米，2020）。习近平多次强调，生态环境问题归根到底是发展方式和生活方式问题。按消费侧排放计算，全球约三分之二的碳排放与家庭排放有关。因此，人们的生活方式转变也是零碳社会建设的重要组成部分。当前人们的生活方式深受消费社会的影响，即消费物品彻底与某种明确的功能和需求失去了联系，遵循了一种社会逻辑或欲望逻辑（鲍德里亚，2008）。以家用汽车为例，汽车行业是碳排放增速最快的领域之一。它不仅是一个简单的交通工具，而且夹杂了身份和地位等社会性意义，一方面，汽车数量增加引发的交通拥堵及噪声等对人们的心理和生活造成巨大困扰；另一方面，汽车全生命周期，包括燃料周期（燃料生产和燃料使用）和车辆周期（材料、零部件、生产及维修保养）（邓玥，2021），都在进行碳排放。不仅如此，人们的日常生活都与碳排放密切相关，"碳足迹"是每个个体有意或无意的行为，与其传统习惯、生活理念、生计方式等密切相关。每个个体的"碳足迹"都可能引发所谓的"公地的悲剧"（根据自身利益行动的个体，从长远看，将使每个人都毁灭）（杰夫·曼扎，2020）。综上，零碳社会建设除了宏观层面的社会治理，还需要聚焦人们的微观日常生活，理解其"碳足迹"背后的社会意义和逻辑，引导其积极转向绿色生活和消费，进而有针对性地进行生活微治理。

第二节
零碳社会建设的现状与挑战

一、零碳社会建设的现状

（一）政策设计

实现"双碳"目标，是以习近平同志为核心的党中央统筹国内国际两个大局作出的重大战略决策。推动零碳社会建设，党和国家一直在行动，早在2005年习近平就提出"绿水青山就是金山银山"的绿色社会建设思想。"十一五"规划首次提出节能减排概念。党的十六届五中全会提出建设资源节约型和环境友好型社会。"十二五"规划提出解决影响可持续发展的环境问题和危害群众健康的环境问题。党的十八大提出生态文明建设和"推动能源生产和消费革命"。党的十八届五中全会提出创新、协调、绿色、开放、共享的新发展理念。2015年我国向联合国提交了国家自主贡献（NDC）方案。"十三五"规划提出能耗总量和能源强度双控目标，并将能源强度、碳强度列入各地考核指标。2020年我国向世界作出实现"双碳"目标的承诺。"十四五"规划提出"广泛形成绿色生产生活方式，碳排放达峰后稳中有降"的目标。2021年中共中央、国务院《关于完整准确全面贯彻新发展理念做好碳达峰碳中和工作的意见》和《2030年前碳达峰行动方案》相继发布，逐步形成碳达峰碳中和的"1＋N"政策体系。这些都为零碳社会建设营造了良好的制度环境并提供了具体的行动路线。

（二）理论与实践

我国零碳社会建设总体上已形成"一体多元"的格局，即中央统一部署，各部委和各领域协同联动，社会组织和公众积极参与，坚持全面绿色转型，减污降碳与民生工程协同推进，取得了较为丰硕的成果。一是初步形成了系列性的制度体系和"社会政策丛"，涵盖了能源、产业、交通、技术等诸多领域；二是形成了系统性的理念和理论成果，如"两山"理念、美丽乡村理念、供给侧理论、全球治理理论、生态文明理论、人与自然和谐共生理论等；三是碳治理总体效果初见成效，基本扭转了碳排放快速增长的局面，2020年我国碳排放强度较2005年下降48.4%，超额完成向国际社会承诺的到2020年下降40%～45%的目标，累计减少排放二氧化碳约58亿吨（黄润秋，2021）；四是碳治理的成功经验和典型案例开始形成，例如，我国是世界上第一个大规模开展$PM_{2.5}$治理的大国，尤其是北京治霾经验可以为国内外各大城市提供借鉴和参考。同时，我国新能源汽车行业发展突飞猛进。此外，2022年北京冬奥会场馆建设和使用全面贯彻了绿色低碳环保理念，大量使用了光伏和风力发电，树立了低碳和零碳奥运的典范。

二、零碳社会建设面临的挑战

零碳社会建设充分体现了我国致力于构建人类命运共同体的责任与担当。它需要诸多领域在短期内进行变革与调整，涉及多种相关利益主体近期与长远、局部与整体、直接与间接的利益问题，因此也面临诸多的挑战。

（一）经济社会基础弱、时间短、任务重

我国的"双碳"目标是在尚未完成工业化进程的基础上就提出并付诸实践的，是

在碳排放量持续上升进程中的"紧急刹车"。因此相对于欧美发达国家，我国"双碳"目标实现的经济社会基础相对薄弱，时间短，任务艰巨，付出的经济社会成本也比较高。根据国际社会的经验，一个国家的经济社会发展程度与碳达峰碳中和的实施程度密切相关，即大部分国家是在步入发达国家行列之后才开始致力于节能减排和绿色社会建设。而且大部分国家从碳达峰到碳中和的时间都比较长。例如，欧盟在1990年实现了碳达峰，距离2050年实现碳中和需要经历60年的时间，美国在2007年实现碳达峰，距离实现碳中和也需要经历43年的时间。而我国碳达峰的实现时间比欧盟晚40年，比美国晚23年，比日本和韩国晚17年，但碳达峰和碳中和之间的时间间隔仅有30年。由此可见，我国碳达峰起步时间比较晚，而实现碳达峰与碳中和的时间间隔又比较短，这使得我国需要用30年的时间完成西方国家用40年甚至60年的时间才完成的碳治理任务。这对于零碳社会建设是一个前所未有的挑战，也是我国承诺为国际社会作出的巨大贡献。因此，如果不能按期实现"双碳"目标和建成零碳社会，那么将对我国的国际形象和声誉造成负面影响。

(二) 碳治理与经济发展的短期冲突

当前我国经济正处于高速增长向高质量发展转型的关键时期，粗放式及高能耗发展向绿色发展转型是必然趋势，能源结构调整是转型的关键环节。然而就是在这种转型的拐点必然会面临"转型之痛"，因为我国的经济增长惯性在一定范围内还将持续存在。这种增长在很大程度上依赖化石燃料和高碳排放，尤其是煤炭、石油和天然气在经济社会发展中的贡献巨大，即遵循高能耗、高排放、高增长模式。这种高碳发展模式在污染环境的同时也带来了暂时的"繁荣"，如人民群众在短期内可以享有高增长带来的红利。然而，这种经济增长"神话"背后潜藏的是环境污染和社会风险。从经济学的相关研究可知，环境污染与经济增长遵循一种"倒U"形曲线，即在短期内，经济会随着环境的污染程度加重而呈现高速增长态势，当环境污染达到一定峰值时，经济就会出现持续下行。因此，从短期来看，碳治理在一定程度上会导致经济出现下行，涉及多方面的利益，尤其可能与社会弱势群体的生存道义产生冲突，也可能引发一定范围的"社会怨恨"。这也是零碳社会建设面临的巨大挑战。但从长远来看，零碳社会建设是保持经济高速增长，实现人民共同富裕的必由之路。

（三）碳治理的制度保障体系不健全

零碳社会建设与第四次工业革命是融合发展的，主要以绿色能源、网络化、数字化与信息化为标志。按照国际社会的相关经验，它需要建立完备的法律保障体系、制度政策体系、科学技术体系、宏观治理体系等。然而目前我国的这些体系建设尚处于探索阶段，提升空间巨大。从法律保障体系来看，我国还没有颁布专门的碳达峰碳中和的立法，目前相关立法只有《环境保护法》（1989年颁布），2014年进行修订后增加了加大环境污染惩处力度的内容，但碳治理的相关内容相对缺乏。从制度政策体系来看，我国相关的社会政策相继出台，逐步形成"1＋N"的政策体系，但政策的完整性、严密性和可行性还需要进一步强化。从科学技术体系来看，目前的可再生能源发电技术、能源存储技术、电网基础设施与输电技术、氢能技术、智能化管理与服务技术、电动汽车关键零部件研发、替代原料研发、产业脱碳工艺流程研发等关键科学问题与技术还比较薄弱（董利苹，2021），还需要进一步推动科技创新。从宏观社会治理体系来看，当前我国的社会治理能力和治理水平有了很大的提升，但面对"碳治理"的新领域还需要大力提升统筹协调能力，提升对社会大众的动员能力。综上，法律保障体系、制度政策体系、科学技术体系、宏观社会治理体系的不健全也是制约我国零碳社会建设的主要因素。

（四）公众碳治理理念薄弱

"双碳"目标已成为国家战略性目标，零碳社会建设在某种程度上可以说是"气候政治"或"零碳政治"，它需要从总体上推进国家社会治理体系和治理能力现代化。不仅要变革生产方式，还需要将人们的生活方式纳入社会治理范畴，变革人们的生活方式。从长远来看，零碳社会建设是民生工程，人民群众既是建设主体、变革主体，也是受益主体，这与国家的战略目标是并行不悖的。但就当下具体的生活而言，人们的生活方式总是受到自然环境、传统习惯及地域文化等多种因素的形塑，表现出固守性，转变是一个艰难蜕变的过程。这在一定程度上就可能形成"双碳"目标与人们当下生活方式之间的张力。对此，需要在二者之间寻求一种动态平衡，一方面，不能以碳治理和环境保护的名义剥夺社会弱势群体的生存福利，完全不顾及弱势群体的可行能力与社会资源的弱获得性，以至于酿成环境群体性事件；另一方面，也不能片面强调人们生活方式的传统性而置生态破坏和碳排放于不顾。如何调节这种平衡对零碳社会建设是一种挑战。此外，我国公众的环保意识与零碳社会建设的客观要求是不匹配的，我国公众的环境意识和减碳理念总体上还比较薄弱，尤其是对于零碳社会建设还需进一步提升认识并转化为日常生活中的自觉性行动，实现从国家要减碳转向公众自觉要减碳还有一定的距离。

第三节
零碳社会建设的理念、路径与策略

一、零碳社会建设的理念

整个工业化时代是一个"碳时代"，人类的生产和生活都与"碳排放"密切相关。从深绿生态主义悲观的观点来看，这个时代呈现"自反现代化"的特点，即存在人类创造性地"自我毁灭"的可能性（乌尔里希·贝克，2014）。而以人工智能和大数据为代表的工业4.0时代已经到来，意味着人类将要与化石燃料时代彻底脱钩，致力于构建一个绿色清洁的零碳社会，这也为建设美丽中国提供了契机。从社会学的视角，"碳足迹"引发的生态环境问题本质上是社会问题，是由社会结构、社会过程和社会成员的行为模式导致的，反映了社会关系的失调（乌尔里希·贝克，2014）。因此，需要从社会学的视野中寻求相应的零碳社会建设路径与策略。经过梳理和归类，社会学在环境问题上主要涵盖四个方面进路：反思批判、专业工具、介入行动、政策构建。其一，从理念上反思和批判现代性及其后果，明确指出现代性的生产主义和发展主义逻辑制造了环境风险，并使人类面临生存危机，如气候变化、河流污染、雨林消失、荒漠化、土地碱化、海平面上升、物种灭绝等，进而滋生了贫困问题、疾病问题、环境难民和移民问题等。此外，倡导一种"人类豁免主义"（human exceptionalism）的理念与视角（卡尔，2020），即环境因素对人类和其他物种的影响是不同的，以"雾霾天气"为例，人类可以通过空气净化器来消除或降低其危害性，但动物却不具备这样的能力。其二，将社会学作为审视和研究环境问题的工具，一方面，从人类行为与社会及自然环境的关系视角进行审视，将日常生活中的环境破坏行为放置于一个更为广阔的背景中去理解，拓展社会学的想象力。另一方面，环境正义和环境分层的相关研究认为，发达国家大量的碳排放对发展中国家造成高昂的治理成本，社会底层受到环境破坏的负面影响更大，抗环境风险的能力更弱等。可以通过统计数据掌握社会大众的环境意识、环境态度、环境行动，预测环境风险，探索社会因素的相互作用规律等。除此之外，还应注重社会学理论与环境问题的融合，如生态女性主义、环境社会主义等理论的形成。其三，积极倡导和推动绿色行动，如强调国家之间、区域之间的协同治理，大力培育绿色社会组织和志愿服务组织，开展绿色环境保护运动，探索绿色社会工作实务，推动社区教育并推广低碳或无碳的绿色生活方式等。其四，在社会政策中融入环境的维度，构建绿色社会政策体系。例如，通过制定环境税或碳税来影响企业和个人的碳排放行为，积极推广碳补偿项目（消费者购买减排产品，以抵销其活动造成的碳排放）（Nakamura，2023），推动发展型社会政策与社会工作，致力于打造生态友好型社区。绿色社会政策的重要原则是不能因环境政策而影响和破坏贫困阶层的福利（皮特·阿尔科克，2017）。综上，社会学为零碳社会建设路径和策略提供了丰富的知识板块。由此来看，零碳社会建设既需要制度和科技创新，还需要经济转型和产业结构调整，更需要社会治理、社会政策、社会发展、社会组织、社会工作、社区教育等系统性的社会干预技术与策略。

二、零碳社会建设的路径与策略

(一) 推动全球碳治理

从地缘政治走向生物圈合作，推进全球"碳治理"，构建人类命运共同体。在社会学视野中，全球化意味着地理因素对社会文化的束缚逐步降低。如果说政治、经济、文化全球化尚存在诸多分歧，那么环境问题全球化无疑已成为一种共识，如萨默斯所说："气候变化问题的严重性凝聚了人心，搁置了分歧"，富勒将地球称作"太空船地球"（马尔科姆·维特斯，2020），意在说明环境问题超越国界使人类形成一个风险共同体。不仅如此，全球化体系中的风险分布会遵循社会学家贝克所称的"回力棒曲线"模式，即风险带来的危险后果会回到产生这些风险的来源地。碳排放引发的全球变暖亦遵循同样的逻辑，因此，积极推进全球"碳治理"是未来的重点与难点。早在2017年，习近平就提出构建人类命运共同体、实现共赢共享是解决全球治理难题的中国方案。2020年，习近平在气候雄心峰会上明确提出：团结一心，开创合作共赢的气候治理新格局。在气候变化挑战面前，人类命运与共，单边主义没有出路。这些理念为全球"碳治理"指明了出路，对开创合作共赢的气候治理新格局具有积极意义。中国作为全球生态文明建设的重要参与者、贡献者和引领者，一方面，要积极倡导欧盟国家、美国等发达国家从地缘政治走向生物圈的深度合作，摒弃以环境问题作为国家之间政治博弈的筹码，就环境问题本身协商环境治理出路，持续推动《巴黎协定》的签署、生效和实施，致力于构建全球风险治理共同体；另一方面，坚持"绿水青山就是金山银山"等绿色社会治理思想，创新环境治理技术手段，持续推进南南合作，加强与周边国家和地区的协同治理，积极帮助发展中国家提高环境治理能力和治理水平，共同打造绿色"一带一路"。通过全球"碳治理"进而共建共享美好社会，构建人类命运共同体。

（二）实施绿色社会政策

经济发展全面向绿色发展转型，推动生态保护立法，实施绿色社会政策，构建环境正义的零碳社会。碳排放引发的气候变暖与发展主义是密切相关的，发展主义将发展等同于经济发展并进一步简化为GDP的增加。这种单维的GDP增加理念本质上是一种人类中心主义的"攫取型"发展范式，即人类无限制地改造和向自然索取，在累积大量财富的同时也制造了环境风险。然而这种财富的增加并非一成不变的，当污染程度达到一定峰值后，人们的收入就会持续下降，但环境污染还在持续增加。从长远来看，这种发展方式将成为实现人民共同富裕的最大障碍。因此，深入反思并摒弃发展主义的逻辑，将经济社会发展全面转向绿色发展是构建零碳社会的必由之路。这也是一种由人类中心主义向人与自然和谐共生发展方式的转变。

绿色发展理念离不开生态立法的保障和绿色社会政策的辅助实施，一方面，我国新修订的《环境保护法》增加了对危害环境行为的惩处力度，还需要进一步完善零碳社会建设的法律法规，以便做到有法可依；另一方面，绿色社会政策是社会政策与生态理论的有机融合，重点关注环境对社会福利的影响，是经济和环境政策的重要补充。它在零碳社会的建设过程中可以发挥多方面的功能。我国通过健全绿色转型财税政策、价格政策、投资机制等手段，不断完善绿色转型的政策体系建设，积极构建有利于促进绿色低碳发展和资源高效利用的新发展理念。其一，绿色社会政策强调环境正义，通过制度安排强化人们的环境保护意识和行为，确保人人公平享有美好环境。例如，从征收个人所得税转向对社会征收污染税，尤其是通过征收碳税来约束和减少碳排放行为，通过碳补贴强化低碳或无碳行为。其二，绿色社会政策关注环保政策对社会弱势群体福利的影响，通过推动新的政策来弥补环保政策带来的个体利益受损。尤其是实现"双碳"目标所必需的生产和生活方式的转变可能会对社会弱势群体形成一定的"负担"，如一些环境移民的生计问题，还有一些老年低收入群体难以承受煤改电设备取暖而增加的电费等。这些都离不开绿色社会政策的干预和兜底。其三，绿色社会政策注重将社区建设成为人们生活的中心，倡导以人民为中心的发展，构建绿色生态社区。例如，通过实施乡村振兴战略、建设农村合作社、改善人居环境、保护耕地和绿地等践行环境就是民生的理念。综上，绿色发展方式、生态环境保护法律、绿色社会政策是构建低碳社会的重要路径与举措。

（三）培育环境社会组织

大力培育环境社会组织，积极发展绿色社会工作和志愿服务工作，实施多层面的赋权式治理，保障人人享有环境权。环境社会组织是推动零碳社会建设的重要社会力量，它在协调国家与人民群众关系方面发挥了社会连接作用。当前我国的环境社会组织发育先天不足，还需要加大政策扶持力度，规范组织管理，推动能力建设。同时，社会组织也是培育和发展社会工作的平台。因此，在推动环境组织发展的同时要大力推动并探索绿色社会工作及志愿服务工作。

绿色社会工作是一个国际前沿性的领域，它在社会服务中引入生态环境的维度，注重在不平衡的政治、社会、经济和环境结构中推动政策与行动（Besthorn, 2003）。我国社会工作正处于探索发展阶段，在加强创新社会治理、社会救助、社区服务、灾害处置、公共卫生等多方面发挥了积极作用。当前，大力发展绿色社会工作不仅可以实现相对于欧美社会工作的"弯道超车"，而且对实现"双碳"目标具有现实意义。我国绿色社会工作可以从几个方面推进，一是重塑社会工作价值、伦理、理论和方法，着力在社会工作知识教育体系中融入环境的维度，着重处理好人与自然、社会主流与弱势群体、现在与未来的发展关系问题。二是积极培育绿色社会工作机构和志愿服务组织，尤其是扶持以实现"双碳"目标为宗旨的相关机构，推动环境保护的社会参与和社会行动。三是以乡村振兴及乡镇社工站（点）建设为契机，大力培育绿色社会工作专业人才队伍，打造生态宜居绿色社区，促进生态灵性的回归，建设美丽中国。四是广泛开展社区教育，塑造社区居民在环境保护中的主体作用，强化其环境保护的认知、意识与行为，矫正其不合理的消费理念与生活方式。五是在自然与社会环境结构中开展行动，尤其注重环境恶化过程中形成的社会弱势群体，通过个体认知、行为矫正、家庭建设、团体互助、社区营造、社会发展等开展赋权式治理，保障人人平等享有环境权，实现人与环境的双向提升。

（四）注重日常生活管理

在宏观碳治理的同时积极开展微观社会干预，进行日常生活管理，矫正高碳消费行为和生活方式，倡导绿色低碳生活新时尚。环境问题无疑是人的问题，人们的消费行为和生活方式是除生产方式之外碳排放的最重要来源。对此，要大力倡导绿色文明，增强全民节约意识、环保意识、生态意识，倡导简约适度、绿色低碳的生活方式，把建设美丽中国转化为全体人民的自觉行动。换言之，在政治层面进行统筹和经济结构调整的同时需要进行积极的社会干预，矫正人们不合理的消费行为。在进行宏观全球治理和社会治理的同时需要进行微观生活治理，实施生活管理。

首先，倡导并塑造一种环境友好、包容共享、和谐共生、互助友爱的社会价值，去除生产主义和物质主义至上的生活态度。正如卡瑟尔与克兰普顿在《应对环境挑战：人类身份的作用》一书中所说："当人们将成就、金钱、权利、地位和形象等价值观和目标置于首要位置时，他们对环境就更可能倾向于持负面态度，也就更不可能采取积极的环保行为，并且会以不可持续的方式消耗自然资源"（娜奥米·克莱恩，2018）。其次，破除消费主义的逻辑，消解商品的社会建构意义与符号价值，使其回归自身的物用功能。同时，积极引导人们进行经济、低碳、可持续性和新领域的消费。毋庸讳言，人们日常生活中的奢侈消费、炫耀式消费、过度消费等都是一种"高碳行为"，个体消费的累积效应会加速高碳社会的到来。这种消费欲望和动力的背后是将获取商品的能力等同于自我实现的能力及社会身份的象征，如人们对汽车、别墅、名牌服饰、高档皮包及手机等的追求。只有隔断这些商品与社会象征意义的连接，才能促使人们进行理性消费，进而减少消费引发的碳排放源头。最后，在能源管理的同时注重生活管理，倡导低碳生活方式和行为习惯。"碳足迹"伴随着每一个人的行为，人们的生活方式和行为习惯往往也是碳治理的重要领域，进行日常生活的"革命"是必然趋势。

行为主义治疗取向认为，个体的负面行为可以通过改变非理性认知、系统脱敏、负强化及社会学习等方式得到矫正。由此可以聚焦于人们日常生活中的"碳足迹"，大力推广绿色生活方式，倡导简约适度、绿色低碳、文明健康的生活理念和消费方式，增强全民节约意识、环保意识、生态意识。一是提高对碳排放行为可能引发气候变暖的理性认识，二是通过设立减碳目标，系统训练减少自身的碳排放行为，三是建立对碳排放行为的惩罚机制进而降低其行为频率，四是积极发挥榜样的示范作用，推动全面社会学习。综上，通过社会干预和生活管理积极推动零碳社会建设。

本章总结

人类"碳足迹"引发的全球变暖既是环境问题，也是社会问题。实现碳达峰、碳中和的关键在于推动零碳社会建设。零碳社会建设包括发展理念与模式转变、环境公平正义维护、多元主体协同参与、日常生活方式变革等。我国零碳社会建设已初步形成"一体多元"格局、"1+N"政策体系、系统理论及典型案例等。同时也面临降碳窗口期短，高碳经济惯性，气候政治与生存道义张力，制度政策、科学技术与治理体系不健全等问题。对此，可通过反思批判、专业工具、介入行动、政策构建等社会学思维探寻出路：从地缘政治走向生物圈合作，打造全球碳治理共同体；经济发展全面向绿色发展转型，完善生态立法，实施绿色社会政策；培育绿色社会组织，发展绿色社会工作及志愿服务；推动社会干预，进行日常生活管理。

零碳社会治理为社会学、社会政策及社会工作学科建设提供了契机。如何整合环境社会学、绿色社会政策、绿色社会组织和环境社会工作力量协同推进零碳社会治理是未来需要探索的方向。

思考题

1. 碳中和与环境社会学的关系是什么？
2. 我国零碳社会建设面临的问题和挑战有哪些？
3. 零碳社会治理的理念和策略有哪些？

参考文献

[1] 国合华夏城市规划研究院. 中国碳达峰碳中和规划、路径及案例 [M]. 北京：中国金融出版社，2021.

[2] [加] 娜奥米·克莱恩. 改变一切：气候危机、资本主义与我们的终极命运 [M]. 李海默，译. 上海：上海三联书店，2018.

[3] 杰夫·曼扎，理查德·阿鲁姆，林恩·哈尼. 社会学2.0：像社会学家一样思考 [M]. 解玉喜，译. 北京：电子工业出版社，2020.

[4] 杰罗米·H. 什科尔尼克，埃利奥特·柯里. 美国社会危机 [M]. 楚立峰，译. 上海：上海社会科学院出版社，2020.

[5] 马尔科姆·维特斯. 全球化 [M]. 徐伟杰，译. 台北：弘智出版社，2000.

[6] 迈克尔·贝尔. 环境社会学的邀请 [M]. 昌敦虎，译. 北京：北京大学出版社，2010.

[7] 麦克·布洛维. 公共社会学 [M]. 沈原等，译. 北京：社会科学文献出版社，2007.

［8］皮特·阿尔科克，玛格丽特·梅，凯伦·罗林森. 解析社会政策（上）：重要概念与主要理论［M］. 彭华民，译. 上海：华东理工大学出版社，2017.

［9］让·鲍德里亚. 消费社会［M］. 刘成富等，译. 南京：南京大学出版社.

［10］乌尔里希·贝克，安东尼·吉登斯，斯科特·拉什. 自反性现代化：现代社会秩序中的政治、传统与美学［M］. 北京：商务印书馆，2014.

［11］习近平. 论把握新发展阶段、贯彻新发展理念、构建新发展格局［M］. 北京：中央文献出版社，2021.

［12］约翰·D. 卡尔. 社会学与我们［M］. 刘铎，译. 北京：中国人民大学出版社，2020.

［13］约翰·J. 麦休尼斯. 社会学经典入门［M］. 风笑天等，译. 北京：中国人民大学出版社，2019.

［14］安东尼·吉登斯，菲利普·萨顿. 社会学［M］. 赵旭东等，译. 北京：北京大学出版社，2018.

［15］Besthorn F H. Radical ecologisms: Insights for educating social workers in ecological activism and social justice [J]. Critical Social Work, 2003, 4 (1): 66−106.

［16］Nakamura H, Kato T. Japanese citizens preferences regarding voluntary carbon offsets: an experimental social survey of Yokohama and Kitakyushu [J]. Environmental Science and Policy, 2013, 25: 1−12.

［17］陈阿江. 环境社会学的由来与发展［J］. 河海大学学报（哲学社会科学版），2015（05）：32−40 + 104.

［18］董利苹. 欧盟碳中和政策体系评述及启示［J］. 中国科学院院刊，2021（12）：1463−1470.

［19］洪大用. 中国应对气候变化的努力及其社会学意义［J］. 社会学评论，2017，5（02）：3−11.

［20］黄润秋. 把碳达峰碳中和纳入生态文明建设整体布局［J］. 学习时报，2021（06）：9−11.

［21］郑杭生. 社会建设和社会管理研究与中国社会学使命［J］. 社会学研究，2011，26（4）：12−21 + 242.

［22］邓玥. 别忽视汽车全生命周期碳排放［N/OL］. 中国环境报，2021−8−17.

第十章
面向碳中和的消费转型

高质量发展是全面建设社会主义现代化国家的首要任务。党的二十大报告指出：推动经济社会发展绿色化、低碳化是实现高质量发展的关键环节。这是基于中国式现代化本质要求及加快发展方式绿色转型作出的重大判断和战略部署。2023年12月召开的中央经济工作会议指出，坚持稳中求进工作总基调，完整、准确、全面贯彻新发展理念，加快构建新发展格局，着力推动高质量发展，将"深入推进生态文明建设和绿色低碳发展"作为2024年工作重点，并在扩大国内需求的工作重点中提出"培育壮大新型消费，大力发展数字消费、绿色消费、健康消费，积极培育智能家居、文娱旅游、体育赛事、国货'潮品'等新的消费增长点"。

依托巨大的人口规模和消费能力，中国的减碳减排能够为全球的应对气候变化事业作出重要贡献。从生活消费端减碳，不仅是中国实现"双碳"目标的内在要求和重要途径，也可以成为创新消费模式、激发内需潜力、提高居民生活质量的重要抓手。

第一节
我国绿色消费的发展潜力

国内外研究表明，人们生活方式的改变是减缓气候变化的关键。基于家庭消费

（相关产品和服务的生产和使用）计算，有研究估计生活方式和消费排放量占全球温室气体总排放量的65%（Ivanova等，2016），也有研究认为这一比例可能达到72%（Hertwich和Peters，2009）。随着我国城市化进程不断推进、居民生活水平不断提高，消费领域对资源环境的压力凸显，出现一系列资源环境问题。2005—2015年我国家庭消费持续稳定增长，产生的碳排放占总量的50%，预计到2035年，家庭消费导致的综合能耗占能源消费总量的比重将超过40%（Cao等，2019）。同时，过渡型、浪费型等不合理消费方式加剧了资源环境问题，成为城市垃圾、污水，甚至大气污染等环境污染的主要来源（国合会，2020）。

绿色消费之所以与高质量发展紧密联系，主要原因是我国生活消费端减碳减排极具潜力，绿色消费能够极大促进我国的经济社会转型发展。我国正处于经济持续增长和人民生活快速改善的能耗增长"叠加"时期，必须走改变能源结构的道路，通过技术改进降低单位能耗的碳排放，同时实施全民节约能源行动，这将是一场极其深刻的生产生活方式的革命（李培林，2021）。绿色消费不仅是中国实现"双碳"目标的内在要求和重要途径，也是完善创新发展模式，激发内需潜力，构建积极、健康、文明的社会文化的重要抓手。

一、绿色消费对经济发展的潜力

大力发展绿色消费，对经济发展的潜力直接体现为扩大内需，更重要的是推动供给侧完善创新，倒逼企业重视绿色生产，引导原材料开发利用、产品研发、生产加工等环节遵循绿色低碳的原则，以及在市场营销环节推广绿色低碳价值理念，促进产业转型和企业社会创新，由此促进经济高质量发展。

绿色消费能够培育和引领消费需求，有利于扩大消费、形成强大国内市场。绿色家电下乡、新能源汽车、居民耐用消费品绿色更新和品质升级、二手物品交易等举措在提升居民生活质量的同时，也在催生新的消费增长点。购买绿色环保产品是我国居民践行绿色消费理念的重要途径。根据中国社会科学院社会学研究所课题组主持开展的2023年中国城市低碳消费调查，居民在使用环节践行绿色消费的比例最高，为65.73%，如避免浪费、节水节电等。其次是在购买环节，该比例为63.11%，而在处置环节践行绿色消费的比例相对最低，为58.99%。国家统计局数据显示，2023年上半年，限额以上单位低能耗家用电器和音像器材类零售额同比增长20%以上，绿色家电消费快速增长。绿色消费也助力开辟产业发展新赛道，当前我国在新能源汽车、光伏、锂电池等绿色低碳产业快速发展，并形成了一定的国际竞争力（邢斐和蔡嘉瑶，2023），这种全球竞争优势除了有赖于生产侧的技术创新、产业集群之外，国内消费市场也功不可没。中国汽车工业协会发布的数据显示，2022年我国新能源汽车产销分别达到705.8万辆和688.7万辆，同比增长96.9%和93.4%，连续8年保持全球第一。我国消费市场的庞大规模和多元需求，虽然使产业发展面临更具挑战性的环境，但同时也提供了一个光明的发展前景——谁征服了中国消费者，谁就拥有了全球竞争优势。

绿色消费驱动绿色生产，促进产业升级转型。人们对节能环保产品、绿色低碳出行、二手消费的偏好上升，在价格、质量、体验感等多维度提出更高要求，有助于引导企业研发及完善相关产品和服务，注重技术创新和业态创新，推动产业转型升级。以新能源汽车消费为例，说到底新能源汽车也是汽车，也是代步工具，仅仅绿色环保不足以吸引消费者，还得用着安全、开着舒适，满足年轻人追求潮流生活、一家老小通勤出游的需求。因此新能源汽车必须具有较高性价比，在需求满足方面具有较高可行性，才能拥有市场竞争力。这就要求企业不断改善创新生产理念和生产技术，重视细分消费需求，不断开拓创新产品和服务供给。当前新能源汽车产业蓬勃发展，涌现出智能驾驶汽车、三孩家庭用车等新兴类型，并在智能舒适配置、户外露营配置等领域将传统燃油车甩在后面，更重要的是颠覆了汽车作为有钱、炫耀的消费符号，重新塑造了热爱生活、照顾家人的新型汽车消费文化，促进汽车作为普通耐用品走入大众家庭，同时也推动了新能源汽车产业发展。

此外，共享单车、二手交易平台则是业态创新的典型案例，在绿色低碳消费的大趋势下，企业将绿色服务供给与数字经济和共享经济深度融合，企业采取"以旧换新"等方式，引导消费者购买绿色产品，催生绿色消费新业态。我国二手闲置交易的需求量逐年上升，二手消费也衍生出了许多新业态，如线下"循环商店"、二手商品的线上直播等，二手闲置物品电商平台发展更加迅速。2022年中国城市低碳消费调查显示，64.3%的被访者曾有过二手交易经历，10.8%的被访者表示经常或总是通过二手渠道购买商品，线上二手交易平台（如闲鱼）的使用最为广泛，67.8%的被访者用过此渠道，此外还有近三分之一的受访者使用过二手交易微信群、二手交易网络社区。这种二手消费新业态促进了我国循环经济发展。根据光大证券发布的《二手电商行业深度报告：循环经济助力，闲置市场规模破万亿》，2020年二手闲置市场交易规模突破万亿元，预计到2025年有望突破3万亿元。

绿色消费推动企业社会创新，有利于企业的持续健康发展。无论是新能源汽车产业发展还是循环产业发展，都不仅反映了企业在技术和商业维度上的创新，也反映了企业试图解决社会和环境问题的考量，通过持续完善主营业务来服务社会，或者将核心竞争力创造性地应用于新的挑战、解决社会问题，此即企业社会创新。更重要的是，企业也通过绿色生产和绿色供给向社会传递了可持续发展的价值理念，实现了技术、商业和价值三个维度的创新。

因此，绿色消费能够带来产业、技术、市场、商业、营销的转型升级，从传统的粗放式、不可持续的发展方式，转向绿色可持续、高质量的生产方式和消费方式，从而促进经济发展方式整体转型升级，追求人类福祉、转变发展范式，最终实现人与自然和谐共生的现代化（Zhang，2023）。

二、绿色消费对社会发展的潜力

绿色消费嵌置在人们的日常生活、社会交往、子女教育等生活实践中，如最常见的购买绿色产品、节水节电、垃圾分类、请客吃饭时适量点餐、剩菜打包，还有教育子女养成绿色消费好习惯，以及当前更多出现的子女对父母的绿色消费"反向教育"等。绿色消费不仅促进了消费和生活方式转型，促进居民培育绿色生活习惯、认同绿色生活理念，营造绿色健康的消费文化，而且有助于完善创新社区治理和社会治理，促进社会发展转型。

首先，绿色消费有助于提升居民消费素养，营造可持续、积极健康的社会文化。在行为方面形成可持续、理性的消费习惯，在主观态度方面增强绿色消费认同感，从主观客观两方面提高居民绿色消费认知，有助于培育居民的消费素养。根据2023年中国城市低碳消费调查，六成多的居民具有较高的低碳知识水平，69.25%的居民对低碳生活持有积极态度，近七成居民因自己具有低碳行为习惯而感到自豪，这种良好的绿色消费素养有助于形成积极的生态价值观，超过半数的居民持有较高的生态危机观，意识到地球生态需要保护，大多数居民（76.01%）认识到生态环境与自己的行为有关，三分之一的居民支持生态优先经济发展观念。在知识、态度、价值观和认同等多方面，城市居民呈现出良好的消费素养，这主要是由于较高程度的绿色消费参与和较高频率的绿色消费行为。伴随居民生活方式转型和消费素养提升，居民对自己的品位和消费需求有了更加理性的认识，在消费时既考虑自身需求的满足也关心对环境和社会的影响，不再过度追求品牌符号、身份炫耀，对过度消费、冲动消费、从众消费也有了更清醒的判断和控制力，这种消费文化也有助于在社会层面塑造积极健康的文化氛围，促进人的全面发展和社会全面进步。

其次，绿色消费有助于完善创新社区治理，促进社会治理创新转型。绿色消费，尤其是社区层面的绿色消费参与，有助于促进社会组织和群众自发参与社会治理，在政府、社区、社会、企业多元主体互动中创新社会治理方式。2023年中国城市低碳消费调查显示，虽然街道或居委会是社区绿色低碳活动（如垃圾分类、推广绿色生活方式、跳蚤市场、绿色消费教育等）的主要组织者，但是一线城市中有55.8%的受访者所在社区开展的绿色低碳活动是由居民、业主委员会等自发组织的，也有42.3%的受访者所在社区开展的相关活动由专业的社会组织牵头组织，三四线城市中社会组织作为绿色低碳活动牵头力量的比例高于一二线城市。课题组调研发现，很多城市在绿色社区建设方面探索了多种工作机制，这些机制也进一步完善创新了社会治理。例如，在厦门，建立邻里志愿联盟、购买社会组织服务、大党委共建（城市基层党支部联合）等社会共建机制，采取组织垃圾分类志愿服务队、打造生态农场、建设绿色公园等创新的绿色社区建设模式；在上海，社会组织发挥了更加突出的作用，专业的社会组织致力于组织社区物品交换市集、经营社区循环商店，打造可持续社区。这些围绕着绿色消费的工作实践，不仅推动了居民的绿色生活方式，也有助于促进社区融合，探索社会力量合作机制，创新社会治理。

第二节
我国推动绿色消费的政策体系

我国对绿色消费的认识不断提高，"双碳"目标下绿色消费作为生态文明建设的重要部分，是构成中国式现代化的重要内容，并且更加强调覆盖产品全生命周期、物质精神双重内涵的绿色低碳"生活方式"。我国当前的低碳消费政策体系也较为丰富全面，政策工具也随着发展阶段的变化不断迭代，需要在新的理论视角下进一步发展。

一、推动绿色消费的战略定位

要了解绿色消费在我国的战略定位，首先要了解生态环境保护在我国的战略定位。可持续发展和生态文明建设在我国的发展战略中较明确提出以及相关政策较密集出台，是在2000年前后（朱迪，2016）。表10-1梳理了21世纪以来我国发展战略中的重要发展目标和生态目标。首先，文明发展道路思想从21世纪初提出后一直贯彻至今。党的十六大报告正式提出"推动整个社会走上生产发展、生活富裕、生态良好的文明发展道路"，并在党的十七大、十八大、十九大和二十大报告中得到强调，同时形成更加丰富全面的创新、协调、绿色、开放、共享的新发展理念。其次，生态文明建设不断得到强调，构成中国式现代化的重要内涵。党的十七大报告首次将生态文明建设纳入全面建成小康社会的奋斗目标，党的十八大报告提出"全面落实经济建设、政治建设、文化建设、社会建设、生态文明建设"五位一体"总体布局"，党的二十大报告进一步将生态文明发展作为中国式现代化的重要内涵，指出"中国式现代化是人与自然和谐共生的现代化"。最后，党的十八大以来的生态目标更为丰富具体。在美丽中国、生态环境好转等生态目标基础上，2020年我国明确提出"二氧化碳排放力争于2030年前达到峰值，努力争取2060年前实现碳中和"的"双碳"目标，体现了我国积极应对全球气候变化、作为负责任大国的使命担当。

表10-1　21世纪以来我国发展战略中的重要发展目标和生态目标

时间	2002年	2003年	2007年	2012年	2015年	2017年	2020年	2022年
发展目标	推动整个社会走上生产发展、生活富裕、生态良好的文明发展道路	树立全面、协调、可持续的发展观	首次将生态文明建设纳入全面建设小康社会的奋斗目标	将生态文明建设列入"五位一体"总体布局	创新、协调、绿色、开放、共享的新发展理念	坚定走生产发展、生活富裕、生态良好的文明发展道路		① 将生态文明发展作为"中国式现代化"的重要内涵 ② 坚定不移走生产发展、生活富裕、生态良好的文明发展道路

时间	2002年	2003年	2007年	2012年	2015年	2017年	2020年	2022年
生态目标		生态环境得到改善，资源利用效率显著提高，促进人与自然的和谐	基本形成节约能源资源和保护生态环境的产业结构、增长方式、消费模式	① 努力建设美丽中国 ② 形成节约资源和保护环境的空间格局、产业结构、生产方式、生活方式		从2020年到2035年，生态环境根本好转，美丽中国目标基本实现；从2035年到21世纪中叶，生态文明全面提升	提出"碳达峰碳中和"目标	① 推进美丽中国建设 ② 推动形成绿色低碳的生产方式和生活方式

在生态文明发展的实践中，我国也逐步认识到可持续发展不仅与生产领域的节能减排、资源循环、生态保护有关，消费和消费者对可持续发展也有重要作用。而绿色消费的发展战略也应从"消费模式"的改变逐步深化到购买、使用、处置全生命周期更加深度的"生活方式"的引导。

党的十七大提出"基本形成节约能源资源和保护生态环境的产业结构、增长方式、消费模式"，作为实现全面建设小康社会奋斗目标的新要求。"十二五"规划将推广绿色消费模式作为大力发展循环经济的重要环节，提出"推动形成与我国国情相适应的绿色生活方式和消费模式"。在"十四五"规划中，我国更加明确提出绿色生活方式，将"生产生活方式绿色转型成效显著"作为"十四五"时期生态文明建设主要目标，并将"广泛形成绿色生产生活方式"作为2035年远景目标。

特别是在提出"双碳"目标之后，中央政策文件屡次使用"绿色低碳生活方式"的提法，更加强调引导居民生活方式转型对实现"双碳"目标的重要作用。中共中央、国务院《关于完整准确全面贯彻新发展理念做好碳达峰碳中和工作的意见》在"加快形成绿色生产生活方式"专题下提到"扩大绿色低碳产品供给和消费，倡导绿色低碳生活方式"，《2030年前碳达峰行动方案》将"推广绿色低碳生活方式"作为专题，具体包括坚决遏制奢侈浪费和不合理消费、倡导节约用能、营造绿色低碳生活新风尚、大力发展绿色消费、提升绿色产品在政府采购中的比例等。党的二十大报告明确指出，倡导绿色消费，推动形成绿色低碳的生产方式和生活方式。

二、推动绿色消费的政策体系

近20年来，国家在发展循环经济、发展新能源产业、节能减排、能源革命、促进绿色消费和绿色生活的框架下，出台了一系列政策措施，逐步形成了推动绿色消费的政策体系。通过梳理这些政策文件，可以发现几个重要变化：一是从集中在供给端逐渐延伸至消费端，二是从集中在行政执法手段延伸至经济手段，三是从依靠补贴转变为依靠税收、金融、碳排放交易等更加市场化的手段。表10-2整理了21世纪以来我国推动居民绿色消费的政策体系。供给端主要包括生产、流通、物流等环节，企业是市场供给的主体，此外还有政府作为公共产品（如基础设施、制度体系构建）的供给主体。消费端主要指终端消费，表中梳理的主要是以居民消费者为主体的终端消费政策。

表10-2 21世纪以来我国推动居民绿色消费的政策体系

实施对象	供给端	消费端
经济手段	① 财政补贴 ② 提供奖励 ③ 税收优惠 ④ 能源分级定价 ⑤ 金融支持（发展绿色信贷、发行绿色债券等） ⑥ 碳排放权交易	① 财政补贴 ② 提供奖励 ③ 税收优惠 ④ 价格优惠（能源分级定价、绿色消费积分、发放绿色消费券等） ⑤ 信贷优惠 ⑥ 碳排放权交易
行政执法手段	① 制定发展规划 ② 政策引导 ③ 加强基础设施建设 ④ 提升公共服务 ⑤ 市场监管、打击整治 ⑥ 修订法律、落实和加强执法 ⑦ 完善标准和认证体系 ⑧ 开展试点示范	① 政策引导 ② 公共机构带头示范 ③ 建立绿色消费信息平台
教育引导手段	① 强化企业社会责任 ② 弘扬企业家精神与工匠精神 ③ 举办论坛、展览交流经验	① 全民绿色消费教育 ② 绿色消费主题宣传 ③ 创建节约型机关、绿色家庭、绿色社区、绿色出行等 ④ 发出行动倡议 ⑤ 举办论坛、展览交流经验

从经济手段来看，针对供给端和消费端的政策大体类似，都是运用财政补贴、提供奖励、税收优惠、价格优惠、金融支持等手段激励绿色生产和绿色消费，企业之间和消费者之间的碳排放权交易机制还在探索过程中，仅在2022年印发的《促进绿色消费实施方案》中提到"研究在排放量核算中将绿色电力相关碳排放量予以扣减的可行性……加快提升居民绿色电力消费占比"。相较而言，对供给端的金融支持手段较为丰富，包括发展绿色信贷、发行绿色债券、发展绿色保险、支持符合条件的绿色产业企业上市融资等；对消费端的价格优惠较为丰富，包括能源分级定价、绿色消费积分、发放绿色消费券等，此外，财政补贴和税收优惠（如免征新能源汽车购置税）实质上也是通过影响价格来促进绿色消费。

财政补贴政策的变化，突出体现在鼓励新能源汽车生产和消费的政策上。2014年的相关政策还是"对消费者购买符合要求的纯电动汽车、插电式（含增程式）混合动力汽车、燃料电池汽车给予补贴。中央财政安排资金对新能源汽车推广应用规模较大和配套基础设施建设较好的城市或企业给予奖励"，而在2020年发布的《新能源汽车产业发展规划（2021—2035年）》更强调积分和碳交易手段，"完善企业平均燃料消耗量与新能源汽车积分并行管理办法，有效承接财政补贴政策，研究建立与碳交易市场衔接机制"。这是在我国新能源汽车产业有了一定发展、财政补贴政策积累了一些问题之后的政策调整。

行政执法手段大多应用在供给端，在消费端应用较少，政策逻辑的区别也较大。首先，行政执法手段包括与政府的规划管制职能有关的政策，通过政策制定引导发展方向，这点在供给端和消费端的政策逻辑接近。面向供给端的政策主要包括制定发展规划发展什么、不发展什么、如何发展，以及政策引导，如放宽市场准入、完善用地政策、完善绿色供应链制度体系建设、通过国家科技计划支持技术创新等，通过"给政策"或者"取消政策"来引导生产、流通、配送各个供给环节。消费端主要通过政策引导和支持，如取消二手车限迁、限塑令，以及新能源汽车在牌照额度拍卖、限号行驶、购车配额等政策上的优惠对待。

其次，行政执法手段还包括将政府作为供给主体或消费主体促进绿色消费，如在供给端加强基础设施建设和提升公共服务（如交通服务水平），公共机构则在绿色消费方面带头示范。此外，行政执法手段还包括监督管理、统筹协调、立法执法，这类政策主要针对供给端，政策措施也最为丰富，如严厉打击虚标绿色低碳产品行为，完善并强化绿色低碳产品和服务标准、认证、标识体系，修订节能法、循环经济促进法等法律。除此之外，2022年《促进绿色消费实施方案》还提出"推动建立绿色消费信息平台""统筹指导并定期发布绿色低碳产品清单和购买指南，提高绿色低碳产品生产和消费透明度，引导并便利机构、消费者等选择和采购"，这种行政统筹措施对消费者的信息赋能非常重要。

教育引导手段在供给端和消费端都有所应用。供给端的相关政策包括强化企业社会责任，如"鼓励企业推行绿色供应链建设""强化环境责任意识"；弘扬企业家精神与工匠精神，如"鼓励科研人员开发新能源汽车领域高价值核心知识产权成果"。针对消费者的教育引导手段就更丰富，包括绿色消费教育、主题宣传、绿色家庭创建、行动倡议等，经过各级政府、社会组织、媒体等的组织宣传，类似"光盘"行动、地球一小时等倡议深入人心。另外，举办论坛、展览交流经验也在《促进绿色消费实施方案》中被提出，这也是针对供给端和消费端的重要教育宣传手段。

当前我国的绿色低碳政策体系比较丰富全面，然而，结合已有研究和上文梳理，相关政策体系仍存在一些问题。一是面向消费端的政策强调教育宣传、转变消费者观念，忽略消费决策实质上是多个利益相关者集体性行动的产物，受到结构性的约束。二是强调政府、企业的能动性和影响力，认为消费者的作用仅在于消费环节，这种思路的片面性体现在消费者对消费的能动性没有想象中那么强，同时消费者和消费行为也对生产、治理、文化构建等相关实践具有不可忽视的影响和作用。三是当前的政策机制和治理体系还是以政府为主导，如已有研究指出的，未能充分发挥企业、消费者等利益相关者的能动性，未能建立起政府－市场－社会的协同和互动机制。

第三节
现有的绿色消费转型治理思路

已有研究从不同理论范式、不同维度提出绿色消费治理思路，本节大致将这些治理思路划分为四种类型，强调消费者能动性、强调企业能动性、强调政府主导性及强调实践的治理思路。这些治理思路经历了不同的发展阶段——有的已经应用到国家治理实践中，但是仍面临一定局限性。

一、强调消费者能动性的治理思路

针对推动可持续消费和绿色低碳生活方式，当前各国政府和社会运动采取的治理策略大致可分为四类：有两类从传统经济学的视角出发，在理性计算消费者假设下，分别主张给予消费者充分的信息使其了解行动的后果，或者推出一系列经济刺激手段来鼓励有益的选择；另有两类从传统社会学的视角出发，考虑社会生活中规范和价值的作用，主张劝说人们采取更加符合伦理或道德的价值观，或者通过法律规定减小错误行为的可能性（Warde，2017）。这些不同类型的治理策略都强调消费者能动性对消费转型的重要性。当前广泛应用的ABC范式及其应用态度（attitude）、行为（behavior）、选择（choice），即上述治理策略的代表，出于个体化和能动性的假设及强调消费者作用的治理思路，认为在促进绿色消费过程中，消费者观念态度的转变最重要，改变了个体的态度观念就可以改变消费行为。

ABC范式基于心理学主流的"态度－行为"研究范式，认为态度和行为之间存在因果关系，即态度是个体行为的诱因。但是研究也发现，消费者对绿色消费的积极态度与实际消费行为之间通常存在不一致性，称为"态度－行为缺口"（attitude-behavior gap）（Peattie，2001；Shaw等，2016）。绿色消费态度－行为缺口概念的提出拓宽了绿色消费的研究视角，探究绿色消费态度－行为缺口的成因，并寻求适当的干预策略来弥合缺口成为当前研究关注的重点和热点。该领域最常用的理论分析框架为计划行为理论（theory of planned behavior，TPB）。该理论强调改变绿色行为意愿推动绿色行为，个人行为意愿越强，实际行为发生的可能性越大。行为意愿包含行为态度（个体对购买伦理产品的评价）、主观规范（个体感知到的来自重要他人关于购买伦理产品的社会压力）和感知行为控制（个体感知到的购买伦理产品的困难和阻碍）（Ajzen，1991）。已有研究也提出了影响绿色消费态度－行为缺口转化的其他路径模型。例如，斯特恩提出态度－行为－情境模型，认为行为是个体态度和情境因素的交互产物，情境是影响态度对行为预测的外部诱因（Stern，2000）。

根据计划行为理论，现有研究进一步将态度－行为差距区分为态度－意愿差距和意愿－行为差距两个阶段进行分析和干预。陈凯和赵占波认为，态度－意愿差距主要受群体压力、个人感知效力、感知可获性及感知信息的影响，意愿－行为差距主要受社会风气、基础配套设施、政策法规制度及习惯的影响（陈凯和赵占波，2015）。劳可夫通过实证分析指出，绿色消费主观规范和绿色消费知觉控制对绿色消费意向影响显著，而绿色消费意向对绿色消费行为影响显著，但是绿色消费态度对绿色消费意向的直接影响不显著，从而产生的政策启示是不应将重点放在消费者态度的改变，而应制定和执行更多具体和合理的消费环保法律、制度和行为规范，促进消费者思维方式和行为习惯的转变。企业应降低绿色消费的成本和提高绿色消费服务质量，改善消费者的绿色消费知觉控制，从而影响消费者行为（劳可夫和吴佳，2013）。

然而，强调消费者能动性的治理思路存在诸多学理问题和治理困境，伊丽莎白·修芙对此作了详细讨论（Shove，2010）。第一，过于强调个体消费者责任，但技术、常规、习俗、市场及预期控制了日常生活的各个领域，并非任何一个行动主体可以控制；第二，强调态度和行为之间的因果关系，认为态度是驱动行为的根本因素，相关讨论还包括"态度－行为缺口"问题，但这种因果联系值得反思；第三，供给、基础设施、技术等仅作为影响态度－行为作用的外部情境性因素，但制度、基础设施和日常生活本身就在不断互动，消费行为应当在这个系统中得到理解。

二、强调企业能动性的治理思路

绿色生产与绿色消费有着天然的亲密关系。一方面，绿色消费依赖企业生产的绿色低碳产品，另一方面绿色消费需求可以倒逼企业的绿色生产（李岩等，2020）。企业作为市场供给的主体应该发挥积极作用，甚至有研究提出企业应发挥主导作用（靳丽静和赵海月，2018）。

近年来ESG（环境、社会和治理）作为衡量企业价值的重要标准逐渐兴起，对企业如何减少其经济活动的外部性、如何参与绿色治理实践提供了有效引导，尤其是ESG也被应用到金融投资中，这进一步提升了ESG的影响力，引导企业积极转向绿色行动。ESG强调社会价值最大化，即企业不仅要对股东负责、对利益相关者负责，也要对社会负责，这就要求企业必须将对更广泛社会的责任纳入发展目标中（威廉·诺德豪斯，2022）。ESG追求是否会减少商业利润？已有研究的答案大多是否定的。詹森强调明智的价值最大化目标鼓励管理者从更长远出发，更好地思考利益相关者的利益，这其实与实现企业市场价值最大化的目标并不相悖（Jensen，2002）。类似地，爱德蒙斯用蛋糕作比喻，强调懂得做大蛋糕的公司将社会价值作为主要目标，利润只是副产品，令人意外的是，这通常比将利润作为终极目标的思路带来更多利润，因为它鼓励的是有实质性长期回报的投资，而如果将利润作为主要目标，那么这些回报在刚开始很难被估算因而这些项目将永远不会被认可（Edmans，2020）。威廉·诺德豪斯比较现实地指出一些ESG活动不会带来双赢且降低了企业的利润，并提出了在这种情况下企业ESG活动应该遵循的原则：首先要能够通过社会成本收益测试，其次应将资源集中在其具有信息或经济优势的领域，最后是重点关注那些首先会使利益相关者受益且具有较高社会收益率的ESG活动。这些ESG原则指向了企业利用其信息、技术、主营业务等优势参与绿色治理实践的策略，也即ESG的一种实现途径社会创新（威廉·诺德豪斯，2022）。

在理念层面，社会创新指企业通过持续完善主营业务来服务社会，或者将核心竞争力创造性地应用于新的挑战、解决社会问题，而且社会创新与企业利润并不冲突，生产让人们的生活更美好的产品、为子孙后代创造美好的自然环境等社会创新更可能带来高利润（Edmans，2020）。传统上，企业一般将慈善、公益活动作为主要手段履行社会责任，社会责任与主营业务基本是割裂的，而社会创新秉持ESG的理念，将对股东的责任、对利益相关者的责任和对社会的责任统一起来，"政治性的企业社会责任"（political CSR）也指向类似的理念（Scherer和Palazzo，2007），集合了公司、政府和公民社会行动者等主体，形成一个真正解决问题的共同体的机制。

特别地，企业社会创新也是与绿色生产、可持续发展紧密相关的概念（Herrera，2015）。继熊彼特的技术创新和制度创新之后，学者们将可持续发展作为创新的另外一个重要维度，提出了可持续创新、绿色创新等概念。在广义上，只要具备了创新的新颖性、价值性特征，且能实现资源节约和环境改善，就可以归为绿色创新（李旭，2015）。例如，企业引入绿色理念、现代信息技术、生物技术和管理技术，以及当代国内外优秀企业持续创新的成功经验（如美国通用电气公司的超低废品率六西格玛质量管理），持续推动绿色创新（向刚等，2003）。而威廉·诺德豪斯特别指出，实现绿色目标的进程取决于利润驱动型企业的创新行为，同时也要求对企业提供适当的激励，使其创新活动有利可图，这可以通过确保主要外部性的内部化来实现，例如为污染定价，碳价必须高到使低碳技术投资能够获得切实可靠的财务回报（威廉·诺德豪斯，2022）。

强调企业创新的治理思路非常富有启发性，提出了如何发挥企业能动性促进可持续发展的一种解决方案，并指明技术创新、商业创新、价值创新在企业社会创新中的重要作用，对完善低碳消费治理体系有重要启示。然而，市场机制本身具有局限性，市场失灵导致的资源错配很难依靠市场自身纠正，因而强调企业和市场在低碳治理中起主导作用的思路存在一定局限性。特别地，绿色经济学将绿色效率纳入对市场失灵的考量，市场失灵与不完全竞争或垄断有关，也与信息不对称和环境负外部性有关，只要发生这类情况，"看不见的手"原理就会失效，政府干预就成为必要（威廉·诺德豪斯，2022）。

三、强调政府主导性的治理思路

在国家治理实践中，各国政府及其规划实施的政策体系都发挥重要作用，如英国和欧盟都出台大量政策以应对气候变化和改变人们的生活方式。同时，学术界也努力通过影响政策和政府来推动社会进步，学术理论能否得到政策采纳、影响政府治理越来越成为学术评价的标准之一（Shove，2010）。典型的例子是行为洞察团队（BIT）基于行为经济学理论而成为英国、澳大利亚等国家的智囊，参与包括推动绿色消费在内的诸多社会经济政策的制定。鉴于政府在当前各国治理中的重要作用，强调政府主导性也成为绿色低碳治理的主要思路之一。

在我国的生态治理实践中，一些研究明确提出政府应当在治理体系中发挥主导或者核心作用（吴飞美，2011）。政府应承担宏观战略编制、法规标准制定、政策体系构建、职能部门协作、宣传教育、基础设施建设等职责，例如，有研究建议中国政府应将推动绿色消费和生活方式放在更加突出的战略地位，按照供给侧与需求侧共同发力、激励约束并举、政府企业消费者共建共治共享的原则构建绿色消费政策体系，加强绿色消费的基础设施和能力建设等（国合会"绿色转型与可持续社会治理专题政策研究"课题组，2020）。也有研究认为尚缺乏有效的"政府－市场－社会"协同治理机制，现阶段政府机制发挥主导作用，市场机制作用日趋凸显，而社会机制有待进一步强化（卢洪友和许文立，2015）。

随着生态文明建设的深化，我国环境政策改革逐渐从单一命令控制型向多种环境政策手段综合并用转化，调控范围也从生产环节扩展到整个经济过程，作用方式也从过去的以惩罚为主向惩罚和激励双向调控转变，突出政策手段的系统优化与协同增效（王金南等，2019）。但是，我国当前的低碳消费政策实践也面临困境。低碳消费政策中行政性的约束措施居多，而综合运用财政、货币、价格、收入分配、消费引导等多种政策工具较缺乏（薄凡和庄贵阳，2022），同样地，在各省市绿色消费政策中，命令型工具使用频率较高，激励型和劝诫型工具使用明显不足，暂未构建起丰富多元、均衡适配的政策体系（陈凯和李思楠，2022）。此外，在政策推行效果上，绿色消费连接上、下游的渠道功能没有得到完全发挥，一是宣传与教育活动并没有达到预期效果，绿色购买意愿转化为现实行动存在障碍；二是再生资源回收体系和生活垃圾分类回收体系建设进展缓慢，无法为绿色消费的大范围推行提供支持（赵雯砚和杨建新，2016）。

四、强调实践的治理思路

当代消费社会学已开始"实践转向"，基于实践理论来理解消费模式，应用到可持续消费研究中，形成了独特的政策思路。相对于"态度－行为"理论关注因果关系和外部因素，实践理论强调内在的和新兴的动态，探索日常生活（如吃、出行）如何被社会、制度和基础设施影响，是理解当代消费与社会转型的更有效的理论（Shove，2010）。

实践理论发展至今，有两种主要研究范式，一种是"弱实践范式"，即将不同领域的实践视作消费者和供给系统互动的场域，社会实践本身并不是动态的实体；另一种是"强实践范式"，即社会实践占据了中心位置，人和物作为实践的承担者居于次要地位，通过理解社会实践如何演变、如何捕获和失去消费者，以及实践系统如何形成和碎片化来理解社会变迁，吃、玩、走路、睡觉等实践构成了研究的对象（Shove，2010）。消费社会学更多在"强实践范式"下理解消费，即实践既作为"实体"（practice-as-entity），同时也作为"表现"（practice-as-performance）（Schatzki，1996）。在实践视角下，消费本身并非实践，而是所有实践的一个时刻，因此可以说，绝大多数实践需要并产生消费，因此，"消费可以理解为一种过程，在这个过程中行动者参与产品、服务、性能、信息或氛围的使用和欣赏，无论是出于功能性、表达性的目的，还是出于精神性的目的，无论是否通过购买，行动者都拥有一定程度的自主权"（Warde，2017）。

实践理论强调，应当在参与实践的过程中解释消费的性质和过程，那么要改变消费行为，不能通过依靠消费者的个体能动性，而是将实践作为一个系统进行干预，实践理论也特别强调将供给体系的设计、规划和完善作为治理思路。例如，格特·斯帕加伦提出的"基础设施视角"可以作为衡量公用事业服务水平的一种分析工具，即研究供给端的设计、生产和分配模式是否与消费端的获得、使用和处置模式相匹配，由此也可以发现不同消费领域在可持续性上的差异，一些日常实践比另外一些更难改变，很大的原因是绿色选择在供给水平上存在差异，一些日常实践的绿色选择更少或者消费者难以获取，从而阻碍了消费者行为的改变（Spaargaren，2003）。实践理论下的"供给端视角"与行为经济学提出的"助推"理念虽然在理论范式等方面有本质区别，但是都指向供给改善对消费的重要作用。"助推"理念强调通过设计一种选择体系，激励人们去自由选择自己喜欢做的事情，例如，商家设计食品的摆放方式，将健康食品和绿色食品摆放在更显眼、更易拿的地方，吸引消费者优先选择这些商品（理查德·泰勒和卡斯·桑斯坦，2015）。

我国的社会学者也进行了诸多理论和实证的研究，探讨供给和消费的关系并提出治理思路。张敦福和杨春华强调消费品及服务供给的影响，认为中国消费品及相关服务供给模式的社会变迁造成了不同模式下社会成员的生态环境、权利义务关系、消费者身份认同及其环境后果间的明显差异（张敦福和杨春华，2015）。朱迪等提出了一个由供给系统、社会文化习俗和生活方式构成的立体分析框架：生活方式视角关注审美、认同、符号等，属于消费的水平分析方法，但忽略了产品的"历史"，即生产-消费循环过程的起源，需要引入消费的垂直分析方法供给系统视角，如果说生活方式视角相对侧重消费的个体性，供给系统视角则关注消费的物质性，社会文化习俗则指向消费的社会性和制度性。以中产阶层的肉类消费为例，研究揭示了供给系统和社会文化习俗如何同时推动和约束中国背景下的饮食习惯变迁（朱迪等，2020）。研究也提出应将政策范式从强调"教育"和"补贴"转变为强调"供给"，从整体上规划和完善基础设施，提供便利条件，激励消费者转向可持续消费（朱迪，2017）。

然而，实践视角下的治理思路也有局限性，一是在某种程度上将"消费者"外部化，将行动者（人）看作实践的承担者来考察实践的社会经济区分，消费者的能动性在某种程度上被弱化了；二是理论性较强，难以与现有政策思路对话并提出具有建设性的治理模式。

接下来将重点考察我国绿色消费的发展战略和政策体系。下文试图强化治理思路的实证性和应用性，借鉴当代消费社会学的理论成果，也考虑我国当前的政策体系和高质量发展的社会背景，提出一种新的治理思路和治理体系。

第四节
多重实践协同的消费转型治理体系

在当前我国努力实现高质量发展的背景下，针对现有治理体系和相关政策不足，基于当代消费社会学的理论成果，本节提出一种多重实践协同的消费转型治理体系，下文将从结构机制、独特优势、对策建议等方面进行讨论。

一、多重实践协同的绿色消费治理体系

推动生活方式绿色转型，不仅需要关注消费端和消费者的特征，也需要关注消费者外部的物质和文化环境的改善（朱迪，2023），并联系当下经济社会高质量发展的主要实践，提出"GICL"的治理体系（如图10-1所示）。该体系由社会治理（governance）、社会创新（innovation）、社会文化营造（culture）和社会生活方式（lifestyle）构成一个结构动力系统，发挥政府、企业、科研机构、媒体、社会组织、消费者等多个主体的能动性，推动可持续消费和高质量发展。在已有文献中，社会治理通常指如何通过共建共治共享实现整个社会的健康有序运行（黄晓春，2021；李培林，2014；冯仕政，2021）。在GICL治理体系中，社会治理特指以政府为主体的社会治理机制，提供由公共供给、制度架构和管理模式构成的治理方案，致力于提供政策引导和社会协同力量，以政府为主体并协调其他利益主体，发挥政府的监管、规制和协调作用。在GICL治理体系中，社会创新特指以企业为主体的社会创新，如前文提到，指企业通过持续完善主营业务来服务社会和解决社会问题。社会创新提供由产品、技术、传播构成的市场方案，致力于提供商业和经济的驱动力，以企业为主体并链接其他利益主体，尤其推动产学研结合，强调商业、技术和价值三个维度的创新，社会创新是GICL治理体系中最具突破性和潜力的组成部分。社会文化营造的相关研究较少，本节借此概念强调文化通过塑造绿色低碳社会习俗来影响消费，而非通过改变个体的态度观念来影响消费。具体来讲，社会文化营造提供塑造习俗、仪式、规范的文化方案，以媒体、社会组织、社区等社会力量为主体，政府、企业、消费者作为重要主体，发挥文化的规范性、引导性和支持性的力量。社会生活方式即人们依据一定的规范、习惯和供给体系进行吃穿住行、工作、社交、养育子女等生活实践，绝大

多数生活实践都离不开消费，因而消费也是社会生活方式的重要构成。

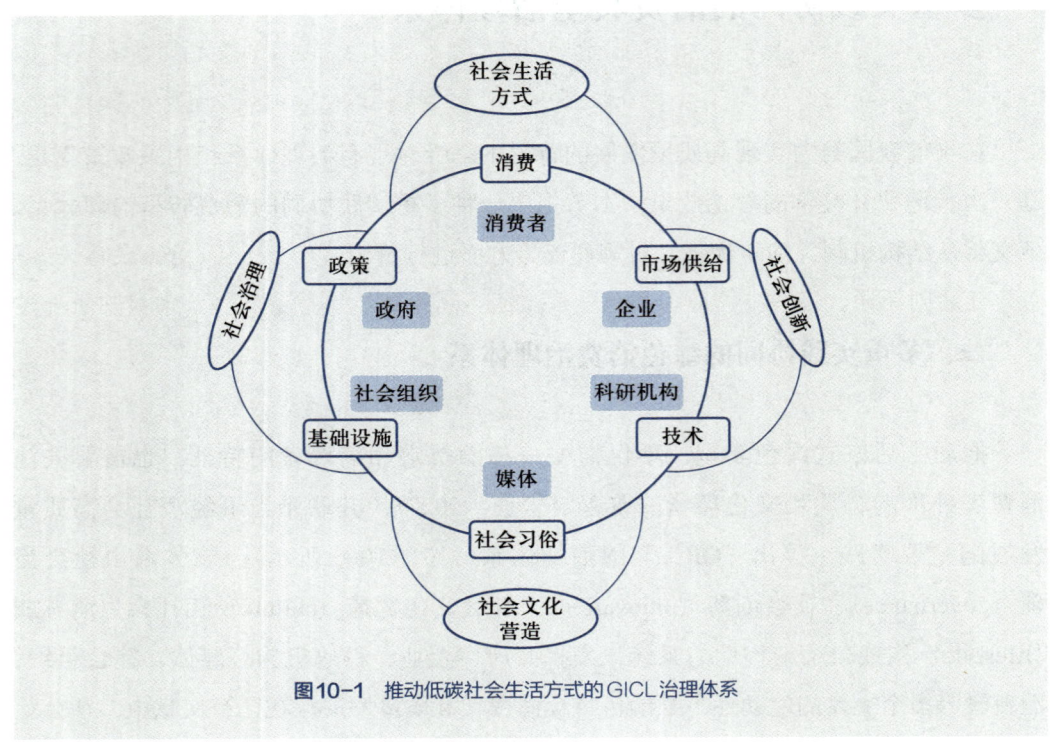

图10-1 推动低碳社会生活方式的 GICL 治理体系

在 GICL 治理体系中，社会治理的主体主要是政府，社会创新的主体主要是企业，社会文化营造的主体主要是媒体、社会组织等社会力量，社会生活方式的主体是消费者，不同行动都具有能动性，也对其他行动有制约性，不同行动之间可以说是互为结构、互相依存的关系。

首先，GICL 治理体系能够弥补我国当前可持续消费治理体系的不足。在该体系中，消费转型不仅仅依赖消费者能动性，也依赖供给、文化、制度等外部环境的改善，而且消费者的作用不仅在于消费环节，其行动后果也对供给、政策制定具有一定影响，特别是在数字时代，消费者的表达渠道更加丰富多元、话语权增强，因此对社会文化营造具有较强的能动性。GICL 治理体系也区别于传统的以政府或企业为主导的思路，建立起由多个主体、多重实践构成的整体性框架。政府致力于社会治理、完善公共供给，企业致力于社会创新、完善市场供给，社会组织致力于营造文化习俗，在互动协同中推动消费行为改变和低碳生活方式转型，同时绿色低碳生活方式转型也有助于形成高水平的供给体系、塑造积极健康的社会文化。

其次，GICL 治理体系区别于现有的主流治理体系，如图10-2所示。以ABC范式和"助推"为代表，现有的主流治理体系主张政府、企业、媒体、社会组织等利益相关者努力引导，根本目的还是改变消费者，其治理思路是通过改变消费者的态度观念、消费习惯等促进可持续消费转型。而 GICL 治理体系是一种"去中心化"的体系，将政府、企业、社会组织、媒体、消费者视为一个共同体，这些不同主体都具有能动性，其各自的表现（如产品研发供给、政策制定、消费、日常生活等）形成一个结构动力系统，治理思路是通过促进可持续消费推动整个系统的高质量发展。例如，企业社会创新通过完善主营业务和商业模式服务社会、解决社会问题，本身并不一定能够迎合消费需求或者在短时间内符合消费需求，但这种具有社会价值的商业实践对人们的生活方式具有引领作用，使得绿色低碳生活方式更可行，如垃圾分类更方便、绿色出行更友好，有力促进了人们消费行为的改变。这是"去中心化"的 GICL 治理体系区别于以消费者为"核心"的现有主流治理体系的关键所在。此外，现有的主流治理体系往往强调不同主体的不同作用及差异化的利益所在，而 GICL 治理体系更强调不同主体的利益整合及其所促成的不同实践、社会治理、社会创新和社会文化营造等实践与行动主体并非一一对应，为了达成某一目标，不同主体利益的整合更加具有开放性、更加多元化，通过多重实践协同促进经济社会高质量发展。

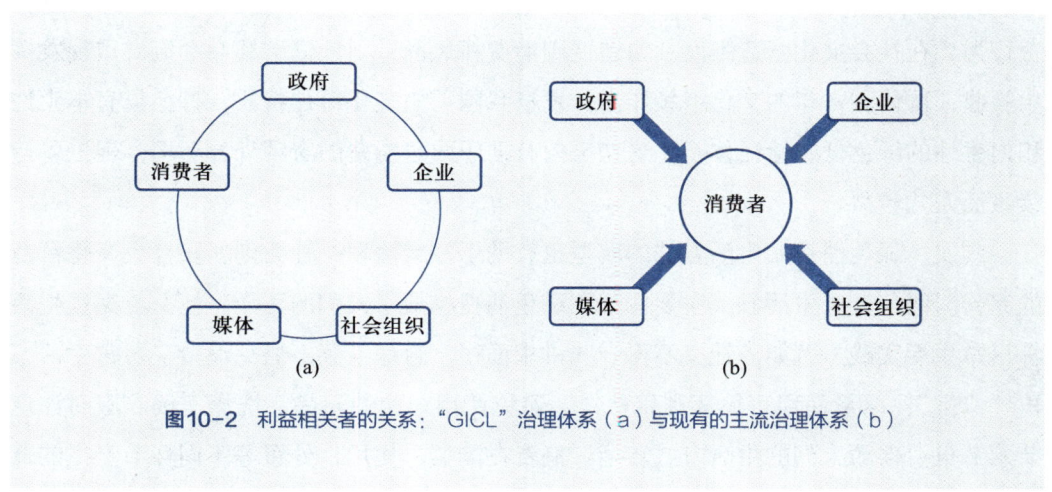

图10-2 利益相关者的关系："GICL"治理体系（a）与现有的主流治理体系（b）

最后，相比实践视角下的治理思路，GICL 治理体系也具有优势。第一，将消费者能动性引入治理体系，认为消费行为一方面被供给、技术等宏观外部条件制约，另一方面对社会治理、社会创新、社会文化营造也具有约束性，特别是在生活方式实践和社会文化营造中具有能动性。第二,实证性较强,社会治理、社会创新、社会文化营造、社会生活方式既可以通过定量数据测量,也可以从我国的发展实践中获取大量案例材料支持,有助于加强消费和经济社会发展的实证分析。第三,应用性较强,社会治理、社会创新、社会文化营造、社会生活方式都是当下社会各界关注的焦点议题,使用类似的话语体系有助于与现有政策体系对话,并进一步构建基于我国发展实践的话语体系。

GICL治理体系的显著特点是社会治理、社会创新、社会文化营造和社会生活方式构成了一个结构动力系统,对可持续消费转型和高质量发展具有较强的启示。低碳治理体系的系统性也在现有研究中得到强调。如张永生提出,只有将碳中和纳入生态文明建设的整体布局,促进生产和生活方式的系统性转变,让减碳成为促进生态环境改善和资源节约的推动力,碳中和才能够促进可持续发展这一根本目标的实现(张永生,2021)。

首先,完善社会治理、社会创新和社会文化营造,有助于推动绿色低碳生活方式。在社会治理维度,完善基础设施和公共服务、引导绿色生产、鼓励社会和公众参与,构建促进低碳生活方式的协同治理体系;在社会创新维度,研发推广绿色低碳产品,鼓励商业创新,丰富低碳产品和服务供给,同时借助主流媒体和社交媒体传播可持续价值,在商业层面形成业态创新、在社区层面形成文化引导、在个体层面转变消费行为;在社会文化营造维度,塑造低碳消费新风尚、引领低碳社会潮流,重视发挥中等收入群体和青年的文化引领作用,发扬我国历史文化精神特质,打造具有本土性和内生性的绿色低碳话语体系。这些努力有助于改善消费的宏观外部环境,促进可持续生活方式转型。

其次,绿色消费和生活方式的转型也有助于社会治理、社会创新和社会文化营造的完善。绿色低碳生活方式主要体现在绿色消费构成了人们的工作、社交、家庭生活等日常生活实践。例如,社交不再一味讲求面子,合理点菜、避免浪费,日常生活不再"偷懒",尽量使用可循环利用材料,避免使用一次性用品,洗澡、洗衣服时注意节水节电。伴随人们的生活方式转型,消费在购买、使用、处置等不同环节产生的低碳化需求,以及功能性、符号性、精神性等不同类型消费动机与低碳消费的交叉,能够推动政府完善绿色出行、垃圾分类等基础设施,推动企业进行绿色产品研发和可持续业态创新,也有助于塑造整个社会的绿色低碳文化氛围,从而完善社会治理、社会创新和社会文化营造。GICL治理体系不仅为推动绿色消费提供了一种新的治理思路,也有助于更好地理解和优化供给—消费关系，推动供需在更高水平上的动态平衡，促进人的全面发展和社会的全面进步，从而对实现经济社会高质量发展有重要启示。

最后，社会治理、社会创新和社会文化营造之间也有相互促进的作用。基础设施、公共服务和社会政策等的优化完善能够引导和支持绿色生产研发、塑造绿色低碳文化，从而推动社会创新和社会文化营造。商业、技术、价值层面的创新完善能够促进新业态、新技术领域的协作和治理、促进社会文化习俗的引导和支持，从而有助于完善社会治理体系，推动社会文化营造。研究人员在对相关企业进行调研时发现，在这一新兴领域，企业常遇到单个企业难以解决的问题，需要行业性、社会性的布局和协同，当相关问题通过组织或渠道进行反馈并不断论证后，政府就能够出台相关政策或协调措施，但这一过程和机制不同于依靠政府给政策的所谓"政府主导性"治理体系，而有助于优化和完善社会治理。此外，绿色低碳的社会文化能够增强政府、企业、媒体、社会组织、消费者等利益相关者对环境和社会的责任感，有助于推动社会治理和社会创新的不断发展完善。

我国近些年大力发展新能源汽车产业、鼓励新能源汽车消费，其发展过程集中体现了社会治理、社会创新和社会文化营造对绿色低碳生活方式的推动。在社会治理层面，政府先采取补贴和奖励手段，后来逐渐过渡到以金融信贷手段为主，鼓励企业的新能源汽车生产研发，加强生产供给，同时在牌照额度拍卖、限号行驶、购车配额、购置税减免等方面采取优惠措施鼓励购买，并协同市场力量规划充电桩建设和维护，提高新能源汽车消费的优先性和使用的便捷性。在社会创新层面，中国汽车工业协会的数据显示，越来越多的企业加入"造车"行列，不仅有传统汽车企业，也有互联网和其他行业的企业，并且在快速充电、智能驾驶、舒适性配置等方面不断进步，在产品研发设计中也注重贯彻低碳环保理念，在多个方面发力促进供给的丰富性和可行性，同时加强价值引领。新能源汽车企业的一个突出特点是重视生活方式引导，这也是新能源汽车营销区别于传统汽车的地方。例如，打造"奶爸车""露营车"，聚焦细分消费群体和新兴消费需求，并形成车友社群，分享个性化的使用攻略。这些商业创新带来了汽车文化变迁，打破了私家车主等同于"成功人士"的刻板印象，为新能源汽车消费贴上了"年轻""潮流文化""亲子家庭""休闲"等标签，同时通过车友社群加强共同体感，由此通过塑造新能源汽车社会文化扩大了新能源汽车消费。可以看出，新能源汽车消费的增长离不开宏观外部环境的改善，包括公共供给和市场供给的完善创新及文化习俗的推动。

二、促进绿色消费的政策建议

本章提出的消费转型治理体系强调系统性和结构动力，发挥多个主体的能动性，通过多重实践来推动消费转型，区别于以政府或企业为主导、其他利益相关者依靠"信号"来行动的治理体系。落实到政策建议方面，虽然政策制定和实施的主体是政府，但是政策制定的思路和逻辑不一定是以政府为主导、完全自上而下的，本节提出的政策建议试图通过政府的指挥棒，利用多种政策工具整合不同主体的利益，激发利益相关者的能动性，推动社会治理、社会创新和社会文化营造的协同及良性互动，促进全民低碳生活方式转型。

首先，构建和完善政策体系，提高绿色消费相关基础设施和公共服务水平，促进治理体系和治理能力现代化。综合运用行政执法、经济金融、教育引导等多种政策工具，强化约束、激励、教育的政策维度，采取多种措施调动企业、消费者等利益主体的能动性，努力打通自下而上的政策反馈机制，充分发挥政府的管制、规范、引导等多种职能，构建并完善低碳消费政策体系。同时加强以政府为主体的公共供给，完善公共交通、物流配送、垃圾分类等传统基础设施，以及5G网络、大数据等新型基础设施，提升交通出行、教育医疗养老等公共服务水平，完善低碳消费的公共产品供给。

其次，规范生产经营，增强低碳产品供给，促进产业转型升级，推动企业的社会创新。一方面，针对企业在生产经营活动中的高能耗、高污染及损害消费者利益的行为，要予以依法处罚、监管、规范，营造健康有序的市场环境；另一方面，通过奖励、税收优惠、财政支持、金融信贷、碳交易等多种手段激发企业能动性，推动低碳技术创新和产品研发，鼓励发展商业新业态，支持企业和科研学术机构联合开发新技术、新产品、新业态、新模式，引导企业将自身发展与社会发展紧密结合，提高产品供给的商业价值和社会价值，以包容、审慎、坚定的姿态支持企业社会创新，促进社会治理与社会创新的良性互动，增强市场活力和社会发展活力。

再次，发挥媒体、企业、社会组织、消费者能动性，推动形成绿色低碳的社会文化。鼓励传统媒体和新媒体加强可持续传播，面向不同受众普及绿色消费知识、宣传绿色消费观念、引导绿色低碳生活方式。引导企业在产品生产、销售和服务等不同环节注重绿色低碳的价值引领，尤其注重发挥电商平台、网络主播等新业态企业和意见领袖的价值引领作用，着力塑造积极健康的消费文化。通过资源倾斜、购买服务、孵化支持等多种方式，发挥社会组织在专业性、下沉性、陪伴性等多方面的优势，在社区服务、共同体培育、信息支持等不同层面营造绿色低碳文化。应注重发挥消费者在推动社会文化转型中的重要作用，充分利用数字媒体和数字消费平台，鼓励绿色产品分享测评、培育低碳消费社群，加强可持续消费文化传播。

最后，加强中等收入群体和青年的示范带头作用，发挥消费者在绿色消费转型中的能动性。消费者的能动性发挥除了体现在社会文化塑造方面，也体现在日常生活实践中。本章强调消费决策是社会性、集体性的产物并且受到结构性的约束，政策建议区别于改变态度从而改变行为的ABC范式，强调重点群体的示范带头作用。大量研究指出中等收入群体和青年更积极参与绿色消费（章超，2022；王玉香，2022）。改善中等收入群体和青年的收入、就业、社会保障状况等，提升经济资源和消费能力，鼓励二手消费、简约生活等新兴生活方式，提高中产社区和青年白领社区的绿色低碳基础设施和公共服务水平，提高绿色低碳消费在中等收入群体和青年群体中的合法性和可行性，通过其示范带头作用引导全社会的绿色低碳生活方式。

本章总结

在"双碳"目标下，我国倡导绿色消费，努力推动形成绿色低碳的生活方式，绿色消费转型也是一场极其深刻的生产生活方式的革命，推动经济社会高质量发展。现有广泛应用的绿色消费转型治理策略大都强调消费者的个体能动性，政府、企业、媒体、社会组织等利益相关者努力引导，根本目的是通过改变消费者（如态度观念、消费习惯）进而改变消费行为，忽略了消费决策是社会性、集体性的产物并且受到结构性的约束。本章提出多重实践协同的绿色消费治理体系，由社会治理、社会创新、社会文化营造和社会生活方式构成一个结构动力系统，发挥政府、企业、科研机构、媒体、社会组织、消费者等多个主体的能动性，通过促进绿色消费推动整个系统的高质量发展。

本章首先讨论绿色消费对我国经济发展和社会发展的潜力，其次梳理了我国推动绿色消费的战略定位和政策体系，以及学术界提出的绿色消费转型治理思路，并指出目前相关理论和政策存在的不足，最后提出一种多重实践协同的绿色消费治理体系，在结构机制、独特优势、政策建议等方面进行了讨论。

思考题

1. 如何理解消费态度和消费行为之间的不一致？
2. 在实践视角下如何理解消费以及如何推动绿色消费转型？
3. 绿色消费对我国经济社会发展的意义是什么？

参考文献

［1］ Edmans A. Grow the Pie: How great companies deliver both purpose and profit [M]. London: Cambridge University Press, 2020.

［2］ Nordhaus W D. 绿色经济学 [M]. 李志青等，译. 中信出版社，2022.

［3］ 理查德·泰勒，卡斯·桑斯坦. 助推：如何做出有关健康、财富与幸福的最佳决策 [M]. 北京：中信出版社，2015.

［4］ 习近平. 高举中国特色社会主义伟大旗帜为全面建设社会主义现代化国家而团结奋斗 在中国共产党第二十次全国代表大会上的报告 [M]. 北京：人民出版社，2022.

［5］ Ajzen I. The theory of planned behavior [J]. Organizational Behavior and Human Decision Processes, 1991, 50 (2): 179-211.

［6］ Cao Q R, Kang W, Xu S C, et al. Estimation and decomposition analysis of carbon emissions from the entire production cycle for Chinese household consumption [J]. Journal of Environmental Management, 2019, 247: 525-537.

[7] Herrera M E B. Creating competitive advantage by institutionalizing corporate social innovation [J]. Journal of Business Research, 2015, 68 (7): 1468−1474.

[8] Hertwich E G, Peters G P. Carbon footprint of nations: A global, trade-linked analysis [J]. Environmental Science & Technology, 2009, 43 (16): 6414−6420.

[9] Ivanova D, Stadler K, Steen-Olsen K, et al. Environmental impact assessment of household consumption [J]. Journal of Industrial Ecology, 2016, 20 (3): 526−536.

[10] Jensen M C. Value maximization, stakeholder theory, and the corporate objective function [J]. Business Ethics Quarterly, 2002, 12 (2): 235−256.

[11] Nielsen K S. The role of high-socioeconomic-status people in locking in or rapidly reducing energy-driven greenhouse gas emissions [J]. Nature Energy, 2021, 6 (11): 1011−1016.

[12] Peattie K. Towards sustainability: The third age of green marketing [J]. The Marketing Review, 2001, 2 (2): 129−146.

[13] Schatzki T. Social practices: A wittgensteinian approach to human activity and the social [M]. Cambridge: Cambridge University Press, 1996.

[14] Scherer A G, Palazzo G. Toward a political conception of corporate responsibility-business and society seen from a habermasian perspective [J]. Academy of Management Review, 2007, 32 (4): 1096−1120.

[15] Shaw D, Mcmaster R, Newholm T. Care and commitment in ethical consumption: An exploration of the 'attitude-behaviour gap' [J]. Journal of Business Ethics, 2016, 136 (2): 251−265.

[16] Shove E. Beyond the ABC: Climate change policy and theories of social change [J]. Environment and Planning A, 2010, 42 (6): 1273−1285.

[17] Spaargaren G. Sustainable consumption: A theoretical and environmental policy perspective [J]. Society and Natural Resources, 2003, 16 (8): 687−701.

[18] Stern P C. Toward a coherent theory of environmentally significant behavior [J]. Journal of Social Issues, 2000, 56 (3): 407−424.

[19] Warde A. Consumption: A sociological analysis [M]. London: Palgrave Macmillan UK, 2017.

[20] Zhang Y S. Reshaping the relationship between environment and development: A theoretical framework under the paradigm of eco-civilization and its policy implications [J]. Social Sciences in China, 2023, 44 (1): 44−72.

[21] 薄凡, 庄贵阳. "双碳" 目标下低碳消费的作用机制和推进政策 [J]. 北京工业大学学报 (社会科学版), 2022, 22 (01): 70−82.

[22] 陈凯, 李思楠. 基于政策工具和产品全生命周期的绿色消费政策文本分析 [J]. 南京工业大学学报 (社会科学版), 2022, 21 (01): 96−110 + 112.

[23] 陈凯, 赵占波. 绿色消费态度−行为差距的二阶段分析及研究展望 [J]. 经济与管理, 2015, 29 (01): 19−24.

[24] 冯仕政. 社会治理与公共生活: 从连结到团结 [J]. 社会学研究, 2021, 36 (01): 1−22 + 226.

[25] 国合会 "绿色转型与可持续社会治理专题政策研究" 课题组, 任勇. "十四五" 推动绿色消费和生活方式的政策研究 [J]. 中国环境管理, 2020, 12 (05): 5−10.

[26] 黄晓春. 党建引领下的当代中国社会治理创新 [J]. 中国社会科学, 2021 (06): 116-135 + 206-207.

[27] 靳丽静, 赵海月. 建立多方联动机制推进低碳消费 [J]. 人民论坛, 2018 (20): 78-79.

[28] 劳可夫, 吴佳. 基于 Ajzen 计划行为理论的绿色消费行为的影响机制 [J]. 财经科学, 2013, (02): 91-100.

[29] 李培林. 中国式现代化和新发展社会学 [J]. 中国社会科学, 2021 (12): 4-21 + 199.

[30] 李旭. 绿色创新相关研究的梳理与展望 [J]. 研究与发展管理, 2015, 27 (02): 1-11.

[31] 李岩, 赖玥, 马改芝. 绿色发展视角下生产与消费行为转化的机制研究 [J]. 南京工业大学学报 (社会科学版), 2020, 19 (03): 85-93 + 112.

[32] 卢洪友, 许文立. 中国生态文明建设的 "政府-市场-社会" 机制探析 [J]. 财政研究, 2015 (11): 64-69.

[33] 王金南, 董战峰, 蒋洪强, 等. 中国环境保护战略政策 70 年历史变迁与改革方向 [J]. 环境科学研究, 2019, 32 (10): 1636-1644.

[34] 王玉香. 透视青年极简生活观念、方式及行为 [J]. 人民论坛, 2022 (15): 72-75.

[35] 吴飞美. 基于绿色消费的循环经济发展策略研究 [J]. 东南学术, 2011 (06): 76-81.

[36] 向刚, 刘亚伟, 姚启桐. 企业绿色持续创新: 机制与发展模式研究引论 [J]. 昆明理工大学学报 (理工版), 2003 (03): 154-156.

[37] 张敦福, 杨春华. 消费品和服务的供给模式与中国消费方式的变迁: 可持续消费的视角 [J]. 福建论坛 (人文社会科学版), 2015 (04): 164-170.

[38] 张永生. 为什么碳中和必须纳入生态文明建设整体布局——理论解释及其政策含义 [J]. 中国人口·资源与环境, 2021, 31 (09): 6-15.

[39] 章超. 中等收入群体家庭消费、日常生活安排的可持续逻辑 [J]. 社会科学辑刊, 2022 (01): 59-69.

[40] 赵雯砚, 杨建新. 基于产品全生命周期视角的中国绿色消费政策体系初探 [J]. 中国人口·资源与环境, 2016, 26 (S2): 95-98.

[41] 朱迪, Browne A, Mylan J. 供给系统、社会习俗与生活方式——中产阶层日常生活中的饮食消费变迁 [J]. 山东社会科学, 2020 (03): 35-47.

[42] 朱迪. "宏观结构" 的隐身与重塑: 一个消费分析框架 [J]. 中国社会科学, 2023 (03): 26-46 + 204.

[43] 朱迪. 从强调 "教育" 到强调 "供给": 都市中间阶层可持续消费的研究框架及实证分析 [J]. 江海学刊, 2017, (04): 99-106.

[44] 朱迪. 我国可持续消费的政策机制: 历史和社会学的分析维度 [J]. 广东社会科学, 2016 (03): 213-222.

[45] 李培林. 社会治理与社会体制改革 [J/OL]. 国家行政学院学报, 2014-09-01.

[46] 邢斐, 蔡嘉瑶. 发展绿色低碳产业 塑造国际竞争新优势 [N/OL]. 光明日报, 2023-05-23.

第十一章
碳中和视角下的社会设计

碳中和社会旨在通过减少二氧化碳等温室气体的排放，最终实现气候的稳定和可持续发展。在这一过程中，社会设计起到了关键作用。社会设计的核心理念是将设计的焦点放在人与社会环境的互动关系上，通过多学科的交叉与资源整合，以全局性和综合性的视角来解决复杂的社会问题。在实现碳中和的过程中，社会设计不仅关注技术和经济因素，而且注重社会价值和环境影响。首先，社会设计强调可持续发展，将碳中和目标融入设计的全生命周期，从材料选择、产品制造到使用和回收，社会设计都力求最大限度地减少碳排放；其次，社会设计提倡系统思维，以整体性和长远性为基础，综合考虑社会、经济和环境三个方面的因素；此外，社会设计在碳中和社会中的应用还体现在公众参与和顶层设计上，通过设计的力量来唤起全社会的减排意识。

本章将具体论述社会设计如何通过创新的思维和综合的策略，将碳中和目标与社会价值紧密结合，不仅为解决环境问题提供了可行的方案，也为实现社会的可持续发展开辟了新的路径。

第一节
面向碳中和的社会设计背景

社会设计的概念起源于 19 世纪，脱胎于艺术设计，它所表达的核心理念是设计要从华丽的艺术装饰转向为大众解决实际问题，这与碳中和社会的目标取得了一致，即通过设计与技术革新的手段解决社会发展的实际问题。本节具体论述了社会设计的定义、发展历程及其与碳中和的关系，为认识社会设计理清了思路。

一、社会设计的定义

在乔纳森·文图拉（Jonathan Ventura）等人看来，设计师应该担负起社会的代表角色，将人放在设计的核心位置，全面考虑人与社会环境之间的互动关系，包括社会文化、权力结构及社会压力等方面（Jonathan Ventura，2021）。在中国，许多学者也就社会设计的概念进行了深入探讨。马源鸿将社会学和设计学的特点结合起来，通过对社会问题的深入探索，重新定义了社会设计，并将其视为一种新型的设计问题。他将设计视为服务于社会的行为，并强调社会设计的终极目标是通过新的视角和方法来解决社会问题（马源鸿，2020）。周博描述了社会设计的概念，指出它不仅包含了价值取向，而且具有多个维度。社会设计不追求纯粹的企业利润，而关注以往被忽视的设计领域，推动解决重要的民生问题，如增加少数民族福利、提高社区生活水平及农村生活水平等（周博，2023）。李叶提出，在社会设计的系统中，设计师不再是传统意义上的创造者，而是通过让更多人参与社会设计，充分发挥主观能动性，从某种意义上改变了设计师和被创作者之间的关系（李叶等，2023）。

当人们讨论设计的对象时，往往会关注"设计为了什么"，也就是"design for"的问题，因此"社会设计"一开始出现的时候，是以"design for society"的方式，指的是为社会的福祉而设计；随着社会设计理论的不断演变，现在的社会设计已经变成了"social design"，即让社会资源和公众一起参与设计，最终实现设计的社会目标。相对于需要数年才能建立一套宏观社会实践体系的社会学家，设计师最明显的优势是能够利用通用性的社会物质化方式，将不同学科的知识高效转化为具体方案。社会设计能够结合这些优势，通过理解和吸收社会研究成果，结合本地语境，将其转化为可行的解决方案。

总的来说，社会设计指对社会进行规划和设计。它基于对特定社会历史和现状的全面了解和综合评价，通过掌握社会规律并结合自身价值观，对未来某一时期的社会发展前景和相应实施方案进行总体构想和宏观规划。本质上，社会设计是人类社会整体自我设计的一种实现形式，体现了人类作为社会成员和群体存在的一种表征和确认。同时，社会设计还具有多学科交叉、多方参与和资源整合的特点。与传统设计相比，社会设计的两个主要区别在于：一是价值观念的转变，从以商业利润为导向转变为注重社会价值；二是综合多方考虑的过程。社会设计强调将设计置于社会情境中，以多元化视角审视设计对象与服务对象，并综合考虑设计可能带来的各种影响。通过资源整合，提出创新且具有社会服务性质的设计策略，实现美学传播，赋予设计深刻的社会价值。简而言之，社会设计旨在将设计与社会价值紧密结合，为社会和大众带来真正的福祉。

二、社会设计的发展历程

社会设计最早可以溯源到 19 世纪下半叶，威廉·莫里斯（William Morris）首次提出了艺术设计应该为社会大众进行服务，这个时期的设计还没有社会设计的说法，但是已经有了社会服务意识的萌芽，设计的观念也从追求华丽装饰逐渐转变为解决居民的实际问题。

在莫霍利·纳吉（Laszlo Moholy Nagy）1947 年出版的名著《运动中的视觉》（Vision in Motion）中，提出了建立"社会设计的议会"这样的表述，这可能是现代社会设计概念第一次正式出现在文献中。而更为系统阐述社会设计的文献是帕帕奈克（Victor Papanek）在 1971 年出版的《为真实的世界设计》（Design For The Real World）。书中提出了设计师应以社会价值为导向，为实现社会环境可持续及社会公平而进行设计，同时他认为设计的服务范围应该扩大，设计要为大多数人设计。1993 年，奈杰尔·怀特里（Nigel Whiteley）在《为社会而设计》（Design for Society）一书中首次提出了对社会有用的设计的基本条件，确定了社会设计的主旨，并随后在英国的兰卡斯特大学（Lancaster University）独立地发展出了"为社会而设计"这个学科方向。进入 21 世纪，社会设计与商业设计的对立观念盛行，维克多·马格林（Victor Margolin）在《设计问题》上发表了多篇关于"social design"的文章，提出了两者可以视为统一体的不同方面，并提出了设计师参与社会责任项目的工作模型。埃佐·曼奇尼（Ezio Manzini）也较早讨论了社会设计问题，他提出社会设计的关键是社会创新的过程。

自 2008 年金融危机后，社会设计思潮涌起，具备强烈社会责任感的社会设计进入了大众的视野。许多的商业公司也开始思考社会问题，并且做出了许多实践。从这时候起，社会设计也从理论探讨转向了社会实践，关注点从商业设计转向了理想主义的社会设计，逐渐形成了更多的设计方法和实践案例，社会设计也慢慢走向成熟。

三、碳中和与社会设计的关系

20世纪60年代，敏锐的设计师们就开始提出"资源有限论"，他们认为地球的资源是有限的，而设计是一种很好地保护环境的手段。随后在20世纪70年代发生的三次石油危机，进一步巩固了关于资源有限的观点，这一时期绿色设计的概念被正式提出，并迅速为世界各国所接受。绿色设计将生态学思维纳入设计过程，以优化人与环境之间的关系，这种设计方法既考虑了满足人类生产和生活需求，又注重了对生态环境的保护和可持续发展原则的遵循。

近一个世纪以来，人类活动所直接或间接产生的温室气体导致全球气温不断升高，20世纪90年代全球的平均气温相较于100年前已经上升了0.48 ℃，全球变暖气候危机成为如今全世界共同面临的严峻考验。世界气象组织在《2020年全球气候状况》报告中指出，尽管出现了具有降温效果的拉尼娜事件，但2020年仍然是有记录以来的三个最热的年份之一，2015—2020年是有记录以来最热的六年，全球的平均温度已较工业化前水平高出1.2 ℃，对全球生态环境造成了极大的负面影响。在此形势之下，全球不得不开始寻求一条低能源消耗、低碳排放的发展道路，世界各国先后签订了一系列公约。

在碳中和的时代背景下，设计师作为设计责任的主要承担者，需要运用可持续的设计思维和理念，从源头干预，将碳中和目标融入设计的全生命周期。而碳中和语境下的社会设计，便是将"碳中和设计"融入"社会情境"中，强调设计中的社会价值，兼顾社会福祉与碳中和目标的达成。"碳中和设计"的定义，即指为了实现碳中和目标而对人类在某一项产品的整个生产、使用及其回收处理过程进行系统设计，使其所产生的碳排放量被完全抵销并消除。而这里所指的某一项产品并不仅仅是狭义的日常生活所使用的产品，也可以指工业体系、建筑、城镇、环境等宏观的事物。而这里所说的设计，也从对某一项产品的设计衍生到了"大设计"的概念，即指为实现某种特定的目标或愿景而实施的一项全面而复杂的计划。在实现碳中和这个目标中，大设计可以体现在城市规划、建筑工程、环境工程、产品生产、信息技术、企业管理等诸多方面。大设计的核心目标就是通过系统性和综合性的方法，打造具有长期价值和可持续性的解决方案。

融入"社会情境"的"碳中和设计"的应用在当今日常生活中已经有所体现。许多强调可持续发展的城市规划和景观设计项目，通过优化城市布局和绿地建设，不仅提升了当地居民的生活质量，而且达成了节能减碳的目标。这些项目不仅在规划层面遵循多项低碳设计理念，运用多项绿色低碳技术，实现了显著的碳减排，而且充分考虑人文社会关怀并实现了社会价值。例如，从对社区需要的重视，到园林设计层次上的社群协作，再到环境保护的宣传、公共福利等，这些都反映了社会设计与"碳中和"的密切联系。

社会设计将碳中和目标转化为具体的实施方案，推动社会各界共同应对气候变化等环境问题，实现社会的可持续发展。碳中和也为社会设计提供了新的视角和思路，促进了设计领域的创新和发展。

第二节
面向碳中和的社会设计四大原则

面向碳中和的社会设计需要遵循一定的原则，这些原则一方面反映了社会设计本身的特质，另一方面则体现了碳中和社会的属性，具有一定的引导性。本节从可持续性、系统思维、公众参与和顶层设计4个方面论述社会设计的原则，划定了面向碳中和的社会设计的基本框架。

一、可持续性

1992年，在联合国环境与发展会议上通过的《21世纪议程》强调了可持续发展的三个核心概念，即经济、环境及社会的可持续性。在中国，设计的可持续性理念多聚集体现在经济与环境层面，"社会可持续性"常常被弱化。然而，作为面向碳中和的社会设计，经济可持续性（经济增长）、环境可持续性（环境友好）和社会可持续性（社会公平）同等重要。

在经济可持续性方面，对于面向碳中和的社会设计师来说，不仅要考虑如何控制初始投入成本，还要确保在整个设计过程中，实现资源和能耗的双重节约。这可以通过对原材料和能源的精细管理及减少废物产生和促进废物再利用来实现。例如，在产品的生产制造环节中要积极采用新能源、新材料、新工艺来减少资源的消耗，提高能源的循环利用率；研发清洁生产技术，构建绿色智能制造体系，打造低消耗、低污染、低排放的绿色智能供应链；建立完整的生产加工闭环系统，将生产过程中产生的热量、多余的边角废料用于其他产品的制造中；完善废物回收再利用流程，制定碳中和产品回收处理政策，激励产品生产商重视环境保护，关注碳中和技术的研发，激励更多社会资本涌入回收产业等。

在环境可持续性方面，在产品设计层面体现为降低产品原料的消耗，减少运输储存空间，尽可能增加环保材料的应用，如轻量化、高性能、可降解和可食性材料，少用或不用获取途径困难或含有有毒成分的材料，如塑料添加剂、有毒色素、铅、汞等；在城市规划层面，着重强调通过科学的空间布局与土地利用策略，降低对水资源的需求，同时缓解城市化带来的自然环境压力；在建筑设计领域，注重选择先进的建筑技术与环保材料，以减少对环境的负面影响，在设计过程中应采取生态复原措施规划；在景观设计方面，实施生态化的景观设计并扩大绿化面积，旨在增强城市景观的生态适应力，并提升整体环境质量。

在社会可持续性方面，面向碳中和的社会设计强调社会创新。社会设计是一种带有超前性的社会认识活动，使其被赋予创造性。从超前的视角看，社会设计旨在为改变现状提供未来发展的实践观念，反映一种指向未来的理想状态。这种理想状态是特定历史时期和社会发展阶段的人们基于自身发展的需求，结合社会环境的条件和可能性而构建出的未来社会前瞻性认识。这种未来前瞻性认识恰恰体现了人类创造的重要性。随着社会的发展，设计的含义不断延伸，已经成为一种人类行为与自然环境和谐共生的模式。碳中和目标也为社会设计提供了更多的可能性和创新空间，如实现全生命周期的节能减碳、建设绿色家园等。通过设计师对资源的再利用，更多环保和可持续的产品和服务逐渐出现，进一步强调了社会设计的经济、环境和社会的可持续性。

二、系统思维

在社会设计中，要始终贯彻"系统思维"的理念。为了达到碳中和目标，需要准确地平衡社会、经济、环境三者之间的关系，采用多视角、系统思维的方法去设计。在社会层面，须深入洞察用户的实际需求，以人为本，精准把握城市空间的公共管理细节与产品使用的特性。这包括优化公共设施的布局，提升城市空间的宜居性，以及设计更符合人体工学和使用习惯的产品，从而确保人的需求得到全方位、高质量地满足。在经济层面，须紧密结合经济发展现状和未来趋势，以推动可持续经济模式的构建为目标。这要求在设计中充分考虑资源利用效率、成本效益及长期经济效益，确保设计方案不仅符合当前的经济需求，还能为未来的经济发展提供持续的动力。在环境层面，须关注自然生态系统的平衡与稳定。例如，在水资源管理方面，应通过雨水收集、废水回用等措施，实现水资源的循环利用；在碳氧平衡方面，可以通过增加绿地面积、优化植被结构等方式，提高城市的碳汇能力。此外，还须关注其他环境要素，如空气质量、噪声污染等，确保设计方案对环境的影响最小化。

社会设计还必须从宏观层面出发，坚持以实践为根本，实施长期规划与短期行动并行的原则。一方面，社会设计必须依托于实践，以实践为基础进行设计，从而确保其科学性。另一方面，社会设计必须具备可操作性，以便服务于实践。正因为以客观存在的社会现实为依据，所以社会设计必须从现实出发。而碳中和的实现是一个漫长且系统的工程，考虑各国的产业发展历程，并且已经形成了稳固的产业结构，这种结构性的提升绝非能在短期内完成。同时，行业壁垒和技术垄断依然存在，这使得碳中和设计必须紧密结合当前的技术发展水平，并对未来的碳中和程度进行精准评估。这就决定了社会设计要立足现实，既需要一个清晰明确、循序渐进的长期规划，又需要一个针对当前实际情况、切实可行的短期行动指南。例如，芬兰赫尔辛基市政府在宣布2035年前将城市转变为"零碳排放"的目标后，制定了一份详尽的计划，涵盖了8个重点领域、总计147个具体措施，其中包括30个与交通相关、57个与建筑相关的措施，以及60个涉及消费、采购、分享经济、循环经济、碳吸收和碳补偿等其他方面的措施。只有长期规划与短期行动相辅相成，才能共同构建更为合理、科学的碳中和实施框架。

三、公众参与

公众参与指公民享有参与环境管理与评价、选择与监督的权利。公众参与的核心是基于平等和理性的沟通和谈判，要使广大民众积极地参加各项活动，充分体现各自的利益，才能促进社会的协调发展。这一原则侧重通过协商等形式来表述要求和价值观，并就涉及公共事务的决策达成共识。

公众参与原则需要设计者充分了解各利益相关者的价值追求并合理调动资源。对于社会设计的价值取向性，它是指一定主体与客体之间的价值关系的实际运动必然与该主体的特殊需要利益相关联而表现出的特定指向性，它使主体相对稳定地指向一定的价值目标，有明确的价值追求。社会设计的价值取向性体现了人们创造历史的重要方式。马克思主义认为，人的创造活动基于外在物的尺度和人的内在尺度，因此，创造活动及其成果必然包含人的本质力量和人性特征。内在尺度的核心是活动主体有意识、有目的的需求所构成的价值尺度，而追求价值目标则是人能动性的本质特征，反映了人的存在方式。

而对于碳中和背景下的社会设计来说，公众参与主要体现在环境教育、社区参与、公民行动、企业责任等方面。例如，在环境教育方面，透过教育及推广，提升市民对气候变化及碳中和的意识，并鼓励其参加环保活动。同时通过鼓励社区层次的参与，使其能够更好地融入城市规划和政策制定过程。企业生产活动所产生的二氧化碳也是导致温室效应的一个重要因素。因此，倡导企业采取生产减排措施，并通过消费者的绿色选择来引导市场，也是一个重要的方面。

公众参与还体现在环境保护、立法、政策制定等方面。坚持公众参与原则，可以提高政策的透明度和公众的环境意识，增强公众对环境政策的支持，以及提升环境管理的有效性。人民群众享有知情权、参与权、表达权、监督权，通过完善信息公开制度，提高公众参与意识和能力，可以确保公众能够在涉及环境和其他公共事务的决策过程中发挥积极作用。设计师和规划者需要与各利益相关方合作，包括政府部门、非政府组织、企业和公众，共同寻找解决方案，创造出既环保又经济的设计方案，为实现碳中和目标作出贡献。

四、顶层设计

社会设计具有总体性。社会设计的总体性是由社会有机体的特点决定的：其一，有机体是囊括全部社会生活及其关系的总体性范畴，指人类社会是以生产方式为基础的各种社会因素相互制约、有机联系所构成的整体。其二，社会系统是一个有基础的系统，基础因素是生产力，基础关系是生产关系。其三，社会是一种"能够变化并且经常处于变化过程中的机体"。而顶层设计原则与之对应，指在策划某个系统或项目时，应首先从宏观的角度进行规划和构思，确保整体架构的合理性、创新性和可持续性。它强调设计的全局性，旨在构建科学、合理的设计方案。顶层设计原则在实际应用中的体现有很多，ESG便是其中的显著例证。ESG是环境、社会和治理的英文简称，是一种有别于财务业绩评价的投资理念与评价准则。目前全球气候变化问题日益严峻，ESG（图11-1）广泛受到各大企业与政府的关注，成为评判企业投资潜力的重要标准。而环境、社会和治理三个主要方面，正是面向碳中和的社会设计中十分重要的参考因素。在碳中和目标下，需要以ESG为指导，从绿色环保、合规治理和社会公益三个维度进行深入思考和规划，以确保设计的科学性、可行性和可持续性。

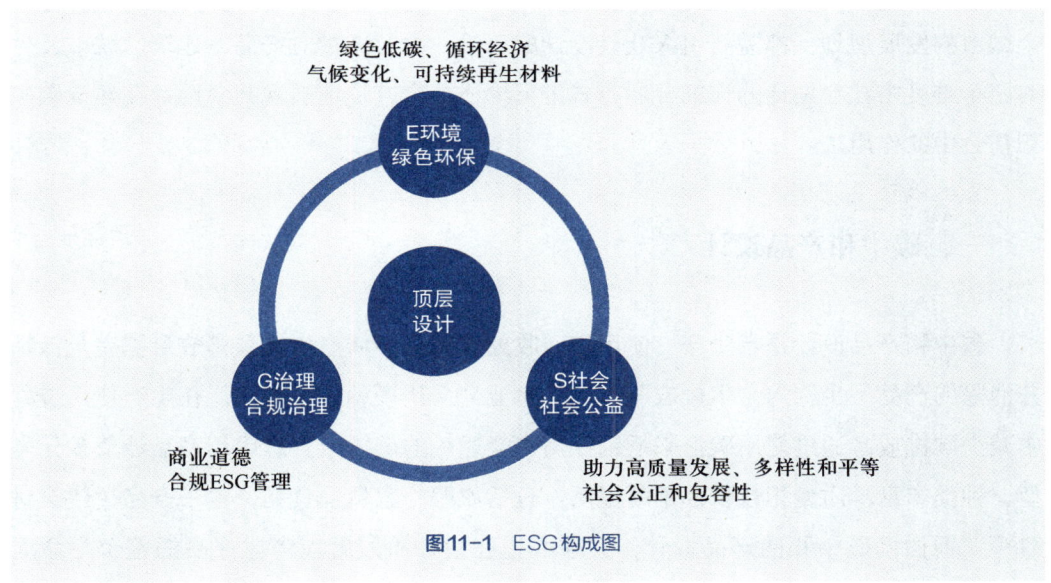

图11-1 ESG构成图

与传统的评价标准相比，ESG更加强调了环境的重要性并突出了企业的社会责任。为了达成碳中和目标，设计更加关注环境考量，需评估材料、生产过程、产品使用和最终处置的环境影响。而社会责任，则是社会设计的核心。在为碳中和目标的设计中要重视社会责任的体现，确保考虑社会公正和包容性，促进多样性和平等，同时关注产品与空间设计对用户及其社区的影响。

遵循融合了环境、社会及治理三种核心要素的顶层设计原则，能够为碳中和设计提供坚实的理论指导。它引导设计师们深入分析社会需求和趋势，确保设计方案可靠且可持续。通过这种方式，不仅能够推动绿色环保的发展进步，还能够促进社会公益，助力高质量发展，实现真正的绿色发展目标。

第三节
面向碳中和的社会设计领域

社会设计实际上涵盖了人类社会的各个领域，小到日常生活用品的设计，大到一个城市的发展规划，都需要引入社会设计的思维。本节通过对产品、建筑、城市及生活四个维度中社会设计的详细开展方式进行论述，全方位地展现社会设计在建设碳中和社会中的作用。

一、碳中和产品设计

碳中和产品设计是指生产、使用和回收处理过程中所产生的碳排放量被完全抵销并消除的产品，也称为"零排放"产品。企业会采用多种技术方法，在生产使用过程中减少碳排放，通过使用碳汇来抵销任何未能避免的碳排放。碳中和产品涉及多元类型、种类丰富，质量和数量都不断提高，包括衣服、家具、食品、电子产品、建筑材料等。而面向碳中和的产品设计，其核心是在设计阶段就应考虑产品的整个生命周期，在材料选取、制造过程、绿色物流、回收利用等多个环节严格遵循绿色环保的设计标准。

（一）材料选取

具体来说，新材料的选取与研发在助力实现碳中和目标方面起至关重要的作用。这些材料通过提供更高的性能和效率，有助于降低碳排放，并推动各行各业向更加可持续的运营模式转变。碳中和产品材料可以体现在原料提取、产品制造、使用过程、再循环利用及最终的废物处理等多个环节中，使用对人类健康有益且对生态环境造成的影响最小的材料，包括循环材料、净化材料和绿色建筑材料等。

此外，常见的可循环材料包括金属、铝合金、木材、玻璃和石膏。这些材料通过减少在生产过程中对新原材料的需求，有助于减少能源消耗和环境污染。同时，净化材料也应能够分离、分解或吸收废气、废液，成为产品设计的优先选择。近期，研究人员正在开发能有效捕捉环境中二氧化碳的新材料，如改良的碳纳米管和金属有机框架（MOFs）。这些材料通过高效地吸附工业排放或大气中的二氧化碳，支持碳捕集与封存技术（CCS）的发展，未来可以大规模应用于空气净化和工业排放控制环节中。

绿色建筑材料在当下广泛运用，一般采用清洁生产技术，减少天然资源和能源的使用，将工业或城市固体废物转化为绿色建筑材料。这些材料无毒、无污染且无放射性，有利于环境保护和人体健康。另外，像碳纤维和玻璃纤维这种轻质高强度的复合材料，也正在改变交通工具的设计和制造工艺，使汽车、飞机甚至航天器等交通工具的质量大大减小，进而减少燃料消耗和相应碳排放。碳纤维和玻璃纤维不仅提供了优异的强度和耐久性，还能降低整体结构的质量。使用这些材料制造的汽车和飞机比传统材料制成的同类产品更轻、能效更高。

而生物基材料，如聚乳酸（PLA）和生物基塑料，提供了一种减少依赖化石燃料的方式。这些由可再生资源制成的材料不仅在生产过程中碳排放较低，而且在产品的整个生命周期内环境影响小，是向碳中和社会过渡的重要元素。

这些新材料技术的发展和应用，不仅推动了环境保护的新进展，也为许多产业提供了实现更高效、更可持续发展的新途径。随着研究的深入和技术的成熟，预计未来新材料将在全球实现碳中和的进程中扮演更加重要的角色。

（二）制造过程

联合国环境规划署提出了绿色制造技术三项基本原则：持续运用原则、预防性原则和一体化原则。根据这些原则，绿色制造的过程应该包括三个方面的内容：减少制造过程中的资源消耗、避免或减少制造过程对环境的不利影响及回收再利用报废产品。而面向碳中和的产品设计，将以绿色制造过程为基础。

其中，减少制造过程中的资源消耗是至关重要的。现如今一般通过以下措施实现：提高设备传动效率、减少摩擦和磨损；选择适当的加工设备并合理安排加工工艺，以最大限度地减少切削用量；采用先进的成形方法减少能量消耗；运用适度的自动化技术优化机器设备的结构，降低能源消耗等。为避免或减少制造过程对环境的不利影响，可以通过清洁生产或全环保工艺制造来实现，从制造过程的全周期维度，抑制污染产生，从而整体减少制造过程中的污染。例如，选择先进的制造工艺设备、优化机械结构设计及工艺参数以减少噪声和粉尘污染。而报废产品的再生与利用则考虑产品回收后的处理方式，包括清洗与拆解、对零部件进行翻新与再加工等，以恢复和再利用产品的性能。这可以通过宣传教育、鼓励用户直接利用废旧物品，或通过功能性思考，对废旧物品进行二次创意设计，甚至将其加工成全新的产品来实现。

（三）绿色物流

绿色物流是产品的整个生命周期不可或缺的环节，主要指通过充分利用物流资源，运用先进的技术，合理规划和实施运输、储存、装卸、搬运、包装、流通加工、配送、信息处理等活动，减少物流对环境的影响。

在运输过程中，能源消耗和尾气排放是环境影响的主要因素。因此，需采取一些措施，如合理规划运输路线、缩短运输距离、提高车辆装载效率、使用清洁能源等，减少能源消耗和尾气排放。在存储方面，通过合理选择仓库位置以节约运输成本，通过科学布局仓储，充分利用仓库容量以最大限度降低仓储成本。在装卸和搬运过程中，可以通过减少装卸和搬运次数来减少粉尘和烟雾等污染物的产生，同时采用防尘装置等措施来减少污染。同时，提高搬运效率，减少人力和物力消耗，降低货物损坏率。在包装环节，可以采用绿色材料制造的包装，必须符合低耗材、重复利用、可循环和易降解等原则，通过规模作业方式提高资源利用效率，减少环境污染。

（四）回收利用

回收利用带来的益处十分明显：它不仅减少了资源消耗，有助于环境保护，而且能充分发挥废旧物品的价值。在碳中和产品的回收体系方面，除了强有力的政策支持及健全的回收体系外，科技支持和责任落实同样重要，此外还需要加强宣传，推进市场的机制化运营。

以报废汽车回收为例，基于全生命周期理论，首先提出建立绿色消费体系的构想，涉及消费者、政府、制造企业三方，以推动汽车的绿色设计和回收。其次，回收利用强调从不同角度的分析，涉及汽车设计中心、主机厂、政府部门、拆卸中心和消费者等，以实现更多的循环利用。同时，回收利用设计的研究基于产品全生命周期的体系构建，从选择材料开始，使其易于拆卸，便于后期的回收利用。在促进产品回收利用体系的建构环节，政府、企业和消费者应共同建立产品绿色回收利用平台，推动循环经济的发展，最终实现完整的产品生命周期闭环。

在瑞典斯德哥尔摩，政府就通过采取经济措施完善废物的管理体系，有效提升公众和企业对废物减少及资源回收的认识和理解。他们通过预防废物产生和减少有害物质含量，将废物重新利用或用作再生材料、能源和沼气，大幅提升了对环境的正向效益。在此期间，市政府对自身运营产生的废物具有管理权，并且按照法律规定，将所有危险废物单独收集并进行处理。整个城市于2020年实现70%的厨余垃圾转化为沼气，用于农田的灌溉。所有产生厨余垃圾的家庭厨房都需要安装废物收集系统，体现了该城市在废物管理及循环利用方面的典型示范作用。

二、碳中和建筑设计

碳中和建筑设计是建筑行业应对全球气候变化挑战的重要策略之一。碳中和建筑设计从20世纪末开始逐步发展，它涵盖了从使用可再生能源到采用高效能源系统和低碳材料等多种措施，确保建筑的整个生命周期碳排放达到净零。随着环境意识的增强和技术的进步，碳中和建筑已从早期的概念探索发展成为国际建筑项目中的实践标准，在追求可持续发展的高端市场中尤为突出。这一发展不仅显示了技术创新的力量，也反映了全球对建立更绿色、更可持续生活环境的共同承诺。

（一）从绿色建筑到碳中和建筑

在可持续建筑领域中，绿色建筑和碳中和建筑是两个重要的概念，虽然它们的目标都是减少对环境的负面影响，但在实现方式和关注重点上存在显著的差异。绿色建筑侧重使用环境友好的材料和增强建筑的环境性能，如能效、水利用效率和室内环境质量，而碳中和建筑则更加注重在整个建筑生命周期中实现碳排放的最小化或零化。

绿色建筑的核心在于提升建筑的环境可持续性，减少对环境的负面影响。为推动建筑行业的绿色低碳转型，2019年，住房和城乡建设部发布《绿色建筑评价标准》（GB/T 50378—2019），该标准的评价指标体系包括安全性、健康舒适性、生活便利性、资源节约和环境节约五个主要方面。这包括使用可持续的建筑材料、提高能源利用效率、减少水资源消耗、提高建筑的内部环境质量，最小化对自然环境的干扰等多方面。绿色建筑通过采用环保材料和技术来减少建筑的能源需求和废物产生。例如，采用高效的隔热材料和能效高的设备可以大幅度降低建筑的能源消耗。绿色建筑通常采用绿色建筑认证（LEED）或绿色建筑评估体系（BREEAM）等评估标准进行认证，这些标准评估建筑在节能、水效、室内环境质量等多个方面的表现。

从绿色建筑到碳中和建筑的发展标志着建筑领域在环保与可持续性理念上的深刻变革。碳中和建筑特别注重全生命周期内的碳排放管理，即从建筑筹建到拆除的整个过程中所产生的温室气体总量。这包括使用低碳技术和可再生能源，如太阳能和风能，以及实施碳捕集和封存技术。碳中和建筑要求从设计、建造到运营乃至拆除的每个阶段都要考虑碳排放，并采取措施以确保碳排放最小化，从而在全生命周期内实现碳平衡。

（二）碳中和建筑典型技术

在构建碳中和建筑的过程中，多种技术和设计创新被广泛应用以提高能效并减少碳排放。优化建筑用能结构，推进建筑光伏一体化建设是构建碳中和建筑的重要措施。其中，太阳能光伏技术的融合是核心措施之一。将光伏组件集成到建筑的屋顶和外墙不仅能有效地利用太阳能发电，降低对化石燃料的依赖，同时通过提高能源自给自足率，提高建筑的能源独立性。此外，这种集成还增强了建筑的美学和结构性能，使得建筑本身成为可再生能源的一个活跃生成点，这不仅符合环境可持续性的要求，同时也提升了建筑的市场价值。

"光储直柔"技术的应用实现了能源的最优化管理，这项技术通过太阳能光伏、储能系统、直流配电及柔性交互的有机结合，极大提高了可再生能源的利用效率。这不仅帮助平衡能源的供需关系，还能在电力供应不稳定时维持能源系统的稳定运行，从而确保建筑能在各种条件下维持高效运作。

被动式建筑设计同样发挥了重要作用，这种设计策略优化了建筑的热性能，最大化地利用自然光照和通风，显著减少了建筑对外部能源的需求。通过减少能源的主动消耗，被动式建筑不仅降低了能源成本，还减少了环境污染和碳足迹，是实现建筑可持续发展的有效途径。

地源热泵系统则利用地球内部恒温的特性，为建筑提供高效的供暖和制冷解决方案。这种系统能有效减少对传统供暖和空调系统的依赖，从而降低能源消耗和碳排放。此外，装配式建筑作为一种工业化的建筑发展趋势，通过提高建造效率和减少建筑过程中的资源浪费，也显著降低了建筑行业的碳排放。

在碳中和建筑领域，人工智能技术的应用使得全生命周期内的碳排放管理更加智能化和高效。人工智能技术可以学习建筑内部的使用模式，自动调整照明、空调和供暖系统，以适应实际需求而不依靠预设。这种动态调整方式不仅提高了能源利用效率，还极大地提高了居住和工作环境的舒适度。The Edge 是位于荷兰阿姆斯特丹的一个办公大楼，被誉为世界上最绿色、最智能的建筑之一。它使用了大量的传感器和人工智能技术来管理建筑的能源使用，从灯光到空调系统都通过人工智能技术进行优化管理。人工智能技术根据房间使用情况自动调整环境，确保能效最大化的同时提供舒适的工作环境。

这些技术和方法的结合实施，为建筑行业在减少气候变化的影响方面提供了实际可行的路径，同时也推动了全球经济的可持续发展。通过这些创新，建筑不仅成为居住和工作的空间，也在全球努力实现碳中和目标的过程中扮演了重要的角色。

（三）碳中和建筑应用

雄安新区作为中国国家级新区，位于河北省中部，致力于成为展示中国式现代化建设、高质量发展的典范和全球近零碳排放城市的先行者。雄安新区规划到2025年底，建成一批近零能耗建筑、街坊（社区）、园区不同类型近零能耗示范项目和创新技术应用场景，形成系统化、可复制、可推广的零能耗核心示范区建设政策、管理、技术和评估体系。

首先，在建筑碳排放核算方法的基础上，雄安新区融合建筑碳中和认证、绿色电力认证等多种措施，构建一套科学、合理的建筑近零能源碳排放核算体系。其次，结合区域特色、项目功能、建筑类型、能源资源状况等，对各种示范类型进行分类，确定适用于各种示范类型的评价指标体系，并在此基础上，形成了一套可落地执行的控制机制。再次，根据不同的示范类型，设计人员选取合适的技术与方法，并将其应用到工程规划设计、建设、验收与运行过程中。最后，加强可再生能源利用示范，立足雄安新区资源禀赋，构建可再生能源供冷供热系统，充分挖掘浅层及中深层地源热泵、空气源热泵、太阳能光热、生物质等可再生能源在建筑供冷供热中的应用潜力。设计人员还探索太阳能光伏在建筑屋面、立面的利用方式，构建新型太阳能供电系统。从需求响应的能源优化配置研究，到实现可再生能源助力建筑领域低碳化发展模式。

三、碳中和城市设计

（一）碳中和城市的定义

碳中和城市指通过一系列有策略的措施达到其碳排放总量归零的城市。这些措施从评估城市各部门，如交通、能源、工业和建筑所产生的碳排放开始，进而制定并实施旨在显著减少碳排放的策略。对于那些难以完全消减的碳排放，城市则会采取碳抵销措施，如通过植树造林等自然碳汇项目或通过购买碳信用来补偿剩余排放，以实现最终的净零排放目标。因此，碳中和城市的构建不仅涉及各种前沿技术的应用，更重要的是城市各个系统的设计，这一过程需要政府、企业和市民的共同参与，以及不断地创新和环境管理。

（二）碳中和城市各系统设计

1. 空间结构设计

在研究城市空间与碳排放的关系时，通常认为影响城市碳排放的空间机制包括密度、土地利用和空间形态等因素。高密度紧凑的城市空间形态能够减少单位面积的能耗；有效的土地利用可减小居民的日常出行距离，从而减少交通碳排放；紧凑的空间形态不仅与人们的出行相关，还能减少基础设施投入，降低碳排放。高密度的建筑布局、多功能的土地使用和紧凑的空间形态成为城市减排的关键。

同时，高密度紧凑的城市空间形态到达一定的限度后也会衍生出很多城市病，如效率低下、交通拥堵、缺乏绿地和公共空间等，反而导致城市碳排放的重新升高。因此，从城市的空间结构来看，要考虑合适的尺度。而结合一些现代技术的应用，城市在空间结构上也可以呈现出一种独特的分布式城市空间结构。

瑞典的斯德哥尔摩市在空间结构设计中致力于增强城市绿地的功能和可达性，以及在关键区域建设新公园，从而大幅提升城市吸引力。目前，斯德哥尔摩市拥有超过1 000个公园、7个自然保护区、1个文化保护区和1个国家公园。城市还开发了"绿地系数"制度，旨在确保建设项目中融入生态系统服务，即通过自然管理、强化城市环境、提供休闲机会及保持高生物多样性来支持城市应对不断变化的气候。

斯德哥尔摩市还通过实施湖泊、水道及沿海水域的治理计划，有效解决水体富营养化和环境毒素的问题，使得达到生态环境质量标准的水体比例大幅提高。城市的行动计划和风暴水策略为水资源管理提供了坚实的支持，确保了良好的水质状态。这种规划方法利用自然、公园和水域对城市的正面影响，提高了环境的固碳能力和绿色价值，为斯德哥尔摩的可持续发展作出了重要贡献。

雄安新区则致力于实施大规模的植树造林和城镇绿化计划，目标是在新区内实现70%的蓝绿空间比例和40%的森林覆盖率。具体到城市和农村建设组团的周边区域，林地和农田林网及村庄林带的总面积将达到63万亩[①]，其中包括23万亩的科技林。达成这些规划目标后，雄安新区将具备每年吸收超过100万吨二氧化碳的能力。

2. 交通系统设计

结合现代交通工具的革新，碳中和城市的交通系统需要城市的各个分区实现一定程度的职居平衡，即通过产业用地与居住用地的混合，减少长距离的通勤出行，从而缓解交通拥堵，减少能源消耗。

分布式交通系统主要包含了以下几个方面的内容：大运量公交系统，在碳中和城市中，将形成以轨道交通为骨架，地面公交为分支的大运量公交系统，主要承担城市不同片区之间的交通运输职能；新能源交通工具，与传统燃油汽车相比，新能源汽车在减少交通二氧化碳排放方面可谓成效显著；慢行交通系统，在大运量公交和轨道的站点周边，大量布置自行车、电瓶车等慢行交通设施，并且在城市规划中使步行道、绿道等步行系统与公交、轨道站点紧密衔接，形成分区层面的低碳交通系统；共享交通工具，在未来的交通系统中，公共自行车、共享电动汽车、电动接驳巴士等短驳共享交通工具的使用，将大大降低私人汽车的拥有率，由此大幅度降低城市交通的碳排放；智慧交通信息系统，可以引导交通客货流的有序运行，实时的监控系统可以对整个系统进行动态调整，提高系统运行的效率，减少拥堵和延误，从而提高交通工具的整体效用；低碳物流系统，打造集货物订单处理、货物运输、仓储管理于一体的低碳物流系统将极大地改变货物运输的能源结构。

在被道路交通环境污染困扰的斯德哥尔摩，政府也正努力转向更高效、更环保的交通方式，包括公共交通、经环保认证的重型车辆、航运、步行和骑自行车，并致力于实现所有机动交通工具的能效提升和化石燃料的独立，打造环境友好型交通。

---

① 1亩≈666.67平方米。

在这座城市，道路交通贡献了约三分之二的一氧化二氮排放、40%的气候排放及90%的颗粒物排放。此外，铁路交通、建筑机械，以及海上和空中交通也对环境造成了不小的影响，不仅有化石燃料的使用，还伴随发动机噪声、交通障碍效应及轮胎和道路磨损带来的空气污染，针对交通系统的更新刻不容缓。

斯德哥尔摩特别重视新能源汽车的发展，尤其是使用乙醇和沼气燃料的车辆，而不仅仅是电动汽车。此外，通过征收"拥堵税"和"碳税"来控制燃油车的使用和增长已经取得了显著成效。拥堵税成功减少了20%～25%的交通拥堵和10%～15%的二氧化碳排放。碳税的引入使得化石燃料价格从1991年的26美元每吨上涨到了2020年的126美元每吨。目前，斯德哥尔摩已有超过40%的交通工具使用清洁能源，并建立了全面的自行车交通网络，市区内的自行车道长度超过760千米，设有专门的自行车停放区和9个公共自行车加油站，大大方便了市民骑行，推动了更环保的出行方式。

在国内，雄安新区也致力于实现低碳交通的转型。与斯德哥尔摩相同的是，雄安新区在加快新能源载运装备的开发与应用，推动高性能电动汽车、混合动力汽车及氢燃料电池汽车技术的研发。这些新能源驱动技术的发展与应用，旨在减少对传统化石能源的依赖，降低交通运输过程中的碳排放。此外，绿色智慧交通系统的构建也成为转型的重点，雄安新区正对道路交通、轨道交通及民用航空系统进行绿色化、数字化和智能化技术的研究与开发。这包括优化交通管理系统、提高交通工具的能效和环保性能，以及运用先进的信息技术和大数据分析，提高交通系统的整体运行效率和可持续性。通过这些措施，雄安新区旨在建设一个环保高效的未来交通系统，为实现低碳至零碳的交通环境贡献力量。

总结而言，碳中和城市的交通系统的设计需通过大运量公交系统、新能源交通工具、慢行交通系统、共享交通工具、智慧交通信息系统和低碳物流系统等多维度手段来实现。政策引导、技术创新和公众参与也是推动低碳交通转型的关键要素。这些举措是实现可持续性的重要途径。

3. 能源系统设计

在构建碳中和城市的宏伟蓝图中，能源系统的设计扮演至关重要的角色。碳中和城市的能源系统建立于"区域能源"模型之上，不仅是为了满足多样化区域类型和功能下的能源需求（种类、数量、时间、模式等）差异，更是为了实现能源利用的最大化效益。这一新型能源系统以区域整体性规划为基础，融合互联网络背景，通过"分布"，发挥能源模块化、梯级化供给利用优势，最大化区域能源供需的整体效益。区域能源的典型形式就是分布式能源技术，这种以城市用能小区为中心的分布式热、电、冷联产的中小型能源站，将在能源减排上具有很大的优势。

随着科技的不断进步，人工智能在能源管理中的作用也日益凸显。它能够预测和管理电网中的能源需求和供应，特别是在可再生能源的预测和调度中扮演关键角色。通过精确预测如风速和日照强度，人工智能能够优化风能和太阳能的输出，减少对传统化石燃料的依赖。例如，国际商业机器公司（IBM）与丹麦能源公司维斯塔斯（Vestas Wind Systems）合作开发的人工智能系统，可以通过分析天气数据和历史电力数据来优化风力发电站的性能，预测风电的实时供应，从而更有效地调整电网负荷。

当然，可再生能源和氢能的利用也是碳中和城市能源系统不可或缺的一部分。可再生能源包括太阳能发电、风力发电、生物质能、低品位能源利用等形式，这些能源形式本身就不需要集中获取或者集中供应，是一种天然的清洁能源。太阳能技术，尤其是光伏系统，已经取得了显著的成本降低和效率提升。最新的光伏材料如钙钛矿和多结太阳能电池，展现出了超越传统硅基电池的潜力。这些材料不仅提高了光电转换效率，也拓宽了太阳能应用的可能性，如透明光伏窗户和柔性光伏薄膜。氢能是未来碳中和城市能源体系的重要组成部分，是用能终端实现绿色低碳发展的重要途径，以氢燃料电池为例，结合绿氢制甲醇、绿氢冶金、绿氢供电供热等多种应用场景，将会大幅减少未来城市的碳排放。

与此同时，燃料电池作为一种低碳而有效的移动能源形式，也将在碳中和城市的能源体系中占据重要的位置。虽然目前主要应用于新能源汽车中，但其在未来的区域能源供应中将具有诸多优势。例如，储能系统可以平滑可再生能源的供应，提供更稳定的能源输出，允许能源在需求低时存储并在高峰时段使用。这一特性不仅提高了电网的稳定性，还减少了因能源生产波动导致的碳排放，是电池储能技术在实际中降低碳排放的成功案例。

在构建碳中和城市的道路上，雄安新区展现出了前瞻性的思考和行动。它倡导"多能互补，智慧协同"的理念，即通过建立一个融合互联网思维的多元能源互补和智慧绿色能源体系，运用地下及地面的大数据（结合三维空间与时间维度）及云平台网络，实现能源的生产、分配、存储、运输和使用等环节的整体优化与协调，旨在实现虚拟与现实的高效融合，这是构建"数字雄安"战略的核心要素之一。最终目标是确保安全高效的能源使用，以节能为核心，通过提高能效和扩大清洁能源应用范围，保障能源供应的安全性。通过对地下三维空间大数据的动态管理和实时监控，确保清洁能源的高效利用和城市基础设施的安全运行，使雄安新区成为全球清洁能源应用的典范城市。

为实现这一宏伟目标，雄安新区致力于打造"零碳智慧绿色能源体系"。其能源战略首要目标为实现"清洁零碳"，主要通过地热能供应，同时融合光伏、生物质能、引入的绿色电力及天然气和氢能等多元能源资源，以在短期实现碳中和目标，并向零碳的长期目标迈进。估算表明，雄安地下的静态经济型地热能资源相当于34.71亿吨标准煤，显示出地热能在雄安的巨大开发潜力。基于此，雄安新区正致力于探索梯级开发和综合利用的商业模式，目标是构建以地热能开发利用为核心的产业集群。

在碳中和城市的能源系统设计中，我们见证了多种技术和理念的融合与创新。从"区域能源"模型的构建，到人工智能技术在能源管理的应用，再到可再生能源的广泛应用和氢能的潜力挖掘，这些举措共同指向了一个目标：构建高效、清洁、低碳的能源系统，也使得在保障城市能源需求的同时，确保清洁能源的高效利用，为构建碳中和城市奠定了坚实的基石。

4. 水务系统设计

在碳中和城市的建设过程中，城市的供水和污水处理系统也可以在新技术的应用下实现更低碳和更高效。在供水系统中，雨水收集系统和中水系统将得到广泛应用。雨水收集系统的水源主要为屋面雨水和地表蓄水，所收集的雨水资源能够大量应用于城市的绿化灌溉、环卫、水景等。同时，对雨水的合理利用也能有效减少暴雨带来的次生灾害；中水则是将人们生活生产产生的废水收集处理之后再进行回用的非饮用水，其水质介于上水和下水之间。中水主要可以运用在日常的清洁、浇花灌溉、空调冷却、消防等方面，其大规模减少了水资源的消耗与浪费。在污水处理系统中，目前普遍采用分流制的排水体制，实现雨污分离的低碳目标。从雨污分离的实现路径上，目前城市排水系统中设置两套单独的排水管道，分别用来收集雨水和处理城市污水。系统运作时，可对雨水进行进一步利用，减小城市污水处理的压力，实现水资源的合理利用。

5. 垃圾处理系统设计

现如今，城市的垃圾处理耗费大量能源，而采用填埋等处理方式则需要大面积的土地。随着一些新型垃圾处理方式的出现，碳中和城市的垃圾处理系统将做到既节约能源又减少垃圾处理量，实现低碳垃圾处理模式。其中，广泛使用新型填埋处理技术，通过生物反应器改变垃圾体内氧气含量、生物菌种、水分等条件，促进垃圾降解，加速垃圾稳定化进程，以达到减少渗滤处理量、缩短产气时间和封场后的维护时间、降低垃圾处理成本的目的。此外，新型垃圾焚烧技术也将有效引入稳定化和固化技术，减少垃圾焚烧产生的飞灰和气体排放物。垃圾的热解处理则是一种固体废物热化学处理技术，具有较少的污染排放和较高的能源回收率，以及占地面积小、可燃性气体成分易控制、对垃圾成分适应能力强等明显优势，最重要的是几乎不会造成二次污染。小型垃圾处理设备能够有效减少家庭厨余垃圾对环境的污染，生产甲烷、乙醇、氢气等具有高经济价值的产品，具有广阔的发展前景和空间。

四、碳中和生活设计

碳中和生活设计反映了人们日益增长的环保意识，旨在通过改变个人和家庭的日常生活习惯来减少碳排放。20世纪90年代以来，随着对气候变化认识的深入，低碳生活逐渐从理论探讨走向实践应用，成为现代环保运动中的一个重要组成部分。政府和环保组织的政策推动及可持续技术的进步，为实现个人的低碳生活提供了实际路径和工具。

在现代社会中，可持续消费理念的推广是促进环境保护和资源可持续利用的关键策略。这一理念强调通过改变消费习惯和生产模式，减少资源浪费和过度开采，以及对环境的压力，实现经济发展与环境保护的平衡。

提高资源利用效率是可持续消费理念的重要组成部分，这意味着不仅仅要关注消费者在使用过程中的节约，更需要关注整个生产过程中的资源利用效率，包括采用更高效的生产技术和方法、减少能源和原材料的浪费及优化产品设计；倡导使用环保产品和服务是推广可持续消费理念的重要途径，通过推广那些环境影响小、可循环或可生物降解的产品，鼓励消费者选择这些产品；此外，通过教育和宣传活动提高公众对环保、节能减排的认识，从而改变公众的消费模式和生活方式也是至关重要的。

在推广可持续消费理念的策略方面，政府、企业、社区和教育机构都扮演重要角色。政府可以通过制定相关政策来支持可持续消费，如提供税收优惠、补贴等激励措施。企业应当在生产和服务中采取可持续的实践，如使用可再生能源、减少包装材料的使用等。社区和教育机构可以组织各种活动来推广可持续消费理念，如二手物品交换市场、环保工作坊、绿色生活方式培训等，以加强社区互动并促进环保知识的传播和应用。

　　减少浪费与推动循环经济模式的实施在当今社会中具有极其重要的意义。这一行动的实施强调在生产和消费过程中最大限度地利用资源，减少废物的产生，最终实现资源的有效循环利用。这些对于减轻全球资源压力、减少环境污染和温室气体排放都有积极的促进作用。为了实现这一目标，还需要人们从源头减少浪费，提高产品的使用效率，从根本上改变废物的回收处理和利用模式。

本章总结

碳中和的理念是实现社会及城市可持续性发展的重要理论源泉,而社会设计则是践行这一理想目标的具体实践手段,两者相辅相成密不可分,展现了人类对改善和探索未来社会环境的积极性及对低碳生活的美好憧憬。基于碳中和理念的社会设计是人类主体性的重要表现,"设计"的角色已经发生了转移,不再仅仅局限于提升产品的外观美感和功能性,而扩展到对社会可持续发展问题的深刻关注和积极推进。在碳中和目标下,设计的社会意义正在被重新定义和评估,它与社会活动、绿色生态紧密结合,共同创造新的价值。这一转变在设计的价值理念、设计方法和设计知识体系中都有所体现,标志着设计领域的一次重要转向。

本章首先对社会设计的定义、发展历程及其与碳中和的关系进行了论述;其次,提出了面向碳中和的社会设计四大原则,体现了对可持续性、系统思维、公众参与及顶层设计的深度思考;最后,从碳中和产品设计、碳中和建筑设计、碳中和城市设计及碳中和生活设计四个维度全面论述了面向碳中和的社会设计典型领域,结合具体的设计实践案例进行深入的分析。

思考题

1. 碳中和与社会设计之间的关系是什么?
2. 面向碳中和社会设计的四大原则是什么?
3. 碳中和生活设计的未来愿景是什么样的?

参考文献

[1] Schmidheiny S. Changing course: A global business perspective on development and the environment [M]. Massachusetts: MIT press, 1992.

[2] IUCN, UNEP, WWF. World conservation strategy: Living resource conservation for sustainable development [M]. IUCN, 1980.

[3] 黄俊鹏,高雪峰. 中国绿色建筑市场发展报告2020 [M]. 北京:中国建筑工业出版,2022.

[4] 奈杰尔·怀特里. 为社会而设计 [M]. 游万来,杨敏英,译. 中国台湾:中国台湾联经出版公司,2014.

[5] 汪军. 碳中和城市 [M]. 上海:华东理工大学出版社,2023.

[6] Guy Julier. 设计的文化 [M]. 钱凤根,译. 北京:译林出版社,2015.

[7] Victor Papanek. 为真实的世界设计 [M]. 周博,译. 北京:中信出版社,2013.

[8] Laszlo Moholy Nagy. 运动中的视觉 [M]. 马芸,周博,朱橙,译. 北京:中信出

版社，2016.

[9] Boykoff M, Pearman O. Now or never: How media coverage of the IPCC special report on 1.5 ℃ shaped climate-action deadlines [J]. One Earth，2019, 1 (3): 285−288.

[10] Toister Yanai, Jonathan Ventura. Slouching Towards the Abyss. [J]. Flusser Studies, 2021, 30 (1): 1−11.

[11] 高世楫，郭焦锋. 打造雄安零碳智慧绿色能源体系，树立新时代能源高质量发展标杆 [J]. 发展研究，2019（01）: 74−78.

[12] 马源鸿，邹广天，邵健伟. 基于社会设计理论的城市社区综合养老服务设施设计研究 [J]. 建筑学报，2020，(S1)：71−75.

[13] 李叶，李杰，巩淼森. 社会设计的根本理念是"敏锐地关怀"[J]. 设计，2023，36（08）: 42−47.

[14] 安丛，李洪海. 设计的价值、范式及知识：社会设计语境下的设计生态转向 [J]. 工业工程设计，2021，3（06）: 23−28.

[15] 周博. 社会设计的概念及其在民生问题改善中的应用 [J]. 设计研究期刊，2023 (2): 123−145.

第十二章
碳中和的社会工作

碳中和的社会工作是在环境社会工作（绿色社会工作、生态社会工作）的理论和实践框架内的一个组成部分，是碳中和社会构建的一个重要实践选择。本章首先从环境社会工作的变革出发，对气候变化的社会工作的概念、伦理及实践取向进行阐释。其次，对碳中和的社会工作的基本内涵、工作模式及国际碳中和的社会工作行动进行讨论。最后，针对碳中和的社会工作的中国实践作出分析，包括中国式现代化视野下的碳中和的社会工作行动及构建碳中和的可持续社区等方面。

第一节
气候变化的社会工作理论与实践

社会工作作为一门学科和实践方法，发端于一百多年前的工业文明鼎盛时代，这使得传统社会工作的理论和实务带有强烈的工业文明烙印。传统社会工作的理论和实务更倾向于关注人类社会自身的运行逻辑，忽略了人类社会之外的物理环境与人类社会之间密切的互动关系。20世纪90年代初，环境社会工作（绿色社会工作、生态社会工作）在世界范围内不断兴起，针对气候变化、环境污染、生态危机、粮食危机、人口增长、自然灾害及食品安全等一系列生态环境问题与人类社会之间的关联，倡导拓展"人在环境中"这个"环境"的概念，重新定义人类社会与自然环境之间的关系（Besthorn，2001），以及重构社会工作伦理和实践取向等诸方面的诉求，决心针对传统社会工作中的不足提出质疑和革新，最终走向社会工作的总体性变革。

一、气候变化的社会工作范式转换

碳中和的社会工作是在环境社会工作理论和实践框架之下，针对气候变化展开的一种人类行动方式。本节首先介绍环境社会工作的概念，其次对环境社会工作的发展历程进行梳理，以此为气候变化的社会工作的伦理和实践取向提供一定的解释性基础。

(一) 环境社会工作的概念

环境社会工作又称为绿色社会工作或生态社会工作，它萌生于20世纪80年代末期至90年代初期。随着全世界对生态环境恶化、环境危机到来及气候变化、人口增长、粮食危机和食品危机等问题的不断关注，西方工业文明对自然造成的毁灭性破坏和对人类社会的可持续发展造成的不确定性成为各学科、各行业和各领域反思的重点。社会工作作为一门在西方工业社会背景下发展起来的学科和一种持续关注人和社会的行业，其时代的局限性凸显，而社会工作备受推崇的核心——社会工作伦理所昭示的社会正义、社会公平等理念受到了一定程度的质疑。以英国绿色社会工作学者莉娜·多米内利，美国环境社会工作学者弗莱德·柏斯仁恩、米尔·格雷、约翰·科茨及北欧生态社会工作学者等为代表的社会工作学者，不约而同地成为引领传统社会工作范式变革的先驱（Coates，2003）。他们将物理环境纳入社会工作实践的结构性影响中，从生态环境与人类社会关系重建的角度重新诠释了社会工作伦理范畴、理论内核及实践取向（Hoff和Polack，1993），为社会工作的行动提供了新的方向、路径和改革措施。绿色社会工作更加关注如气候变化等引起的全球范围内的环境危机的社会成因和社会影响，重视环境弱势群体与社会弱势群体的叠加，同时号召社会工作者应该以行动影响政策，最终形成全球性的应对策略（Androff等，2017）；环境社会工作学者更重视社会工作伦理改良及理论范式革新，他们致力于研究人与自然环境关系的议题，重新思考社会工作的基本概念（Coates和Gray，2012）；而生态社会工作者更加重视以社区为单位的生态实践，将生态因素引入人类社区的可持续建设，最终达成生态环境与人类发展的和谐性（艾拉－琳娜·马蒂斯等，2019）。

（二）环境社会工作的发展历程

我国的环境社会工作发展路径与传统社会工作相反，传统社会工作在我国具有教育先行的特征，而环境社会工作则是实务先行。大量政府部门如生态环境部门、水利部门、农业部门、林业部门等承担政府主导的生态环境保护功能，而基层政府和基层组织则承担这些功能的具体实践任务。除此之外，从1978年中国环境科学学会发起成立了第一个中国民间环保组织开始，截至2023年，中国环境类组织已多达6 000余家。政府部门与环境组织的具体实践工作虽然在过去未被定义为环境社会工作，但是实际上承担了中国本土环境社会工作的基本职能。中国环境社会工作的研究与教学是比较滞后的，近些年，随着中央对生态文明建设和生态环境保护的力度不断加大，环境社会工作逐渐成为一门"显学"，为更多社会工作领域的专家学者和实践者所了解和接受。

基于中国环境社会工作的实践过程，环境社会工作可以被定义为政府、组织和个人依据国家生态环境保护的相关法规和政策，以实现人与自然和谐共生为目标，运用社会工作的理论和方法，秉持相应的价值伦理和法则，对生态环境保护和人类社会福祉所实施的一系列实务活动，以及寻求个人、社会和生态环境改变策略的过程（罗桥和顾海娥，2024）。

二、气候变化的社会工作伦理

气候变化议题是环境社会工作理论和实践的重要来源和对象，气候变化的社会工作也是环境社会工作的重要组成部分。气候变化的社会工作伦理是在环境社会工作伦理基础上的反映，碳中和的社会工作伦理也遵循这种伦理原则。从传统社会工作到环境社会工作，伦理基础遵循从社会正义到环境正义和生态正义的原则（罗桥，2022），而中国在保护生态环境、应对气候变化的问题上具有其特殊时期的特殊意义。因此，不能简单以西方环境社会工作的伦理价值作为自身行为基础，生态—社会复合型正义正是符合中国应对气候变化社会工作的伦理基础，本节将做重点讨论。

（一）环境正义

传统社会工作以社会正义为基础（Besthorn，2012），被认为是社会福利的一个重要实践层面，用以解决社会各阶层之间权利和义务、付出和所得的公平关系。绿色社会工作学者莉娜·多米内利从气候变化等问题所引起的环境危机展开讨论，引入环境正义的伦理，呼吁重视由环境危机引起的不确定性可能造成的一系列风险（Dominelli，2013）。从乌尔里希·贝克的风险理论出发，论述了在环境危机所造成的风险中富人和穷人之间可能形成的不平等问题。在此，莉娜·多米内利坚持将环境正义作为社会正义的一种补充，认为环境正义不必取代社会正义成为新的社会工作伦理（Beltrán，2016），强调在不同条件下所秉持伦理的不同。在莉娜·多米内利看来，环境正义要求重视人与物理环境之间的关联性，同时更需要重视环境问题所带来的社会不平等。例如，气候变化危机可能引发自然灾害，而在气候变化所带来的灾难中，穷人、妇孺和失能老人等弱势群体抵御灾难的能力较低，需要通过社会工作的方法帮助他们进行能力建设和风险应对。莉娜·多米内利更为强调的是通过社会工作者的努力，达成国际共识，在国际合作的前提下，特别是通过政策修订来应对此类问题的发生。

环境正义没有对传统社会工作作根本性和颠覆性批判，虽然莉娜·多米内利也号召关注人与环境之间的关系重建，但是更多采取的方式是传统社会工作对人和人类社会采取行动。在一些环境社会工作学者看来，工业文明之下产生的社会正义理念本身就带有浓烈的"人类中心主义"取向，而环境正义则继续秉持了"人类中心主义"，不具备重新构想人类社会与自然环境关系的意图和能力，只是在传统社会工作的基础上修修补补。他们认为环境正义最大的问题还是从人类自身的权利和义务出发，从人类的付出与所得出发，始终将自然环境当作一个客体来对待，未能将自然环境与人类社会放在对等的位置上，仍然将人类的工具理性逻辑作为行动基础，从而导致了自然环境始终外在于人。

环境正义虽然受到一定质疑，但是却成为环境社会工作伦理中最为重要的伦理基础，为多数国际环境社会工作学者所接受，其原因在于它延续了对传统社会工作服务对象的关注，更为温和地与传统社会工作实践对话。

（二）生态正义

生态正义是环境社会工作的另一种伦理取向，主要由环境社会工作学者弗莱德·柏斯仁恩、米尔·格雷和约翰·科茨等提出和倡导，旨在针对传统社会工作的"人类中心主义"立场，号召从根本上变革社会工作范式。在环境社会工作出现之前，就有生态灵性社会工作通过重塑人的个体与自然之间的关系，用冥想、通灵等方式对个体进行生命重塑，从而达到对个体心灵的治愈效果。弗莱德·柏斯仁恩等人认为生态灵性社会工作解决的只是个人疗愈的问题，并不能最终解决社会重塑的问题，从而借鉴了生态伦理学者纳斯的"深度生态学"，将"深度生态学"引入社会工作研究和实践，以此对传统社会工作的理论和实践进行颠覆性批判。

纳斯认为深度生态学区别于浅层生态学的根本原因在于浅层生态学是人类中心主义的，关注的是人类的利益，重视的是生态环境的外在"工具价值"（Besthorn, 2012）。不管浅层生态学如何宣称关心生态环境，然而它的最终目标都是实现人类自身的发展，生态环境的保护只是实现这一目标的一种保障。在深度生态学看来，环境正义就是一种浅层生态学，它不具备重新调试人类社会与生态环境之间关系的能力。深层生态学则将生态环境看作自身行动的出发点，认为人类只是生态的一个组成部分，人类的利益应该低于生态环境，应该重视生态环境的"内在价值"，而不是"工具价值"。

秉持生态正义的环境社会工作学者认为，环境社会工作最重要的任务是重构生态环境与人类社会之间的关系，它的路径在于将生态环境看作人类行为的先决条件，人类的一切行为应该符合生态环境的内在利益标准。因此，秉持深度生态学的环境社会工作学者一方面将生态环境和非人类物种保护看作社会工作服务的重点对象，另一方面致力于从社会工作者自身行为调适及影响他人的行为中重塑与生态环境之间的和谐关系。

然而生态正义也备受争议，最重要的原因在于部分发展中国家的学者认为生态正义符合的是发达国家的利益目标和生活方式，这种伦理可能会阻碍发展中国家的目标实现。一味将生态环境放在首位，可能会否定人的发展问题，从而导致从"人类中心主义"的极端走向"生态中心主义"的另一个极端。

（三）生态—社会复合型正义

中国环境社会工作的缘起和发展不同于西方国家，本土环境社会工作的实践方式和实践路径与西方国家也有本质区别。在中国式现代化的背景下，从中国的传统文化、组织特征、相关问题和实践方式出发，环境社会工作在中国的理论表达和具体实践要求其伦理具有自身的独特性。中国本土的环境社会工作伦理既不同于环境正义的人类中心主义特征，也不同于生态正义的生态中心主义特征，而是兼顾生态环境保护和人类社会发展双重需求的伦理基础。

气候变化被认为是最具全球性特征的环境问题，气候变化的应对被看作国际合作的重要目标。然而气候变化虽然具有全球性风险和全球性应对特征，但是在不同国家和不同地区仍然具有不同表现，应对策略也有所区别。因此，气候变化被认为是最具国际性和地方性双重特点的环境问题，应对气候变化既要考虑通行性标准，也要考虑地方性策略。

社会工作是一门行动的学科，其实践性特征鲜明。社会工作的实践基础是社会工作伦理，环境正义和生态正义伦理在具体的中国实践中虽然为中国环境社会工作发展提供了借鉴意义，但是不完全具备解决中国生态环境与社会发展关系这一问题的能力。因此，中国环境社会工作学者提出了生态—社会复合正义原则（罗桥和汤皓然，2022），既以生态环境保护作为重要目标，又以人类社会发展作为基础任务。

生态—社会复合正义紧扣习近平提出的"绿水青山就是金山银山"的理念，在中国式现代化的背景下提出。它既要求将生态环境保护作为社会发展底线，又要求生态环境保护为社会发展提供动力。不同于"人类中心主义"和"生态中心主义"两种极端倾向，生态—社会复合正义具有柔性处理生态环境和人类社会关系的特征，不是非此即彼，也不是简单杂糅，而是超越西方环保主义和发展主义的各自诉求，打破西方工业文明之下的伦理垄断，建构包括中国传统文化、地方性知识和现代化问题的伦理体系。显然，在生态—社会复合正义的理念之下，中国应对气候变化的环境社会工作实践更完备，可以综合考虑生态保护问题、经济发展问题、弱势群体问题和社区发展问题等多方面的问题。

三、气候变化的社会工作实践取向

从社会工作的发展历史来看，实践取向的第一阶段以社会慈善为取向，这一阶段是社会工作的发端，此时还没有专业社会工作的概念，更多的是西方宗教团体和社会团体的慈善行为；第二阶段是从玛丽埃伦·里士满的《社会诊断》开始，个案工作、小组工作等治疗取向成为社会工作的重要方法。随着福利国家诞生，社会工作行动逐渐成为社会福利、社会政策的重要实践路径，因此，社会工作的实践取向也从以社会慈善为取向慢慢演变为社会治疗取向和社会福利取向并行。

中国社会工作自20世纪80年代恢复重建以来，一直致力于社会工作的本土化过程，在吸取西方专业社会工作方法的同时，结合中国自身文化、社会特征等多方面因素，逐渐形成了中国特色社会工作实践取向。特别是中央社会工作部成立以后，中国社会工作在原有专业社会工作实践取向的基础上，将社会工作融入社会治理现代化作为自身要求，形成了以基层社会治理为实践取向的社会工作实务，成为社会工作实践的重要路径选择。中国环境社会工作作为中国社会工作的一个重要分支，也融合了传统社会工作的实践路径，为自身的实践探索出了一条道路。在气候变化的议题下，中国环境社会工作实践可以分为：生态治疗取向、环境治理取向、社会福祉取向和社区建设取向四个组成部分（罗桥和顾海娥，2024）。

（一）生态治疗取向

生态治疗取向是专业社会工作的基本取向之一，揭示了人的心理与社会环境之间的关系，强调了"人在环境中"的重要意义。然而，环境社会工作对"环境"概念进行了拓展，将"社会环境"拓展到了"自然环境"范畴，由此构建了个人、社会与自然三者之间的互动关系。

在气候变化的社会工作领域，更多的是社会取向的实践模式，较少关注生态治疗取向的实践模式。但是，碳中和的社会工作可以将生态治疗作为自身实践的一个取向。生态治疗是将人的心理疗愈置于生态环境的保护和再造之中，通过参与生态实践，对人的心理产生积极和正向影响。社会工作者让案主参与碳中和的实践，案主在这个过程中通过自身的参与，一方面能够体会自身与自然环境的互动过程，重塑自身的心理，另一方面，参与的过程能够让案主有赋权感受，从而可能会对自身的价值和能力有新的认知。

（二）环境治理取向

环境治理取向要求社会工作者参与到环境治理的过程中，也是对环境问题和环境危机的一个回应。在这个过程中，社会工作者要充分认识气候变化问题和气候变化所带来的危机，评估气候变化的社会成因和社会影响。社会工作者要充分利用自身资源链接者和沟通协调者的身份，协调各个主体之间的关系，让各个主体之间达成良性互动，最终达成共识和行动的一致性。经验丰富和资源链接能力较强的社会工作者还可以通过政策实践的形式，影响政策、法律和规则制定的过程和结果，达到从行动影响到结构影响的过程。

（三）社会福祉取向

在气候变化的社会工作中，社会福祉取向更关注在气候危机下的弱势群体福祉问题。社会福祉取向认为，气候变化所造成的风险和问题，在不同群体中的分配是不同的。因此，社会工作需要对弱势群体在气候变化的影响以及应对气候变化的过程中是否遭受不合理的福利分配做出回应。社会工作者通过赋权、增能等方式，对弱势群体在相关政策中的位置做出回应，就气候变化问题的结构性影响，特别是在基本社会福利如食品、饮水、教育、医疗和住房等方面为弱势群体提供服务。

（四）社区建设取向

社区是社会建设和社会发展的基本单元，在气候变化的影响下，社区建设承担了人类适应和应对气候变化的重要任务。碳中和作为应对气候变化的手段，其基础就在于生活在社区中的人的广泛共识和广泛参与。在中央社会工作部成立的背景之下，社会工作者和社区工作者之间有很大交叉，社会工作者也应该是合格的社区工作者。通过广泛的社区参与，激发社区居民共同参与低碳社区建设，是社会工作者的重要任务之一。在城市社区，社会工作者可以将社区垃圾处理、低碳社区营造、社区生态修复和社区自然条件改善作为自身参与社区建设的实践路径，调动城市社区居民的参与积极性；在农村社区，社会工作者应该重视生态环境保护与村民生计转型之间的关系，在生态农业、农村人居环境改善、农村垃圾处理，以及降低化肥和农药的使用方面做出回应。

总之，气候变化的社会工作，特别是碳中和的社会工作，既要将气候变化影响看作一个重要的结构性要素，通过参与碳中和的实践过程对这个问题进行实践回应，也要通过原有的传统社会工作的实践方法来处理具体人的问题。

第二节
面向碳中和的社会工作

一、碳中和社会工作的基本内涵

碳中和实践作为人类社会对城市文明的一次现实性反思，其在一定程度上需要多元主体或多学科领域借助自身的话语体系展开层出不穷的解释性理解。自然科学领域习惯于借助技术革新等方式实现预期的碳中和目标，但随着碳中和议题背后逐渐衍生出一系列的社会影响和社会成因，以数字产物为主导的实践方式无疑会出现一定的适配性问题。这在某种意义上也体现了人文社会科学参与实践的必要性。而碳中和社会工作的产生可谓是该领域对上述挑战的尝试性回应。

（一）碳中和社会工作的定义

在传统社会工作的实践视野中，"环境"概念往往局限于社会系统的结构范畴，且社会工作者会基于利他主义价值观的引导，并借助学科专业理论和实务方法，为社会环境中的弱势群体提供生态治疗取向或社会福祉取向的职业性服务，以培养服务对象的社会性自助行为。但在现代社会发展进程中，气候变化等一系列环境问题逐渐凸显，使得社会工作的研究对象、实践场域等需要向"自然环境"拓展（Hoff 等，1993）。而绿色社会工作、环境社会工作、生态社会工作等（罗桥，2022）学科分支的出现可谓是一类重新审视人类社会与自然环境之间关系的后现代实践。但环境议题所涉面向较为多元，且既有的相关研究也更侧重对社会工作的环境转向展开学科范式、价值观、实践路径等整体性反思（罗桥，2020），其未必能直接触及社会工作伊始对"具象化实践"的目标追求，也容易弱化通过对环境问题的社会影响和社会成因进行系统性理解来不断实现与绿色产业经济和社会可持续发展建立关系。

碳中和社会工作是对人与自然环境之间互动关系的一次具象化尝试。从碳中和概念本身来看，其基本实践逻辑是使人为排放的温室气体被自然界完全吸收，且实现人类社会和自然环境这两个系统的温室气体接近零排放。从碳中和的实践导向来看，其重点关注气候变化对现代社会的有序发展，且强调在建立城市发展共识的基础上，促进人类社会与生态系统的动态平衡，并不断实现现代社会发展的绿色转型（Kenis 和

Lievens，2017）。在上述维度的基础上，关于碳中和社会工作的基本概念，可以从以下三个层面对其建立一定的轮廓性认知。

1. 场域说

碳中和社会工作在一定程度上聚焦受工业化、现代化影响的城市场域，并尝试在城市社区中，通过与相关主体的关系建立，营造柔性的生活互动空间。

2. 关系说

碳中和社会工作更关注社会发展与气候变化之间的互动关系，以及人类活动与温室气体排放之间的影响作用。

3. 动态说

碳中和社会工作试图培养服务对象在城市社区生活过程中的可持续行为，且强调其习惯的发展需适应生活场域的变迁。

综合上述的分析面向，可以将碳中和社会工作视作一门社会工作参与碳中和社会建设的学科分支，其以现代碳中和议题为主要研究对象，运用社会工作相关专业理论和实务方法分析社会发展与气候变化之间的关系、构建差别化可持续性城市社区空间的社会工作分支学科。

（二）碳中和社会工作的基本特征

从碳中和社会工作的定义来看，其整体性特征表现在尝试跳脱"规范性解释"给碳中和相关研究提供的实践思路，试图通过对碳中和议题背后的社会影响和社会成因展开具象化的解释性理解，以促进发挥碳中和实践在社会产业结构转型、现代经济"绿化"，以及社会可持续发展中的作用。但碳中和社会工作作为社会工作的一个新兴学科分支，其不仅具有整体性的学科特征，还呈现出以下几项基本特征。

第一，相较于传统社会工作的实践内容而言，碳中和社会工作不仅需要关注社会结构中弱势群体的生存与发展或陪伴其逐渐具备应对潜在社会风险的"自助性能力"，还需要对碳中和本身的伦理问题展开持续性反思。在现代社会的语境中，伦理问题的直接性表现主要集中于以低碳为目标的市场，其原因在于参与市场的相关利益主体无法在短时间内对碳中和的相关内容形成认知和行为层面的共识（Dhanda 和 Hartman，2011）。在这样的条件下，该领域的社会工作者在一定程度上难以与服务对象之间建立较为稳定的信任关系，而脆弱的专业关系也会不断影响最终的实践效果。换句话说，碳中和社会工作所关注的具体内容不能只停留在"如何做"的层面，还需要逐步对"为什么做"这一问题展开不同场域背景下的差别化关怀。

第二，与环境社会工作相比，碳中和社会工作更注重对人与自然环境之间的互动关系展开具象化的社会性分析。一直以来，人类社会与自然环境的关系不断预示着各个系统间的动态平衡是现代社会永续发展的重要条件。而生态—社会复合型正义的提出可谓是从基本理念层面给环境问题的社会参与提供了实践指南或行为指导（罗桥和汤皓然，2022），但其在某种意义上更侧重呈现一种社会性状态，而相对弱化了社会性状态的具体面向。具体而言，碳中和社会工作需要在生态—社会复合型正义的基础上，使专业服务的差别化关怀逐步与产业层面的绿色转型、城市社区的可持续发展、现代社会的友好空间营造进行尝试性接轨。

第三，作为社会工作的一个新兴学科分支，碳中和社会工作更加注重将具体的实践内容与现代社会的发展趋势或现代社会的建设方向耦合。社会工作自问世起，其强烈的实践感和对服务对象的能力建设、行为培养等使其实践性标签被不断强化，而其对结构性设计的关怀依然是该学科分支的主要实践维度。当碳中和社会工作通过主动参与新质生产力的发展，以拓展其制度性内容时，其实践体系才能得以全面建立。同时，碳中和社会工作的社会实践功能不只是一种对知识或概念的现实性印证，也是推动微观实践影响结构性变迁的重要方式，而这一方面也可视作借助不同于传统社会工作实务模式的"政策实践"（马凤芝，2014），来逐步影响社会的可持续发展或绿色经济转型条件下的中国式现代化。

（三）碳中和社会工作的主要内容

碳中和议题自20世纪90年代起，受到各学科领域的关注且需要多元解释主体的主动参与。而碳中和社会工作的出现在某种意义上是为了借助自身的学科特色逐步推动现代社会的有序发展与满足人类对美好生活的需求。但任一学科分支在社会问题的解决方面所呈现的独特性往往需要从具体范式的理解与运用出发，以此形塑自身的实践逻辑。结合目前碳中和相关的经验性知识和环境议题的既有解释方式，可以将碳中和社会工作的主要理论视角和实践取向归纳为以下几种类型。

1. 碳中和社会工作的理论视角

碳中和社会工作的理论视角主要有三类。其一，多中心视角。该理论视角源于埃莉诺·奥斯特罗姆（Elinor Ostrom）等人对新公共管理议题的再认识（刘红等，2018）。其认为社会公共议题（如环境治理、气候变化治理、碳中和实践等）的改善与解决需要多元主体"分级、分层、分段"逐步进行（郁俊莉和姚清晨，2018），并借助实践中形成的主体互动关系丰富治理思路的多样性（李平原和刘海潮，2014）。其二，共生视角。这一视角始于生物学范畴，用来解释生物体在生命维系中对永续性物质联系的需要（胡守钧，2006）。同时，其在社会属性的表达上更侧重使社会变迁的预期目标转向对和谐平等的社会环境、生活环境、自然环境的追求（李冠杰，2017）。其三，生态现代化视角。该视角致力于探寻环境议题与社会现代化发展之间的共性要素，且尝试弱化两者之间的二元性，以及将碳中和等社会转型目标依附于人类实践行为的建立与维系，甚至是培养主体的可持续行动（Mol和Sonnenfeld，2000）。

2. 碳中和社会工作的实践取向

碳中和社会工作的实践取向大致可分为两类。第一类可称为以能力建设为本的碳中和社会工作实践。该取向的实践基础在一定程度上可归结于知识的生产与再生产。具体而言，知识的生产需要社会工作者自身具备碳中和实践的相关基础知识，以及将其有效传递给服务对象的能力。这在一定程度上需要社会工作者弱化其"知识专家"的角色扮演，以寻求具有情感信任的专业关系和具有主体体验感的实践氛围（童敏，2019）。而上述目标的达成也能逐步使服务对象具备碳中和相关的一般性知识。而知识的再生产则更需要尊重服务对象所处的生活环境、自然环境等，以差别性关怀陪伴服务对象习得碳中和实践所需的具象化能力，其也可称作一种地方性知识的形成过程。第二类则是环境治理导向的碳中和社会工作实践。这一实践取向的基础是理解碳中和议题所具有的社会属性，以及与碳中和相关的环境议题背后所衍生出的一系列社会影响与社会成因（罗桥和顾海娥，2024）。换句话说，其一方面需要社会工作者不仅关注社会环境，还需要成为自然环境与多元社会主体互动的桥梁，逐步使其持续地参与碳中和实践，并将碳中和实践视作"自者"视角的社会行为；另一方面，需要社会工作者基于既有的经验积累，逐步形成创新的知识体系，以不断协同推进碳中和社会的永续发展。

二、碳中和适应创新的社会工作模式

（一）碳中和共情能力培养

碳中和共情从传统社会工作"同理心"出发，针对的是理解和感受服务对象的情感和观点，主要考虑的是人与人之间的共情，碳中和是人与社会共同作用的一种结果，碳中和共情在人与人的关系上进一步发展，从人文社会的共情进一步扩大到自然社会的共情。碳中和社会工作者需将自己置身于碳中和行动中，对碳中和的友好发展表现出较高的情绪，而对碳的过度排放造成的社会自然危机具有"同理心"。碳中和共情能力的培养要从思维方式的转变、伦理价值的认识、社会行为的培养来践行，首先碳中和是建设和谐共生的美好环境的一项重要举措，环境保护思维从开始的以环境的污染来换取发展到后来的发展和环境的和谐共生，环境保护思维的转变回应了碳中和行动。人们意识到造成痛苦背后的原因是环境滥用和对自然的不当行为，因此将采取适应和缓解措施。其次，社会工作"以人为本"的价值理念重视的是人在社会中的主体中心地位，在未达成碳中和的过程中不仅要考虑人和自然环境单一的索取—破坏、保护—发展的关系，更重要的是要将"生态中心主义"与"以人为本"融合起来，以达成人与自然环境地位的平衡（罗桥，2023）。社会工作者不再单纯地思考人的地位而是理性地重新审视自然环境是碳中和共情伦理价值的重要体现。最后，人生活在社会、自然环境中是"环境"的第一体验人，因此人有和社会、自然环境互动构建关系的基础。在碳中和行动中人因良好的低碳社会行为而减少碳的排放，使自然环境向好的方向发展，人也因此生活得更加舒适，当社会中人感受到这种社会行为改变带来的良好感受后会自觉地接受和学习低碳亲社会行为。

（二）碳中和友好家庭构建

家庭是由人构成的，同时家庭又作为人日常生活的基本单位承载个人的发展，家庭治疗（family therapy）提出，家庭成员之间的良好的互动可以对家庭成员起到治疗作用，家庭成员的行为也会对其他成员造成影响。友好碳中和家庭的构建要从个人的心理和行为方面去施加影响。根据社会心理学家费斯汀格（Festinger）提出的社会比较（social comparison）等心理学原理，建立碳排放能源报告及相应的奖励机制，促进家庭成员之间的比较，激发其节能减排的动力；家庭成员的低碳行为是碳中和的一个重要举措，可以通过低碳消费、低碳出行等方式来减少家庭碳排放，促进友好碳中和家庭的构建。

（三）可持续碳中和社区建设

碳中和社区的建设区别于传统社区，社区作为最基础的自治单位由家庭构成，碳中和社区的建设依赖碳中和家庭的构建。从社区发展模式（the definition of community development model）的理论视角出发，社区发展模式在于充分调动社区居民参与、互助合作，同时加强上级政府和外界组织的协助和支持，以此来解决社区的问题和促进社区的发展。碳中和社区的建设仅仅依靠个体是无法完成的，重点在于充分调动居民之间的参与、合作和交流。首先居民自己在建构碳中和家庭环境的影响下学习低碳生活方式；培养低碳的思维；建成社区的低碳的基础生活设施。个体行为的改变对碳中和家庭的构建有适应性，同时形成碳中和社区建设的基础。其次，碳中和社区的建设离不开政府政策、财政资金的支持和外界组织资金、技术的支持及帮助，社区组织做好社区内和社区外的联结工作，加快构建碳中和社区的步伐。最后，构建个人、家庭、社区在碳中和方面的一体化合作模式，注重社区居民在参与碳中和社区的建设过程中，个人能力、对社区公共意识和社区归属感的培养，推动构建和完善碳中和社区的体系。

三、国际碳中和的社会工作行动

（一）碳中和行动国际立场

"碳中和行动"是在人类社会为谋求自身利益的发展而对自然过度索取导致自然灾害频发、极端气候显现、环境问题严重后，为缓解危机，保证人类社会的可持续发展和寻求人与自然生态的平衡而实施的措施。IPCC 于 2018 年发布的《全球升温 1.5 ℃特别报告》指出碳中和指在规定的时间内人为排放的二氧化碳和被消解的二氧化碳达到零的平衡点。同时，该报告也强调在 21 世纪实现碳中和是全球国家共同作用的成果，每个国家都有不可推卸的责任和义务，为达到这一目标，越来越多的国家通过参与碳中和行动等来实现节能减排。2017 年在巴黎召开的"同一个地球"峰会 29 个国家签署了《碳中和联盟声明》，承诺到 21 世纪中叶实现零碳排放；在 2018 年全球气候行动峰会上，超 100 位政商界领导人承诺最晚于 2050 年实现碳中和，同年 12 月《联合国气候变化框架公约》第二十四次缔约方大会（COP24）于波兰卡托维兹召开，为落实《巴黎协定》提供了指引；在 2019 年联合国气候行动峰会上，66 个国家组成气候雄心联盟；2021 年已有 127 个国家和地区提出碳中和目标，其中，英国、瑞典等六国已将该目标法律化，欧盟、西班牙等 6 个国际组织和国家提出了相关法律草案；截至 2023 年全球已有 150 多个国家作出碳中和承诺，覆盖了全球 80% 以上的二氧化碳排放量、GDP和人口。国际社会对碳中和行动表现出了积极的态度和较高的行动效率（表12-1）（廖虹云，2021）。

表12-1　主要国际组织和国家"21世纪中叶碳中和目标"发展情况

状态	国际组织和国家
已经实现	不丹、苏里南
已经立法	瑞典（2045）、英国、法国、丹麦、新西兰、匈牙利
形成法律草案	欧盟、加拿大、韩国、西班牙、智利、斐济
纳入政策文件	芬兰（2035）、奥地利（2040）、冰岛（2040）、日本、德国、瑞士、挪威、爱尔兰、南非、葡萄牙、哥斯达黎加、斯洛文尼亚、马绍尔群岛、中国（2060）
正在讨论中	墨西哥、意大利、阿根廷、秘鲁、美国等

注：括号内为实现碳中和的年份，未标注的为2050年。
资料来源：《中国发展观察》2021年第5期：《碳中和：国际社会在行动》。

（二）国际碳中和行动的主体参与

碳达峰和碳中和目标的实现是一个时间较长、治理过程复杂、参与主体多元化的过程，国际社会对碳达峰和碳中和目标的实现表现出积极的态度，但这一目标的实现需要社会各主体的介入；在国外长期的实践中逐渐形成了国家政府、地方政府、国际组织、非政府组织、企业、公民个人等行动主体共同参与碳中和行动的结构。

国家政府制定有利于国家整体降碳的政策体系、以法律约束违反碳中和的行为、以国家财政支持有利于降碳的社会行为，并在国际合作上共同构建碳中和合作体。

地方政府是实施国家碳中和政策和法律的重要主体之一，在碳中和战略中扮演重要的角色，同时国外地方政府因具有高度的自由权利，可以通过制定针对地方的气候行动计划、推广绿色出行方式、建造绿色建筑等措施参与碳中和行动。

国际组织建构各国共同的行动准则，推动国家关系的建立，对全球范围内的温室气体进行监测，为政策制定者提供数据的支撑。联合国气候变化框架公约（UNFCCC）旨在控制大气中温室气体的浓度，为各国提供一个共同的应对气候变化的框架；联合国环境规划署（UNEP）作为全球环境领域的牵头机构，主要负责制定全球环境议程，促进各国连贯一致地实施可持续发展环境层面的相关政策，在全球环境权威倡导中发挥重要的作用；同时联合国政府间气候变化专门委员会（IPCC）、世界气象组织（WMO）、国际民用航空组织（ICAO）、欧盟（EU）等国际组织在气候变化和碳中和的达成方面致力于贡献自己的力量。

非政府组织作为介于政府和民众之间的组织在环境气候问题治理方面起到了推动政策的实施和完善的作用，同时在政府和民众之间起到链接的作用。绿色和平组织（Greenpeace）致力于环境保护和促进和平；地球之友（Friends of Earth）的活动重点为气候正义和能源，这一点与碳中和行动目标不谋而合。

企业是碳中和行动的主要承载者之一，国际上的主要发达国家在生产过程中逐步实现全流程的脱碳，从源头上解决了碳排放问题；开发和研制绿色产品，从消费端推动绿色产品的售卖，在产品流动中减少碳排放。

公民个人是碳中和行动的直接参与者和最终受益人，国外个人在日常生活中已经萌生了低碳出行绿色环保的生活意识，着重构建绿色社区。具体表现在：出行选择公共交通工具或者选择低碳和零碳的出行工具；在家庭和工作中注重使用节能电器，合理安排电器的使用，减少肉类的消费，使用环保包装和简易包装；注重垃圾分类，注重购买绿色建筑和植树造林；注重环保教育同时积极参与政策倡导。

（三）国际碳中和社会工作的行动路径

工业革命的迅速兴起，给社会带来了飞速的进步，推动了社会转型，但是在社会进步的同时也带来了大量的社会问题、生态问题、环境问题，这时社会工作应运而生。社会工作不仅要回应社会问题，更重要的是构建自己的理论体系和实务体系。大工业时代的发展带来了大量的二氧化碳的排放，产生了严重的气候问题，"碳中和"议题在国际上迅速开展，而社会工作作为环境—社会关系平衡的重要建构者，在国际碳中和行动上的实践路径主要包含以下几个方面：政策的影响和制定、生态环境的保护、绿色生产的推广、公民个体的行动。

1. 政策的影响和制定

碳中和行动离不开政策的支持和保障，社会工作积极活跃在国际碳中和行动的政策制定和影响中，2009 年社会工作者在哥本哈根举办的《联合国气候变化框架公约》第十五次缔约方会议上首次发言，随后莉娜·多米内利指出社会工作者完全有能力和义务为气候变化相关的政策做出干预和贡献（Dominelli，2009）。这是社会工作在国际行动中的一次深刻的实践，社会工作者作为公民和政府之间的桥梁，在国际政策的制定过程中成为政策的实践者、扩散、影响者。他们是政策的实施者之一，能够充分地把政策的需求落实到具体的生活情景中，扩大政策的影响，公民个人真正地感受到"碳中和"政策法规如何实现，同时也可以第一时间获得公民的反馈，及时对政策进行修改，社会工作者收集公民的意见从而在政策制定过程中提出意见和建议，进而影响政策的制定。

2. 生态环境的保护

1994年由美国社会工作者协会首次使用的People in Environment，将人在情境中的理念进一步扩大了，从原本单一的注重人与社会环境的关系扩展到注重人与社会环境和自然环境的双重关系，而工业革命带来碳的过度排放，生态环境面临巨大的压力，理念的转变为生态环境的保护提供了契机。在生态环境保护方面，社会工作促进公民个人萌生保护环境的意识，在主要生活环境中进行低碳生活，减少碳排放，保护人文社会环境；在自然环境中呼吁减少对自然环境的索取，合理开采自然资源，对破坏自然环境的行为加以遏制，保护自然环境。在社会环境和自然环境中减少碳排放，契合碳中和行动，同时推动社会正义向可持续的、全面的生态—社会复合型正义发展。

3. 绿色生产的推广

企业是碳排放的重要主体之一，在碳中和行动中有不可推卸的责任，21世纪以来，国际上碳封存技术的革新和能源低碳转型是碳中和行动的主要技术手段，企业生产过程中能源使用情况的变化需要更加公平的资源和清洁能源的技术共享。同时社会工作在国际组织、会议中积极推动国家与国家之间的合作，促成碳中和国际条约的达成；发达国家因其发达的工业在全球碳排放中占有很重的比重，社会工作者敦促发达国家履行责任，呼吁发展中国家学习绿色生产方式，从源头上减少碳排放。

4. 公民个体的行动

社会工作者在思想的转变、生活方式的转变、碳中和社区的构建方面来影响公民个体。公民个体在环境社会工作、绿色社会工作、生态社会工作的实务工作中，形成节能减排、绿色发展、可持续建设的思想观念，在生活中注重低能耗家具的购买和使用，减少高碳食物的消费，建设可持续能源循环的基础设施。

第三节
碳中和的社会工作与中国实践

一、中国式现代化视野下的碳中和社会工作

（一）中国式现代化对碳中和社会工作的意义

中国式现代化为中国社会工作的发展提供了理论基础、认识论前提、方法论准则和价值基石（潘泽泉等，2023）。党的二十大报告提出的中国式现代化命题，清晰勾画出我国现代化的基本特征，对我国碳中和社会工作的发展具有指导意义（王思斌，2023）。中国式现代化着眼解决中国现代化建设过程中的生态环境问题，同时也为人类解决工业文明带来的人与自然紧张关系问题贡献力量（人民日报，2023）。中国在推进现代化建设的过程中，把生态文明建设融入经济、政治、文化、社会建设的全过程，大力推动绿色、低碳、循环发展，最大限度减少资源消耗和环境破坏。实现碳达峰碳中和，是以习近平同志为核心的党中央统筹国内国际两个大局作出的重大战略决策（黄润秋，2021），也是推动中国式现代化绿色低碳转型发展的重要里程碑。

随着环境问题逐渐成为中国式现代化的核心，碳中和成为推动社会工作创新和专业发展的一个重要动力，不仅加强了社会工作在环境保护领域的作用，也促进了社会工作职能的扩展和深化。这也为以改善民生、维护社会和谐为目标的社会工作提供了新的机遇与挑战。

（二）碳中和社会工作的机遇

1. 社会工作与中国式现代化理念的契合

党的二十大报告中明确指出，构建人类命运共同体是中国式现代化的本质要求。人类命运共同体强调每个民族、每个国家的前途命运都紧密联系在一起。"构建人类命运共同体"作为中国特色社会主义的重大战略，被写入宪法与党章，是全党全国人民的共同目标，更是全人类共同的价值追求。构建"持久和平、普遍安全、共同繁荣、开放包容、清洁美丽"的世界，是人类命运共同体所要实现的总体目标。社会工作专业以人为本、利他主义的价值理念，追求社会公平正义，致力于保障每一位社会成员的发展权益。社会工作的价值导向与中国式现代化追求的构建人类命运共同体的

价值追求具有内在一致性。社会工作的价值取向、总体目标与专业手段等与构建人类命运共同体天然契合，能够为构建人类命运共同体提供独特的学科视角（李迎生和蔡康鑫，2020）。环境问题具有全球性与普遍性的特点，环境问题超越国界，需要各国共同应对，人类形成了一个风险共同体。碳中和社会工作因与中国式现代化理念的契合，构建人类命运共同体的理念，不仅为碳中和社会工作的发展提供广阔的思想视域，也为其开辟了广阔的行动空间。

2. 制度赋能与政策支持

随着"政企分离"改革政策的推行与实现社会治理结构转型，社会工作专业得到大力发展。2006年10月，中共中央十六届六中全会通过的《中共中央关于构建社会主义和谐社会若干重大问题的决定》就提出"建设宏大的社会工作人才队伍"，有力促进了社会工作的发展。社会工作在汶川特大地震中专业能力的展现，使社会工作的效能得到关注。例如，在未成年人保护、乡村振兴等法律中将社会工作纳入其中，《民政部 财政部 国务院扶贫办关于支持社会工作专业力量参与脱贫攻坚的指导意见》等支持性文件的出台，青少年社会工作服务指南、社区社会工作服务指南等行业标准的出台，强调了社会工作在各个领域所发挥的作用，推动了社会工作在不同领域的发展。制度赋能与政策支持，使社会工作的合法性得到确认，社会工作的专业能力得到了国家与社会的认可，为社会工作的发展带来机遇。

3. 社会工作专业的自我建构

中国式现代化在多个方面都需要社会工作的积极参与，在民生保障与社会治理等重要领域的高质量发展中也要充分发挥社会工作的专业优势，为中国式现代化作出重要贡献（关信平，2022）。经过多年发展，我国社会工作得到较快发展。我国社会工作专业群体的责任意识与服务能力不断提高，且具有一定规模的社会工作服务机构和社会工作持证群体（王思斌，2023）。我国社会工作不仅具有优化治理结构、完善服务体系建构的专业效能，还能以专业实践促进治理创新与社会发展（徐选国和秦莲，2023）。近年来，社会工作对环境议题的关注，使诸多关注环境维度的社会工作实务模式兴起，能够为碳中和社会工作的发展提供助力。

（三）碳中和社会工作的挑战

1. 专业教育与实践的脱节问题

在我国高校，环境社会工作作为社会工作的一个主要分支并没有得到广泛重视，这导致社会工作在碳中和议题中的参与度较低。当前的社会工作教育中缺乏与环境相关的社会工作实习机会，学生无法将环境正义与社会正义融合理解，导致在介入碳中和这样的环境议题时，社会工作人才队伍严重不足及专业能力严重缺乏。高校社会工作教育如何将环境治理实务要求整合进社会工作教育，为学生提供理论与实践的机会将是我国社会工作者广泛参与到碳中和的基础。

2. 国家整体性推进与地区差异性问题

碳中和治理强调差异性，不同地区根据其资源状况、文化背景和社会习俗的差异，面临不同的环境和社会挑战。因此怎么把党中央的整体性碳中和治理方案有效拆分、理解、融入各个具体的地区当中，是社会工作的一大挑战。社会工作者需要理解各个地区的文化与状况，将地方性知识融入政策当中，将宏观层面的政策转换为微观层面的实际操作。

3. 知行合一问题

"知行不一""光说不练"是我国公众对待环境问题的明显特征与常见态度（王凤，2008），这也导致我国环境治理中主体"脱嵌"的现象，即观念与行动脱节。社会工作如何通过宣传、教育与社区参与的方式把居民的环保意识转化为环保行为，是社会工作推动碳中和政策实施的关键步骤。

4. 交叉部门协作问题

实现碳中和是一个需要多部门、跨学科的复杂过程，需要政府、企业、公众及科学家等多主体的共同参与。然而，当前促进不同的部门和多利益主体合力仍然是一个难题。社会工作如何在其中搭建有效沟通的桥梁，平衡各方利益，确保各方能协调一致地推进碳中和目标的实现是实现碳中和的主要任务。

5. 资源分配不均问题

我国的城乡二元制度使城乡之间的资源分配差异较大，城市地区相比农村地区拥有更多的资源（赵莉和刘仕豪，2017）。同样，富人阶层与低收入群体的资源获取也明显不平等。中国式现代化，民生为大。在实现碳中和的过程中，如何确保公众平等享受环保成果与均衡获取资源，是实现环境保护可持续发展的基石。"社会正义"是社会工作秉持的基本价值观，社会工作如何通过评估与干预，来确保环境治理中的公平性，特别是保护因环境不公而形成的生态弱势群体，成为社会工作专业实践的一大挑战。

二、中国碳中和的社会工作行动

近20年，随着人们对环境运动的关注，我国社会工作逐渐拓展自身的研究与实践领域，诸多关注环境维度的社会工作实务模式兴起，我国的环境社会工作、绿色社会工作等都得到了一定程度的发展。这为社会工作助力我国实现"双碳"目标，建设零碳社会提供了全新、有效的理论和实践指导。上述工作模式从根本上转变了发展理念与模式，倡导一种"环境正义"价值观，致力于建立一种新的专业关系，即"人类社会—生态环境"复合型关系（罗桥，2020）。

"双碳"目标的实现，需要以深厚的自然科学知识作为支撑。然而，这一宏伟目标同样根植于政治、经济、社会、文化及个体生活。它涉及社会的各个层次和维度，是一个需要众多要素相互协作、共同演进的复杂系统工程。无论是政策的制定、经济的转型、社会的参与，还是文化的传承、个体的行动，都与"双碳"目标的实现息息相关。碳达峰碳中和的实现，需要从多个角度出发及社会多元主体的共同参与，如此，才能全方位地推进"双碳"目标，以实现我国的可持续发展。本节将重点介绍在中国实现碳中和的进程中，社会工作如何发挥作用。

（一）政策实践

实现"双碳"目标，迈向零碳社会，亟须构建完备的法律保障体系，健全的政策体系和社会治理体系。上述法律、政策体系共同构成了我国实现碳达峰碳中和目标的坚实保障。在法律保障体系方面，2024年1月25日，国务院公布《碳排放权交易管理暂行条例》，该条例明确宣示了碳达峰碳中和的国家目标，并将规范碳排放权交易目标与碳达峰碳中和目标一体规定，积极推进碳市场建设。但我国缺乏专门的碳达峰碳中和立法，以为碳治理和"双碳"目标的实现提供坚实的法律规范。在政策体系方面，我国已经构建了碳达峰碳中和"1＋N"政策体系，这一体系的构建为我国"双碳"目标的实现提供了有力的政策保障。但我们需要认识到，在政策的完整性、可行性方面仍有进一步强化的空间。在社会治理体系方面，当前我国的社会治理能力已得到较大提升，但面对碳达峰碳中和这个全新领域，仍需要提升相关治理能力。

社会工作者可通过立法倡导、诉讼改革、社会行动、社会政策分析四种政策实践活动，以达到政策改变与完善的目的（Jansson和Bruce，1990）。具体地，第一，社会工作者可以参与碳达峰碳中和相关法律政策的制定与倡导工作；第二，社会工作者可与政府及相关部门合作，提供相关实践反馈，为政策的制定提供科学依据；第三，社会工作者可以利用社会政策分析框架，分析现行政策目前存在的优势和不足。

（二）推动积极稳妥的行业转型

能源绿色化对碳排放强度及总量的下降具有最重要的作用（胡鞍钢，2021），因此，降低化石能源在能源消费中的占比、促进行业转型与行业退出是十分必要的。二氧化碳排放主要来自煤炭、石油、天然气等能源的使用过程，这三种能源占一次能源消耗量的八成以上。降低煤炭、石油等在能源结构中的占比，是实现碳中和目标的核心。根据国际能源署此前发布的数据，2022年我国的二氧化碳排放总量达121亿吨（包括工业过程排放），其中大部分来自燃煤发电和工业用煤。我国减少碳排放的主要方式就是减少煤炭消费，在实现"双碳"目标的大背景下，煤炭已经成为"淘汰产业"，实行对黑色能源的持续替代，实现能源结构低碳转型，形成"脱钩型"产业结构迫在眉睫[1]。

社会工作者可倡导企业在转型过程中注重环境友好与经济效益的协调发展，促进行业结构的优化与升级。社会工作者可关注该过程中的社会影响，社会工作者可链接相关资源，对主动退出黑色能源生产供应的企业提供一些必要补偿，对于行业退出与行业转型所造成的失业与转岗问题，为其提供必要的帮助与支持，为这些转岗转业人员进行再培训与再就业。通过一系列举措，推动积极稳妥的行业转型。

（三）倡导社会参与

"双碳"目标的实现与零碳社会的建设，需要充分动员社会力量与公众的参与，充分发挥多方主体的协同参与功能。社会公众作为能源产品的消费者，其行为方式与价值观念都会对产业结构产生影响。习近平也曾多次强调，生态环境问题归根到底是发展方式和生活方式问题。

实现碳中和目标，需要进行深刻的生活方式变革，激发人们的积极主动性。生态文明建设与每个人息息相关，每个人都应做践行者。公众参与离不开相关的宣传教育，以实现公众理念与行为的转变，激发公众的主体意识与参与意识。

社会工作在促进碳中和的社会参与方面具有重要的作用。第一，社会工作者可以

---

[1]　人均碳排放水平持续降低，实现了经济增长与碳排放"脱钩"，即具有"脱钩型"产业结构。

通过组织各类社区活动，如环保讲座、绿色生活展览等，向居民普及碳中和的重要性与实践路径。同时，社会工作者还可以协助社区建立绿色出行体系，鼓励社区公众采取低碳生活方式。第二，社会工作者可以通过教育与倡导，提升公众的环保意识，还可以通过媒体与网络等渠道，向公众传播碳中和的知识与理念。第三，社会工作者可以建立碳中和的公众参与平台，参与环境监督，形成生态环境保护的合力。通过上述举措，引导公众积极转向绿色生活方式，激发公众的积极性与创造性，共同为应对气候变化、实现"双碳"目标作出贡献。

（四）加强交流合作

如前所述，"双碳"目标的实现涉及社会的各个层次和维度，是一个需要众多要素相互协作、共同演进的复杂系统工程。因此该目标的实现，需要综合多门学科知识和多个部门。跨学科、跨部门的合作对环境问题的处理至关重要，可使治理方式更加科学，提高治理效率。社会工作者作为资源的整合与链接者，应发挥自己的沟通合作功能，联动不同行业、不同领域，建立合作关系。社会工作者需要联动环保社会组织，在志愿者管理与培育方面，一方面充分发动现有志愿者，另一方面需要吸纳与培育具有环保意识与相关知识的志愿者，运用多学科、跨专业的服务项目以解决环境问题。

环境问题超越了国界，成为各国共同面临的问题，人类形成了一个风险共同体。在气候变化挑战面前，人类命运与共，单边主义没有出路。从地缘政治走向生物圈合作，推进全球"碳治理"，构建人类命运共同体（卫小将，2022）。在国际层面，社会工作在促进国际交流和合作方面发挥作用。绿色社会工作依靠联合国的领导与组织作用，向各国政府发起环境倡议，充分发挥自身的辅助功能，整合不同国际组织和国家的"绿色实践能力"。社会工作者可积极参与国际碳中和合作与交流，学习借鉴其他国家和地区的成功经验，注重国际经验与我国实际的连接与融合，保持多元文化的敏感性，同时积极推动本国在碳中和方面的国际合作。

三、中国碳中和的可持续社区建设

（一）碳中和可持续社区的定义

美国作家奥尔多·利奥波德在其经典著作《沙乡年鉴》中提出了"大地伦理"理

论，把社区的概念扩展到非人类世界的"生物社区"，强调社区万物不是独立存在，而是一个相互关联、相互依存的网络，是人与自然和谐共生的"栖息地"（张中华，2011）。目前，关于生态社区国际上并没有统一的定义，不同国家有不同的界定。在中国，一般是"绿色社区""环保社区""低碳社区"等的称谓。低碳社区的概念一般指通过采取对策、规划措施、技术、激励手段及管理模式使其排放指标降低或达到零碳排放的社区（石龙宇等，2018）。核心是化石能源的零消耗，最大限度地利用清洁能源，减少生态破坏与环境污染，从而实现绿色社区发展模式（陈一欣和曾辉，2023）。低碳社区的发展通常采用自上而下的机制，这导致公众参与和自主性较低，规划不够详尽，且社区互动及约束机制不足。缺乏公众持续参与已成为制约我国低碳社区可持续发展的关键。在国际上，采用"可持续社区""生态村"的称谓居多。美国城市生态学家怀特指出，可持续社区应促进人、建筑与环境的和谐，维护社区的文化和归属感，通过紧凑型发展和多功能空间提高土地效率，使用低碳节能技术减少环境影响，并通过增强公众参与来协调环境、经济与社会的发展（余侃华和张中华，2013）。可持续社区的关键在于环境与发展的一致性及居民的广泛参与。而发展的挑战与可持续的挑战则成为可持续社区发展的重要挑战。

新时代碳中和可持续社区基于可持续发展框架，旨在通过改进传统低碳社区的设计和实践，以实现更高的环境保护和社区福祉。这种社区以低碳、节能和减排为核心，积极融合"碳中和"理念，促进低碳生活方式的普及。在这样的社区中，不仅鼓励居民改变日常行为以主动参与低碳生活，而且通过经济、社会和环境的联动协调发展，提高居民的幸福感和生活舒适度。通过形成政府主导与居民参与的平衡，碳中和可持续社区强调"生态优先"与"以人为本"的环境保护策略，实现低碳转型与人的全面发展。新时代碳中和可持续社区不仅能应对气候变化挑战，还能促进社区层面的环境正义和社会正义的融合，最终形成一个动态、互动和互补的生活环境。

社会工作的全球定义于2014年7月由国际社会工作者联合会批准，重点是消除贫困、促进社会正义、社会平等，保障人权与赋权。2016年在韩国举行的国际社会工作者会议，强调社会工作的新重点是发展、环境和社会。社会工作的这些工作重点与构建碳中和可持续社区的目标高度契合，因此社会工作应积极参与其构建，这也是社会工作本土化和在地化的一次探索。

（二）社会工作参与碳中和可持续社区建设

1. 推广环保意识与教育

社区的共同意识是成员遵守制度的基础，而教育是推动成员理解和参与碳中和活动的关键。社会工作者作为信息的传递者与教育者，负责向社区成员普及碳中和与低碳生活的理念和价值，提高他们对气候变化、资源节约和可持续生活方式的理解，引导社区成员从"知碳"向"懂碳"到"减碳"的转变过程（章诚等，2022）。

（1）开展多样化的环保教育活动

社会工作者可以定期在社区举行关于碳中和教育内容的讲座，普及有关碳中和与碳排放的知识，特别是与社区发展和环境保护相关的内容，如组织碳足迹测算、节能减排和可持续生活方式的讲座、研讨会。此外，在科技迅速发展的背景下，社会工作者应与主流媒体平台合作，通过多种社交媒体的渠道进行碳中和知识的传播。例如，社会工作者可以定期创作和分享吸引人的内容，将低碳环保融入观众喜爱的视听体验中。同时，鼓励居民创作和分享自己的环保行为，并在视频中增加互动元素，提高观众的参与度和积极性。此外，与学校、社区中心和环保组织合作，针对不同年龄和需求的群体，在学校或社区中心举办定制化的环保展览和零碳学习活动。通过为居民提供个性化的环境教育，满足不同年龄群体对环境知识的需求，从而提升各年龄层的环保意识。

（2）社区建设与传统文化的有机结合

碳中和可持续社区的建设并非一代人的事情，亦非一个人的终极产品，而是一种持续传承的社区建设理念，是一个不断演进与发展的过程（许劲松，2017）。在推广环保意识的过程中，社会工作者应强化环保教育与中国传统文化的结合。中国传统文化蕴含着朴素而丰富的低碳生活哲学。老年人作为传统文化和传统知识的重要载体，他们在社区的可持续发展和环境保护中发挥重要的作用。通过开设传统农历节气的环保意义讲座、古老耕作技术的现场演示等，社会工作者可以鼓励老年人分享他们对传统文化与知识的见解。同时，鼓励老年人与年轻一代在环保理念与认识上进行交流，以此促进跨代的环境意识和可持续行为的形成，实现零碳社区的多代协作。

（3）生态共情能力的培养

大自然是最丰富的博物馆、最广阔的教室。社会工作者可以引导社区居民深入自然，例如，通过组织带领居民参与巡河活动，与社区居民共同清理河道垃圾，了解污染对水生生物的影响，增进对社区环境问题的了解。通过这些活动，促进社区居民的内心与自然的交流，逐渐培养对大自然的共情。通过这些互动，社会工作者也可以将自身对生态环境的理解与感受分享给社区居民，从而帮助他们建立人与自然之间相互的尊重与接纳。此类教育不仅有助于转变居民对自然环境的基本态度，还能帮助他们去除将个体发展凌驾于环境之上的攫取逻辑，消弭个体发展与环境保护的对立逻辑（卫小将，2022）。这有助于提升他们的环境意识，实现个人及社区行为的改变（罗桥，2023），从而营造环保和资源节约的社区氛围，培养低碳生活的社会意识，并将生态文明知识融入社区居民的价值观中。

2. 促进社区基础设施与项目的可持续性

经过初步环境教育，居民对碳中和的重要性有了进一步的认识与理解，这为他们参与实际的社区建设提供了可能。随着居民环境意识的提升，社会工作者需要进一步探索低碳可持续社区的构建与设计。低碳社区可持续设施的改造不仅是居民对低碳生活需求的响应，也是迈向可持续社区的重要步骤。

（1）推广并支持可持续的基础设施和项目实施

社会工作者在推动碳中和可持续社区建设中应发挥协调者的角色。主动协调居民与社区的关系，以推广并支持可持续的基础设施和项目实施，如绿化项目、节能改造和可持续交通系统，旨在创建一个零碳排放与节约资源的空间格局。

社会工作者应向社区中心或基层政府传播国内外先进的低碳技术和环保设施，通过设计和实施绿色基础设施项目，实现社区源头减排。例如，在我国日照阳光充足地区安装社区太阳能面板，将太阳能转化为电能，实现社区能源自给自足。同时，在热带或亚热带雨水充沛地区并行实施污水处理系统与雨水收集系统，以及在全国推广利用生物式处理技术处理厨余垃圾，提升社区资源的循环利用率。此外，对社区住宅区屋顶进行绿色改造等措施，可以有效提高空气质量，降低温室气体的影响，使社区碳排放量达到最小。

但碳中和可持续社区建设强调差异性，各个国家、地区、社区的自然环境、人口密度、文化环境等因素各不相同，因此，生态社区的改造没有统一的标准，而应因地制宜，建设具有地方特色的可持续社区（许劲松，2017）。资产建立模式的核心前提是每个人都具有能力、潜力和天赋，关键在于抓住这些资源（焦若水，2014）。社会工作者应该列出社区的资源与特色及个人的能力清单，将先进科技、自然因素与人文风貌融合于社区低碳改造中，注重人文环境的保护与建设，对具有强烈象征意义的地方应保留或在新的设计标志中重新表述，以增强居民的地方依恋（Lu等，2023），使社区改造更加人性化与自然化。

（2）增强居民参与和项目协调

社区低碳改造过程要坚持"以人为本"的原则，提升居民舒适度，挖掘地区优势，并尽量避免大规模拆迁与重建，确保在改造中充分考虑居民的需求与建议。社会工作者在其中发挥重要的作用，需协调居民与项目相关方的关系，并建立有效的沟通桥梁。在动员社区居民参与项目的规划和实施过程中，社会工作者应传达低碳改造要求，倾听并准确向规划者传达居民的需求。同时，社会工作者应提供技术和财务咨询服务，协助居民申请环保改造的政府补贴及资金支持，特别是因技术变迁而遭受影响的低收入家庭与老年人等弱势群体，以保障环保计划实施过程中的居民利益，实现各方共赢。

3. 构建社区归属感，引领全民行动

碳中和可持续社区建设是一项长期的过程，重在"参与"而非仅仅"建设"。居民不仅是社区生活的主体，也是低碳政策和措施的直接实施者。如果缺少居民的参与，就很难达到可持续的目标（石龙宇等，2018），因此碳中和可持续社区建设的关键在于赋能居民，社会工作者在"助人自助"的专业理念下，帮助居民提高环境治理能力，促使他们主动参与节能减排，并将碳中和目标与提高居民生活质量相结合（李敏等，2023）。

（1）促进居民共同行动与提升环境归属感

社会工作者应将环境问题具体化，使之与社会福利和个人生活直接相关。并采用参与式环境评估方法，邀请社区居民共同识别和分析社区中的环境问题，如水质污染、空气质量下降、垃圾处理不当等。通过工作坊或讨论会形式，居民能够识别环境问题对个人的影响、进行优先级排序并提出解决方案。通过让利益相关者成为行动者，以提高社区居民对环境污染的认识和紧迫感。在此过程中，社会工作者作为引导者和促成者，应确保听取并考虑每个人的声音和意见。这种方法不仅提高了社区成员对环境问题的认识，还提升了他们对改善社区环境行动的归属感和积极性。

（2）社会工作者的策划与动员角色

经过参与式环境评估，居民对社区环境问题有了更直观的感受，参与热情显著增加，为其进一步参与低碳活动打下了基础。这也为社会工作者后续的动员与活动规划

提供了更大的支持。社会工作者应在社区活动中承担策划者与推动者的角色，制定以控制居民人均碳排放为目标的活动规划。这些规划不仅需要满足零碳生活的需求，还应提升居民对零碳社区的接受度（王灿和张雅欣，2020）。2022年，新华网报道了利用"互联网＋大数据＋碳金融"的模式，社会工作者可以开设与管理社区"低碳账户"，引入碳惠普平台，将低碳环保行为如垃圾分类、低碳出行等转化为社区的"货币"。通过生态足迹计算器将这些行为量化并可视化，通过积分奖励制度鼓励居民参与，使低碳活动与居民的日常生活紧密结合，最终促使低碳行为内化成为一种生活方式。

（3）实现公平与正义的环境资源分配

环境问题对社会的影响是有差别性、阶级性的。在碳中和可持续社区的建设中，应确保每位社区成员都能公平享有低碳或无碳环境的福利，对提高居民归属感和促进低碳行为的内化至关重要（卫小将，2022）。社会工作者在新时代碳中和可持续社区的构建中，应致力于保护因环境不公而形成的生态弱势群体，尤其是那些"社会－生态环境"双重受害者的群体。社会工作者应发挥资源链接者与协调者的作用，应使用其专业知识强调并发挥这些群体的优势，同时启发他们认识到自身发展的潜力。

社会工作者可以与企业和相关环境机构合作，开设针对失业群体的绿色技能培训项目，利用他们的优势，提供就业机会，提高他们的生活技能和社会融入的能力，帮助他们平稳过渡。同时社会工作者可以鼓励弱势群体参与社区决策过程，尤其是那些涉及环境规划和资源分配的议题。通过组织研讨会和社区会议，确保他们的声音被听到。此外，社会工作者作为专家在参与政策制定时，需反映这类群体的困难与需求，推动政策的改革，确保环保措施能满足社区的需求。同时，社会工作者应确保政策和福利在社区的有效执行，对困难群体给予基本的社会保障与社会服务，让每位社区居民公平享受环境建设成果，从而促进环境正义与社会正义。

4. 链接社区的"绿色丝绸之路"

碳中和可持续性社区需要经济、环境、生活质量的协调联动，打造社区"绿色丝绸之路"是一个以实现碳中和为目标的可持续发展概念，旨在通过经济、环境和生活质量的协调发展，建立一个跨社区的合作网络。该理念借鉴历史上绿色丝绸之路的互联互通精神，将可持续性作为核心，通过推广可行的低碳经济模式，如绿色金融和可持续商业实践，以确保经济活动既环保又保护居民利益，确保环境政策的实施不会牺牲居民的基本需求和福祉。通过这种方式，社区"绿色丝绸之路"致力于创造一个环境友好、经济活跃、居民参与的低碳和谐居住环境，使所有社区成员都能分享可持续发展的成果，实现全球气候变化挑战下的可持续发展。

（1）加强社区间的资源共享与循环利用

资源共享与循环利用是推动建设社区"绿色丝绸之路"的关键。社会工作者应利用社区的再生能源设施、废物回收系统和水资源管理等，以实现社区能源共享与互补。借助大数据平台的支持，社区能实时交换信息，优化资源配置（Meredith，2019）。此外，生态系统理论强调各系统之间具有联动性，社会工作者应通过系统思维协调不同社区的需求与资源，优化网络功能。包括加强跨学科跨行业交流，与行业专家共同探索社区绿色经济模式，为开发创新的绿色金融和技术提供专业见解与实地调研数据。通过这些措施，旨在促进社区经济增长并减少碳排放。同时，社会工作者应促进社区经济互动与培育社区资本，支持小型企业或社区绿色企业，创建绿色产品和服务市场，为居民提供低碳的服务与产品，将低碳行为与低碳生活方式作为社区潮流来推广，形成社区文化的一部分。从而实现经济发展、生态保护和居民生活水平提升的共赢。

（2）社会工作者：桥梁与调解者

实现社区间的资源共享与循环利用不仅需要依靠技术的参与，更重要的是社区主体之间的有效沟通与协调。在此，社会工作者应扮演关键角色，不仅分享低碳环保知识，还应利用专业知识协调各方利益，确保所有声音得以表达和倾听。社会工作者应搭建不同社区之间的交流平台，保障沟通、经济互助和资源共享的顺畅。例如，定期开展社区居民交流会或者引领不同社区之间的共同行动，可以促进不同社区居民之间分享低碳知识与环保经验，打破社区之间的空间壁垒，增强社区联结。此外，在实施多个社区联合行动的项目时，难免会出现不同社区居民之间的利益冲突或意见分歧，社会工作者应发挥治疗的作用，运用倾听和理解、保持中立、高效沟通、协商和调解、风险评估及文化敏感性等专业技能，明确界定各方的权、责、利，协调各方利益，帮助各方达成共识，促使项目顺利进行并维护社区之间的和谐关系（Meredith，2018）。

本章总结

　　本章内容主要分为三节，第一节主要从气候变化视角出发，对环境社会工作的概念、发展历程进行了介绍；同时，对气候变化的社会工作伦理进行整体阐述，从环境正义、生态正义进一步升华到了生态—社会复合型正义；而气候变化的社会工作实践取向也从生态治疗取向、环境治理取向、社会福祉取向、社区建设取向等方面来补充。第二节主要介绍了碳中和社会工作的基本内涵，对定义、基本特征、理论视角、实践取向进行了解释；从碳中和共情能力培养、碳中和友好家庭构建、可持续碳中和社区建设来阐述碳中和适应创新的社会工作模式；在国际层面，通过介绍国际社会对碳中和行动的立场和主体参与来展示国际碳中和行动中社会工作的行动路径。第三节在中国式现代化的要求下，对生态文明的实践和碳中和社会工作两者的关系进行了辨析，讨论了碳中和社会工作在我国的挑战和机遇；回顾了中国社会工作在碳中和方面的行动路径，展望了社会工作在未来碳中和可持续社区建设扮演的角色和发挥的作用。

思考题

1. 阐述环境社会工作与碳中和社会工作的关系。
2. 阐述国际上碳中和的社会工作行动与中国碳中和实践在理论应用、政策支持、社区参与等方面的异同。
3. 论述碳中和社会工作在促进可持续社区建设中的具体模式。
4. 探讨社会工作者在碳中和目标下应扮演的角色，以及他们如何通过教育、倡导、政策建议等手段影响个人、社区乃至国家层面的环境行为和政策。
5. 基于现有理论和实践，预测碳中和社会工作领域未来可能面临的机遇与挑战，特别是在技术创新、国际合作、政策制定和公众意识提升等方面。

参考文献

[1] Coates J. Ecology and social work: Toward a new paradigm [M]. Halifax, NS: Fernwood Publishing, 2003.

[2] Jansson B S. Social welfare policy: From theory to practice [M]. California: Wads worth, Publishing Company, 1990: 24; 27-29; 25-27.

[3] Meredith C F. Social work promoting community and environmental sustainability: A work book for global social workers and educators [M]. Volume 2. International Federation of Social Workers, 2018.

[4] Meredith C F. Social work promoting community and environmental sustainability: A work book for global social workers and educators: Volume 3 [M]. Volume 3.

International Federation of Social Workers, 2019.

［5］ 艾拉-琳娜·马蒂斯. 生态社会工作与社会工作实践 ［M］. 迟红，译. 北京：社会科学文献出版社，2019.

［6］ 胡守钧. 社会共生论 ［M］. 2版. 上海：复旦大学出版社，2006.

［7］ 童敏. 社会工作理论：历史环境下社会服务实践者的声音和智慧 ［M］. 北京：社会科学文献出版社，2019.

［8］ Androff D, Fike C, Rorke J. Greening social work education: Teaching environmental rights and sustainability in community practice [J]. Journal of Social Work Education, 2017, 53 (3): 399−413.

［9］ Beltrán R, Hacker A, Begun S. Environmental justice is a social justice issue: Incorporating environmental justice into social work practice curricula [J]. Journal of Social Work Education, 2016, 52 (4): 498−502.

［10］ Besthorn F H. Deep Ecology's contributions to social work: A ten‐year retrospective [J]. International Journal of Social Welfare, 2012, 21 (3): 254−259.

［11］ Besthorn F H. Radical equalitarian ecological justice: A social work call to action [J]. Environmental social work, 2012: 51−65.

［12］ Besthorn F H. Transpersonal psychology and deep ecological philosophy: Exploring linkages and applications for social work [J]. Social Thought, 2001, 20 (1−2): 23−44.

［13］ Coates J, Gray M. The environment and social work: An overview and introduction [J]. International Journal of Social Welfare. 2012, 21 (03): 230−238.

［14］ Dhanda K K, Hartman L P. The ethics of carbon neutrality: A critical examination of voluntary carbon offset providers [J]. Journal of Business Ethics, 2011, 100: 119−149.

［15］ Dominelli L. Climate change: social workers' roles and contributions to policy debates and interventions [J]. International Journal of Social Welfare, 2011, 20 (4): 430−438.

［16］ Dominelli L. Social work in a globalizing world [M]. Cambridge: Polity Press, 2010: 112−116.

［17］ Dominelli L. Introducing social work [M]. Cambridge: Polity Press, 2009: 160.

［18］ Dominelli L. Invited article environmental justice at the heart of social work practice: Greening the profession [J]. International Social Welfare, 2013, 22: 431−439.

［19］ Hoff M D, Polack R J. Social dimensions of the environmental crisis: Challenges for social work [J]. Social Work, 1993, 38 (02): 204−211.

［20］ Kenis A, Lievens M. Imagining the carbon neutral city: The (post) politics of time and space [J]. Environment and Planning A: Economy and Space, 2017, 49 (08): 1762−1778.

［21］ Lu X, Lu Z, Mao J, et al. Place attachment as an indicator of public participation in low-carbon community development: A case study of Beijing, China [J]. Ecological Indicators, 2023, 154: 110658.

［22］ Mahbub R. Can "Ecological Empathy" play an effective role to make an environmentally responsible individual? [J]. A Review of Deep Ecology and Covey's Idea of Empathy. 2022, (02): 1−27.

［23］ Mol A P J, Sonnenfeld D A. Ecological modernisation around the world: an introduction [J]. Environmental Politics, 2000: 43−52.

[24] 陈一欣，曾辉．我国低碳社区发展历史、特点与未来工作重点 [J]．生态学杂志，2023，42（08）：2003-2009.

[25] 关信平．中国式现代化需要社会工作高质量发展 [J]．中国社会工作，2022（33）：1.

[26] 胡鞍钢．中国实现2030年前碳达峰目标及主要途径 [J]．北京工业大学学报（社会科学版），2021，21（03）：1-15.

[27] 黄润秋．把碳达峰碳中和纳入生态文明建设整体布局 [J]．中国生态文明，2021（06）：9-11.

[28] 焦若水．社区社会工作本土化与社区综合发展模式探索 [J]．探索，2014（04）：140-144+167.

[29] 李冠杰．"协同共生"：区域生态环境治理新范式 [J]．武汉科技大学学报（社会科学版），2017，19（06）：664-667.

[30] 李敏，王伟，陈党．碳中和背景下社区低碳治理研究 [J]．建筑经济，2023，44（09）：89-97.

[31] 李平原，刘海潮．探析奥斯特罗姆的多中心治理理论——从政府、市场、社会多元共治的视角 [J]．甘肃理论学刊，2014（03）：127-130.

[32] 李迎生，蔡康鑫．社会工作参与构建人类命运共同体：可行性、因应性变革与切入点 [J]．江海学刊，2020，（05）：105-114.

[33] 廖虹云，康艳兵，朱松丽．碳中和：国际社会在行动 [J]．中国发展观察，2021（05）：59-62.

[34] 刘红，张洪雨，王娟．多中心治理理论视角下的村改居社区治理研究 [J]．理论与改革，2018，（05）：153-162.

[35] 罗桥，顾海娥．生态与社会二重性：中国式现代化视野下的环境社会工作新方向 [J]．中州学刊，2024（02）：95-103.

[36] 罗桥，汤皓然．价值重构、场景塑造与行动赋权：社会工作参与社区环境治理共同体构建的三个基础 [J]．社会工作与管理，2022，22（05）：5-14.

[37] 罗桥，汤皓然．社会工作介入环境治理的理论基础与路径选择 [J]．中央民族大学学报（哲学社会科学版），2022，49（01）：97-106.

[38] 罗桥．环境社会工作：概念、价值观与实践路径 [J]．学习与探索，2020（02）：43-51+199.

[39] 罗桥．环境社会工作研究：范式转换、多元呈现及实践取向 [J]．社会建设，2022，9（04）：72-84+96.

[40] 罗桥．生态共情与生态赋能：环境社会工作者的感性积累与理性反思 [J]．学习与探索，2023（06）：38-46.

[41] 马凤芝．政策实践：一种新兴的社会工作实践方法 [J]．东岳论丛，2014，35（01）：12-17.

[42] 潘泽泉，罗宇翔．经由中国式现代化推进中国社会工作发展 [J]．社会工作与管理，2023，23（03）：5-14.

[43] 石龙宇，许通．可持续框架下的城市低碳社区 [J]．生态学报，2018，38（14）：5170-5177.

[44] 王灿，张雅欣．碳中和愿景的实现路径与政策体系 [J]．中国环境管理，2020，12（06）：58-64.

[45] 王凤．公众参与环保行为影响因素的实证研究 [J]．中国人口·资源与环境，

2008, 18（06）：30-35.

[46] 王思斌. 中国式现代化新进程与社会工作的新本土化 [J]. 社会工作, 2023（01）：1-9+103.

[47] 卫小将. 中国零碳社会建设的社会学之思：内涵、挑战与出路 [J]. 江海学刊, 2022（03）：113-121+255.

[48] 习近平. 论把握新发展阶段、贯彻新发展理念、构建新发展格局 [J]. 内蒙古宣传思想文化工作, 2021（05）：48.

[49] 徐选国, 秦莲. 制度赋能与专业建构：中国式现代化进程中社会工作发展的双重动力 [J]. 学习与实践, 2023（05）a：90-101.

[50] 许劲松. 从生态社区到美丽社区——中国共产党关于生态社区建设思想的当代探索 [J]. 改革与开放, 2017（23）：6-8+14.

[51] 余侃华, 张中华. 生态可持续性社区规划模式研究的国际进展 [J]. 国际城市规划, 2013, 28（02）：81-87.

[52] 郁俊莉, 姚清晨. 多中心治理研究进展与理论启示：基于2002—2018年国内文献 [J]. 重庆社会科学, 2018（11）：36-46.

[53] 张中华. 国际视野下的生态可持续性社区发展研究 [J]. 建筑学报, 2011（02）：9-12.

[54] 章诚, 郑玉洁, 凌红. 中国的"双碳"目标与实践：形成逻辑、现实挑战、社会风险及推进进路 [J]. 河海大学学报（哲学社会科学版）, 2022, 24（06）：78-87+131.

[55] 赵莉, 刘仕豪. "风雨极速人"——北京市快递员生存现状及角色认同研究 [J]. 中国青年研究, 2017（06）：75-81.

[56] IPCC. Global warming of 1.5 ℃ [R/OL]. 2020-10-15.

[57] 青山作伴水为邻 [N/OL]. 中国发展改革, 2023-09-27.

[58] 新华网. 全民减排新方式——碳普惠制度 [EB/OL]. 2022-11-10.

郑重声明

高等教育出版社依法对本书享有专有出版权。任何未经许可的复制、销售行为均违反《中华人民共和国著作权法》，其行为人将承担相应的民事责任和行政责任；构成犯罪的，将被依法追究刑事责任。为了维护市场秩序，保护读者的合法权益，避免读者误用盗版书造成不良后果，我社将配合行政执法部门和司法机关对违法犯罪的单位和个人进行严厉打击。社会各界人士如发现上述侵权行为，希望及时举报，我社将奖励举报有功人员。

反盗版举报电话　（010）58581999　58582371
反盗版举报邮箱　dd@hep.com.cn
通信地址　北京市西城区德外大街 4 号
　　　　　高等教育出版社知识产权与法律事务部
邮政编码　100120

读者意见反馈

为收集对教材的意见建议，进一步完善教材编写并做好服务工作，读者可将对本教材的意见建议通过如下渠道反馈至我社。

咨询电话　400-810-0598
反馈邮箱　hepsci@pub.hep.cn
通信地址　北京市朝阳区惠新东街 4 号富盛大厦 1 座
　　　　　高等教育出版社理科事业部
邮政编码　100029

防伪查询说明

用户购书后刮开封底防伪涂层，使用手机微信等软件扫描二维码，会跳转至防伪查询网页，获得所购图书详细信息。

防伪客服电话　（010）58582300

数字课程账号使用说明

一、注册/登录

访问 https://abooks.hep.com.cn，点击"注册/登录"，在注册页面可以通过邮箱注册或者短信验证码两种方式进行注册。已注册的用户直接输入用户名加密码或者手机号加验证码的方式登录。

二、课程绑定

登录之后，点击页面右上角的个人头像展开子菜单，进入"个人中心"，点击"绑定防伪码"按钮，输入图书封底防伪码（20位密码，刮开涂层可见），完成课程绑定。

三、访问课程

在"个人中心"→"我的图书"中选择本书，开始学习。